全方位养殖技术丛书

肉牛养殖手册

李建国 李运起 主编

中国农业大学出版社

主　编：李建国 李运起
副主编：安永福 刘聚祥 郭洪生 赵东岗 郑建华
编　者：（以姓氏笔画为序）
刘瑞娜　刘聚祥　孙　涛　安永福
李运起　李建国　李彦军　李艳琴
郑长山　郑建华　赵东岗　赵晓静
郭洪生　曹玉凤

总　　序

从 20 世纪 70 年代,国家将肉牛定位为畜牧业的独立行业,引入许多优良品种,进行本地牛的改良以来,到 80 年代我国执行改革开放的经济政策,肉牛业的发展高潮迭起,于 20 世纪末中国肉牛业进入快车道,为广大农牧民致富开辟了一条可靠的门路。养牛从为耕地服务、只作为大农业的一个副业,发展成为肉牛产业,仅仅用了 20 余年时间,走过了发达国家 160~170 年的历程。

1984 年我国肉类总产量为 1 960 万吨时,牛肉只占 2%;1994 年全国肉类总产量达 4 499 万吨时,牛肉占 7%;到 2002 年牛肉产量已占到 8.4%,人均牛肉产量从 0.34 kg 上升到 8.2 kg,增长了 20 倍。

20 年前肉牛饲养主要在牧区,现在主要在农区。2000 年新疆和内蒙古两大自治区的牛肉产量之和比 1984 年全国牛肉总产量还多。牛肉产区分布出现了根本性的变化,首先豫、鲁、冀、皖形成一大产区,随之吉、黑、辽成为第二大产区,随后是川、湘、鄂、桂、云迅速崛起,成为第三大产区。此间人们的观念也发生了变化,餐饮业上牛肉已成为最高档的佳肴。牛肉分割肉,如牛柳、菲力、上脑、S·里脊、米龙肉等新名词,都与高价位的冷鲜肉挂钩,高档超市里不可或缺。居民达到小康生活后追求高品位生活,牛肉尤其是高档牛肉供应成为发达社会的象征。

高速发展的肉牛业,遭遇到原来我国养牛业基础薄弱的问题。农民也好,牧民也好,必须学习新知识。出高档牛肉要有好的日粮配方,用一般的秸秆喂牛连长膘都不容易,更不可能生产出有大理石花纹的好牛肉。当地牛种生长缓慢,一般日增重只有 300 g,现在要求一天长 1 200 g,必须改良品种,组织杂交配套系,组织纯种繁育和商品代牛群的生产。为加快核心群繁育,除需人工授精技术之外,还需要胚胎工程技术;生产合乎国际标准的牛肉要熟悉牛胴体解剖部位,完善屠宰流程,改进牛胴体分割技术;无论国际贸易还是国内贸易都要求生产有机食品、绿色食品,至少是无污染的无公害食品,而疯牛病是有关食品生产的一个障碍,口蹄疫是另一个障碍,有此类疫病的国家都受害无穷,中国不能重蹈覆辙,防疫上要有健全的体系;企业要搞 HACCP 认证,按动物福利原则从事生产。所有这一切,都需要知识,科学技术知识是关键因素。

中国已成为肉牛大国,但还不是肉牛强国。为此我们尚需加倍努力,做好肉牛生产的普及工作。此间中国农业大学出版社组织编写"肉牛全方位养殖技术丛书"是应时之举,对农民、农村、农业的发展将起到积极的推动作用,必会极大地促进这一行业的成熟和发展。由于组织工作比较仓促,不完善之处必然很多,尚盼读者予以指正,共同为解决"三农"问题多做贡献。

中国养牛研究会荣誉理事长

陈幼春

2004 年 3 月

前　言

目前我国是第 3 大牛肉生产国,仅次于美国、巴西。全国牛肉产量约 550 万 t,占世界牛肉总产量的 9%。我国肉牛生产成本及价格优势显著,出口潜力大。肉牛生产成本一般只有世界平均水平的 50% 左右,牛肉出口价格仅相当于世界平均水平的 60% 左右。

但目前我国肉牛的良种覆盖率仅为 30%,肉牛平均胴体重 133 kg 左右,仅相当于世界平均水平的 66%;每头存栏肉牛年产肉量仅相当于美国的 1/3,甚至低于墨西哥、阿根廷和巴西等发展中国家。此外,高档牛肉生产能力不足,我国高档牛肉的比重不足 5%。我国的肉牛优势区域,尚未建立从肉牛繁育、饲养到屠宰、加工与销售的一整套标准化生产体系,严重削弱了我国牛肉的出口竞争力。

中国畜产品加入国际大循环,畜产品的质量与结构要同国际生产标准和市场要求相接轨,使畜牧业由数量型向质量型转变。因此,实施畜牧业标准化生产,提高畜牧业产品质量,已成为现代畜牧业发展的必由之路。因此,农业部制定了肉牛肉羊质量安全推进计划(2003—2007 年),到 2007 年,优质牛肉、羊肉生产比重达到 20%,兽药、农药、有毒重金属、添加剂等安全指标达到无公害食品要求。

为适应我国肉牛标准化生产的新形势,满足肉牛养殖企业、专业户的需要,我们编著了《肉牛养殖手册》一书,以供同行参阅。本书分 12 章,较系统地介绍了肉牛品种、肉牛的生物学特性、肉牛的外貌鉴定与生产力、肉牛的选育与杂交改良、肉牛的繁殖、肉牛的营养需要、优质饲草种植技术、肉牛的饲料及加工技术、种牛的饲养管理、肉牛的育肥、肉牛场标准化设计、肉牛疾病防制技术标准化等技术,为肉牛养殖企业和专业户在标准化肉牛养殖过程中存在的问题,提供解决的办法。本书语言通俗易懂,技术简明实用。

　　在编写过程中,我们尽量理论密切结合肉牛生产实际,尽量做到技术的实用化。同时广泛参阅了国内外众多学者的有关著作及文献的相关内容,在此一并致谢!

　　因作者水平所限,书中缺点和不足之处在所难免,敬请读者批评指正。

编著者

2003 年 12 月

目　　录

第一章 肉牛品种

第一节 我国的主要黄牛品种

一、秦 川 牛

（一）**原产地** 秦川牛产于陕西省关中地区，以渭南、临潼、蒲城、富平、咸阳、兴平、乾县、礼泉、泾阳、武功、扶风、岐山等县、市为主产区。还分布于渭北高原地区。

（二）**外貌特征** 在体型外貌上，秦川牛属较大型的役肉兼用品种。体格较高大，骨骼粗壮，肌肉丰满，体质强健。头部方正，肩长而斜。中部宽深，肋长而开张。背腰平直宽长，长短适中，结合良好。荐骨部稍隆起，后躯发育稍差。四肢粗壮结实，两前肢相距较宽，蹄叉紧。公牛头较大，颈短粗，垂皮发达，鬐甲高而宽；母牛头清秀，颈厚薄适中，鬐甲低而窄。角短而钝，多向外下方或向后稍弯。公牛角长约 14.8 cm，母牛角长约 10 cm。毛色为紫红、红、黄色三种。鼻镜肉红色约占 63.8%，亦有黑色、灰色和黑斑点的，约占 32.2%。角呈肉色，蹄壳为黑红色。

（三）**生产性能** 在生产性能上经肥育的 18 月龄牛的平均屠宰率为 58.3%，净肉率为 50.5%。肉细嫩多汁，大理石纹明显。泌乳期为 7 个月，泌乳量(715.8±261.0) kg。鲜乳成分为：乳脂率 4.70%±1.18%，乳蛋白率 4.00%±0.78%，乳糖率 6.55%，干物质率 16.05%±2.58%。公牛最大挽力为(475.9±106.7) kg，占体重的 71.7%。在繁殖性能上，秦川母牛常年发情。在中等饲养水平下，初情期为 9.3 月龄。成年母牛发情周期 20.9 d，发情持续期平均 39.4 h。妊娠期 285 d,产后第一次发情约 53 d。秦川公牛一般 12 月龄性成熟,2 岁左右开始配种。秦川牛是优秀的地方良种,是理想的杂交配套品种。

（公）

图 1-1 秦川牛

二、晋 南 牛

（一）**原产地** 原产山西晋南地区。晋南牛是经过长期不断地人工选育而形成的地方良种。

（二）**外貌特征** 晋南牛的毛色为枣红或红色。皮柔韧,厚薄适中,体格高大,骨骼结实,体型结构匀称,头宽中等长。母牛较清秀,面平。公牛额短而宽,鼻镜宽,鼻孔大。眼中等大,角形为顺风扎角,公牛较短粗,角根蜡黄色,角尖为枣红或淡青。母牛颈短而平直,公牛粗而微弓,鬐甲宽圆,蹄圆厚而大,蹄壁为深红色。公牛睾丸发育良好,母牛乳房附着良好,发育匀称。

（三）**生产性能** 晋南牛肌肉丰满,肉质细嫩,香味浓郁。成年牛在育肥条件下,日增重为 851 g,(最高日增重可达 1.13 kg)。屠宰率为 55%～60%,净肉率为 45%～50%。成年母牛在一般饲养条件下,一个泌乳期产奶 800 kg 左右,乳脂率 5% 以上。

晋南牛母牛性成熟期为 10~12 月龄,初配年龄 18~20 月龄,繁殖年限 12 ~ 15 年,繁殖率 80% ~ 90%,犊牛初生重 23.5~26.5 kg。公牛 12 月龄性成熟,24 月龄开始配种,使用年限为 8~10 年;射精量为 4~5 mL/次,精子密度 5 亿个/mL,原精液精子活力 0.7 以上。

晋南牛具有适应性强、耐粗饲、抗病力强、耐热等优点。

(公)

图 1-2 晋南牛

三、南 阳 牛

(一)原产地 南阳牛产于河南省南阳市白河和唐河流域的平原地区,以南阳、唐河、邓县、新野、镇平、社旗、方城等县、市为主产区。许昌、周口、驻马店等地区分布也较多。南阳牛属较大型役肉兼用品种。

(二)外貌特征 体高大,肌肉较发达,结构紧凑,体质结实,皮薄毛细,鼻镜宽,口大方正。角形以萝卜角为主,公牛角基粗壮,母牛角细。鬐甲隆起,肩部宽厚。背腰平直,肋骨明显,荐尾略高,尾细长。四肢端正而较高,筋腱明显,蹄大坚实。公牛头部雄壮,额微凹,脸细长,颈短厚稍呈弓形,颈部皱褶多,前躯发达。母牛后躯发育良好。毛色有黄、红、草白3种,面部、腹下和四肢下部毛色浅。鼻镜多为肉红色,部分南阳牛是中国黄牛中体格最高的。

(三) 生产性能 经强度肥育的阉牛体重达510 kg时,屠宰率达64.5%,净肉率56.8%,眼肌面积95.3 cm^2。肉质细嫩,颜色鲜红,大理石纹明显。在繁殖性能上,南阳牛较早熟,有的牛不到1岁即能受胎。母牛常年发情,在中等饲养水平下,初情期在8~12月龄。初配年龄一般掌握在2岁。发情周期17~25 d,平均21 d。发情持续期1~3 d。妊娠期平均289.8 d,范围为250~308 d。怀公犊比怀母犊的妊娠期长4.4 d。产后初次发情约需77 d。

(公)

图1-3 南阳牛

四、鲁西黄牛

(一) 原产地 主要产于山东省西南部的菏泽和济宁两地区,北自黄河,南至黄河故道,东至运河两岸的三角地带。分布于菏泽地区的郓城、鄄城、菏泽、巨野、梁山和济宁地区的嘉祥、金乡、济宁、汶上等县、市。聊城、泰安以及山东的东北部也有分布。20世纪80年代初有40万头,现已发展到100余万头。鲁西牛是中国中原4大牛种之一。以优质育肥性能著称于世。

（二）**外貌特征** 在体型外貌上，鲁西牛体躯结构匀称，细致紧凑，为役肉兼用。公牛多为平角或龙门角，母牛以龙门角为主。垂皮发达。公牛肩峰高而宽厚，胸深而宽，后躯发育差，尻部肌肉不够丰满，体躯明显地呈前高后低体型。母牛鬐甲低平，后躯发育较好，背腰短而平直，尻部稍倾斜。筋腱明显。前肢呈正肢势，后肢弯曲度小，飞节间距离小。蹄质致密但硬度较差。尾细而长，尾毛常扭成纺锤状。被毛从浅黄到棕红色，以黄色为最多，一般前躯毛色较后躯深，公牛毛色较母牛的深。多数牛的眼圈、口轮、腹下和四肢内侧毛色浅淡。俗称"三粉特征"。鼻镜多为淡肉色，部分牛鼻镜有黑斑或黑点。角色蜡黄或琥珀色。

（三）**生产性能** 据屠宰测定的结果，18月龄的阉牛平均屠宰率57.2%，净肉率49.0%，骨肉比1:6.0，脂肉比1:4.23，眼肌面积89.1 cm^2。成年牛平均屠宰率58.1%，净肉率为50.7%，骨肉比1:6.9，脂肉比1:37，眼肌面积94.2 cm^2。肌纤维细，肉质良好，脂肪分布均匀，大理石状花纹明显。母牛性成熟早，有的8月龄即能受胎。一般10～12月龄开始发情，发情周期平均22 d，范围16～35 d；发情持续期2～3 d。妊娠期平均285 d，范围270～310 d。产后第一次发情平均为35 d，范围22～79 d。

鲁西牛

（公）

图1-4 鲁西牛

五、延 边 牛

（一）原产地 延边牛产于东北三省东部的狭长地区,分布于吉林省延边朝鲜族自治区的延吉、和龙、汪清、珲春及毗邻各县;黑龙江省的宁安、海林、东宁、林口、汤元、桦南、桦川、依兰、勃利、五常、尚志、延寿、通河,辽宁省宽甸县及沿鸭江一带,据 1982 年统计总计有 21 万头。延边牛是寒温带的优良品种,是东北地区优良地方牛种之一。

（二）外貌特征 在体型外貌上,延边牛属役肉兼用品种。胸部深宽,骨骼坚实,被毛长而密,皮厚而有弹力。公牛额宽,头方正,角基粗大,多向后方伸展,成"一"字形或倒"八"字角,颈厚而隆起,肌肉发达。母牛头大小适中,角细而长,多为龙门角。毛色多呈浓淡不同的黄色,其中浓黄色占 16.3%,黄色占 74.8%,淡黄色占 6.7%,其他占 2.2%。鼻镜一般呈淡褐色,带有黑点。

（公）

图 1-5 延边牛

（三）生产性能 在生产性能上,延边牛自 18 月龄育肥 6 个月,日增重为 813 g,胴体重 265.8 kg,屠宰率 57.7%,净肉率 47.23%,眼肌面积 75.8 cm^2。在繁殖性能上,母牛初情期为 8~9

月龄,性成熟期平均为 13 月龄;公牛平均为 14 月龄。母牛发情周期平均为 20.5 d,发情持续期 12~36 h,平均 20 h。母牛终年发情,7~8 月份为旺季。常规初配时间为 20~24 月龄。延边牛耐寒,在 -26 ℃时牛才出现明显不安,但能保持正常食欲和反刍。延边牛体质结实,抗寒性能良好,适宜于林间放牧。

第二节　我国培育的兼用牛品种

一、中国西门塔尔牛

(一) 产地　我国自 20 世纪 40 年代从前苏联、德国、法国、奥地利、瑞士等国引进西门塔尔牛,历经多年繁殖,改良当地牛,组建核心群进行长期选育而成。中国西门塔尔牛因培育地点的生态条件不同,分为平原、草原和山区 3 个类群。

(二) 外貌特征　毛色为黄白花或红白花,但头、胸、腹下和尾帚多为白色。体型中等,蹄质坚实,乳房发育良好,耐粗饲,抗病力强。成年公牛活重平均 800~1 200 kg,母牛 600 kg 左右。

(母)

图 1-6　中国西门塔尔牛

(三) 生产性能　据对 1 110 头核心群母牛统计,305 d 产奶量达到 4 000 kg 以上,乳脂率 4% 以上,其中 408 头育种核心群母牛产奶量达到 5 200 kg 以上,乳脂率 4% 以上。新疆呼图壁种牛场 118 头西门塔尔牛平均产奶量达到 6 300 kg,其中 900302 号母牛第 2 胎 305 d 产奶量达到 11 740 kg。据 50 头育肥牛实验结果,18~22 月龄宰前活重 575.4 kg,屠宰率 60.9%,净肉率 49.5%,其中牛柳 5.2 kg,西冷 12.4 kg,肉眼 11.0 kg。

　　5 年的资料统计,中国西门塔尔牛平均配种受胎率 92%,情期受胎率 51.4%,产犊间隔 407 d。

二、三　河　牛

　　(一) 产地　三河牛是由内蒙古地区培育的乳肉兼用优良品种牛。主要分布在呼伦贝尔盟,约占品种牛总头数的 90% 以上;其次兴安盟、哲里木盟和锡林郭勒盟等地也有分布。

　　(二) 外貌特征　三河牛(图 1-7)体躯高大,结构匀称,骨骼粗壮,体质结实,肌肉发达;头清秀,眼大明亮;角粗细适中,稍向上向前弯曲;颈窄,胸深,背腰平直,腹围圆大,体躯较长;四肢坚实,姿势端正;心脏发育良好;乳头不够整齐;毛色以红(黄)白花占绝大多数。

　　(三) 生产性能　年平均产乳量 2 000 kg 左右,在较好条件下可达 4 000 kg。最高产奶个体为谢尔塔拉种畜场 8144 号母牛,第五泌乳期,360 d 产奶 8 416.6 kg,牛奶含脂率 4.10%~4.47%。在内蒙古条件下,该牛繁殖成活率 60% 左右,国营农场中则可达 77%(平均)。母牛妊娠期 283~285 d。一般 20~24 月龄初配,可繁殖 10 胎次以上。该牛耐粗放,抗寒暑能力强(-50~35 ℃)。三河牛产肉性能好,在放牧育肥条件下,阉牛屠宰率为 54.0%,净肉率为 45.6%。在完全放牧不补饲的条件下,2 岁公牛屠宰率为 50%~55%,净肉率为 44%~48%,产肉量比当地蒙古牛增加 1 倍左右。

　　三河牛由于来源复杂,品种育成时间较短,因而个体间尚有差异。

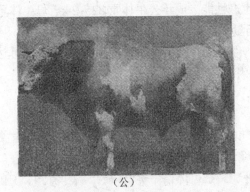

（公）

图 1-7 三河牛

三、中国草原红牛

（一）**原产地** 吉林省白城地区、内蒙古自治区和河北张家口地区。分乳肉兼用和肉乳兼用两种类型。

（二）**外貌特征** 被毛多为深红色,鼻镜多呈粉红色。角细短,向上弯曲,呈蜡黄色,角尖呈黄褐色。颈肩宽厚,胸宽深,背腰平直,后躯略短,尻宽平。全身肌肉丰满,乳房发育良好。

（公）

图 1-8 草原红牛

（三）**生产性能**　成年公牛体重825.2 kg,母牛体重482 kg,每头年均产奶量1 662 kg。18月龄阉牛,屠宰率为50.84%,净肉率为40.95%,经短期育肥的牛屠宰率和净肉率分别可达到58.1%和49.5%,肉质良好。

四、新疆褐牛

（一）**产地**　新疆褐牛是草原乳肉兼用品种。主要分布于新疆北疆的伊犁、塔城等地区,南疆也有少量分布。

（二）**外貌特征**　体格中等,体质结实。有角,角中等大小,向侧前上方弯曲,呈半椭圆形;背腰平直,胸较宽深,臀部方正;四肢较短而结实;乳房良好。新疆褐牛被毛为深浅不一的褐色,额顶、角基、口轮周围及背线为灰白或黄白色,鼻镜、眼睑、四蹄和尾帚为深褐色。成年母牛平均体重为430 kg,成年公牛平均体重为490 kg。初生公犊牛重30 kg,母犊牛重28 kg。

（公）

图1-9　新疆褐牛

（三）**生产性能**　新疆褐牛平均产乳量2 100～3 500 kg,高的个体产乳量达5 162 kg;平均含脂率4.03%～4.08%,乳干物质13.45%。该牛产肉性能良好,在自然放牧条件下,2岁以上牛只屠宰率50%以上,净肉率39%,肥育后则净肉率可提高到40%

以上。

该牛适应性很好,可在极端温度 −40℃和47.5℃下放牧,抗病力强。

第三节　引入我国的肉牛品种

一、夏洛来牛

(一) **原产地及分布**　夏洛来牛原产于法国中西部到东南部的夏洛来省和涅夫勒地区,是举世闻名的大型肉牛品种,自育成以来就以其生长快、肉量多、体型大、耐粗放而受到国际市场的广泛欢迎,早已输往世界许多国家,参与新型肉牛的育成、杂交繁育,或在引入国进行纯种繁殖。

(二) **外貌特征**　该牛最显著的特点是被毛为白色或乳白色,皮肤常有色斑;全身肌肉特别发达;骨骼结实,四肢强壮。夏洛来牛头小而宽,角圆而较长,并向前方伸展,角质蜡黄、颈粗短,胸宽深,肋骨方圆,背宽肉厚,体躯呈圆筒状,肌肉丰满,后臀肌肉很发达,并向后和侧面突出。成年活重,公牛平均为 1 100～1 200 kg,母牛 700～800 kg。其平均体尺、体重资料如表 1-1 所示。

表 1-1　夏洛来牛的体尺和活重

性别	体高(cm)	体长(cm)	胸围(cm)	管围(cm)	活重(kg)	初生重(kg)
公	142	180	244	26.5	1140	45
母	132	160	203	21.0	735	42

(三) **生产性能**　夏洛来牛在生产性能方面表现出的最显著特点是生长速度快,瘦肉产量高。在良好的饲养条件下,6 月龄公犊可达 250 kg,母犊 210 kg。日增重可达 1 400 g。在加拿大,良好饲养条件下公牛周岁可达 511 kg。该牛作为专门化大型肉用牛,

产肉性能好,屠宰率一般为 60% ~ 70%,胴体瘦肉率为 80% ~ 85%。16 月龄的育肥母牛胴体重达 418 kg,屠宰率 66.3%。夏洛来母牛泌乳量较高,一个泌乳期可产奶 2 000 kg,乳脂率为 4.0%~4.7%,但该牛纯种繁殖时难产率较高(13.7%)。

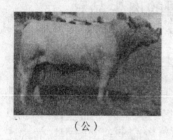（公）

（母）

图 1-10　夏洛来牛

（四）**与我国黄牛杂交效果**　我国在 1964 年和 1974 年,先后两次直接由法国引进夏洛来牛,分布在东北、西北和南方部分地区,用该品种与我国本地牛杂交来改良黄牛,取得了明显效果。表现为夏杂后代体格明显加大,增长速度加快,杂种优势明显。

二、利 木 赞 牛

（一）**原产地及分布**　利木赞牛原产于法国中部的利木赞高原,并因此得名。在法国,其主要分布在中部和南部的广大地区,数量仅次于夏洛来牛,育成后于 20 世纪 70 年代初,输入欧美各国,现在世界上许多国家都有该牛分布,属于专门化的大型肉牛品种。

（二）**外貌特征**　利木赞牛毛色为红色或黄色,口、鼻、眼周围、四肢内侧及尾帚毛色较浅,角为白色,蹄为红褐色。头较短小,额宽,胸部宽深,体躯较长,后躯肌肉丰满,四肢粗短。平均成年体重公牛 1 100 kg、母牛 600 kg;在法国较好饲养条件下,公牛活重可达 1 200~1 500 kg,母牛达 600~800 kg。

表1-2 利木赞牛1岁内活量 kg

性别	头数	初生重	3月龄重	6月龄重	1岁体重
公	2981	38.9	131	227	407
母	3042	36.6	121	200	300

（三）生产性能 利木赞牛产肉性能高,胴体质量好,眼肌面积大,前后肢肌肉丰满,出肉率高,在肉牛市场上很有竞争力。集约饲养条件下,犊牛断奶后生长很快,10月龄体重即达408 kg,周岁时体重可达480 kg左右,哺乳期平均日增重为0.86~1.0 kg;因该牛在幼龄期,8月龄小牛就可生产出具有大理石纹的牛肉。因此,是法国等一些欧洲国家生产牛肉的主要品种。

（公）

图1-11 利木赞牛

（四）与我国黄牛杂交效果 1974年和1993年,我国数次从法国引入利木赞牛,在河南、山东、内蒙古等地改良当地黄牛。利杂牛体型改善,肉用特征明显,生长强度增大,杂种优势明显。目前,黑龙江、山东、安徽为主要供种区,现有改良牛约45万头。

三、海福特牛

（一）原产地及分布 海福特牛原产于英格兰西部的海福特郡,是世界上最古老的中小型早熟肉牛品种,现分布于世界上许多国家。

（二）外貌特征　具有典型的肉用牛体型,分为有角和无角两种。颈粗短,体躯肌肉丰满,呈圆筒状,背腰宽平,臀部宽厚,肌肉发达,四肢短粗,侧望体躯呈矩形。全身被毛除头、颈垂、腹下、四肢下部以及尾尖为白色外,其余均为红色,皮肤为橙黄色,角为蜡黄色或白色。

（公）

图1-12　海福特牛

（三）生产性能　海福特牛体重成年母牛平均520~620 kg,公牛900~1 100 kg;犊牛初生重28~34 kg。该牛7~18月龄的平均日增重为0.8~1.3 kg;良好饲养条件下,7~12月龄平均日增重可达1.4 kg以上。据记载,加拿大1头公牛,育肥期日增重高达2.77 kg。屠宰率一般为60%~65%,18月龄公牛活重可达500 kg以上。

该品种牛适应性好,在干旱高原牧场冬季严寒($-48~-50$℃)的条件下,或夏季酷暑(38~40℃)条件下,都可以放牧饲养和正常生活繁殖,表现出良好的适应性和生产性能。

（四）与我国黄牛杂交效果　我国各地用其与本地黄牛杂交,海杂牛一般表现体格加大,体型改善,宽度提高明显;犊牛生长快,抗病耐寒,适应性好,体躯被毛为红色,但头、腹下和四肢部位多有白毛。

四、安格斯牛

(一)原产地 原产于英国苏格兰北部的阿拉丁和安格斯地区,为古老的小型黑色肉牛品种,近几十年来,美国、加拿大等一些国家育成了红色安格斯牛。

(二)体型外貌 安格斯牛无角,头小额宽,头部清秀,体躯宽深,呈圆筒状,背腰宽平,四肢短,后躯发达,肌肉丰满;被毛为黑色,光泽性好。

(公)

图 1-13 安格斯牛

(三)生产性能 成年公牛体重 700~900 kg,体高 130 cm;母牛体重 500~600 kg,体高 119 cm。屠宰率 60%~70%。该品种具有早熟,耐粗饲,放牧性能好,性情温顺的特点;难产率低,耐寒,适应性强。肉牛中胴体品质最好,是理想的母系品种。

五、皮埃蒙特牛

(一)原产地 意大利的皮埃蒙特地区,属中型肉用牛品种。

(二)体型外貌 被毛灰白色,鼻镜、眼圈、肛门、阴门、耳尖、尾帚等为黑色。犊牛出生时被毛为浅黄色,后慢慢变为白色。中等体型、皮薄、骨细,双肌肉型表现明显。全身肌肉丰满,后躯特别发达。

（三）生产性能　成年公牛体重800 kg，母牛体重500 kg。周岁公牛体重可达400 kg，屠宰率72.8%，净肉率66.2%，瘦肉率84.1%。其主要特点是早期增重快，皮下脂肪少，屠宰率高，眼肌面积大，肉质鲜嫩，皮张弹性极高。但易发生难产。

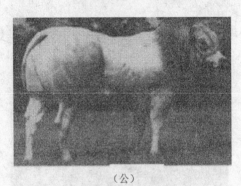

（公）

图1-14　皮埃蒙特牛

六、西门塔尔牛

（一）原产地　西门塔尔牛原产于瑞士西部的阿尔卑斯山区，主要产地为西门塔尔平原和萨能平原。在法、德、奥等国边邻地区也有分布。西门塔尔牛占瑞士全国牛只的50%、奥地利占63%、前西德占39%，现已分布到很多国家，成为世界上分布最广，数量最多的乳、肉、役兼用品种之一，是世界著名的兼用牛品种。

（二）体型外貌　该牛毛色为黄白花或淡红白花，头、胸、腹下、四肢及尾帚多为白色，皮肤为粉红色。体型大，骨骼粗壮结实，体躯长，呈圆筒状，肌肉丰满。头较长，面宽；角较细而向外上方弯曲，尖端稍向上。颈长中等；前躯发育良好，胸深，背腰长平宽直，尻部长宽而平直。乳房发育中等，泌乳力强。

（三）生产性能　西门塔尔牛乳、肉用性能均较好，平均产奶量为 4 070 kg,乳脂率 3.9%。在欧洲良种登记牛中,年产奶 4 540 kg者约占 20%。该牛生长速度较快,平均日增重可达1.0 kg 以上,生长速度与其他大型肉用品种相近。胴体肉多,脂肪少而分 布均匀,公牛育肥后屠宰率可达 65%左右。成年母牛难产率低, 适应性强,耐粗放管理。总之,该牛是兼具奶牛和肉牛特点的典型 品种。成年公牛体重 1 000~1 300 kg,母牛 650~750 kg。适应性 好,耐粗饲,性情温顺,适于放牧。

(四) 与我国黄牛杂交的效果　我国自 20 世纪初就开始引入 西门塔尔牛,到 1981 年我国已有纯种该牛 3 000 余头,杂交种 50 余万头。西门塔尔牛改良各地的黄牛,都取得了比较理想的效果。 据河南省报道,西杂一代牛的初生重为 33 kg,本地牛仅为 23 kg; 平均日增重,杂种牛 6 月龄为 608.09 g,18 月龄为 519.9 g,本地牛 相应为 368.85 g 和 343.24 g;6 月龄和 18 月龄体重,杂种牛分别 为 144.28 kg 和 317.38 kg,而本地牛相应为 90.13 kg 和 210.75 kg。在产奶性能上,从全国商品牛基地县的统计资料来看, 207 d 的泌乳量,西杂一代为 1 818 kg,西杂二代为 2 121.5 kg,西 杂三代为 2 230.5 kg。

(公)

图 1-15　西门塔尔牛

七、短　角　牛

（一）**原产地**　短角牛原产于英格兰的诺桑伯、德拉姆、约克和林肯等;因该品种牛是由当地土种长角牛经改良而来,角较短小,故取其相对的名称而称为短角牛。

（二）**体型外貌**　肉用短角牛被毛以红色为主,有白色和红白交杂的沙毛个体,部分个体腹下或乳房部有白斑;鼻镜粉红色,眼圈色淡;皮肤细致柔软。该牛体型为典型肉用牛体型,体躯深宽,呈矩形,全身肌肉丰满。体躯各部位结合良好,头颈短,垂皮发达,额宽平;角短细、向下稍弯,角呈蜡黄色或白色,角尖部位黑色,颈部被毛较长且多卷曲,额顶部有丛生的被毛。背部宽平,背腰平直,肋骨开张,尻部宽广、丰满,股部宽而多肉。四肢短,肢间距宽。

（三）**生产性能**　早熟性好,肉用性能突出,利用粗饲料能力强,增重快,产肉多,肉质细嫩。17月龄活重可达 500 kg,屠宰率为 65% 以上。大理石纹好,但脂肪沉积不够理想。成年公牛活重平均 900~1 200 kg,母牛 600~700 kg;公、母牛体高分别为136 cm 和 128 cm 左右。

（公）

图 1 - 16　短角牛

八、比利时蓝白花牛

（一）产地 比利时蓝白花牛原产于比利时中北部,是短角型蓝花牛和弗里生牛的后裔,经长期向肉用方向选择而成。

（二）体型外貌 体型高大,肌肉丰满。头轻,背腰平直,体躯长筒状,尻稍斜。毛色以白色为主,有蓝色或黑色斑点,色斑大小变化大,鼻镜、耳边、尾部多为黑色。种公牛体重 1 200 kg,母牛 700 kg;公牛体高 148 cm,母牛 134 cm。

（三）生产性能 犊牛早期生长快,日增重可达 1.4 kg,屠宰率一般为 65%。早熟,1.5 岁左右可初配,平均妊娠期为 282 d,初生重公母犊分别为 46 kg 和 42 kg。

比利时蓝白花牛是欧洲黑白花牛的一个分支,是该血统牛中惟一育成的肉用专门品种。我国在 1996 年后引进,作为肉牛配套系的父系品种。

（公）

图 1 - 17 比利时蓝白花牛

九、日 本 和 牛

（一）产地 日本和牛为原产于日本的土种牛。1912 年日本对和牛进行了有计划的杂交工作。并在 1944 年正式命名为黑色和牛、褐色和牛和无角和牛,作为日本国的培育品种。

（二）**体型外貌**　体型小,体躯紧凑,腿细,前躯发育好,后躯差,毛色为黑色、褐色,也有条纹及花斑的杂色牛只。一般和牛分为褐色和牛和黑色和牛2种。母牛体高为115～118 cm。

（三）**生产性能**　褐色和牛在育肥360 d,20 月龄时,体重566 kg,胴体重356 kg,屠宰率达62.9%;26月龄屠宰,育肥514 d,体重624 kg,胴体重403 kg,屠宰率64.7%。和牛晚熟,母牛3岁,公牛4岁才进行初次配种。

十、丹麦红牛

（一）**产地**　丹麦红牛原产于丹麦,为乳肉兼用品种。由丹麦默恩岛、西兰岛和洛兰岛上所产的土种牛,经长期选育而成。在选育过程中,曾用与该牛生产性能、毛色、繁育环境等相似的英国牛品种进行导入杂交。

（二）**体型外貌**　该牛体格大,体躯深、长,胸宽,胸骨向前突出,垂皮大。背长,腰宽,尻宽而长,腹部容积大。乳房大,发育匀称,乳头长8～10 cm。全身肌肉发育中等。皮肤薄,有弹性。毛色为红色及深红色。公牛一般毛色较深,还能见到腹部和乳房部有

（公）

图 1-18　日本和牛

白斑的个体。鼻镜为瓦灰色。成年公牛体重为 1 000~1 300 kg,母牛体重为 650 kg;周岁公牛体重为 450 kg,母牛体重为 250 kg。

（三）**生产性能** 产肉性能好,屠宰率一般为 54%。在用精料肥育条件下,12~16 月龄的小公牛,平均日增重为 1 010 g,屠宰率为 57%,胴体中肌肉占 72%;22~26 月龄的去势小公牛,平均日增重为 640 g,屠宰率为 56%,胴体中肌肉占 65%。产乳性能,1970 年 15 万头有产乳记录的母牛,泌乳期 365 d,每头年平均产乳量 4 877 kg,乳脂率为 4.15%;1980 年测定,每头年平均产乳量为 5 346 kg,乳脂率为 4.18%。

丹麦红牛性成熟早,生长速度快,肉品质好,体质结实,抗结核病的能力强。

（母）

图 1 - 19 丹麦红牛

第二章　肉牛的生物学特性

牛在进化过程中,由于人工选择和自然选择的作用,逐渐形成了不同于其他动物的某些习性和特点。了解这些习性和特点,对于采取正确的饲养管理方法、实现肉牛的科学饲养是十分有益的。

第一节　生　活　习　性

一、睡　　眠

牛的睡眠时间很短,每日总共 1~1.5 h。因此,在夏季对牛可进行夜间放牧或饲喂,使牛在夜间有充分的时间采食和反刍。

二、群　居　性

牛是群居家畜,具有合群行为,群体中形成群体等级制度和群体优胜序列,当不同的品种或同一品种不同的个体混合时,经过争斗建立起优势序列,优势者在各方面得以优先。

放牧时,牛喜欢 3~5 头结帮活动。放牧牛群不宜过大,否则影响牛的辨识能力,争斗次数增加,一般放牧牛群以 70 头以下为宜。在山高坡陡、地势复杂、产草量低的地方放牧,牛群可小一些,相反则可大一些。分群应考虑牛的年龄、健康状况和生理等因素,6~8 月龄牛,老牛、病弱牛、妊娠最后 4 个月牛以及哺乳幼犊的母牛,可组成一群,不要把公牛和爱抵架的牛混入这些牛群中,以免发生事故。舍饲时仅有 2%单独散卧,40%以上 3~5 头结帮合卧。

牛的群体行为对于放牧按时归队,有序进入挤奶厅和防御敌害具有重要意义。牛群混合时一般要 7~10 d 才能恢复安静,牛的这一习性,在育肥时应给予注意,育肥群体中不要加入陌生个体。

三、视觉、听觉、嗅觉灵敏,记忆力强

牛的视觉、听觉、嗅觉灵敏,记忆力强。公牛的性行为主要由视觉、听觉和嗅觉等所引起,并且视觉比嗅觉更为重要。公牛看到母牛或闻嗅母牛外阴部时,就会产生性行为。公牛的记忆力强,对它接触过的人和事,印象深刻,例如兽医或打过它的人接近它时常有反感的表现。

四、运　　动

牛喜欢自由活动,在运动时常表现嬉耍性的行为特征,幼牛特别活跃,饲养管理上保证牛的运动时间,散栏式饲养有利于牛的健康和生产。

五、排　　泄

一般情况下,每天牛排尿 9～11 次,排粪 12～20 次,早晨排粪次数最多,排尿和排粪时,平均举尾时间分别为 21 s 和 36 s。成年牛每天粪尿的排泄量 31～36 kg。牛排泄的次数和排泄量因采食饲料的种类和数量、环境温度及个体有差异,排泄的随意性大,对于散放的舍饲牛,在运动场上有向一处排泄的倾向,排泄的粪便大量堆积于某处。牛对粪便不在意,常行走或躺卧于粪便上,舍饲中,管理上应注意清除粪便。

第二节　采食习性和消化特点

一、采　　食

牛是草食性反刍动物,以植物为食物,主要采食植物的根、茎、

叶和子实。牛无上门齿,舌是摄取食物的主要器官。牛的舌较长,运动灵活而坚强有力,舌面粗糙,能伸出口外,将草卷入口内。上颌齿龈和下颌门齿将草切断,或靠头部的牵引动作将草扯断。散落的饲料用舌舔取。因此,牛适宜在牧草较高的草地放牧,当草高度未超过5~10 cm时,牛难以吃饱,并会因"跑青"而大量消耗体力。

牛有竞食性,即在自由采食时互相抢食。利用牛的这一特性,群饲可增加对劣质饲料的采食量。但在放牧时,应避免因抢食、行走快造成的牧草践踏。

牛喜欢吃青绿饲料、精料和多汁饲料,其次是优质青干草、低水分青贮料,最不爱吃秸秆类粗饲料。同一类饲料中,牛爱吃1 cm³左右的颗粒料,最不喜欢吃粉料。因此,在以秸秆为主喂牛时,应将秸秆切短或粉碎,并拌入精料或打碎的块根、块茎类饲料饲喂,也可将其粉碎后压制成颗粒饲料饲喂。

牛爱吃新鲜饲料,不爱吃长时间拱食而黏附鼻唇镜黏液的饲料。因此,喂草料时应做到少添、勤添,下槽后清扫饲槽,把剩下的草料晾干后再喂。

整粒谷物不能顺利通过小牛瘤胃下端开口,但很容易通过大牛的瘤胃。牛在采食时不嚼碎谷物,而将它储存在瘤胃内待反刍时才破碎。所以,可以用整粒谷物饲喂体重100~150 kg以下的小牛。饲喂大牛时,则需对谷物进行加工,否则会有较多的谷物通过瘤胃并随粪便排出。加工方法最好是将谷物饲料稍加粉碎或简单地碾压。磨成细粉后喂牛,反而导致养分在消化过程中损失,还可能造成消化道疾病。圆形块根、块茎类饲料(如胡萝卜等),应切成小块或片再喂。

牛的舌上面长有许多尖端朝后的角质刺状凸出物,食物一旦被舌卷入口中就难以吐出。如果饲草饲料中混入铁钉、铁丝异物时,就会进到胃内,当牛反刍时胃壁会强烈收缩,挤压停留在网胃前部的尖锐异物而刺破胃壁,造成创伤性胃炎;有时还会刺伤心包,引起心包炎,甚至造成死亡。因此,给牛备料时应避免铁器及尖锐物混入草料中。

在自由采食情况下,牛全天采食时间为 6~7 h。放牧牛比舍饲牛采食时间长。饲喂粗糙饲料,如长草或秸秆类,采食时间延长;而喂软嫩的饲料(如短草、鲜草),则采食时间短。放牧情况下,草高 30~45 cm 时采食速度最快。牛的采食还受气候变化的影响,气温低于 20 ℃ 时,自由采食时间约 2/3 分布在白天;气温为 27 ℃ 时,约 1/3 的采食时间分布在白天。天气晴朗时,白天采食时间比阴雨天多,阴雨天到来前夕,采食时间延长。天气过冷时,采食时间延长。放牧牛,在日出时和近黄昏有 2 个采食高峰。因此,夏季应以夜饲(牧)为主,延长上槽时间;冬季则宜舍饲。日粮质量较差时,应增加饲喂时间。放牧时应早出晚归,使牛多进食;清明节前后,先喂牛干草,吃半饱再放牧,以防止拉稀和膨胀病,经 10~15 d 适应期后,就可直接出牧了。秋季,牧草逐渐变老,适口性差,牛不喜欢采食;进入霜期,待草上的霜化后才能放牧。

牛的采食量与体重密切相关。日采食干物质,2 月龄时为其体重的 3.2%~3.4%;6 月龄时为其体重的 3.0%;12 月龄牛体重为 250 kg 时,日采食干物质为其体重的 2.8%;到 500 kg 体重时为 2.3%。

牛对切短的干草比长草采食量大,对草粉采食量少。但把草粉制成颗粒饲料时,采食量可增加 50%。日粮中营养不平衡时,牛的采食量减少。在牛的日粮中增加精料比例,采食量会随之增加;用阉牛试验表明,精料量占日粮 50% 以上时,干物质采食量不再增加;当精料量占日粮的 70% 以上时,采食量随之下降。日粮中脂肪含量超过 6% 时,日粮中粗纤维的消化率下降;超过 12% 时,食欲受到限制。环境安静,群饲自由采食及适当延长采食时间等,均可增加牛的采食量,反之采食量减少。饲草饲料的 pH 值过低,会降低牛的采食量。环境温度从 10 ℃ 逐渐降低时,可使牛对干物质的采食量增加 5%～10%;当环境温度上升超过 27℃时,牛的食欲下降,采食量减少。

二、饮　　水

先把上下唇合拢,中央留一小缝,伸入液体中,然后因下颌、上颌和舌的有规律的运动,使口腔内形成负压,液体便被吸入到口腔中。牛的饮水量较非反刍动物大,同时受多种因素影响。气温升高,需水量增加;泌乳牛需水量大,每产 1 kg 奶需水 3～4 kg;放牧饲养牛较舍饲牛需水多 50%。一般情况下,牛的需水量可按每千克干物质需水 3～5 kg 供给。生产中最好是自由饮水。冬天应饮温水(不宜低于 30 ℃),以促进采食、消化吸收,并减少体温散失,以利于增重。

三、消化特点

(一) 咀嚼　食物在口腔内经过咀嚼,被牙齿压碎、磨碎,然后吞咽。牛在采食时未经充分咀嚼(15～30 次)即行咽下,但经过一定时间后,瘤胃中食物重新回到口腔精细咀嚼。乳牛吃谷粒和青贮料时,平均每分钟咀嚼 94 次,吃干草时咀嚼 78 次,由此计算,乳牛 1 d 内咀嚼的总次数(包括反刍时咀嚼次数)约为 42 000 次,可见牛在咀嚼上消耗大量的能量。因此,对饲料进行加工(切短、磨碎等),可以节省牛的能量消耗。

(二) 复胃消化　牛有 4 个胃室。前三胃无胃腺,第四胃有胃腺,能分泌消化液,其作用与单胃相同。牛胃容积大,占整个消化道 70% 左右。瘤胃中有大量细菌和纤毛虫,能消化和分解饲料中的纤维素。在所有动物中,反刍类动物对粗纤维的消化率最高(50%～90%),所以,牛的日粮应以体积较大的青粗饲料为主。瘤胃微生物还能利用尿素等非蛋白氮化合物,合成微生物蛋白,为宿主提供营养。

（三）**反刍** 牛在摄食时，饲料一般不经充分咀嚼，就匆匆吞咽进入瘤胃，在瘤胃中浸泡和软化。通常在休息时返回到口腔仔细地咀嚼，然后混入大量唾液，再吞咽入胃。这一过程称为反刍。饲喂后通常经过 0.5～1 h 才出现反刍。每次反刍的持续时间平均为 40～50 min，然后间歇一段时间再开始第 2 次反刍。这样，一昼夜约进行 6～8 次反刍，犊牛的反刍次数则更多。牛每天总反刍时间平均为 7～8 h。犊牛大约在生后第 3 周出现反刍，这时犊牛开始选食草料，瘤胃内有微生物滋生。如果训练犊牛提早采食粗料，则反刍提前出现。

自由采食情况下，反刍时间均匀地分布在一天之中。白天放牧、舍饲或正在劳役的牛，则反刍主要分布在夜间。牛患病、劳累过度、饮水量不足、饲料品质不良、环境干扰等均能抑制反刍，导致疾病。

第三节 繁殖特性

牛为双角子宫，单胎动物，性成熟年龄因牛种和品种而有差异，普通牛性成熟年龄一般为 8～12 月龄，小型品种性成熟早一些，个别品种要 15～18 月龄才能达到性成熟。牛的繁殖年限为 11～12 年。一般无明显的繁殖季节，但春秋季发情较明显，牦牛发情有明显的季节性，主要集中在 7～9 月份，范围为 6～10 月份。牛的发情周期平均为 21 d，发情持续性较短，一般为 16～21 h，母牦牛的发情持续性较长，为 18～48 h。圈养牛随年龄增加，尤其在高龄时，发情持续性增长，达 1～3 d。

母牛发情后，表现为兴奋不安、食欲下降、鸣叫、外阴红肿、颜色变深、阴道分泌物增加；公牛通过听觉和嗅觉判断母牛的发情状况，反应为追逐，与母牛靠近，表现为性激动。当发情母牛与公牛接触时，公牛常嗅舐母牛外阴部，公牛阴茎勃起，母牛接受交配时，站立不动,公牛爬跨,跃上母牛后躯,阴茎插入母牛阴道,抽动,阴茎提肌收缩,5~10 s后射精,公牛跃下,阴茎收回,完成整个交配行为。

母牛妊娠后,食欲增加,被毛光泽性增加,性情很温顺,行动缓慢、小心。

第四节　生长特性

牛断奶前各组织器官发育已基本完成,神经组织发育已完善,牛体的生长过程是由前到后、由下到上的过程。各组织生长首先是与生命关系密切者优先。身体各部位生长次序为由头到颈、四肢,再到胸廓,最后是腰尻部;各组织发育的顺序是由神经到骨骼,再到肌肉,最后到脂肪。10~12月龄以前是骨骼生长发育的高峰期,12月龄后肌肉生长加快,18月龄左右其生长基本完成,以后脂肪的沉积加快。牛在生长发育某阶段受营养水平的限制,生长速度减慢甚至停止,当恢复到高营养水平后,生长速度比未受限饲养的牛快,经过一段时间饲养后能恢复到正常体重,称之为代偿生长,合理利用代偿生长有助于肉牛生产。

第五节　对环境的适应性

牛是一种大型的哺乳类恒温动物。体型较大,每单位体重的体表面积小,较有利于热的保存,不利于热的发散。如体重 1 kg 的动物,代谢体重(体重的 0.75 次方)亦为 1 kg,体表面积为 0.10 m²。体重 100 kg 的动物,代谢体重为 32 kg,体表面积为 2.2 m²。亦即体重增加 100 倍,代谢体重增加 32 倍,体表面积仅增加 22 倍。一般而言,体重大的牛怕热而耐寒;体型小的牛耐热而怕冷。

被毛和体组织的保温性能好。肉用牛身体的隔热能力很强,不同品种、个体的体组织隔热能力差异很大,例如,海福特牛体组织的隔热要比荷斯坦牛大 20%。

饲料消化和利用过程产热量多。牛采食大量的青粗料，瘤胃的发酵以及采食、反刍、消化和养分的吸收利用等过程中产生大量的热(热增耗或食后增热)，在寒冷季节可用于体温维持，但在炎热时却增加散热负担。据研究，瘤胃发酵产生的乙酸，在代谢过程中有 41%~67% 以热的形式损失，丙酸损失 14%~44%，丁酸损失 24%~38%。

泌乳过程产生大量的热。泌乳期生产牛乳必须消耗能量。日产 20 kg 乳的牛，每日需增加 44.18~58.24 MJ 的能量消耗，这些能量均以热的形式损失。同时，牛为产奶还需增加饲料消耗，增加热增耗。所以，每日产 20 kg 奶的牛每日的产热量比妊娠干奶牛增加 50% 以上。基于上述散热量少，产热量多的原因，使泌乳牛极其耐寒。

牛汗腺机能不发达，且有被毛妨碍对流和蒸发，所以，当温度升高时必须加快呼吸蒸发。

牦牛适应于高寒、海拔 3 000 m 以上的高山草原地区。黄牛主要分布于温带和亚热带地区，耐寒不耐热。我国南方黄牛个体小，皮薄毛稀，耐热耐潮湿，并能抗蜱。一般来说，大部分牛耐寒不耐热。

牛喜欢安静的环境，噪声影响牛的生长和产奶。

温度是对牛影响最重要的环境因子，一般情况，牛适宜的环境温度为 10~21 ℃。高温使牛的采食量下降，引起牛生长速度降低和产奶量下降，同时使公牛精液品质下降，一般情况下，欧洲类型的牛耐热性差一些，瘤牛耐热性较强；低温对牛无明显的影响，牛对低温环境调节能力较强，低温使牛的基础代谢增加，通过增加采食量产生热量抵御低温条件；极端低温抑制母牛的发情和排卵。湿度通过温度来影响牛的生产性能，高湿使高温或低温对牛的影响加剧。

基于牛耐寒怕热的生物学特性，在牧场和牛舍的设计上应注意防暑,特别是太阳辐射热的防止,如屋顶敷设隔热层,建筑凉棚,绿化环境。热天牛体淋水,使用风扇,饮用冷水,提高日粮营养水平等,都能缓和热应激,减少生产损失。至于寒冷地区,虽不必过分考虑牛舍的保温问题,但亦必须能躲避风雪,牛舍内仍需保持0℃以上。

第六节　对外界刺激的反应性

牛的性情温顺,易于管理。但若经常粗暴对待,就可能产生顶人、踢人等恶癖。牛的鼻镜感觉最灵敏,套鼻环处更为敏感,以手指或鼻钳子挟住鼻中隔时,就能驯服它。

牛对突然的意外刺激(如异物、噪声等),也会引起恐惧,产奶量减少,公牛抑制其性活动。公牛有防御反射强的特点,当陌生人接近时,把头低下,目光直射前方,发出粗声粗气,前脚刨地吼叫,表现出对来者进行攻击的样子。

在养牛生产中,对牛不要打骂、恫吓。应经常刷拭牛体使牛养成温顺的性格,利于饲养和管理。

第三章 肉牛的外貌鉴定与生产力

第一节 肉牛的体型外貌

一、外貌鉴定的意义

体型外貌是体躯结构的外部表现,在一定程度上反映牛的生产性能。不同生产用途的牛,都有与其生产性能相适应的体型外貌,外形良好的个体就有较高的生产性能。体型外貌也是品种的重要特征,通过各个部位的形状和毛色可区别牛的品种,也可区别纯种和杂种。同时还可看出品种的遗传性稳定与否。外貌也是判断肉牛营养水平和健康状况的依据,如健康牛胸部宽深,背腰平直,骨骼结实。四肢强健,被毛光泽,皮肤松软,角蹄细嫩平滑,眼耳灵活,精神好。根据外形可鉴定外形上的优缺点,作为选种、选配牛的依据。根据外形可鉴别牛的年龄。

二、肉牛的体型外貌特点

(一) 牛体部位的划分　牛的体躯一般分为头颈、前躯、中躯和后躯4部分。

1. 头颈部　在体躯的最前端,以鬐甲和肩端的连线为界与躯干分开。其中耳根至下颚后缘的连线之前为头,之后为颈。

2. 前躯　颈部之后至肩胛软骨后缘垂直切线以前,包括鬐甲、前肢、胸等部位。

3. 中躯　肩胛软骨后缘垂线之后至腰角前缘垂直切线之前的中间躯段,包括背、腰、腹等部位。

4.后躯　腰角前缘垂直切线之后的部位,包括尻、臀、后肢、尾、乳房、生殖器官等。

(二) 牛体各部位的名称　了解和熟悉牛体各部体名称是进行外貌鉴别和体尺测量的基础,牛体各部位名称见图3-1。

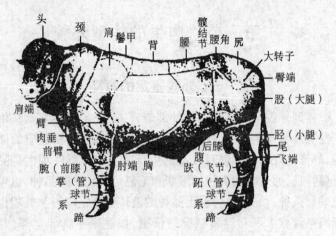

图3-1　肉牛体部位名称

(三) 牛的体尺和体重测定　对牛体部位进行度量来鉴定牛的方法,常用于牛外貌研究。体尺大小和各项体尺间的相对关系,是判断牛的生长发育、类型和利用方向的根据。

1.**牛的体尺**　最常用的牛体尺测量项目有12项:体高、十字部高、胸深、胸宽、腰角宽(又称十字部宽)、坐骨端宽(又称尻宽)、髋宽、体斜长、体直长、尻长、胸围和管围。各项体尺丈量的起止点见图3-2。

(1)体高(A~M)。鬐甲中部沿前肢后缘垂直到地面的高度,用直尺或丈尺。

(2)十字部高(B~N)。十字部垂直到地面的高度。用直尺或丈尺。

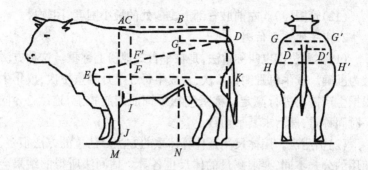

图3-2　牛体尺测量部位示意图

(3)胸深($C\sim I$)。鬐甲后缘到胸基垂直的最短距离,即深度,用直尺或卡尺。

(4)胸宽($F\sim F'$)。与胸深同一测量面肩后最小宽度,用直尺或卡尺。

(5)腰角宽($G\sim G'$)。两腰角外缘的水平最大宽度,用直尺或卡尺。

(6)坐骨端宽($D\sim D'$)。两坐骨端外突的水平最大宽度,用直尺或卡尺。

(7)髋宽($H\sim H'$)。两髋关节外缘的水平最大宽度,用直尺或卡尺。

(8)体斜长($E\sim D$)。肩端前缘到坐骨端外缘的直线长度,用直尺。

(9)体直长($E\sim K$)。肩端前缘到坐骨端后缘的直线的水平距离,用直尺或杖尺。

(10)尻长($G\sim D$)。腰角前缘到坐骨端外缘最大长度,用直尺或卡尺。

(11)胸围($C\sim F\sim I\sim F'\sim C$)。鬐甲后垂直围绕通过胸基的围度,用软尺。

(12)管围(J)。左前肢管部上 1/3 处的最小围度,用软尺。

2.肉牛的体重估测

(1)实测法。也叫称重法,是在平台式地磅上称重。这种方法最为准确。犊牛每月测重 1 次,育成牛每 3 个月测重 1 次,成年牛根据生产需要进行测定。称重应在早饲前或放牧前,连续 2 d 同一时间称重,然后求其平均数。

(2)估测法。用体尺测量计算体重的方法。估重的方法很多,使用的公式不同,要求测量的体尺也各异。估测法所得的结果会与实际称重结果有一定差异,一般认为与实际相差 5% 以内即为合格。在实际工作中,应事先对估重公式进行校核,甚至对公式中的常数作必要的修正,以求其准确,但应有适当的数据作根据。现将常用的几种公式介绍如下:

体重(kg) = 胸围²(cm) × 体斜长(cm) ÷ 10 800(适用于肉牛)

体重(kg) = 胸围²(m) × 体斜长(m,软尺) × 90(适用于乳肉兼用牛)

(四) 肉牛的外貌特征 随着人们对牛肉品质要求的改变,肉牛选育目的和培育条件也发生相应调整,导致肉牛的外形也随时代有所改变,例如,肉牛由过去的低垂、四方形、肥胖型,向现在的高大型、背腰和后腿肌肉发达的瘦肉型方面转变。

1.肥胖型肉用牛外形特点 从整体来看,体躯低矮,皮薄骨细,全身肌肉丰满、疏松而匀称,整个体躯呈明显的"矩形",也称"方砖形"。从前面看,由于鬐甲宽平,胸宽而深,肋骨开张,肌肉丰满,构成前望矩形;从上面看,由于鬐甲宽厚,背腰和尻部广阔,构成上望矩形;从侧面看,由于颈短而宽,体躯宽深,胸、尻深厚,腹、背线平行,构成侧望矩形;从后面看,由于尻部平宽,两腿深厚,则构成后望矩形。

从局部看,头短额宽,角细耳轻,颈短而宽。鬐甲要求宽厚多肉,与背腰在一条直线上。前胸饱满,突出于两前肢之间。肋骨弯度大,肋间隙狭窄,两肩与胸部结合良好,无凹陷痕迹,显得十分丰满多肉。背腰要求宽广而平直,沿脊柱两侧和背腰肌肉非常发达,常形成复腰。腹线平直、宽广而丰圆,体躯中等长,呈现粗短的圆筒状。尻部应宽、长、平、直而富于肌肉,忌尖尻和斜尻。两腿宽而深厚,显得十分丰满。腰角丰圆不突出,坐骨端距离宽,厚实多肉。连接腰角、坐骨端与飞节的三点构成丰满多肉的肉用三角。四肢较短,肢间距较宽,骨骼细致,关节分明。皮肤松软柔和,富有弹性。用手触摸有肥厚、细腻的感觉,被毛细密、柔软而有光泽,并呈现卷曲状。

肥胖型肉牛,体躯中等长,因为前胸突出,所以看来显得长,体躯深厚,体深因为背脂、腹脂多,从上望胸宽,腹中部宽,这些部位都是多脂少肉的部位,因而肌肉发育一般。胴体产肉少,切割肉也少。

2.瘦肉型肉牛的外形　一般外形表现为牛全身肌肉丰满,体躯宽、深,呈长而圆形。背腰宽厚、胸深,对于前胸不像以前要求特别突出,肋骨弯曲,肌肉发达,背线腹下线平行,腹部不大。头颈短宽,但颈不可太短,尻部、后大腿肌肉宽厚,向后延伸,从牛侧面看,后腿延伸到飞节成一圆弧,从牛后面看,背腰及尻部肌肉宽阔,尻下两侧特别突出,后裆肌肉丰满,而无脂肪块和皮下脂肪。尾根也无脂肪块。

从局部看,头宽,面部较短,两眼间要宽,角细嫩光滑。颈多肉,不像以前要求那样短,但要与肩、鬐甲接合平滑。鬐甲宽圆、胸深宽富有肌肉,除具有瘤牛血统的牛以外,无垂皮。胸与肩胛骨接合光滑,有的欧洲品种这里肌肉丰满。前肢正直,较长。两腿间距离宽,骨较细,关节分明。背腰宽广平直,多肉,肋骨弯曲,腹部不宜过大。尻部长宽多肉,尾根不可有脂肪块。最近发展趋势是后大腿肌肉更加发达,向后向外肌肉特丰满,后大腿间距离宽,骨细,关节分明。皮肤薄而柔软,富弹性,被毛细密而柔软,有光泽。瘦肉型肉牛体躯较长,前肢后肢间宽,肌肉发达,表现为后肢侧望肌肉向后突出延伸;后望,尻部后腿肉向内向外开张延伸;上望,背腰及肩部有丰满的肌肉。总之,这种牛肌肉发达,有标准肥育度,胴体等级高,出肉率高,切割肉多。

三、肉牛的外貌鉴定方法

牛的体型外貌与生产性能的关系密切。不同生产类型的牛,体型外貌存在显著差异。肉用牛应具有宽深而肌肉丰满的体躯,否则产肉性能不会太好。一般来说,如果生长早期的犊牛在后胁、阴囊等处沉积脂肪,表明不可能长成大型肉牛。大骨架的牛更有利于肌肉的沉积。如果青年牛体格较大而肌肉较薄,表明它是晚熟的大型牛,会比体格小而肌肉厚的牛更有生长潜力。所以,处于生长期的牛,如整个体躯形态清晰,宽而不丰满,看上去瘦骨嶙峋,说明有发育前途;相反外貌丰满而骨架很小的牛不会有良好的长势。

目前,从外形选牛已逐渐成为一种专门的技术和职业。常用的鉴定方法有以下2种。

（一）**外貌评分鉴定**　通过肉眼观察并借助触摸肉牛各个部位来与理想肉牛的各个部位及整体进行比较。鉴定时,鉴定人员要对肉牛整体及各部体躯在思想中形成个"理想模式",即最好的体躯及相应部位应是怎么个"样式",思想上要有明确的印象,然后用实际牛体的整体和各个部位与理想模式进行比较,从而达到判断牛只生长发育状况及生产性能高低的目的。

鉴定时,应使牛自然站在宽广平坦的场地上,鉴别者站在距牛3~5 m的地方,首先对整个牛体环视一周,以便有一个轮廓的认识和掌握牛体各部位的发育状况,同时注意分析牛整体的平衡状态、体躯形状、各部位结合状况与发达程度,以及各部相互间比例的大小。然后站在牛的前面观察头部的结构、胸和背腰的宽度、肋骨开张程度和前肢的肢势等;从侧面观察胸部的深度,整个体型,肩及尻的倾斜度,颈、背、腰、尻等部的长度及肌肉附着情况。肉眼观察完毕,再用手按和摸牛的背腰部、肋部、股部、后肋部的皮肤厚度、皮下脂肪多少及肌肉弹性,以便确定其肥满程度,估价肉脂骨量的多少。对这些做到心中有数以后,让饲养人员牵牛绕评定人员一圈,细心观察牛只身躯的平衡状态,运步情况。最后对该牛做出判断,决定其相应等级。

外貌评分鉴定简便易行,不需要设备仪器,但要有丰富经验的评判人员进行鉴定,才比较准确可靠。

肉牛的外貌评分鉴定是根据牛的不同品种和不同用途,按牛的各部位与生产性能及健康程度关系的大小,分别规定出不同分数,主要部位占的分数多,次要部位占的分数就少,总分100分。现将我国肉牛繁育协作组制定的肉牛外貌评定表列举如表3-1和表3-2(两表适用于海福特、夏洛来、利木赞等纯种肉牛)所示。按表格项目内容和份额评分。鉴定者根据评分标准,分别评分,最后根据总分的高低,区分肉牛的优劣。根据各部位分数总和,按表3-2评定等级。

表3-1 肉牛外貌鉴别评分表

部 位	鉴 定 要 求	评分 公	评分 母
整体结构	品种特征明显,结构匀称,体质结实,肉用体型明显,肌肉丰满,皮肤柔软有弹性	25	25
前躯	胸深宽,前胸突出,肩胛平宽,肌肉丰满	15	15
中躯	肋骨开张,背腰宽而平直,中躯呈圆筒形,公牛腹部不下垂	15	20
后躯	尻部长、平、宽,大腿肌肉突出伸延,母牛乳房发育良好	25	25
肢蹄	肢蹄端正,两肢间距宽,蹄形正,蹄质坚实,运步正常	20	15
合 计		100	100

表3-2　肉牛外貌等级评定表

性别	特等	一等	二等	三等
公	85	80	75	70
母	80	75	70	65

（二）肉牛的线性鉴定　借鉴乳用牛线性体型鉴定原理，以肉牛各部位2个生物学极端表现为高、低分的外貌鉴定（如头很粗大，评以最低分，最细小的为最高分），它不是以最理想的部位形态为最高分，并用统计遗传学原理进行计算的鉴定方法。对肉用牛种畜群评定的时间最好在公牛11～24月龄间和母牛11月龄后到初产期间进行第一次线性体型评分。

我国肉牛的线性鉴定采用50分制，鉴定内容由体格结构、肌肉度、细致度和乳房四部分组成。

1.**体格结构**　包括头大小、腰平整度、尻倾斜度、前肢姿势、后肢姿势和系部6项。

2.**肌肉度**　包括鬐甲、肩部、腰宽、腰厚、大腿肌肉和尻形状6项。

3.**细致度**　包括骨骼和皮肤2项。

4.**乳房**　包括附着伸展和容量2项。在肉用牛中重视乳房的原因，是要求肉用牛有相当好的泌乳能力。

现代肉用品种的体形要求是头部小，肌肉发达，骨骼细致，皮肤细薄，乳房发育良好。其各部分的线性打分标准，按以上4部分的各项描述见表3-3至表3-6。

表3-3　结构线性评分标准

分数	头部	背线	尻倾斜	前肢	后肢	系部
45	非常小	弓背非常严重	坐骨端非常高	两肢严重外倾、X状	非常直	非常短
35	小	弓形背	水平	两肢外倾	直	短
25	适中	水平	坐骨端后倾	正确	正确	平常

续表 3-3

分数	头部	背线	尻倾斜	前肢	后肢	系部
15	大	下塌	坐骨端很低	两肢内倾	镰刀状	长
5	非常大	非常下塌	骡臀状	严重内倾，O状	严重镰刀状	非常长

表 3-4 肌肉度线性评分标准

分数	鬐甲	肩部	腰宽	腰厚	大腿肌	尻形状
45	非常宽	肌肉非常发达	非常宽	非常厚	非常发达	肌肉暴突呈圆形
35	宽	肌肉发达	宽	厚	发达	发达呈圆形
25	适中	一般	适中	一般	适中	一般
15	窄	瘦	窄	薄	不发达	瘦
5	非常窄	非常贫乏	非常窄	非常薄	非常不发达	瘠薄

表 3-5 细致度线性评分标准

分数	骨骼(以胫骨、关节和尾观察点)	皮肤(提肩胛后二肋处)
45	骨骼非常细	非常薄,易拉且有弹性
35	细	薄、易拉,有弹性
25	适中	一般
15	粗	厚、不易拉,没弹性
5	骨骼非常粗	非常厚、不易拉,无弹性

表 3-6 乳房线性评分标准

分数	乳房底部	乳头
45	非常长而宽	非常粗大
35	长而宽	大
25	一般	适中
15	短而窄	小
5	非常短而窄	非常细小

在对肉用牛进行线性体形评分时,各性状评定掌握的难度不一,如背线的平整度很好理解,但有的部位不好掌握。因此要有可借鉴的尺寸,下面按线性体型评定的顺序就有关形状描述于后。

头部——头的全长为从额顶到鼻镜前的长度,与肩胛部自肩峰顶到肩肘突的斜长大体相等的话,为中等大小,即适中。

背线——背线水平,即适中。

尻倾斜——腰角的高比坐骨端上突约高1拳,对进口牛为1竖拳,对本地小型牛为1横拳,为适中。

前肢——从前观察,自前肢往下平直者为25分。

后肢——从侧面观察。肉用品种的牛,后躯肌肉都比较发达,半膜肌和半腱肌都暴突于体表,使坐骨端后缘不易看清,因此必须借助于尾根后部尾巴下弯的位置准确找到坐骨端后缘的端部。由此点垂直向下的直线,通过后腿飞节中部,再向下顺蹄后沿落地,这是适中姿势。这种姿势下牛的后蹄在此线之前,即25分。因此,这种情况下牛后腿下肢都不是完全垂直的而是略向前踏;后肢过直,俗称"象腿势",打高分;而镰刀状不论是向前还是向后,都打低分。

系部——有短和长之别。长则为软系,短则为直系,都是不良性状。系部平常的表现为蹄的前缘与地面呈45°角。通常是第一趾骨较长引起的,属于结构问题。软系在情况严重时为卧系,是不良性状达严重程度,打极低分。这与乳用牛的要求是一样的。

鬐甲——这是肌肉度表现好坏的第一部位。越宽越好。

肩部——前躯肌肉发达主要体现在肩与胸结合的部位。肌肉越发达,打分越高。

腰宽——这个部位与出高档牛肉相关度强,是西冷肉块分布的主体部位。宽且厚可达最佳状态。

腰厚——侧观评定的。厚打高分,厚度瘠薄打低分。

大腿肌——为后观评定,这是提高出肉率的第二大部位。后臀肌肉非常发达,为45分;后胁部之后肌肉极贫瘠,打5分。

尻形状——是指后躯轮廓的侧面评定,主要是按股二头肌和半腱肌是否发达到了向坐骨以后突出的情况来决定的。

骨骼——管围粗细为适中,即25分。

皮肤——虽然可从颈上皮褶看厚薄，但不完全，还应用手摸。在肩胛骨后部，前肋之上，用二指提起牛皮，一般当二折叠皮捏在手指中时，厚度不到 2 cm 为适中。

乳房底——按母牛乳房前延后伸的程度决定分值，当前结合部乳房与腹壁相连处肉眼可见(侧视)；乳房后结合部在干乳期时，皱褶在两大腿夹之间(后视)为优良，可得满分。乳房很小者，得低分。

乳头——作为肉用牛，乳头有人大拇指的大小为合格，打中分。

关于向最佳体型评分(功能分)转换的问题，在原则上同奶牛线性体型评分。但目前肉牛群体有关性状的群体数据尚积累得不够，标准体型评分的基础不足，还不必由线性体型评分向标准体型评分转化。在生产中，可以将各性状都处于优秀的牛挑出来，组成核心群，不断提高牛群的改良速度。

四、肉牛的年龄鉴定

年龄鉴定在肉牛育肥和屠宰中具有重要意义。首先，选择育肥的架子牛育肥时应考虑牛的年龄，即应选择生长代谢速度最快的年龄段的牛作为育肥对象，才能缩短育肥时间、降低育肥成本，从而提高育肥效益；其次，宰后对牛的胴体和分割肉进行等级评定时，生理成熟度(即年龄)是重要的指标，这是因为牛肉质量的优劣，尤其是牛肉的嫩度在很大程度上与年龄有关，因此在评定优质牛肉时必须考虑牛的年龄。另外，在选种育种时，年龄也是至关重要的。判断年龄最准确的方法是看出生记录，无记录时，依据外貌、角轮和牙齿进行鉴定。

(一)根据外貌鉴定　根据外貌只能区分牛的大致年龄，一般年轻的牛，被毛光泽，皮肤柔润而富有弹性，眼盂饱满，目光明亮，举动活泼富有生气。老龄牛则与之相反，皮肤干枯，被毛粗刚、缺乏光泽,眼盂凹陷,目光呆滞,眼圈上皱纹多并混生长毛,行动迟钝。

(二)根据角轮鉴定　这主要适合于母牛。由于牛角的结构特殊,其营养来源较少,如果牛体内出现营养不足,角的发育首先受到抑制,外在表现为萎缩凹陷。而当营养恢复正常时,角的发育又恢复正常,如果再次营养不足,角又出现萎缩凹陷,这样就形成了角轮。从角跟算起,一个凹陷加一个相邻的隆起为一个角轮。母牛在怀孕和产犊期间,很容易出现营养不足,角的发育受到影响,形成角轮。一般来说,母牛第一次产犊即出现第一个角轮是在2.5~3岁,按每年都产犊计算,产犊一次增加一个角轮,这样可以根据角轮的总数加上1.5~2岁即是牛的估计年龄。

角轮判定法在判断母牛的产犊胎次时很有用。但是,根据角轮判定的年龄只是理论上的年龄,而实际年龄可能有出入,如母牛由于某种原因(如生病)在较长时间内营养不良,而后又给以充足营养就可能形成角轮;或是在母牛妊娠期间补充充足的营养,可能没有角轮出现;或是母牛并非每年都能产一犊,等等。上述各因素都影响了该判定方法的准确性,因而在使用本法进行年龄判定时最好结合牙齿鉴别法。

(三)依据牙齿鉴别年龄　牛的牙齿可分为切齿、前白齿、后白齿。而牛的年龄就是根据切齿的发生、脱换和磨损情况加以判定的。牛的下颌有4对切齿(门齿),呈左右对称分布,中间的一对叫钳齿,其两侧的一对叫内中间齿,再次一对叫外中间齿,最外侧的一对叫隅齿,它们又分别被称为第一、二、三、四对门齿。根据牙齿的更换情况将其分为乳齿和永久齿,正确区分乳齿和永久齿在年龄判定上非常重要。乳齿较小而薄,齿色发白,齿间间隙大,齿颈明显;乳齿长到一定的年龄时就脱换为永久齿。永久齿齿形大,黄色或暗褐色,齿颈不明显,齿冠长且排列整齐,齿间间隙小。它们的齿式分别为:

$$乳齿 = \frac{0060(上切齿 + 上犬齿 + 前臼齿 + 后臼齿)}{8060(下切齿 + 下犬齿 + 前臼齿 + 后臼齿)}$$

$$永久齿 = \frac{0066(上切齿 + 上犬齿 + 前臼齿 + 后臼齿)}{8066(下切齿 + 下犬齿 + 前臼齿 + 后臼齿)}$$

牙齿的年龄鉴定,主要依据门齿的发生、脱换和磨损程度的规律性变化(图3-3和表3-7)。

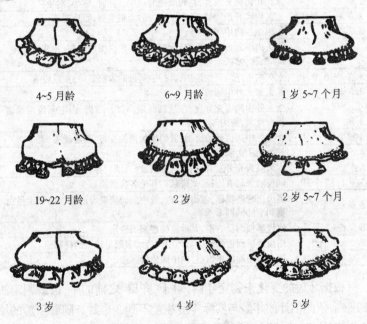

图3-3　门齿的发生与脱换

表3-7　不同年龄肉牛牙齿变化情况

年龄	牙齿情况
初生	牛犊刚出生时就有2对乳齿(乳钳齿和乳内中间齿),个别还长出乳外中间齿,一个星期内乳隅齿也长出
3~4个月	各乳齿都发育完全,且整个乳切齿呈弧形排列,齿的前缘排列整齐

续表 3 - 7

年龄	牙齿情况
4~5个月	乳门齿开始磨损,门齿前缘呈线状
6~9个月	各乳齿相继磨损,钳齿、内、外中间齿都出现磨损面,磨损面呈横椭圆形,隅齿的前缘呈带状
10~15个月	乳钳齿、内中间齿的齿冠先后被磨完
16~22个月	乳钳齿齿根变短,而后脱落
1.5岁	长出永久钳齿
2岁	永久钳齿充分发育,达到既定的高度。此时,称为"对牙"
2岁1~6个月	永久钳齿开始磨损,乳内中间齿的齿根变短,而后脱落
2.5岁	长出永久内中间齿
3岁	永久内中间齿充分发育,达到既定高度。钳齿磨损,出现磨损面。此时,称为"四个牙"
3岁1~6个月	永久内中间齿开始磨损,乳外中间齿的齿根变短,而后脱落
3.5岁	长出永久外中间齿
4岁	永久外中间齿充分发育,达到既定高度。钳齿、内中间齿继续磨损。此时,称为"六个牙"
4岁1~6个月	永久外中间齿开始磨损,乳隅齿的齿根变短,而后脱落
4.5岁	长生出永久隅齿
5岁	永久隅齿充分发育,达到既定高度。此时,称为"齐口"
5岁5~7个月	隅齿前缘稍有磨损,呈带状。其他各齿磨损面变大
6岁±2个月	隅齿出现磨损面,由钳齿、内、外中间齿到隅齿的磨损面依次呈由宽到窄的椭圆形
6岁5~7个月	钳齿磨损面呈方形,其他齿的磨损面变大
7岁±2个月	钳齿磨损面近圆形,内、外中间齿磨损面呈较宽的椭圆形
8岁±2个月	钳齿磨损面露出齿星,内中间齿近圆形

根据牙齿的变化来判定年龄,对于"齐口"之前的牛,齿龄判定法很准确,依此估计的年龄与实际年龄相差不到3个月。随着年龄的增长,判定的准确性降低。当然,由于不同饲养条件、饲养目的以及饲养方式的不同,导致牙齿的更换和磨损程度在时间上存在一定的差异,但是更换的顺序是一致的,磨损的程度都是由轻到重。如牙齿的更换和磨损程度与断乳时间、饲喂方式(舍饲或放牧)、饲草的性质(硬质或软质)不同有关。断乳时间迟,磨损轻;长期放牧或吃硬质饲料,磨损重。所以,在年龄判定时应考虑地区间的差异,作稍稍调整。一般情况下,用于生产优质牛肉的牛要求其年龄不超过6岁,屠宰年龄都不会太大。

第二节 肉牛的生产力

一、肉牛的生长发育

(一) 肌肉、脂肪和骨组织的生长规律 牛体组织的生长直接影响到体重、外貌和肉的质量,不同品种类型、生长发育阶段和饲养模式呈现出不同的生长规律。初生犊牛的肌肉、脂肪等发育较差,骨骼占胴体的比重高。随着年龄的增长,牛肌肉的生长速度由快到慢,脂肪则由慢到快,而骨骼的生长速度一直保持平稳。据测定,胴体中肌肉与骨骼相对重在初生的正常犊牛为 2:1,当达到 500 kg 屠宰重,其比例就变为 5:1。即肌肉:骨骼比率随着生长也在增加。可见,肌肉的相对生长速率比骨骼要快得多。幼牛肌肉组织的生长主要集中于 8 月龄以前。脂肪比例在 1 岁以后逐渐增加,而骨骼的比例则随年龄增长而逐渐减少。据测定,脂肪的比例在初生时占胴体的 9%,到体重达到 500 kg 以上时,脂肪可占到胴体重的 30%。肉用牛在肥育初期首先是脂肪储积在内脏器官附近而形成网油和板油,其次是肌间脂肪和皮下脂肪增加较快,这样外表显得丰满,最后脂肪沉积于肌肉纤维间,使肌肉呈大理石纹状。骨组织的增长在胚胎期较快,胚胎发育后期的四肢骨的生长发育明显超过了体轴骨的生长,而在生后不久,则体轴骨开始强烈生长,四肢骨的生长速度明显下降。骨在胴体中的重量比例随肌肉、脂肪组织的强烈生长而逐渐下降。成年牛骨骼组织仅占体重的 10%。

早熟品种牛的肌肉和脂肪的生长速度较晚熟品种快,大理石纹状出现早,可以早期育肥屠宰;而晚熟品种只有在骨骼和肌肉生长完成后,脂肪才开始沉积。

在同一品种内,公牛的肌肉生长速度最快,而脂肪生长速度最慢;脂肪的沉积以阉牛最快,母牛次之。公牛比母牛的胴体含瘦肉多而脂肪少,阉牛居于两者之间。

在生长发育过程中,在传统粗放放牧条件下,由于冬春季枯草期抵御严寒,能量需要增加及营养摄入不足,体重下降。在体重下降时,肌肉、脂肪和骨组织同时发生,其中对生存重要的肌肉损失较少,而不十分重要的肌肉损失量较多。当体重开始恢复时,肌肉组织恢复最快,而脂肪组织相对恢复较慢。脂肪组织与肌肉组织在恢复时的比例约为 1:3。骨骼只有在体重严重下降时才明显受损。

双肌是对肉牛臀部肌肉过度发育的形象称呼,双肌牛生长快,胴体脂肪少而肌肉较多。双肌牛胴体的脂肪比正常牛少 3%～6%,肌肉多 8%～11.8%,骨少 2.3%～5.0%,个别双肌牛肉比正常牛多达 20%。双肌牛在外观上有以下特点:①以膝关节为圆心,以膝关节至臀端为半径画一圆,双肌牛的臀部外缘正好与圆周吻合,而非双肌牛的臀部外缘则在圆周以内。双肌牛由于后躯肌肉特别发达,因此能看出肌肉之间有明显的凹陷沟痕,行走时肌肉移动明显且后腿向前向两外侧,尾根附着向前。②双肌牛沿脊柱两侧和背腰的肌肉很发达,形成"复腰",腹部上收,体躯较长。③肩区肌肉较发达,但不如后躯,肩肌之间有凹陷。颈短较厚,上部呈弓形。双肌牛的主要缺点是繁殖力较差、难产率较高、不易饲养管理,因此,只适于建立专门用的双肌牛繁殖群,选育出适于经济杂交用的双肌公牛。

(二)体重增长规律 肉牛的体重增长也有一定的规律。肉牛在胚胎期 4 个月以前生长缓慢,以后逐渐加快,到出生前的生长速度最快。牛的初生重的绝大部分是在出生前 2～3 个月内生长的,因此,胚胎期的生长发育直接影响犊牛的初生重。犊牛初生重与成年体重呈正相关,因而初生重是选留后备牛的重要指标。

犊牛出生后,在充分饲养条件下,早期生长发育很快。一般是

12月龄以前生长速度最快，以后逐渐变慢，到成年（一般为5岁）以后生长基本停止。因此在生产中应掌握肉牛的生长发育特点，在生长速度快的阶段给以充分的营养，以发挥其增重潜力，同时这一阶段的饲料利用率也明显地高。

　　肉牛有"补偿生长"的特性。所谓"补偿生长"，即肉牛在生长发育的某个阶段，因营养欠缺而导致生长缓慢（如冬春寒冷乏草期及吊架子期），一旦恢复正常饲养时，其生长速度要比一般的牛快，经过一个时期的饲养后，体重仍能恢复到正常水平。但不是任何情况下都能进行补偿，如果在生命早期（3月龄前）生长速度受到严重影响，则在下一阶段（3~9月龄）便很难进行补偿生长。

　　幼年期和青年期是生长发育的绝对增重快速时期，充足营养可保证快速增重。随着体重的增加，维持需要增大。在接近成年期时，增重速度放慢，而且饲料转化率逐渐降低。因此，饲养肉牛的最佳方法是保证前期充足的营养，使其在快速生长期和饲料转化高效期内体重持续快速增长，才能使肉牛生产效率保持较高水平。

二、肉牛的生产力测定

　　肉牛的生产性能主要表现在体重、日增重、早熟性、肥育速度、饲料报酬、产肉性能和胴体品质等方面。

（一）体重

　　1.初生重　是初生犊牛被毛已擦干，在未哺乳以前的实际称量的体重。犊牛的初生重高则以后的生长速度一般也快，它与哺乳期日增重呈正相关，所以也是选种的一个指标。影响初生重大小的主要因素是母牛的年龄、体重和体况及胚胎期饲养水平等。大型品种牛所生的犊牛，其初生重比中小型品种的要大。未达到体完全成熟就过早配种的母牛，所生的犊牛初生重比中小型品种的要小。如夏洛来牛平均41 kg，海福特牛35 kg，安格斯牛32 kg左右。

　　2.断奶重　犊牛断奶重是选种和表示生产性能的重要指标。

断奶重除遗传因素外,受母牛泌乳力影响很大。母牛泌乳力强,犊牛增重的遗传力才得以发挥。另外,犊牛断奶重还受母牛的保姆性和犊牛本身性别的影响,公犊一般高于母犊10%左右。肉用牛一般都随母牛哺乳,断奶时间很难一致。因此,在计算断奶重时,须校正到同一断奶时间,以便比较。断奶时间多校正为 180 d、200 d 或 210 d。计算方法如下:

$$校正的断奶体重 = \frac{断奶重 - 初生重}{实际断奶日龄} \times 校正的断奶天数 \times 母牛的年龄因素 + 初生重$$

因母牛的泌乳力随年龄而变化,故计算校正断奶重时应加入母牛的年龄因素。

母牛的年龄因素:2 岁 = 1.15,3 岁 = 1.10,4 岁 = 1.05,5～10 岁 = 1.0,11 岁以上 = 0.95。

3. **断奶后的增重** 根据肉牛生长发育特点,断奶后至少应有 140 d 的饲养期才能较充分地表现出增重的遗传潜力。因此,为了比较断奶后的增重情况,应采用校正的周岁(365 d)体重。

$$校正的 365 d 体重 = \frac{实际最后体重 - 实际断奶体重}{饲养天数} \times (365 - 校正断奶天数) + 校正断奶体重$$

(二)日增重 增重和肥育速度是以日增重为衡量标志的,这是测定牛生长发育和肥育效果的重要指标。计算日增重首先要定期实测各发育阶段的体重,如初生重、断奶体重、1 岁、1.5 岁或 2 岁体重。肥育牛应着重测定开始肥育的体重和肥育结束时的体重,而称重一般应在早晨饲喂及饮水前进行,连续称重 2 d,取其平均值。

1. **哺乳期日增重** 计算公式是:

$$哺乳期日增重 = \frac{断奶体重 - 初生重}{哺乳天数}$$

2. 育肥期平均日增重　计算公式是:

$$育肥期平均日增重=\frac{期末体重-初始体重}{育肥天数}$$

(三) 饲料转化率的计算　饲料转化率是考核肉牛经济效益和选种的重要指标,它与增重速度之间存在正相关。应根据总增重及饲养期内的饲料消耗来计算每千克体重的饲料转化率。计算公式是:

$$饲料转化率=\frac{饲养期内共消耗饲料干物质(kg)}{饲养期内纯增重(kg)}$$

(四) 屠宰测定指标

1. 宰前肥度评定　用肉眼观察牛个体大小、体躯的宽狭与深浅度、腹部状态、肋骨长度与弯曲程度,以及垂肉、下肷、背、肋、腰、臀部、耳根、尾和阴囊等部。宰前具体评膘标准见表3-8。

表3-8　宰前评膘标准

等级	评 定 标 准
特等	肋骨、脊骨和腰椎横突都不显现。腰角与臀端呈圆形,全身肌肉发达,肋骨丰满,腿肉充实,并向外突出和向下伸延
一等	肋骨、腰椎横突不显现。但腰角与臀端未圆,全身肌肉较发达,肋骨丰满,腿肉充实,但不向外突出
二等	肋骨不甚明显,尻部肌肉较多,腰椎横突不甚明显
三等	肋骨、脊骨明显可见,尻部如屋脊状,但不塌陷
四等	各部关节完全暴露,尻部塌陷

2. 宰前活重　绝食24 h后的宰前活重。

3. 宰后重　屠宰放血后的体重。

4. 血重　屠宰时所放出的血液重量,或宰前活重减去宰后重的重量差。

（五）胴体产量等级标准和评定方法　为了测定肥育后产肉能力,需要进行屠宰测定。宰前 24 h 停止饲喂,8 h 前停止喂水,宰时在颈下缘喉头部割开放血,剥皮后沿头骨后端至第一颈椎间切断去头,在前臂骨和腕骨间去前肢,在胫骨和跗骨间去后肢,在尾根部第 1～2 尾椎之间去尾,切开胸、腹腔取出内脏,但须留下肾和肾脂肪,然后测定计算胴体重、屠宰率、净肉重、净肉率。

1.胴体重　宰前活重除去血、头、皮、四肢下端、内脏、尾,带有肾脏及周围脂肪的重量。

2.净肉重　胴体剥骨后的全部肉重,包括肾脏及肾脂肪,但要求骨上留肉不得超过 2 kg。

3.骨重　胴体剥除肉后的重量。

4.眼肌面积的测定　在 12～13 胸肋间的眼肌横切面处用眼肌面积板直接测出背最长肌切面的面积。

5.背膘厚度的测定　在 12～13 胸肋间的眼肌横切面处,从靠近脊柱的一端起,在眼肌长度的 3/4 处,垂直于外表面测量背膘厚度。

6.胴体产量等级标准　胴体产量等级以分割肉(共 13 块)重为指标。13 块分割肉为里脊、外脊、眼肉、上脑、胸肉、嫩肩肉、腰肉、臀肉、膝圆、大米龙、小米龙、腹肉、腱子肉。

$$Y(分割肉重) = -5.939\ 5 + 0.400\ 3 \times 胴体重 + 0.187\ 1 \times 眼肌面积$$

牛胴体产量分级以胴体分割肉重为指标,将胴体等级分为 5 级:

1 级:分割肉重≥131 kg;

2 级:121 kg≤分割肉重≤130 kg;

3 级:111 kg≤分割肉重≤120 kg;

4 级:101 kg≤分割肉重≤110 kg;

5级:分割肉重≤100 kg。

7.**屠宰率**　胴体重占宰前活重的百分率,计算公式为:

$$屠宰率 = \frac{胴体重}{宰前活重} \times 100\%$$

8.**净肉率**　净肉重占宰前活重的百分率,计算公式为:

$$净肉率 = \frac{净肉重}{宰前活重} \times 100\%$$

9.**胴体产肉率**　净肉重占胴体重的百分率,计算公式为:

$$胴体产肉率 = \frac{净肉重}{胴体重} \times 100\%$$

10.**肉骨比**　胴体中肉重与骨重的比值,计算公式为:

$$肉骨比 = \frac{胴体中肉重}{胴体骨重}$$

(六) 胴体质量评定　胴体冷却后,在强度为 660 lx 的光线下(避免光线直射),在12~13 胸肋间眼肌切面处对下列指标进行评定。

1.**生理成熟度**　以门齿变化和脊椎骨(主要是最后三根胸椎)横突末端软骨的骨质化程度为依据来判断生理成熟度。生理成熟度分为 A、B、C、D、E 5 级。生理成熟度的判断依据见表 3‑9。

表 3‑9　生理成熟度与牛年龄的关系

项目	A	B	C	D	E
	24 月龄以下	24~36 月龄	36~48 月龄	48~72 月龄	72 月龄以上
牙齿	无或出现第一对永久门齿	出现第二对永久门齿	出现第三对永久门齿	出现第四对永久门齿	永久门齿磨损较重
荐椎	明显分开	开始愈合	愈合但有轮廓	完全愈合	完全愈合
腰椎	末骨化	一点骨化	部分骨化	近完全骨化	完全骨化
胸椎	末骨化	未骨化	小部分骨化	大部分骨化	完全骨化

2.眼肌面积　是牛的第 12～13 肋骨间的背最长肌横切面的面积大小。眼肌面积是评定肉牛生产潜力和瘦肉率大小的重要技术指标之一。眼肌面积的测定方法是,在第 12 肋骨后缘处,先将脊椎锯开,然后用利刃在第 12～13 肋骨间切开,在第 12 肋骨后缘用硫酸纸将肌面积画出,用求积法求其面积,并对其脂肪分布状态和大理石纹状的程度进行评定。

3.大理石花纹　对照大理石花纹等级图片(其中大理石纹等级图给出的是每级中花纹的最低标准)确定眼肌横切面处大理石花纹等级。大理石花纹等级共分为 7 个等级:1 级、1.5 级、2 级、2.5 级、3 级、3.5 级和 4 级。大理石花纹极丰富为 1 级,丰富为 2 级,少量为 3 级,几乎没有为 4 级,介于两级之间为 0.5 级,如介于极丰富与丰富之间为 1.5 级。

4.肉色　肉色作为质量等级评定的参考指标,对照肉色等级图片来判断 12～13 肋间眼肌横切面颜色的等级。肉色等级按颜色浅深分为 9 个等级:1A、1B、2、3、4、5、6、7,肉色深于 7 级为 8 级,其中肉色为 3、4 两级最好。

5.脂肪色　脂肪色也是质量等级评定的参考指标,对照脂肪色泽等级图片来判断 12～13 肋间眼肌横切面颜色的等级。脂肪色泽等级按颜色浅深分为 9 个等级:1、2、3、4、5、6、7、8、9,其中脂肪色为 1、2 两级最好。

6.背脂厚　第 5～6 胸椎处背中线两侧皮下脂肪厚度。

7.腰脂厚　十字部中线两侧的皮下脂肪厚度。

8.胴体质量等级标准　胴体质量等级主要由大理石纹和生理成熟度两个因素决定,分为特级、优一级、优二级和普通级。牛肉质量等级判断见表 3-10。

表3-10 牛肉质量等级判断

大理石花纹等级	生理成熟度				
	A (<24月龄)	B (24~36月龄)	C (36~48月龄)	D (48~72月龄)	E (>72月龄)
	无或出现第一对永久门齿	出现第二对永久门齿	出现第三对永久门齿	出现第四对永久门齿	永久门齿磨损较重
1级（极丰富）	特级				
1.5级（1、2之间）	特级				
2级（丰富）		优　一　级			
2.5级（2、3之间）			优　二　级		
3级（少量）					
3.5级（3、4之间）			普　通　级		
4级（几乎没有）					

肉的质量等级主要由表3-10判断。除此以外,还可根据肉色和脂肪色对等级进行适当的调整,其中肉色以3、4两级为最好,脂肪色以1、2两级为最好。凡符合上述等级中优二级(包括优二级)以上的牛肉都属优质牛肉,二级以下的是普通牛肉。

三、影响肉牛生产力的因素

1.品种与类型 品种和类型是影响生长速度和肥育效果的重要因素。肉用品种的牛比乳用品种、乳肉兼用品种和役用品种生长快,节约饲料,并能获得较高的屠宰率和净肉率。由于脂肪沉积较均匀,较早地形成肌内脂肪,使肉具有大理石状花纹,且肉味优美。例如,一般优良的肉用品种牛,肥育后的屠宰率平均为60%~65%,最高可达68%~72%,兼用品种牛55%~60%,而一般地方品种仅在50%~58%,而未经肥育的荷斯坦牛只有35%~43%。

　　肌肉占胴体中的比例最大(50%～60%),是牛肉的主要组成部分。乳用品种和役用牛的肌肉比例比专用肉牛品种高;而在肉牛品种中,夏洛来牛、利木赞牛和皮埃蒙特牛等大型品种的肌肉比例又高于中小型的海福特牛、安格斯牛、短角牛等品种。牛肉中脂肪的含量受品种的影响,早熟的肉用牛在胴体肌束和肌纤维之间储积的脂肪较乳用牛和役用牛为多。夏洛来牛比较晚熟,肉的大理石纹不太明显。海福特牛、安格斯牛等早熟纯种肉牛在肌束间和肌纤维间沉积的脂肪较晚熟兼用品种西门塔尔牛要多。骨组织在未改良的品种牛胴体内的含量一般为16%～20%,个别可超过25%;在肉用品种牛胴体内,一般为10%～15%,个别为7%～8%。

　　2.年龄因素　年龄对牛的增重影响很大。一般规律是肉牛在出生第1年增重最快,第2年增重速度仅为第1年的70%,第3年的增重又只有第2年的50%(表3-11)。饲料利用率随年龄增长、体重增大,呈下降趋势。因为幼龄牛的增重以肌肉、内脏、骨骼为主,而成年的增重除增长肌肉外,主要是沉积脂肪。按年龄,大理石花纹形成的规律是:12月龄以前花纹很少;12～24月龄之间,花纹迅速增加,30月龄以后花纹变化很微小。

表3-11　年龄与肥育效果

牛年龄	头数	平均日龄	平均活重(kg)	出生后每日增重(kg)	肥育全期增重(kg)	
					总增重	日增重
1岁以下	30	297	354	1.19	354	1.19
1～2岁	152	612	606	0.99	252	0.799
2～3岁	145	943	744	0.79	138	0.422
3岁以上	133	1283	880	0.69	136	0.395

　　* 引自《肉牛学》李登元。

　　幼牛肉的肌纤维细、颜色较淡、肉质良好,但香气较差、水分又多、脂肪少、骨骼重量大。成年牛肉质良好、肉味香、屠宰率亦高,肠系膜、肠网膜及肾脏附近可看到大量的脂肪。老龄牛肉体脂肪为黄白色,结缔组织多,肌纤维粗硬,肉质劣。牛肉的嫩度是检验肉质量的重要指标,一般说来,年幼的牛肉嫩度好,随着年龄增大、变老牛肉嫩度就逐渐变得粗老,不易咀嚼。

由此看出要获得经济效益高的高档牛肉,需在18~24月龄时出栏。

3.饲料营养因素　肉牛在不同的生长育肥阶段,对饲料品质的要求不同,幼龄牛处于生长发育阶段,增重以肌肉为主,所以需要较多的蛋白质饲料;而成年牛和育肥后期增重以脂肪为主,所以需要较高的能量饲料。饲料转化为肌肉的效率远远高于饲料转化为脂肪的效率。

(1)精、粗饲料比例。在肉牛的育肥阶段,精饲料可以提高牛胴体脂肪含量,提高牛肉的等级,改善牛肉风味。粗饲料在育肥前期可锻炼胃肠机能,预防疾病的发生,这主要是由于牛在采食粗料时,能增加唾液分泌并使牛的瘤胃微生物大量繁殖,使肉牛处于正常的生理状态,另外由于粗饲料可消化养分含量低,防止血糖过高,低血糖可刺激牛分泌生长激素,从而促进生长发育。

一般肉牛育肥阶段日粮的精、粗比例为:前期粗料为55%~65%,精料为45%~35%;中期粗料为45%,精料为55%;后期粗料为15%~25%,精料为85%~75%。

(2)营养水平。采用不同的营养水平,增重效果不同(表3-12)。

表3-12　营养水平与增重的关系

营养水平	试牛头数	育肥天数	始重(kg)	前期终重(kg)	后期终重(kg)	前期日增重(kg)	后期日增重(kg)	全程日增重(kg)
高高型	8	394	284.5	482.6	605.1	0.94	0.68	0.81
中高型	11	387	275.7	443.4	605.5	0.75	0.99	0.86
低高型	7	392	283.7	400.1	604.6	0.55	1.13	0.82

　　由表 3 - 12 可以看出,在育肥全期使用高营养水平,虽然前期日增重提高,但不利于全期育肥,后期日增重反而下降,所以从日增重和育肥天数综合考虑,育肥前期,营养水平不宜过高,营养类型以中高型为好。

　　营养水平是提高产肉能力和改善肉质的重要因素。以不同营养水平培育幼牛,生长速度差异很大。据试验,对 18 月龄的阉牛给予丰富和贫乏两种水平饲养,其组间相差 190 kg,屠宰率相差 9.3%,并且肌肉中脂肪含量也不同,瘦牛所产的肉发热量低,肉质也差。

　　(3) 饲料形状。饲料的不同形状,饲喂肉牛的效果不同。一般来说颗粒料的效果优于粉状料,使日增重明显增加。精料粉碎不宜过细,粗饲料以切短利用效果最好。

　　4.杂交　杂交是提高肉牛生产性能的重要手段。由于我国没有专用肉牛品种,所以利用国外优良肉牛品种的公牛与我国地方品种的母牛杂交,杂交后代的杂种优势使生长速度和肉的品质都得到了很大提高。据试验,西门塔尔牛与本地黄牛的二元杂种牛 12 月龄体重平均为 248.5 kg,比本地黄牛提高 65.6%。夏洛来牛与西门塔牛杂种母牛所生的三元杂种牛(夏西本杂种牛)12 月龄体重平均为 280.5 kg,又比二元杂交牛(西本杂种牛)提高 12.8%。因此,采取科学合理的杂交方式能显著提高肉牛生产性能。

　　5.性别因素　性别能影响牛肉的产量和质量。据试验,在同样的饲养条件下,以公牛生长最快,阉牛次之,母牛最慢。一般公牛比阉牛对饲料的转化率和生长率分别高 12% 和 8.7%,并且公牛有较大的眼肌面积。这是因为公牛体内性激素——睾酮含量高的缘故。因此如果在 24 月龄以内肥育出栏的公牛,以不去势为好。但对 24 月龄以上的公牛,肥育前宜先去势,否则肌纤维粗糙,且有膻味,食用价值降低。去势后的公牛(即阉牛)易肥育,肉质也会变细致,肉色较淡,育肥后能较多地沉积脂肪,屠宰后肌肉中呈现较多的大理石花纹,称为"雪花"牛肉。

性别对肉的品质有较大的影响。一般地说,公牛比阉牛具有较多的瘦肉,较高的屠宰率和较大的眼肌面积,而阉牛胴体则有较多的脂肪。母牛的肉质较好,肌纤维细,结缔组织较少,肉味亦好,容易肥育,但瘦肉率较低。从早熟性看,公牛晚熟,母牛早熟,阉牛居中。

6.环境温度因素　环境温度影响肉牛的育肥速度。在高温高湿的夏季,由于牛的采食量明显下降,影响牛的增重,甚至减重。牛生长和育肥的最适气温为 $10\sim21℃$,低于 $7℃$,牛体产热量增加,维持需要增加,要消耗较多的饲料,环境温度高于 $27℃$,牛的采食量下降,增重降低。因此,在高温夏季应注意防暑降温,在寒冷的冬季应注意保温,为肉牛创造良好的生活环境。

7.饲养管理因素　饲养管理的好坏直接影响育肥速度。圈舍应保持良好的卫生状况和环境条件,育肥前进行驱虫和疫病防治,经常刷拭牛体,保持体表干净等。

第四章　肉牛的选育与杂交改良

　　动物的育种是现代养殖业的重要组成部分,是提高动物生产性能的基础。牛的选育工作可使牛群中原有的优良基因进一步得到巩固和提高,不良基因逐步被淘汰或为优良基因所代替,从而创造出生产性能高、体质健壮、适应性强、饲料利用率高和使用年限长的新类型。

　　我国非常重视牛的选育工作,牛群质量比过去有了很大的改善。但牛群品质的改良是无止境的,为了进一步提高各类牛的生产性能,必须采用现代育种学方法。为此,首先让我们了解一些遗传学的基础知识。

第一节　遗传学基础

　　肉牛的遗传学理论是其育种的基础。肉牛的主要生产性能(如产肉性能、繁殖性能)和重要的经济性状(如初生重、断奶重、增重效率)以及它的各种特征特性,从根本上来说,主要取决于2方面的原因:一是遗传方面,如品种、个体特性等;二是环境方面,如营养水平、饲养管理等。前者是内因,后者则为外因。

一、遗传与环境

　　育种工作实际上是一种人为施加影响的进化过程,它与自然进化有着相同的规律,只是其进展速度远远高于自然进化。

　　(一)遗传和突变　　生物进化的动力来源于遗传和突变。遗传可以说是形成生物特定特性或性状的指令信息的传递过程。遗传信息定位于细胞核中的染色体上,其物质基础是脱氧核糖核酸

(DNA)。如果 DNA 分子内核苷酸或碱基的顺序发生变化,那么决定生物性状的遗传信息也发生改变,这个过程就是突变。突变一般是随机发生的,也是不定向的,其发生频率直接受外界作用力强度大小的影响。应该说,突变既是自然进化的动力,也是育种的原始材料。

在染色体上的特定位置,有称作"基因"的遗传物质单位。一般认为基因是生物遗传中的最小功能单位,也是遗传和突变的基本单位。定位在同一基因位点上的不同基因称为"等位基因"。

自然进化和人工育种均受一定遗传效应的影响,除了基因突变外,最重要的效应有隔离、选择、迁移和漂变 4 个。

隔离就是相互隔离的牛群间没有种畜和遗传物质的交换,长期下去,隔离的各群体间就会产生遗传分化。在育种上,隔离是驯化和培育新品种的前提。牛的育种可通过品种登记和相应的选配措施实现隔离。选择是根据个体间在性状表现上的差异,挑选出少数优秀者作为组建下一世代的种畜。选择可促进遗传特性的进一步优化,即提高有益基因和基因型在群体中的频率,同时排除一些不利基因和有害基因;隔离和选择在纯种繁育中是影响遗传改进量的最重要因素,也是培育高产牛群的主要手段。

迁移是指遗传物质从一个群体迁入另一个群体的遗传过程。在自然进化过程中,迁移主要是通过一个群体中的个别个体"闯进"另一个群体的"占领区"并进行繁殖而实现的。在育种中则主要是通过引进外来品种的优良种畜和导入杂交来实现迁移效应的。遗传漂变是在小群体中通过随机波动造成基因频率的改变,其作用方向不定,群体越小,随机漂变效应越大。与近交相似,漂变可导致群体纯合度的提高。这一遗传效应在品系繁育中有重大意义。

据推测,1 头牛的细胞内有数十万个基因,这些基因位于两套染色体上,其一来源于公牛,另一套来源于母牛。由于基因很多,而且公母牛通过交配而组合形成合子时,基因又有随机分离、组合成对的特性,所以几乎不可能有数十万对基因完全一样的2个个体,即使双胞胎牛也总是有差别的。

基因载体——染色体在体细胞中是成对存在的,每一对染色体互为同源染色体。同一物种的不同生物其染色体的数目和形态都是一样的。牛的染色体有30对,即60条。其中有1对为性染色体,其余29对为常染色体。公牛的性染色体用XY表示,而母牛的性染色体则用XX表示。肉牛的X染色体较长,而Y染色体比X要小很多。成对的基因,也称基因型。如XY与XX为不同的基因型;前者表现为公牛,后者则为母牛,公母牛即是该两种不同基因的表现型。

(二) 遗传和环境的关系　表型是指生物的实际外在表现,是遗传和环境共同作用的结果。任何优良的种畜没有适当的环境都不能表现出优良的特性,但是,再好的环境也不能使低产的家畜表现高产。例如,一些本地品种的牛,适应当地的自然环境,耐粗放,生长速度缓慢,提高日粮的营养标准后,其生长速度也有所提高,但是,最大的生产潜力远远低于优良的品种。因此遗传和环境是生物表型的内因和外因。育种的根本目的是要改变生物的遗传性,而遗传性是看不到的,我们所看到的是遗传性在一定环境中的表现,决定性状的遗传物质不能脱离开环境而单独起作用。

遗传和环境是一对矛盾。它们是互相影响,互相转化的。遗传物质——DNA,摄取外界环境中的原料来复制自己,改造自己,并适应外界环境。但是生物的遗传有很大的保守性,特别是高等动物,生殖细胞受到很好的保护,因此外界环境对遗传物质的影响是间接的,微小的,通过很多个世代,很长的时间,累积以后才能达到明显的程度。企图通过改变一般外界环境来改变家畜的遗传性,在一两个世代得到明显的效果,这是不可能的。因此,在育种工作中通过改变饲养管理条件,在短期内明显的定向改变生物的遗传性是难以实现的。但是实践证明,优良的遗传性状需要良好的饲养管理条件才能表现出来。这里就涉及一个实际的问题,究竟应该在什么条件下进行育种? 种用牛饲养管理水平太低是不行的,优秀种牛的生产潜力发挥不出来,无法加以选种。好的饲养管理水平,虽然有利于种用犊牛充分发挥遗传潜力,但是如果与推广地区条件差距太大,种牛出售后,会因为不适应,造成损失。所以,种畜场的环境与推广地区的环境差距比较小,推广效果才最好。

生物的性状可根据遗传方式划分为质量性状和数量性状。

二、质 量 性 状

质量性状由单个或几个基因位点所调控,其分布是不连续的,即可分为 2 个或 2 个以上的等级。在牛的育种中,涉及的质量性状主要有毛色、隐性遗传缺陷、无角性状和血液抗原等。

质量性状的表现型不能以连续的标尺度量,其在群体中的基因频率一般可以通过遗传分析的方法进行估计。在经过长期的和一定程度的闭锁育种后,牛群体之间各质量性状的基因频率可能会有十分明显的区别。另外,质量性状极少受环境因素的影响,但其表现可受一些修饰基因的影响而使表现型可能有一些微小的变异。目前对牛的大部分质量性状的遗传基础和规律都有较清楚的了解。

（一）**毛色遗传**　牛的毛色大致可分为白色、红色、黑色、褐色、灰色和黄色 6 类。作用于毛色及其类型的至少有 9 个基因位点,其中有 4 个位点上各具有 3 个等位基因。此外,还有一些修饰基因对毛色有影响。

黑色和红色是常见的颜色,黑色是由于显性基因 B 的作用,红色是隐性纯合基因 bb 的作用,它们还受其他位点基因的影响。牛的灰色受基因 A 控制,A－B 是灰色牛,A－bb 是红色牛,它们也受修饰基因和性激素的影响。

白色牛有 3 种:一种是显性白,WW 是白毛,ww 是红毛,Ww

是沙毛(沙)，如英国短角牛。Ww 再带有黑色基因(B)时，由于黑白毛混生而呈蓝灰色或称蓝沙。另一种是白化 cc，是隐性基因，皮肤、毛、眼睛等均为白色，见之于荷兰牛、丹麦牛、海福特牛等。再一种是全身白毛，只有耳部有黑毛，如瑞典高地牛。

黑白花牛(包括一些乳肉兼用及肉用牛)的黑色对于其他毛色为显性，特别是对红毛是完全显性，决定白斑的是另一基因位点上的等位基因。全一色无白斑的是由显性基因 S 控制，花斑是由于隐性基因 ss 的存在，而花斑大小则受修饰基因的影响。在这个基因位点上还有两个等位基因，显性基因 S^G 决定的白斑形成是体侧为有色毛，背线、腹线(包括胸前)和四肢为白毛，另一显性基因 S^H 决定了白头。这是一组复等位基因，S、S^G 和 S^H 间相互为不完全显性，但它们对于隐性基因 s 都是显性，这是形成黑白花牛多种毛片花斑的主要原因。

环境对毛色的作用极小，但钼中毒、在热带长期暴露于阳光下及冷冻烙印等可有明显的影响。毛色是一个品种外貌一致性的重要标志，长期以来受到育种者的重视，但过分追求毛色花片一致会使一些高生产性能但毛色不理想的个体遭到无端淘汰，使牛的遗传进展受到限制。近来国际上许多育种工作者已放松了对牛毛色和毛色类型的要求。

(二) 遗传缺陷　牛和人类及其他动物一样，有许多遗传性疾病，即遗传缺陷。它们有的表现为机体的某些部分在解剖学上和组织学上有缺陷，有的在生理学上表现为代谢功能障碍，有的对某些疾病易感性强，还有的在妊娠期间胎儿死亡或被吸收，有时还产生怪胎或出生后很快死亡等等。在养牛业生产中，有的性状虽然对牛本身不一定有害，但从经济角度考虑，则可能就是缺陷。最典型的例子是奶牛的多乳头性状，虽然无害，但会给机械化挤奶带来麻烦。因此，在育种工作中对这些缺陷也应当重视。

遗传缺陷产生的主要原因是隐性有害基因。通常可根据牛有害基因的致畸程度及受害后代的死亡比例分为 3 种：一种是导致母牛妊娠期间胚胎或胎儿死亡或出生时即死亡的基因，称为致死基因；另一种是可引起犊牛出生后或生后不久就死亡的基因，称为半致死基因；再一种是某些基因虽然不至于使牛死亡，但使其生产性能降低或致畸形或导致功能上的缺陷，叫做非致死有害基因。已知牛的遗传缺陷有几十种，它们几乎都是由单个的隐性基因所控制，主要表现有：

软骨发育不全——犊牛出现短脊椎、鼠蹊疝，前额圆而突出，腭裂、腿很短。有的轴骨和附属骨骼受影响，头部畸形，短而宽，腿短。这种犊牛一般胎死腹中或生后不久死亡。

下颚不全——下颚比上颚短，仅见于公犊，为伴性基因所致。

白化——被毛、皮肤、眼睛均缺乏色素。

大脑疝——前额骨骨化不良，头盖骨敞开，脑组织突出，生后不久死亡。

先天性痉挛——头部和颈部有连续的间歇性运动，通常为上下运动。

曲肢——后肢严重畸形，飞节紧靠体躯。不能向前弯曲。

癫痫——低头，嚼舌，口吐白沫，最后昏厥。

裂唇——犊牛单裂唇，其旁缺少牙床，有硬颚但吃奶困难。

无毛——部分或全身无毛，热调节不良。

表皮缺损——腿下部、眼周围缺表皮，有的蹄壳脱落。出生后会迅速发展为致命感染。

联趾(驴蹄)——受害肢只有一趾，直立酸疼而跛行。

后肢麻痹——犊牛不能站立，生后几周内死亡，为二互补基因所致。

脐疝——生后脐环失去紧闭，为不完全隐性基因。

肛门闭锁——无肛门或肛门肌不发育。

侏儒症——潜伏隐性，很难活到性成熟。

脑积水——骨骼和脑畸形,额部突出。

大脑发育不全——犊牛不能掌握平衡,一般生后不久死亡。

软肢——四肢无功能,关节活动无定向。

歪脸——鼻发育不对称,使面部偏扭不正。

以上所列遗传缺陷在牛中较常见,一经发现即可证明其双亲携带有有害基因。这些基因一般被正常基因所掩盖而在表型中不显现,所以从牛群中完全排除有极大的困难。实际上遗传缺陷只是从病牛的表现中得出的结论,因受胎率和胚胎发育受多种因素的影响,所以一个简单基因的作用很难证实。

致死基因和其他基因存在于同一染色体上,致死的程度各不相同。因在纯合状态下致死,所以都是通过杂合体世代相传。半致死基因在纯合时不一定使个体死亡,环境好时可以活下去,但有严重缺陷。位于性染色体上的伴性致死基因,可使染色体异常的个体死亡。有害基因会使牛产生退化,降低生活力和生产性能,引起遗传疾病。在近交繁殖时,遗传缺陷和致死基因的出现频率会增加,在育种过程中一旦出现有遗传缺陷的个体,应立即停止使用其双亲,以减少有害基因的扩展。

(三) 角的遗传　牛有角或无角是由常染色体上的 1 个基因位点上的 2 个等位基因所控制的。无角对有角是不完全显性,但品种间有不同程度的变异。另外,角型还受一些修饰基因和性激素的影响,如无角安格斯牛与有角瘤牛交配,杂一代♀无角,但♂都长有短小的角样组织;若与有角荷兰牛交配,则♂后代只露出角样组织。应说明的是,角的有无与牛的生产性能无任何相关关系,人们选育无角品系只是出于便于管理的考虑。

(四) 血液抗原的遗传　血型是一种稳定遗传的质量性状,可以通过抗原与相应的抗体进行反应而被鉴定出来。目前已经确定牛的血型有 12 种多态抗原系统,即 A、B、C、FV、J、L、M、N、SU、Z、R′S′、T′,其中包括 60 多个不同的血型因子。一般认为,血型抗原都是等位基因的产物,在每个血型抗原系统中多数含有多个等位基因。如牛的 B 血型系统中,已知一个基因位点上就有 500 多个等位基因,使牛血液抗原的遗传基础相当复杂。因此,对牛来说,用血型来辨别亲缘关系几乎不可能。但血型与其他一些蛋白的多态性相结合还是可以解决牵涉到 2 头公牛的亲缘关系纠纷的。

虽然迄今为止还未能证明哪个质量性状与生产性能有关,但在牛的育种过程中,质量性状作为品种的特征也不应忽视。

三、数 量 性 状

(一)数量性状的特点 数量性状是由在不同染色体上,不同基因位点上的多个微效基因调控的性状。由于每个微效基因的遗传效应十分微弱且缺乏显性,所以无法进行单独的测定,但它们的效应是可累加的。另外,数量性状的表型值除受遗传因素的影响外,还受环境因素的重大影响。因此,数量性状是表现连续变异的性状,其表型值是连续的正态分布,即属于中间程度的个体最多,而趋向两极的个体越来越少。可见数量性状不能分类为严格区分的组别,其基因型的判断也是很困难的。这就决定了研究数量性状的遗传规律主要是以群体为单位,通过数学统计方法了解群体中各数量性状受遗传因素影响的程度,即遗传力;而各性状遗传的稳定程度即重复力;以及各性状间的相互关系即遗传相关。另外,在育种学上还会涉及到表型相关,即各性状表型值之间的相关关系。

从基因结构和遗传效应方面看,遗传力可被认为是累加变量和表型变量的比率,即"广义遗传力";而从育种角度和实践意义来讲,遗传力是选择差(选留个体平均数与群体平均数之差)可传给下代的百分数,即育种值对于表型值的回归系数,此即"狭义遗传力"。遗传力的主要用途是预测选种效果、确定选种方法和制定选择指数。重复力是表型变量中遗传组分和永久环境组分所占的百分数,在育种学上它表示性状可遗传给后代的稳定程度。表型相关是不同性状表型值之间的相关,可以按照剖分表型值的方式剖分为育种值之间的相关(即遗传相关)和环境效应之间的相关(即环境相关)。可见在选种时重要的是遗传相关而非表型相关。遗传相关主要用于估计间接选择的效果、预测引种效果和制定相关性状的选择指数。

(二) 数量性状的分类 牛的绝大部分重要经济性状都是数量性状,根据性状的生物学基础、遗传规律、经济意义和记录方式,大体上可分为5类。

1. **生长发育和产肉性状** 肉牛生长发育的快慢会直接影响以后的生产效率和生产性能。肉用性能是根据生长发育及肥育性能、屠宰率、净肉率和肉质等来评定的。生长发育性状是指初生重、断奶体重、日增重、成熟时体重及各发育阶段的体尺与外貌评分;肥育性状主要有日增重、屠宰时体重、外貌评分、饲料利用率等,屠宰性状主要有胴体重、屠宰率、优等肉量、瘦肉量、肉脂率、瘦肉率、肉骨比和眼肌面积等;肉质包括肉的嫩度、颜色、组织、风味、减缩率及肉的化学成分等。

牛群中各性状的变异幅度大,有利于高产个体的选择。但要取得理想的育种效果,还必须看遗传变异程度和各性状的遗传力(h^2)。现列出肉牛主要性状的遗传力估计值(表4-1)和肉牛生长速度与其他性状间的遗传相关估计值(表4-2),供参考。

表4-1 肉牛主要性状的遗传力估计值

性状	遗传力	性状	遗传力
初生重	0.35～0.45	屠宰时结构评分	0.35～0.40
断奶体重	0.25～0.30	胴体等级	0.45～0.50
断奶后舍饲增重	0.50～0.60	屠宰率	0.45～0.50
断奶后增重效率	0.35～0.40	脂肪厚度	0.35～0.40
放牧饲养18月龄体重	0.45～0.55	眼肌面积	0.60～0.70
母牛成年体重	0.50～0.70	肌肉嫩度	0.55～0.60
断奶时体型评分	0.25～0.30	胴体重量	0.55～0.65

表4-2 肉牛生长速度与其他性状间的遗传相关(估计值)

性状	遗传相关	性状	遗传相关
饲料利用率	+0.79	肾脂肪重量	-0.02
眼肌面积	+0.68	肉的大理石纹状	+0.30
脂肪厚度	-0.60	胴体等级	+0.47

犊牛断奶重是指犊牛断奶时的平均活重。它可以表示母牛泌乳力和母性能力的大小。据国外研究报道,断奶重的大小以及哺乳期犊牛的平均日增重与1.5岁时的活重及肥育期的增重强度并不呈正相关。肥育期增重率是指肉牛肥育期的平均日增重,它是很重要的肉用性能指标,遗传力值高达0.57,直接选择就很有效。该指标与增重效率有明显的正相关,经济价值较高。增重效率表示肉牛育肥期间每增重1 kg活重所需消耗的总营养物质量(kg)或价值(元),有时人们也用料肉比表示。料肉比是指每增重1 kg体重所消耗的饲料(特别是精料)kg数。周岁重是指犊牛满周岁时的活重,是一个综合指标。胴体质量的遗传力(h^2)都高达0.40以上,因此,直接选择效果都很明显。

2.产奶性状 产奶性状对肉牛也有重要意义,因为产奶性能好的,可使犊牛很好地生长发育。产奶性状主要包括产奶量(kg)、乳脂率(%)、乳脂量(kg)、乳蛋白率(%)和乳蛋白量(kg)等几个指标。

3.繁殖性状 肉牛的繁殖性能是指公母牛繁殖的能力。繁殖性能的好坏,对养牛业的经济效益有重要作用。可供选择的繁殖性状很多,母牛主要有初产年龄(早熟性)、胎间距(连产性)、配妊时间、一次妊娠输精次数、情期一次受胎率、分娩行为、产犊率、犊牛断奶成活率、利用年限(长寿性)等,公牛主要有精液品质(包括密度、活力、冷冻、解冻后的活力)、情期一次受胎率等,肉牛受胎率的遗传力较低,为0~0.15。

公、母牛的配种怀犊能力,主要表示种公牛的授精力以及母牛的受胎力,是反映公母牛繁殖性能的主要指标之一。母牛的产犊率是指每年牛群中,母牛的产犊数与适繁母牛数的比率。它也是反映肉牛繁殖性能的重要指标之一。犊牛断奶成活率是指断奶时犊牛数占初生犊牛数的百分率。它既可以反映母牛育子性能和子畜生活力,也可以衡量饲养管理水平。生产中常以犊牛断奶成活率作为繁殖力高低的判定指标。

繁殖性状的遗传力都很低,所以很难取得满意的选育效果。但在实际育种工作中,对一些经济意义重大的繁殖性状也应重视,尤其是在目前人工授精相当普及的情况下,公牛的繁殖性状也相当重要。另外,繁殖性状受多种因素的影响也是造成选择难度大的一个原因。如母牛的产犊行为受犊牛大小和母畜产道状况及阵缩力强弱的双重影响;受胎率既取决于母牛的受胎能力,又与公牛的精液品质有关等。

在育种工作中,对繁殖性状,如果我们能扩大性能测定的范围并提高测定的准确性,在对母牛选择时既考虑个体本身的记录,也参考半同胞姐妹的成绩;对公牛选择时尽量扩大后裔记录的数量,这样起码可以在部分繁殖性状上得到有益的进展。如果我们单纯强调生产性状,往往会因性状间的拮抗作用使繁殖力下降。

4.体型外貌性状　肉牛的体型外貌与产肉之间有密切的关系,并且根据外貌鉴定结果选择种牛也较为方便。绝大部分的体型外貌性状受数量基因的控制,对体型外貌的评定结果在育种工作中至少有以下功能:作为区分牛个体的重要标准;作为品种特征的评价标准;作为评价健康状况的辅助标准;作为种牛评比或销售的标准之一。

肉牛的外形评分包括断奶时评分和宰前评分两种情况。断奶时评分遗传力(h^2)为0.25,宰前评分遗传力(h^2)为0.40,它们与产肉性能相关程度均较高。

根据现代育种学观点,在育种中考虑体型外貌性状主要是为了防止那些不利于生产性能发挥及影响健康和生产效益的身体缺陷。如肢蹄上的缺陷如后肢麻痹、后肢角度过小或软系、分叉型蹄等影响牛的正常运动,进而影响生产性能的发挥。

5.适应性和抗病力性状　牛的种、品种、品系不同,对地方的适应性有很大差异。一般来说,肉牛的耐寒性要强于耐暑性。牛对许多疾病的抵抗力受数量基因所控制,但在表型中仅有健康和发病之区别(绝大多数由病原体引起的传染病不在此列)。一般与抗病力有关的疾病有3种类型:一是代谢病和非感染性、应激引起的疾病,如酮血症、产后不能起立和产乳热;二是传染性的乳房炎;三是涉及到一般抗病力(特异性抗体、吞噬活力和免疫球蛋白水平等)的疾病。

适应性和抗病力性状的遗传力普遍较低,作为选种的内容之一难以取得效果。在生产实践中,由于抗病力性状的数据需要由兽医记录,而兽医采用的手段及临床经验不尽一致,所以这些数据往往有较大的偏差。尽管如此,适应性与抗病力对提高牛的生产性能和饲料利用率有重要作用,因而在育种时应当考虑。

最后应该指出的是,数量性状的遗传力受多种因素的影响而不是固定不变的,往往因品种、牛群、样本大小、计算方法等不同而有差异。因此,平时应做好生产性能的测定和记录,以便确定本地区牛群各性状的遗传力水平,为搞好育种工作奠定基础。

第二节　肉牛的选择

一、选择的意义和作用

选择亦即选种,是肉牛育种工作的重要环节,是一项复杂而细致的工作。世界上众多的优良品种都是人类长期选择的结果。选择是人类干预动物遗传性的重要手段之一,是改良现有品种和培育新品种的基本方法。选择包括自然选择和人工选择2种。形成新品种的基本要素是变异、遗传和对变异的选择。

无论自然选择或人工选择,就其对动物的作用来看,都是通过打破群体繁殖后代的随机性,从而打破群体基因频率的平衡状态而实现的,因为在没有选择和突变的影响存在时,在一个牛群中某一基因对其等位基因的相对比率,在上下代之间保持恒定不变,这就是基因平衡定律。但是,在有选择或者有基因突变存在时,选择使得某些类型的个体增加了繁殖后代的机会,另一些不符合要求的类型则减少或者被剥夺了繁殖后代的机会,这就改变了牛群原有的基因频率,久而久之积微小变异为显著变异,形成了多种用途的品种或品系。

选择为什么有效? 因为选择的起始群体在一般情况下总是一个杂合群体,在牛群中基因和基因型的组成存在着差异,有差异就有选择的余地,所以选择是有效的。如果选择的对象是一个纯种牛群,除非发生基因突变或采用品种间杂交,否则选择是不会产生新类型的。

肉牛选择的一般原则是:"选优去劣,优中选优"。"优中选优"是指在种公牛和种子母牛的选择中,从品质优良的个体中精选出最优的个体;而对种母牛大面积的普查鉴定、评定等级,同时及时淘汰劣等,就是"选优去劣"的过程。在肉牛公母牛选择中,种公牛的选择对牛群的改良起着关键作用。

种公牛的选择,首先是审查系谱,其次是审查该公牛外貌表现及发育情况,最后还要根据种公牛的后裔测定成绩,断定其遗传性是否稳定。对种母牛的选择则主要根据其本身的生产性能或与生产性能相关的一些性状,此外还要参考其系谱、后裔及旁系的表现情况。因此,选择肉牛的途径主要包括个体本身、系谱、同胞(旁系)和后裔选择4项。

二、个体本身选择

本身选择就是根据种牛个体本身和一种或若干种性状的表型值判断其种用价值，从而确定个体是否选留，该方法又称性能测定和成绩测验。具体做法是：可以在环境一致并有准确记录的条件下，与所有牛群的其他个体进行比较，或与所在牛群的平均水平比较。有时也可以与鉴定标准比较。

（一）根据生长发育情况和体型外貌进行选择　个体在没有生产性能记录之前，根据本身表现主要是依据外貌鉴定和生长发育情况进行选择。外貌有缺陷的个体不能留作种用。对初选留用的小公牛，每隔一定时间应进行一次称重和外貌鉴定，鉴定的重点是四肢和骨骼的发育。有些国家特别重视小公牛的眼、鼻、关节、睾丸、腹围和消化道，加拿大还将小公牛的阴囊围径和睾丸硬度作为繁殖性能的指标。阴囊围径大小与精液量呈正相关，睾丸硬度与精液品质呈正相关。在对母牛进行外貌选择时，对不符合品种标准和生长发育不良的个体应及时淘汰。

当小牛长到 1 岁以上，就可以直接测量其某些经济性状，如 1 岁活重、肥育期增重效率等。而对于胴体性状，则只能借助如超声波测定仪等设备进行辅助测量，然后对不同个体做出比较。对遗传力高的性状，适宜采用这种选择途径。

肉用种公牛的体型外貌主要看其体型大小，全身结构是否匀称，外形和毛色是否符合品种要求，雄性特征是否明显，有无明显的外貌缺陷（如公牛母相，四肢不够强壮结实，肢势不正，背线不平，颈线薄，胸狭腹垂，尖斜尻等）。生殖器官要发育良好，睾丸大小正常，有弹性。凡是体型外貌有明显缺陷的，或生殖器官畸形的，睾丸大小不一等均不合乎种用。肉用种公牛的外貌评分不得低于一级，其种子公牛要求特级。除外貌外，还要测量种公牛的体尺和体重，按照品种标准分别评出等级。另外，还需要检查其精液质量。

如果个体本身已有了生产性能记录,就可用下式来估计其育种值($\hat{A}$):

$$\hat{A} = h^2(P - \overline{P})$$

式中:P 为个体性状的本身记录,$\overline{P}$ 为同期牛群性状的平均数,h^2 为该性状的遗传力。

用这种方法可以作为青年公牛和母牛第一阶段生长发育性能选择的依据。当然,性状的遗传力越高,用这种方法选择的准确性也就越高。

(二) 单项选择(纵列选择或衔接选择)法 是指按顺序逐一选择所要改良的性状,即当第一个性状经选择达到育种目标后,再选择第二个性状,以此类推地选择下去,直到全部性状都得到改良。这种方法简单易行,而且就某一性状而言,其选择效果很好。但也存在缺点,主要是当一次选择一个性状时,同时期别的性状较差的牛只仍会呆在群内,影响整个牛群质量。

(三) 独立淘汰法 是指同时选择几个性状,分别规定最低标准,只要有一个性状不够标准,即予淘汰。此法简单易行,能收到全面提高选择效果的作用。但这种方法选择的结果,容易将一些只有个别性状没有达到标准,而其他方面都优秀的个体淘汰,而选留下来的往往是各个性状都表现中等的个体。此法缺点是对各个性状在经济上的重要性以及遗传力的高低都没有给予考虑。

(四) 指数选择法 是根据综合选择指数进行选择。这个指数是运用数量遗传学原理,将要选择的若干性状的表型值,根据其遗传力、经济上的重要程度及性状间的表型相关和遗传相关给予不同的适当权值而制订的一个可以使个体间相互比较的数值。此法可避免淘汰掉某一项表现较差而另一些性状较为突出的个体,因而有利于保留牛群中某个性状非常优良的个体,并增加牛群中某些性状的变异。一般要求组成选择指数的性状不要太多。

当欲选择的 2 个性状间为负相关时,指数选择法可以平衡每个性状的选择强度。如果 2 个性状为正相关,则选择指数比较容易测定,把它们可遗传部分的经济效果直接相加即可。综合选择指数的公式为:

$$I = W_1 h_1^2 (P_1 - \overline{P}_1) + W_2 h_2^2 (P_2 - \overline{P}_2) + \cdots + W_n h_n^2 (P_n - \overline{P}_n)$$
$$= \sum_{i=1}^{n} W_i h_i^2 (P_i - \overline{P}_i)$$

式中:W 是性状的经济重要性;h^2 是性状的遗传力,P 是个体表型值;$\overline{P}$ 是群体平均数。

由于各性状的单位不同,计算时不能直接相加。为消除这一缺点,可将上式改进为:

$$I = W_1 h_1^2 \frac{P_1}{\overline{P}_1} + W_2 h_2^2 \frac{P_2}{\overline{P}_2} + \cdots + W_n h_n^2 \frac{P_n}{\overline{P}_n} = \sum_{i=1}^{n} \frac{W_i h_i^2 P_i}{\overline{P}_i}$$

这个公式实际上就是各性状的相对育种值($h^2 P / \overline{P}$)以各自的经济重要性加权,来组成指数。实际工作中为选种上的方便,把各性状都处于群体平均数的个体的指数定为 100,这时综合选择指数的公式就成为:

$$I = \sum_{i=1}^{n} \frac{W_i h_i^2 P_i \times 100}{\overline{P}_i \sum W_i h_i^2}$$

式中经济相对重要性(W_i)之和必须等于 1。

例如,要制定一个日增重、眼肌面积和体型评分三个性状的综合选择指数,假如我们根据群体平均值已知有以下数据:

选择性状	$\overline{P}_i$	h_i	W_i
日增重	1 200 g	0.50	0.40
眼肌面积	80 cm²	0.60	0.35

外貌评分　　　70　　　　　0.30　　　　0.25

首先，求出 $\sum W_i h_i^2$，即

$$\sum W_i h_i^2 = 0.50 \times 0.40 + 0.60 \times 0.35 + 0.30 \times 0.25 = 0.485$$

将已知资料代入公式有：

$$I = \frac{0.40 \times 0.50 \times 100}{1\,200 \times 0.485} P_1 + \frac{0.60 \times 0.35 \times 100}{80 \times 0.485} P_2 +$$

$$\frac{0.30 \times 0.25 \times 100}{70 \times 0.485} P_3$$

$$= 0.003\,44 P_1 + 0.541\,2 P_2 + 0.220\,9 P_3$$

这样，将该场任何一头牛各性状的表型值直接代入上式，即可得到该牛的综合选择指数。如某头牛日增重为 1 350 kg，眼肌面积为 103 cm²，外貌评分为 80 分，则该牛的综合选择指数为：

$$I = 0.003\,44 \times 1\,350 + 0.0541\,2 \times 103 + 0.220\,9 \times 80 = 119.9$$

指数选择法效果的好坏，主要取决于加权值制订的是否合理。制订每个性状的加权值，主要决定于性状的相对经济价值及每个性状的遗传力和性状之间的遗传相关。

三、系谱选择

肉牛业中，对无生产记录的幼龄母牛及尚无后裔测定结果的幼龄种公牛，通过系谱记录资料是比较其优劣的重要途径，考察其父母、祖父母及外祖父母的性能成绩，对提高选种的准确性有重要作用。由于牛的祖先越近，对该牛的影响越大，所以生产实践中多利用三代的系谱资料，即父母、祖父母（包括外祖父母）和曾祖父母（包括外曾祖父母）。资料表明，种公牛后裔测定的成绩与其父亲后裔测定成绩的相关系数为 0.43，与其外祖父后裔测定成绩的相关系数为 0.24，而与其母亲 1～5 个泌乳期产奶量之间的相关系

数只有 0.21、0.16、0.16、0.28、0.08。可见,根据系谱资料估计种公牛育种值时,对来自父亲和母亲的遗传信息不能同等对待。

根据系谱上父母双亲的资料估计个体育种值($\hat{A}$)的计算公式为:

$$\hat{A} = \frac{1}{2} h^2 (P_\mathrm{d} - \overline{P}_\mathrm{d}) + \frac{1}{2} h^2 (P_\mathrm{s} - \overline{P}_\mathrm{s})$$

式中:P_d 和 P_s 分别为母亲和父亲性状的表型值,$\overline{P}_\mathrm{d}$ 和 $\overline{P}_\mathrm{s}$ 分别为母亲和父亲所在群体的平均数,h^2 为性状的遗传力。当父母为同一群体的同龄牛时,

$$\hat{A} = h^2 (P_{\overline{P}} - \overline{P})$$

式中:$P_{\overline{P}}$ 为双亲的平均数,$\overline{P}$ 为相应牛群平均数。若双亲均有育种值记录,则

$$\hat{A} = \frac{1}{2} h^2 (A_\mathrm{S} + A_\mathrm{D})$$

式中:A_S 为父亲育种值,A_D 为母亲育种值。在有母亲记录和父亲育种值时,

$$\hat{A} = \frac{1}{2} h^2 (P_\mathrm{D} + \overline{P}_\mathrm{D}) + \frac{1}{2} A_\mathrm{S}$$

根据系谱资料估计育种值的可靠性较差,但这种方法的最大优点就是可以早期选种。因此,要求系谱的记载必须清楚和完整,应包括生长发育、生产性能、体型外貌、繁殖成绩、遗传缺陷及公牛后代生产性能等各方面的记录。一般要求三代系谱清楚,这样可以为早期选种提供依据。

对公犊的初选可根据系谱指数进行,常用的系谱指数有两种,即

双亲指数:$PI = \dfrac{2A_\mathrm{S} + A_\mathrm{D}}{3}$

系谱指数:$PI = \dfrac{1}{2} A_\mathrm{S} + \dfrac{1}{4} A_\mathrm{mgs}$

式中 A_{mgs} 为外祖父的育种值,系谱指数是国际上通用的。经统计,用系谱指数选择公犊的结果与日后后裔测定结果间有较高的相关性。

根据双亲资料选择的准确性要低于根据个体本身的资料选择,若把两者结合起来进行选择,可进一步提高准确性。如受胎率的遗传力为 0.10,按双亲资料、个体本身资料及两者结合选择的准确性分别为 0.27、0.32 和 0.35。

四、同胞选择

同胞选择也就是参考旁系亲属的性状进行选择,所谓旁系是指选择个体的兄弟、姐妹、堂表兄妹等。他们与该个体的关系愈近,其材料的可用价值就越大。利用旁系材料的主要目的是从侧面证明一些由个体本身无法查知的性能(如公牛的泌乳力、配种能力等)和判断其从父母接受遗传性的好坏。此法与后裔测定的结果相比较,可以节省时间。其遗传力、育种值等遗传参数均可通过旁系材料进行计算。

牛是单胎动物,且世代间隔较长,全同胞很少。因此,主要是依靠半同胞资料来估计其育种值,计算公式为:

$$\hat{A}x = (\overline{P}_{(HS)} - \overline{P})h^2_{(HS)}$$

式中:$\overline{P}_{(HS)}$ 为半同胞的表型值平均数;$\overline{P}$ 为同期同龄牛群性状表型值的平均数;$h^2_{(HS)}$ 为半同胞均值遗传力,按下式求出:

$$h^2_{(HS)} = \frac{0.25nh^2}{1+(n-1)0.25h^2}$$

其中 n 为半同胞头数,0.25 为半同胞间的亲缘系数(全同胞间为 0.5),h^2 为性状的遗传力。

用半同胞资料选择的准确性取决于半同胞的数量和性状的遗传力。半同胞数量越多,遗传力越高,选择的准确性也越高。在遗传力较高(0.25 以上)时,用半同胞资料估计育种值的准确性不如用个体本身资料,但其主要优点是可用于早期选择,并且在遗传力较低的性状其选择的准确性并不亚于个体本身资料。

五、后裔选择

后裔测定是根据后裔各方面的表现情况来评定种牛好坏的一种鉴定方法,这是多种选择途径中最为可靠的选择途径,生产中多用于选择种公牛。具体方法是将选出的种公牛令其与一定数量的母牛配种,对犊牛成绩加以测定,从而评价使(试)用种牛品质优劣的程序。其缺点是需要时间较长,往往等到后裔成绩出来时,被测种牛年龄已大,丧失了不少可利用的时间和机会。为改进这一缺陷,人们已提出了一些技术方法,以缩短测定时间。如对被测公牛在后裔测定成绩出来之前,可以作采精用液氮储存,待成绩确定后再决定原冷冻精液的使用或作废,遗传力低时适用于采用此种途径。后裔测定的方法也能对母牛的种用价值做出评定,并可用于对数量性状和质量性状的选择。

肉用公牛后裔测定简便的方法可根据上代性能和本身表现选出一批较好的公牛,为尽快得到后裔成绩,可提早到 14 月龄时采精,在牛群中随机配一定数量的母牛进行后裔测定。有了后代以后,在相同的饲养管理条件下测定后裔的初生重、断奶重、断奶后日增重和饲料利用率。断奶后日增重和饲料利用率的测定应至少饲养 140 d,在 1 岁时作最后评定。条件许可也可饲养至 1.5 岁,饲养结束后评定胴体性能。

被测公牛一般要求至少随机配母牛 200～250 头,并应集中在 45 d 以内配完。等母牛产犊后,从每头公牛的后代中至少随机取样 10 头阉牛进行饲养试验,测定断奶后日增重、饲料利用率和胴体性能。饲养试验时应按饲养标准规定定额饲喂,并保证饲料的种类和配合比例相同,环境条件完全一致。最后根据试验结果和屠宰成绩用同期同龄方法估计被测公牛的相对育种值。公式为：

$$\hat{A}s = 2\bar{A}_O - \bar{A}_D$$

式中：$\hat{A}s$ 为公牛的估计育种值，$\bar{A}_O$ 为儿子的平均育种值，$\bar{A}_D$ 是儿子、母亲的平均育种值。

为简便起见，对儿子和母亲的育种值可直接根据表型值计算，这样上式就成为：

$$\hat{A}s = 2[(\bar{P}_O - \bar{P})h_{(HS)}{}^2 + \bar{P}] - [(\bar{P}_D - \bar{P}')h^2 + \bar{P}']$$

式中：$\bar{P}_O$ 为儿子的平均表型值，$\bar{P}$ 为与儿子同期牛群的平均表型值，$\bar{P}_D$ 为儿子、母亲的平均表型值，$\bar{P}'$ 为与儿子、母亲同期牛群的平均表型值，$h_{(HS)}{}^2$ 为半同胞均值遗传力。

当公牛与母牛是随机配种，儿子的头数又很多时，可用儿子的平均育种值去估计公牛的育种值，即

$$\hat{A}s = \hat{A}_O$$
$$\hat{A}s = (\bar{P}_O - \bar{P})h_{(HS)}{}^2 + \bar{P}$$

由于公牛的儿子全是半同胞，所以仍用半同胞均值遗传力。

根据后裔测定选择肉用公牛时，性状的遗传力越高及后裔头数越多，则准确性越高。在性状的遗传力较低时，不应少于 10 头后裔，若有 20 头以上的后裔，则准确性可超过 70%。

对于肉用种公牛，也可用"最佳线性无偏预测（BLUP）法"来估计育种值。该法是 Henderson 在 20 世纪 70 年代中期提出的，现许多国家已经采用。其优点是估测精确度高，可用线性函数表示，被认为是目前最好的估计方法。BLUP 之所以称之为"最佳线性无偏估计"，就在于将所有重要的系统环境影响和遗传分组的固定效应都考虑时，可以通过混合模型方程组得到最准确而又可靠的个体育种值预测值。BLUP 方法的基础是一线性混合模型，在估计种公牛育种值时，常用的有公畜模型和动物模型。其计算过程十分复杂，需

要的计算机辅助,但目前已达到了通用程序化的程度。

第三节　肉牛的选配

一、选配的原则

(一) 选配的概念及意义　选配是选种工作的继续,是有目的地决定公母牛的交配,以达到在其后代中将双亲优良性状的遗传基础结合在一起,以期培育出优秀的种公牛和种母牛。通过选种,可以发现和选出优秀的种牛;而通过适当的选配可以巩固乃至于发展选择成果。相反,不适当的交配系统会使得已经获得的选择反应丧失殆尽。所以,选配方法在育种中的重要性并不亚于选择,但目前这种重要性往往被忽视。

选种选出的优秀种公牛与不同的种母牛交配,其后代的表现可能会有很大的差异。其原因除公牛的遗传特性不够稳定及环境对后代的影响外,还有一个亲和力问题。亲和力是指基因结合的能力,主要来自公母牛间遗传物质的互作和互补效应。有些子代的基因型构成好,是由于亲本双方的遗传特征得到互补,亲和力大的基因适当组合;有些子代基因型构成不好,则是由于亲本原有的适当基因组合遭到重组、分离而破坏,也就是说,前者亲和力强,后者亲和力弱。选配的主要任务就是尽可能地选择亲和力强的公母牛进行交配,即人为地、有意识地组织优良的种公牛和种母牛交配。

选种和选配是相互关联和相互促进的 2 个方面。选种可以增加牛群中高产基因的比例,选配可有意识地组合后代的基因型。选种是选配的基础,因为有了优良的种牛选配才有意义;选配又是进一步选种的基础,因为有了新的基因型才有利于下一代的选种。

(二) 选配的基本原则

(1) 要根据育种目标综合考虑,加强优良特性,克服缺点。

(2)尽量选择亲和力好的公母牛进行交配,应注意公牛以往的选配结果和母牛同胞及半同胞姐妹的选配效果。

(3)公牛的遗传素质要高于母牛,有相同缺点或相反缺点的公母牛不能选配。

(4)慎重采用近交,但也不绝对回避。

(5)搞好品质选配,根据具体情况选用同质选配或异质选配。即用同质选配或加强型选配,巩固其优良品质;用异质选配或改进型选配,改进或校正不良性状和品质。

二、选配类型

(一)品质选配   品质选配主要指体质外貌、生产性能等品质改进与提高的选配,又可分为同质选配和异质选配2种类型。

1.同质选配   就是选用体型外貌和生产性能相近,且来源相似的公母牛进行交配,以期获得相似的优秀后代。同质选配的目的是增加后代中优良纯合基因的数量,使后代牛群的遗传性趋于稳定,从而提高其种用价值和生产性能。因此,同质选配绝不允许有共同缺点的公母牛进行交配,以避免隐性不良基因的纯合和巩固。在牛的育种中,为了保持纯种公牛的优良性状,或经一定导入杂交后,出现理想的个体需要尽快固定时,采用同质选配。

为了提高同质选配的效果,理想的是根据基因型选配。因此,最好能准确判断欲配双方的基因型。选配应以1个性状为主,遗传力高的性状效果要高于遗传力低的性状。例如,对我国地方品种产肉性能普遍较低的状况,就可以利用近几年引进的产肉性能好的外国优良种公牛,通过同质选配的方法进行改善。但是,如长期采用同质选配,会造成牛群遗传变异幅度下降,有时甚至会出现适应性和生活力降低,因此,在育种策略上应避免长期采用同质选配。

2.异质选配   是以表现型不同为基础的选配,目的是获得选配双方有益品质的结合,使后代兼有双亲的不同优点。也可选用同一性状但优劣程度不同的公母牛相配,以期达到纠正或改进不理想特征特性的目的。异质选配可以综合双亲的优良特性,丰富牛群的遗传基础,提高牛群的遗传变异度,同时也可以创造一些新的类型。但异质选配在使优良特性结合的同时,会使牛群的生产性能趋于群体平均数。因此,为保证异质选配的良好效果,必须严格选种并坚持经常性的遗传参数估计工作。

综上所述,同质选配和异质选配是相对的,在生产实践中互为条件,相辅相成。只有两者密切配合,交替使用,才能不断提高和巩固牛群的品质。

(二) 其他类型选配

1. 亲缘选配 主要指公母牛双方的血缘关系,一般要求无血缘关系或血缘关系较远,近亲交配常常为后代带来不同程度影响。

在采用亲缘选配时,一是对最杰出的个体才采用亲缘选配;二是进行亲缘选配前,须仔细研究选配公、母牛的品质,对品质卓越的种公牛所选配偶的品质在一定程度上与其相接近,还要注意公母牛之间无相同的缺点,且要与品质选配相结合;三是要加强饲养管理;四是肉牛对近交的有害影响比较敏感,因此,在近亲和中亲选配时,要注意选配的其他条件;五是对拟近交的种公、母牛,最好进行异环境的培育,将它们放在不同地区或在同一地区不同类型的日粮和小气候中,这样可减轻亲代的有害影响,又能使双亲间保持一定的异质性和较高的同质性。

2. 年龄选配 由于父母的年龄能影响后代的品质,故在选配时要适当注意年龄选配。正确的选配年龄是壮年配壮年,这是最理想的形式,老年的种牛如无特殊价值,应予淘汰;有繁殖能力的老年母牛,应配以壮年公牛;有特殊价值的种公牛,应尽量选配壮龄母牛。幼年的种公、母牛,都应配以壮年的公母牛。当其与品质选配或亲缘选配发生矛盾时,必须服从品质选配或亲缘选配,并以品质选配为主。老、壮、幼年龄的划分,因与品种、营养状况等不同而有很大差异,一般来说,年龄在 10 岁以上为老牛,5～10 岁为壮年牛,5 岁以下为幼牛。

三、选配计划的制定

选配的方法有个体选配和群体选配之分。个体选配就是每头母牛按照自己的特点与最合适的优秀种公牛进行交配;群体选配是根据母牛群的特点选择多头公牛,以其中的 1 头为主、其他为辅的选配方式。

为将选配计划制定好,首先必须了解和搜集整个牛群的基本情况,如品种、种群和个体历史情况,亲缘关系与系谱结构、生产性能上应巩固和发展的优点及必须改进的缺点等;同时应分析牛群中每头母牛以往的繁殖效果及特性,以便选出亲和力最好的组合进行交配。要尽量避免不必要的近交与不良的选配组合。选配方案一经确定,必须严格执行,一般不应变动。但在下一代出现不良表现或公牛的精液品质变劣、公牛死亡等特殊情况下,才可作必要的调整。表 4-3 是牛的选配计划表的一般式样,仅供参考。

表 4-3　牛的选配计划表

母牛				公牛				亲缘关系	选配目的	备注
牛号	品种	等级	特点	牛号	品种	等级	特点			

第四节　肉牛的育种

一、纯种繁育

纯种繁育也称本品种选育,是指在牛的某品种内部,通过选种、选配和培育不断提高牛群质量及其生产性能的方法。国外许多著名肉牛品种和国内众多的地方黄牛良种,都是通过长期的纯种繁育培育而成的;而对于已有的肉牛品种为将其优良特性保持下去,仍然需要继续实行纯种繁育制度,以进一步提高品种的生产性能和增加生产效益。在肉牛业养殖业中,种牛和大量提供肥育用的架子牛也需依赖于纯种繁育而提供。因此,在肉牛的育种工作中不能忽视纯种繁育工作。就纯种繁育的交配方式而言,主要包括亲缘繁育和品系育种2个方面。

(一) 纯种繁育的原则

1.要保持和发展本品种原有的特点和优良品质,并注意克服本品种原来存在的缺点 如秦川牛体格高大、适应性强、遗传性能稳定,但存在后躯发育较差、尻尖斜、腹部肌肉欠充实等影响肉用性能的缺点。因此,在制定其本品种选育方案时,应增加臀端宽为选育指标。这样可在其优良特性保持的同时,改善该品种的产肉性能。

2.选种、选配相结合 注意严格选择基础品种中品质优良的个体,结合有效的选配措施,加强各世代留种个体的选择和不理想个体的淘汰力度,方能取得较大进展,达到预期目标。最好采用品系繁育的方法。

3.保持良好的饲养管理条件 只有在良好的培育条件下,牛的优良遗传性能才能充分发挥出来。没有良好的培育条件,再好的品种也会逐渐退化,再高的选育手段也起不到应有的作用。

4.坚持以本品种内选择为主,但不排斥必要时进行适度的导入杂交 在本品种内的缺点仅依靠本品种的个体无法克服时,可以考虑针对其缺点通过引入在同性状有突出优点的外来品种进行适度杂交,以改良其缺点,达到育种目标。

(二) 纯种选育的条件 纯种选育多在下列情况下进行。

1.肉用地方品种 该品种具有较一致的体型外貌和较高的生产性能,并具有稳定的遗传性。为了进一步提高其生产性能,促使其体型外貌更趋于一致,需采用纯种选育的方法,来巩固和提高某些优良性状的特性。此法也称为良种选育。如我国的鲁西黄牛、秦川牛、南阳黄牛、晋南牛、延边牛等,具有适应性强、耐粗饲、遗传性稳定等优点。对这些品种应主要采用本品种选育的方法,保持并发展肉用性能中的优点,逐步纠正外貌结构上的一些缺点,提高其生产性能。我国的这些地方品种也都已建立了保种区。

2.肉牛优良品种　该品种经过人们的培育使其成为专门化肉牛品种,产肉性能很高,具有稳定的遗传性。为了增加群体数量,保持品种特性,不断提高品质,需要有计划地进行纯种选育。因为有时杂交的效果并不理想,如法国的夏洛来牛就曾因杂交使原有的品种优点减退,造成体质变弱和对饲料条件要求过高,体脂肪增多等。后来恢复了本品种选育,建立了良种登记制度,使其终于成为优良的肉用品种。又如意大利的皮埃蒙特牛,经过长期的纯种繁育,使其由肉乳役兼用逐渐成为出色的专门化肉用品种。其他国外肉牛品种利木赞牛、安格斯牛、西门塔尔牛、海福特牛、短角牛等良种,也需要采用纯种选育的方法,保持纯种、扩大群体,以满足推广和杂交育种的需要。

3.地方黄牛　这些品种虽然经济价值不高,不能完全满足人们的肉用需要,但某些性状及特性,如适应环境能力、抗病力、耐粗饲、生产性能的某方面有一定或较为突出的优点,这就需要在一定的区域内保留其必要的数量,作为杂交育种的基因库。此法也称保种选育。

4.肉用杂交种　该杂交种进入到横交固定阶段以后,需要有目的的进行选种选配,稳定其优良性状,使全群质量进一步提高并趋于整齐。这个阶段的育种工作,虽然不是在一个品种内进行选育,可是它和品种内选育的方法相似,因此也称自群繁育。

(三)亲缘繁育　亲缘繁育是指相互有亲缘关系的个体间的交配组合。相互间有亲缘关系的个体,必定有共同的祖先。从家畜育种学的观点来看,交配双方到共同祖先的世代数在6代以内的交配繁殖称为近亲繁殖,简称近交。近交能使牛群中的某些基因在后代中得到一定程度的纯化。巧妙地利用近交,可取得意想不到的效果。

1.近交的遗传效应和作用　有目的地采用近交,主要有以下效应和作用:

(1) 固定某些优良性状。在育种过程中,如果发现优秀的个体,可利用近交能使基因纯合这一基本效应,有意识地采用近交来固定其优良性状。近交多用于培育种牛,因近交能提高种牛某些基因的纯度,在表型性状上可出现高产性能及优良的体型外貌。这些性状能够被固定并且稳定地遗传给后代。许多优秀品种的育成,在品种固定阶段或在牛群中固定某头种牛的优良特性时,用近交可迅速达到预期的目的。

近交系数是衡量近交程度的一个量化指标。它表示某一个体由于血缘关系而造成的相同等位基因的概率,即该个体会是纯合体的机会。近交系数的计算公式是:

$$F_X = \frac{1}{2} \sum \left[\left(\frac{1}{2}\right)^N \cdot (1 + F_A) \right]$$

式中:F_X为个体 X 的近交系数,N 为共同祖先通往个体 X 的父亲和母亲的代数之和,F_A为共同祖先本身的近交系数。如果共同祖先为非近交个体,则 $F_A = 0$,以上公式可简化为:

$$F_X = \frac{1}{2} \sum \left[\left(\frac{1}{2}\right)^N \right]$$

例如,以下系谱中共同祖先 E(非近交个体)通往个体 X 的父亲和母亲的代数之和为 4,即 $N = 4$。

代入上述公式得知,x 的近交系数为 3.125%。

(2) 暴露有害基因。既然近交能使基因纯化,那么也可使隐性的不良基因纯合而暴露出来,产生具有不良性状的个体。因此,近交可确定个体种牛的遗传价值。一般 1 头公牛与其 25 头左右的女儿交配,基本可以测出公牛所携带的全部隐性基因。对经验证明有致死或半致死等不良基因的公牛应停止使用,以便有效地减少牛群中有害基因的频率和不良的遗传性状。

(3) 保持优良个体的血统。根据遗传学原理,任何一头牛的血统在非近交情况下,都会随世代的更迭不断地变化,只有通过近交才可使优秀个体的血统长期地保持较好的水平而不严重下降。因此,对某些出类拔萃的个体,为保持其优良特性,可有目的地采用近交方式。

(4) 使牛群同质化。近交在使基因纯合的同时,可造成牛群的分化,出现各种类型的纯合体,再加上严格的选择,就可得到比较同质的牛群。这些牛群之间互相交配,可望获得较明显的优势,而且后代较一致,有利于规范化饲养管理。另外,比较同质化的牛群还有利于提高估计遗传参数和育种值的准确性,因而对选种有益。

2. 近交的不良后果及其防止 近交会给牛群带来衰退现象,主要表现为近交后代的生活力及繁殖力减退、生长发育缓慢、死亡率增高、体质变弱、适应性差和生产性能下降等现象。

为防止近交衰退现象出现,首先必须合理地应用近交,并严格掌握近交的程度,近亲交配只用 1 次或 2 次,然后用中亲或远亲交配,以保持其优良性状。其次要严格采用淘汰制度,及时淘汰那些突变型和重新结合的纯合劣质基因型的不良个体。再次是做好选配工作,严禁有相同缺陷的公母牛之间的交配,并及时采用"顶交"和"远交"的繁育方式(见后述)。

(四) 品系繁育 品系繁育是育种工作的高级阶段,是纯种选育常用的一种育种方法。其最大的特点就是有目的地培育牛群在类型上的差异,以使畜群的有益性状继续保持并遗传给后代。这里所说的有益性状,不仅仅指生产性能,还包括生长发育、体质健康、繁殖性能和适应性等。在实际工作中,要想挑选十全十美的个体几乎是不可能的,但要从一大群牛中挑选在某一方面具有突出表现的个体则容易得多。因此,我们可将在某一方面表现突出的个体类群,采用同质选配的方法,甚至可配合一定程度的近交,就可以将该品种这方面的优良性状继续保持下去。采用此法,在一个品种内建立若干个品系,每个品系都有其特点,以后通过品系间的结合(杂交),即可使整个牛群得到很多方面的改良。故品系育种既能达到保持和巩固品种优良特性、特征的目的,同时又可以使这些优良特征特性在个体中得到结合。在养牛业发达国家普遍采用品系繁育,我国在肉牛育种中多年来也有计划地进行品系繁育,都取得了显著的效果。

1. 品系建立的方法和步骤

(1) 创造和选择系祖。建立品系的首要问题是培育和选择系祖,有了系祖才能建系。系祖必须是卓越的优秀种公牛,它不仅本身表现要好,而且能将其本身的优良特征和特性遗传给后代。否则,特征特性不突出,尤其是遗传性不稳定的公牛,当与同质母牛选配时,所产生的后代就不一定都具有品系的特征特性。因此,当牛群中尚未发现具备系祖特性的公牛时,就不应急于建系,应该从积极创造和培育系祖着手。培育系祖时,可以从种子母牛群或核心群中挑选符合品系要求的母牛若干头,与较理想的种公牛进行选配,将所生公犊通过培育和后裔测定,最优者方可作为系祖来建立品系。为了避免系祖后代中可能出现的遗传性不稳定,在创造和培育系祖过程中,可适当采取近交选配,以巩固遗传性。但是为了防止由于近交而出现后代生活力降低及某些不良基因结合而出现遗传缺陷,应避免父女或母子交配,近交系数一般不宜超过12.5%。

(2) 认真挑选品系的基础母牛。有了优秀的系祖公牛,便可与同质的母牛进行个体选配,与之交配的同质母牛要严格挑选,必须是符合品系要求的母牛才能与系祖公牛交配。这些基础母牛要有相当的数量,一般建系之初的品系基础母牛群至少要有100～150头成年母牛。供建系用的基础母牛头数越多,就越能发挥优秀种公牛的作用,特别是在应用冷冻精液配种的情况下,一个品系的基础母牛头数更应大大增加。

(3) 选育系祖的继承者。为了保持已建品系,必须积极培育系祖的继承者。一般情况下品系的继承者都是系祖公牛的后代。培育系祖继承者也必需按照培育系祖公牛的要求,通过后裔测定选出卓越的种公牛。由于牛的世代间隔较长,因此在建立品系以后,就要及早注意培育和选留品系公牛的继承者。一般一个品系延续到三代以后就逐渐消失。如果这个品系没有存在的必要,便无需考虑品系的延续问题。若是特别有价值的品系需要保留时,则应采取以下方法:①继续延续已建品系,方法是选留与原系祖有亲缘关系较多的后代公牛作为品系的继承者。②重新建立相应的新品系,即重新培育系祖。

2. 品系的结合　品系的建立增加了品种内部的差异,使牛群内的丰富遗传特性得以保持。建立品系的最终目的,是为了品系的结合(即品系间的杂交)。通过品系的结合,可利用品系间的互补遗传差异,增强品种的同一性,使品种内的个体更能表现出较全面的优良特征特性,达到提高牛群质量的目的。

品系的建立和品系的结合,是进行品系繁育的2个阶段,在育种过程中,这两个阶段可以循环往复,使品种不断得以改进和提高。

3. 常见的几种品系类别　由一性能突出的种公牛而发展起来的品系也称为单系。另外,由于建系方法、目的的侧重点不同,还有下列几种品系类型。

(1) 近交系。近交系是连续的同胞间交配而发展起来的一组牛群,其近交系数往往超过大群牛平均近交系数的数十倍,如高达

20%以上。

（2）群系。由具有相似的优良性状的牛只先组成基础群，而对是否为同胞或近亲个体不加考虑。然后实行群内闭锁繁育方式，巩固和扩大具有该优良特征特性的群体。也有将此种建系法称为群体继代法的，所发展的品系牛只群体就称为群系。

（3）专门化品系。在某一方面具有特殊性能，并且为供专门与别的特定品系杂交的品系，称作专门化品系。

（4）地方品系。在分布较广泛、牛只数量较多的品种中，往往由于各地自然地理条件、饲料种类和管理方式不同，以及地区性的选择标准的差异而形成品种内的不同地方类群，称为地方品系。

4. 综合系的建立　综合系也称合成系。加拿大的 R. T. Berg 博士自 1960 年以来就着力培育肉牛综合系的试验研究，并建立了世界上第一个肉牛综合系。近几十年来，该综合系的牛只在肉牛成绩试验中一直名列前茅。大群中（每年约 500 头公牛）断奶后至宰前（约 15 月龄）的平均日增重保持在 1.5 kg 以上，最高达 2.3 kg。这样的大数量、高增重并保持较长时期的成绩世所罕见。

该综合系的个体遗传组成为：安格斯牛 35.7%、夏洛来牛 34.7%、盖洛威牛 21.7%、瑞士褐牛 4.5%、其他牛 3.4%，其组成基本上稳定在 1970 年的水平上。

1970 年以来，美国、德国、丹麦、爱尔兰等国家的育种学家相继开展了肉牛综合系建立的研究实践。在加拿大，另一肉牛综合系也已投入商品生产和出售种牛的阶段。在欧美肉牛业发达的国家，综合系的建立与利用正处在方兴未艾之中。

（1）遗传学基础。建立综合系的遗传学依据是基因的互补效应、自由组合定律和基因杂合效应。其育种原则是：肉牛经济性状选择、尽力缩短世代间隔以加快遗传进展，较长久保持群体杂种优势的交配制度。群体内不设"理想型"，无所谓"理想横交"，但到一定发展阶段实行相对"闭锁"的方法。

（2）建系方法。主要包括3个阶段：①根据当地生态条件，并对市场调查分析，拟定吸收什么样的纯种牛品种。一般选用4～5个纯种牛品种。②然后再有目的地组织这些牛品种间的交配组合，采用多种方式、多个品种的杂交方法，建立基础牛群。③最后根据需要和杂种表现，到一定时期进行"封闭"群体，停止引入原用的纯种公牛，系内公牛选择只考虑2～3个重要的经济性状，而对母牛仅考虑相应的性状，但对其他性状（如毛色等）不予考虑。

（3）优缺点。据研究，用纯种梅福特牛与之比较，综合系牛只表现出3大优点，即生产力高、遗传变异幅度大而后裔整齐度（主要经济性状）好。现已培育成的肉牛综合系，如Berg等建立的系群，育种专家们都不认为它们是一个"品种"或"品系"，今后也看不出有育成一个"新品种"的打算，而仅仅只是繁育更高产肉性能的群体或类群。从以后发展的趋势来看，建立综合系是顺应肉牛业发展之需，该系本身既是生产架子牛以供育肥的群体，又是生产具有专门化肉牛性状以改良其他品种（品系）种公牛的供应者。

（五）顶交和远交　顶交的含义是用近交公牛与无血缘关系的母牛交配，目的是为了防止近交衰退现象，提高下一代牛群的生产性能、适应性和繁殖效率。顶交还可在同一品种内出现杂种优势，因此，可得到良好的效果。

远交是指无血缘关系或血缘关系很远的个体之间的选配。远交的优点是可以避免近交衰退现象，在牛群中很少出现生产性能和生活力极端不良的个体，也使一些隐性的有害基因得以掩盖而不起作用。远交也是亲缘育种中有计划地进行血液更新的一种方法，必须选用同品种、同类型而又无血缘关系的公牛，以免引起品种混杂，抵消近亲选育的成果。应该注意的是在远交牛群中生产性状的改进和提高较慢，也很少出现极优秀的个体，而且优良性状也不易固定。

二、杂 交 繁 育

家畜的杂交可以改变基因型,把不同亲本的优良特性结合起来而产生杂种优势。世界上许多乳用、肉用和兼用品种都是在杂交的基础上培育成功的。

杂交能加快遗传变异而有利于选种,因此,在杂交过程中,要注意发现新变异,使其向有利的方向转化,并保持和发展下去。杂交是现代动物育种的一种较快的方法,通过杂交可以综合 2~3 个品种的优点,创造出新品种。

据研究,亲缘关系较远的个体间杂交,它们的基因是优劣交错的,彼此的长短可以互补,互相遮盖。因此,一般的杂种牛都能表现出双亲的优点,隐藏双亲的缺点,使生产性能有较大提高。

(一) 杂交繁育的基本原则 为使杂交繁育达到预期目的,生产实践中采用杂交繁育应遵循以下基本原则:

(1) 为小型母牛选择种公牛进行配对时,种公牛的体重不宜太大。一般要求两品种的成年牛的平均体重差异,种公牛不超过母牛体重的 30%～40%。大型品种公牛与中、小型品种母牛杂交时,母牛不选初配者,而选经产牛,以防止发生难产现象。

(2) 要防止 1 头改良品种公牛的冷冻精液在一定区域内使用过久(3～4 年以上),防止近交带来不良后果。

(3) 在地方良种黄牛的保种区内,严禁引入外来品种进行杂交。

(4) 杂交要与合理的选配制度相结合,一定要选择配合力好的公母牛进行交配。

(5) 良种牛需要较高的日粮营养水平以及科学的饲养管理方法,因此对杂种牛的优劣评价要有科学态度,应特别注意营养水平对杂种牛的影响。

(6) 对于总存栏数很少的本地黄牛品种,若引入外血,或与外来品种杂交,应慎重从事,最多不要用超过成年母牛总数的 1%～

3%的牛只杂交,而且必须严格管理,防止乱交。

(二) 杂种优势的利用

1.杂交亲本种群的选优与提纯　选优就是通过选择,使亲本种群原有的优良,高产基因的频率尽可能增大,提纯就是通过选择和近交,使亲本种群在主要性状上纯合子的基因型频率尽可能增加,个体间的差异尽可能减小。选优提纯的最好方法是开展品系繁育。

2.杂交亲本的选择

(1) 母本选择要求。一是选择本地区数量多、适应性强的品种或品系作母本,以便于推广;二是应选择繁殖力高、母性好、泌乳能力强的品种或品系作母本。

(2) 父本的选择标准。一是应选择生长速度快、饲料利用率高,胴体品质好的品种或品系作父本。二是应选择与杂种所要求的类型相同的品种作父本;有时也可选用不同类型的父母本相杂交,以生产中间型的杂种。三是根据母本品种或品系需要改良的性状选在这方面表现突出的品种或品系作父本。因杂交父本的数量很少,所以多用外来的品种。

3.杂交效果　杂交效果的好坏受多种因素的影响,主要有配合力、杂种后代性别、母亲年龄及父亲本身特性等。

(1) 配合力。是指种群通过杂交能够获得杂种优势的程度,即杂交效果的好坏和大小。它又可分为一般配合力和特殊配合力2种。一般配合力就是一个种群与其他各种群杂交所能获得的平均效果,其基础是基因的加性效应;特殊配合力是2个特定种群之间杂交所能获得的超过一般配合力的杂种优势,它的基础是基因的非加性效应,即显性效应和上位效应。配合力的测定需通过杂交组合试验来进行,比较费时费力。

(2) 杂种优势率的计算。为便于各性状间的相互比较,杂交效果的好坏一般用杂种优势率表示。其计算公式为:

$$H = \frac{\overline{F_1} - \overline{P}}{\overline{P}} \times 100\%$$

式中：H 为杂种优势率；$\overline{F_1}$ 为一代杂种的平均值；$\overline{P}$ 为亲本种群的平均值，即父本群体均值加母本群体均值的一半。

(3) 杂交程度。杂交程度一般用含某品种的血液程度来表示。为了简明地表示杂交程度，我们假定公牛和母牛的血缘在它们的第 1 代中各占 1/2，如第 2 代仍继续用父系品种，则父系品种和母系品种的程度就分别为 3/4 和 1/4，杂交 3 代各为 7/8 和 1/8。杂交代数用 F 表示，则杂交程度的计算如下：

被改良的母系品种在各代中所占血液程度为：$F_1 = \frac{1}{2}$，$F_2 = \left(\frac{1}{2}\right)^2$，$F_3 = \left(\frac{1}{2}\right)^3$，$F_n = \left(\frac{1}{2}\right)^n$。

改良的父系品种在各代中所占的血液程度为：$F_1 = \frac{1}{2}$，$F_2 = 1 - \left(\frac{1}{2}\right)^2$，$F_3 = 1 - \left(\frac{1}{2}\right)^3$，$F_n = 1 - \left(\frac{1}{2}\right)^n$。

如果杂交双方的父本和母本牛均是杂交个体，其后代所含血液程度的计算与上法相同。例如，1 头含 $\frac{1}{4}$ 夏洛来牛血液的公牛与含 $\frac{1}{2}$ 夏洛来牛血液的母牛配种，其后代含有夏洛来牛血液的程度为 $\frac{3}{8}$。

$$\left(\frac{1}{4} \times \frac{1}{2}\right) + \left(\frac{1}{2} \times \frac{1}{2}\right) = \frac{3}{8} （夏洛来牛血液）$$

(4) 杂交改良的效果。已如前述，杂交可以使双亲的优点综合到后代身上而产生杂种优势。根据以下几点可对杂交效果进行预估。一是杂种优势的大小，一般与种群差异大小成正比。二是主要经济性状变异系数小的种群，一般杂交效果较好。三是遗传力较低,近交时衰退比较严重的性状,杂种优势也较大。因为近交衰退和杂种优势一般是相等的。四是长期与外界隔绝的种群间杂交,一般可获得较大的杂种优势。

我国一些地方品种的黄牛具有耐粗饲、适应性强和肉质好等优点,但生长速度慢,生产性能低,出栏率也不高。如果用国内或国外的优良品种进行杂交,既可以提高生长速度,也可增加产肉量,降低饲养成本。因此,在肉牛育肥中应广泛应用杂交改良。黄牛经杂交改良后,主要有以下表现:

① 体型外貌得以改善。杂交改良后的黄牛后代,体型明显增大,随着杂交代数的增多,体型逐渐向父本类型过渡。如西门塔尔牛、短角牛杂交改良黄牛,向乳肉兼用方向发展;夏洛来牛、利木赞牛改良黄牛,向肉用方向发展。

西门塔尔杂交改良牛体躯宽深高大,体质结实,肌肉发达,乳房发育较好;荷斯坦杂交改良牛体型大于黄牛,体躯长,骨骼粗壮,肌肉发达,杂3代已呈乳用体型;利木赞杂交改良牛背腰平直,体躯较长,后躯发育良好,肌肉发达,呈肉用体型;夏洛来杂交改良牛背腰宽平,臀、股、胸肌发达,四肢粗壮,体质结实,呈肉用型。

② 生长发育加快。试验表明,黄牛经杂交改良的后代初生重明显增大,生长速度显著加快,如表4-4所示。

表4-4　各类杂交牛与黄牛体重比较

类别	性别	初生重			18月龄			24月龄		
		头数	平均(kg)	增长(%)	头数	平均(kg)	增长(%)	头数	平均(kg)	增长(%)
西杂2代	公	441	34.77	68.38	320	267.10	29.01	427	317.69	26.07
	母	463	33.05	68.62	477	266.80	34.80	482	317.24	24.77
荷杂2代	公	313	31.14	50.80	218	288.55	39.37	196	331.75	31.65
	母	353	29.61	51.07	299	272.94	37.60	391	331.42	40.79

续表 4-4

类别	性别	初生重			18月龄			24月龄		
		头数	平均(kg)	增长(%)	头数	平均(kg)	增长(%)	头数	平均(kg)	增长(%)
短杂2代	公	162	26.84	29.98	125	258.12	24.67	113	307.94	22.20
	母	302	24.68	25.92	194	239.12	20.82	240	278.94	18.50
夏杂2代	公	5	32.70	58.35	14	334.30	61.47	12	321.90	27.74
	母	12	31.50	60.71	15	279.33	41.13	11	268.55	14.08
利杂2代	公	52	27.72	34.24	10	321.50	55.28			
	母	72	23.78	21.33				10	340.50	35.12
本地黄牛	公	1 924	20.65		1 090	207.04		1 235	251.99	
	母	1 894	19.60		1 640	197.92		2 360	253.40	

③ 生产性能提高。据测定,不同杂交组合的杂种牛产肉性能和产奶性能都有不同程度的提高。从增重耗料比看,以皮埃蒙特牛和西门塔尔牛杂交效果最好,具有增重快和耗料少的特点。

(三)杂交方式 杂交育种的方法,根据杂交后代的生物学特性和经济利用价值,可分为品种间杂交和种间杂交2大类。

1.品种间杂交 一般常见的杂交都是品种间杂交。肉用牛采用品种间杂交后,后代生长快,饲料效率高,屠宰率高,可比原纯种牛多产肉 10%~15%,因此,国外在肉牛生产上广泛采用杂交以利用杂种优势。近年来,我国也用引进的外国品种如西门塔尔牛、海福特牛、夏洛来牛、皮埃蒙特牛等来改良本地黄牛,取得了可喜的成果。乳用品种与肉用品种杂交,杂种牛虽产奶量较低,但比原肉用纯种生长速度快,成年体格较大,瘦肉量多,脂肪较少,胴体重、胴体等级也有提高,屠宰率、眼肌面积等也表现出优势。

开展品种间杂交,必须考虑国民经济的要求和社会需要、自然条件特点、杂种牛的特征特性及可能出现的优缺点等情况,同时应参考前人的成就和经验。只有育种目标明确,选种选配合理,才能取得好的效果。

2.种间杂交　是指不同牛种间的杂交。这种方式属远缘杂交,世界上许多新品种都是采用这种方法育成的。如澳大利亚用欧洲牛与瘤牛杂交,培育出的新品种婆罗福特牛和抗旱王牛,具有良好的抗热性和抗焦虫能力;加拿大用山地牛与海福特牛杂交,使杂种的越冬能力大为提高。

种间杂交的后代不仅表现出对各种恶劣条件有良好的适应能力,而且还具有杂种优势。如美国在加利福尼亚州用美洲野牛与肉牛品种杂交,育成的杂交种比法罗牛适应性强,肉质良好。我国青藏高原地区用公黄牛与母牦牛杂交所生的犏牛(F_1,即杂 1 代),其体尺、体重、产肉与产奶性能均优于亲代,且耐寒、耐苦力强,利用年限也长。但公犏牛和杂 2 代的公牛都无繁殖能力,实为一大缺憾。

3.杂交方式　在牛的育种中,无论品种间杂交还是种间杂交,都可概括为育种杂交和经济杂交。前者包括育成杂交、级进杂交和导入杂交,后者包括简单经济杂交、轮回杂交等。

(1) 级进杂交。又叫改造杂交或吸收杂交,是以性能优越的品种改造或提高性能较差的品种时常用的杂交方法。即利用高产品种的公牛与低产品种一代一代地交配(杂种后代都与同一品种的公牛交配)。这种方式杂一代可得到最大的改良。随着级进代数的增加,杂种优势逐代减弱并趋于回归。根据以往经验,级进 3 代加以固定可育成品种。例如,我国的草原红牛就是以短角牛为父本,蒙古牛为母本级进杂交至第 3 代后,进行横交固定的结果。这种方式在停止杂交时要求杂种牛具有较高的生产性能,并保留适应当地自然条件的特性与特征,因此,级进杂交并非代数越高越好。实践证明,一般级进至 3～4 代效果最好。

(2) 育成杂交。又叫创造性杂交,是用 2～3 个以上的品种来培育新品种的一种方法。这种方法可使亲本的优良性状结合在后代身上,并产生原来品种所没有的优良品质。育成杂交可以扩大变异的范围,显示出多品种的杂交优势,并且还能创造出来亲本所不具备的新的有益性状,提高后代的生活力,增加体尺、体重,改进外形缺点,提高生产性能,有时还可以改善引入品种不能适应当地特殊的自然条件的生理特点。育成杂交可采取各种形式,在杂种后代符合育种要求时,就选择其中的优秀公母牛进行自群繁育,横交固定而育成新的品种。育成杂交在某种程度上有其灵活性,例如在后代杂种牛表现不理想时,就可根据它们的特征、特性与自然条件来决定下一步应采取何种育种方式。

(3) 导入杂交。又称引入杂交或改良性杂交,当一个品种已具有多方面的优良性状,其性能已基本符合育种要求,只是在某一方面还存在着个别缺点,并且用本品种选育的方法又不能使缺点得以纠正时,就可利用具有这方面优点的另一品种的公牛与之交配,以纠正其缺点,使品种特性更加完善,这就是导入杂交。其优点是不改变原来的育种方向,并保留原有的优点,并不是彻底的改造。因此,选择导入的品种时务必慎重。如我国某些优良的黄牛品种存在尖斜尻、后躯和大腿肌肉发育差的缺点,若选择在这方面表现优良的品种之公牛进行导入杂交,就可迅速纠正这些缺点,进一步提高产肉性能。

(4) 简单经济杂交。就是利用 2 个不同品种的公母牛进行交配产生的杂一代牛,全部不作种用而直接用来育肥,又称二元杂交,目的就是为了利用杂种优势。如我国为提高黄牛的产肉性能,用西门塔尔公牛、夏洛来公牛、皮埃蒙特公牛与本地母牛杂交等。但这种方式存在一个缺点,就是不能充分利用繁殖性能方面的杂种优势。

(5) 轮回杂交。是用 2 个或 2 个以上品种的公母牛之间不断地轮流杂交,使逐代都能保持一定的杂种优势。杂种后代的公牛全部用于生产,母牛用另一品种的公牛杂交繁殖。2 品种轮回杂交如图 4 - 1 所示。据报道,2 品种和 3 品种轮回杂交可分别使犊牛活重平均增加15%和19%。

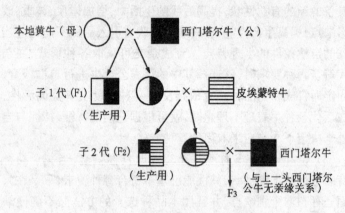

图4-1　两品种轮回杂交示意图

（6）"终端"公牛杂交体系。这种方式涉及3个品种,即用B品种的公牛与A品种的母牛配种,所生杂一代母牛(BA)再用C品种公牛配种,所生杂2代(ABC)无论雌雄全部育肥出售。这种停止于第3个品种公牛的杂交就称为"终端"公牛杂交体系。这种方法能使各品种的优点相互补充而获得较高的生产性能。

（7）轮回-"终端"公牛杂交体系。这种方式是轮回杂交和"终端"公牛杂交体系的结合,即在2品种或3品种轮回杂交的后代母牛中保留45%继续轮回杂交,以作为更新母牛之需;另55%的母牛用生长快、肉质优良的品种之公牛("终端"公牛)配种,以期获得饲料利用率高、生产性能更好的后代。据报道,2品种和3品种轮回的"终端"公牛杂交体系可分别使犊牛平均体重增加21%和24%。

第五节　肉牛育种工作的组织与实施

为了使牛群的生产性能不断提高,满足人们对牛肉日益增长的需要,必须有计划、有组织地进行肉牛育种工作。实践证明,如果组织措施跟不上,技术措施也很难实现,育种工作也不会取得预期效果。

一、制定品种区域规划,建立育种协作组织

制定品种区划必须从实际出发,因地制宜。根据我国的具体国情,肉牛品种区划主要是农区和牧区,目前已形成东北、中原和华南等肉牛带。

各国的实践和经验表明,育种协作组织在牛的育种工作中有着相当重要的作用。我国从1973年以来,先后成立了各类牛的全国性及地方性育种协作组织,如"中国西门塔尔牛育种委员会"、"中国良种黄牛育种委员会"、"中国畜牧兽医学会养牛学分会"等。这些育种协作组织对我国肉牛的育种做了大量的工作,并取得了显著的成果。

二、制定育种计划,建立繁育体系

制定牛群育种计划是育种工作的重要环节之一。在制定计划之前,必须对现有牛群的基本情况进行详尽的了解,主要包括牛群的结构与组成、肉牛的肉用性能、繁殖性能、牛群的血缘关系、现有的优点和缺点等内容。

在牛群调查的基础上,制定切实可行的育种计划。首先要确定明确的育种目标,即通过育种所要达到的目的及所需的饲养管理水平等外界条件。其次是根据育种目标和原有牛群特点确定选育方式,根据实际情况采用本品种选育或杂交改良。第三是确定选种和选配的方法和标准,选择、培育理想的公牛,根据育种需要确定选育的性状。性状不宜过多,对那些存在强的负相关的性状,宜采用品系繁育的方法。第四是确定培育制度,制定适宜的饲养管理方案及幼畜培育方法,只有合理的饲养管理才能使牛的遗传

潜力和生产潜力充分表现出来。第五是确定选育工作的范围及参加选育的重点场所,建立健全繁育体系,开展联合协作育种及群众性的育种工作。例如对地方良种的选育,可采用以较大型牛场为核心、各级育种站和畜牧兽医站为骨干的场、站相结合的繁育体系。第六是根据遗传学原理和育种计划,估计遗传进展及其在生产上的经济效果,并制定育种成果的推广范围和具体措施。第七是要有相应的防疫措施。另外,还应有严格的选留和淘汰制度。

育种计划一经确立,一般应坚决贯彻执行,不能任意更改或中途废止。但也不能僵化,必须主动积极地不断研究和分析,根据进展情况及时解决出现的问题,使计划更加完善。

三、推广良种肉牛登记制度

良种登记是育种工作的重要措施之一。建立良种登记制度是为了发挥良种牛在育种工作中的作用。因为良种登记能反映出育种成绩,加快育种进度,同时也可了解育种工作中所存在的问题及提出解决问题的办法。一般是按品种成立登记组织,根据品种特点订出登记标准和制度。内容包括谱系、生产性能、体型外貌等。对不符合标准要求的不应登记。

四、肉牛场日常的育种措施

养牛场虽是生产的基层单位,但也必须重视育种工作,以使本场牛群生产性能不断提高,降低生产成本,提高经济效益。为此应做好以下工作。

1.建立档案制度　建立档案可为育种工作提供科学依据。为此,首先应对每头牛进行标记和编号。对牛的编号应遵循一定的规则,力求简明并尽量避免重复。例如年号与出生顺序号结合就是简便的方法。有些国家的牛不但有编号,还有自己的名字。牛的标记是识别牛的必要措施。一般每头牛的卡片上应有毛色特征描述,个体身上也必须有标记。常用的标记方法有耳标、耳内刺耳号、液氮冻烙号及烙角号等几种。目前国内生产的一种塑料耳标牌,具有方便易行、不易脱落的特点,可以选用。

为了育种或经营管理,都不可缺少记录。肉牛场中的主要记录有繁殖记录、肥育记录、屠宰记录、饲养记录、犊牛及育成牛生长发育记录、牛场日志、牛群饲料消耗记录等。各项记录都应登记在每头牛各自的卡片上。

2.合理编制选配计划　根据牛群的特点选择合适的与配公牛,以保证牛群的素质越来越好。

3.拟定和执行牛群更新和周转计划　及时而合理的牛群更新是不断提高质量和保持牛群结构的必要条件。一般肉牛繁殖场的母牛每年更新率为10%～15%,对育种群的更新比例应更高,以加快育种速度。种公牛的更新,一定要用经后裔测定证明为优良的个体来补充。在扩大牛群时,选留的后备幼牛必须合乎育种要求。为保持合理的牛群结构,应根据分娩计划、选留计划等拟定出畜群周转计划。

4.完善饲料供应和饲养管理制度　只有充分及时地供应饲料及合理的饲养管理水平,才能使牛群的整体生产水平发挥出来。因此,必须重视饲料的储备和供应,以及牛场工作人员技术素质的提高。

第五章 肉牛的繁殖

第一节 公牛的生殖器官及生理功能

公牛的生殖器官主要包括睾丸、输精管道（附睾、输精管和尿生殖道）、副性腺（精囊腺、前列腺和尿道球腺）、交配器官和阴囊等（图5-1）。

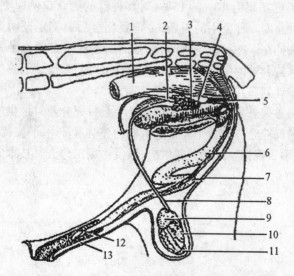

1.直肠 2.输卵管壶腹 3.精囊腺 4.前列腺 5.尿道球腺
6.阴茎 7.乙状弯曲 8.输精管 9.附睾头 10.睾丸
11.附睾尾 12.阴茎游离端 13.内包皮鞘

图5-1 公牛生殖器官示意图

一、睾　丸

睾丸包被于阴囊内,左右各一,牛的睾丸呈长卵圆型,种公牛的睾丸要求大小正常,有弹性。睾丸上端有血管和神经出入,为睾丸头,上有附睾头附着;下端为睾丸尾,连于附睾尾。睾丸实质呈黄色,表面覆以固有鞘膜,其深层为致密结缔组织构成的白膜。白膜向内分出许多结缔组织间隔深入睾丸内,将睾丸分隔成许多锥体形的睾丸小叶。这些间隔在睾丸纵轴处集中成网状,称为睾丸纵隔。每个睾丸小叶内有 2～3 条盘曲的曲精细管,曲精细管之间为间质,内有间质细胞。曲精细管管壁的上皮细胞成层地排列在基膜上,根据其生理功能,分为生精细胞和支持细胞(也称足细胞)。生精细胞,即未来精子生成的细胞,数量较多,成群分布在足细胞之间,根据其发育阶段及形态特点不同,又分为精原细胞、初级精母细胞、次级精母细胞、精细胞和精子。精子最靠近管腔,是成熟的生精细胞,成熟后即脱离曲精细管的管壁而游离在管腔内。足细胞体形大而细长,呈放射状排列在曲精细管中,分布在各期发育的生殖细胞之间,主要对生精细胞起支持、保持和营养作用。牛繁殖力强的曲精细管管壁厚,管径较大。牛的曲精细管长度为 4 000～5 000 mm。曲精细管在各小叶的尖端先各自汇合,成为很短的直精细管,进入纵隔结缔组织内形成弯曲的导管网,称为睾丸网。睾丸网是精细管的收集管,最后由睾丸网分出 10～30 条睾丸输出管,形成附睾头。

睾丸的功能是产生精子和雄性激素。睾丸的曲细精管产生精子。曲细精管之间有间质细胞,能分泌雄性激素,可以促进第二性征的出现和其他性器官的发育。

二、输 精 管 道

输精管道包括附睾、输精管和尿生殖道。

（一）**附睾**　附睾位于睾丸的背面，头朝上，尾朝下。可分为附睾头、附睾体和附睾尾3部分。在胚胎时期，睾丸和附睾均在腹腔内。出生前后，二者一起经腹股沟管下降至阴囊中，此过程称睾丸下降。如有一侧或双侧睾丸未下降到阴囊内，称单睾或隐睾，该种公牛没有生殖能力，不能做种用。作为种公牛不能有单睾或隐睾现象。

附睾是储存精子和促进精子成熟的器官。附睾内温度低于体温4.7℃，pH值为6.2～6.8，呈弱酸性，可抑制精子的活化。附睾管内的高渗透压环境，使精子移动时，发生脱水现象，使其体内缺乏可保持活动的最低限度的水分，故精子不能运动。以上这些因素使精子处于休眠状态，减少能量消耗，因此，可使精子在附睾内储存60 d以上仍具有受精能力。另外，附睾容量很大，可储存大量精子。

在睾丸生成的精子并不具有运动和受精能力。精子在通过附睾管的过程中，颈部原生质的脱落，使其增强了活动和受精能力，同时由于附睾管分泌的磷脂质及蛋白质的包被，能防止精子膨胀，抵抗外界不良影响。而且还可使精子体表获得负电荷，防止精子彼此凝集，这些条件都维持精子的正常运动，使精子达到成熟。

（二）**输精管**　附睾管在附睾尾端延续，变为粗而直的输精管。输精管管壁厚、硬而呈圆索状。在睾丸系膜内由输精管、血管、淋巴管、神经、提睾内肌等而组成精索。精索沿腹股沟管上行进入腹腔，随机向后上方进入盆腔，末端与精囊腺导管汇合成射精管开口于精阜。输精管具有运送和排泄精子的功能，由于输精管的肌肉层较厚，射精时有很强的收缩力，从而将精子压送到尿生殖道内。

（三）**尿生殖道**　尿生殖道是尿液和精子排出的管道。公牛的尿生殖道为一条长的管膜，起自膀胱末端，终止于龟头，为精液和尿的共同排泄管道，分为骨盆部段和阴茎段。骨盆部段由膀胱颈直至坐骨弓，位于骨盆底壁，外包有尿道肌。阴茎段位于阴茎海绵体腹面的尿道沟内，外面包有尿道海绵体和球海绵体。在坐骨弓处,尿道阴茎部在左右阴茎脚之间稍膨大形成尿道球。在尿道骨盆部起端的顶壁上有一海绵体构成的隆起,称精阜,为输精管末端和精囊腺联合形成排泄管的开口,射精时精阜膨大,封闭膀胱颈口,阻止精液流入膀胱。

三、副 性 腺

副性腺包括精囊腺、前列腺和尿道球腺。凡是幼龄去势的公牛,所有副性腺都不能正常发育。

(一) 精囊腺 成对,位于膀胱颈背侧的生殖褶中,在输精管壶腹的外侧,贴于直肠腹侧面,输出管开口于尿生殖道骨盆部的精阜上。

(二) 前列腺 成对,由前列腺体和扩散部构成。前列腺体位于膀胱颈和尿生殖起始部的背侧,不发达。扩散部较发达,包括尿生殖道骨盆外的黏膜,外由尿生殖道肌覆盖着。前列腺管分成两列,开口于精阜后方的两个黏膜褶之间和外侧。

(三) 尿道球腺 成对,位于尿生殖道骨盆部后端的背外侧。每个腺体发出一条导管,开口于尿生殖道骨盆部末端背侧的半月状黏膜褶内。

副性腺的分泌物有稀释精子、营养精子以及改善阴道环境等作用,有利于精子的生存和运动。射精时它们的分泌物与输精管壶腹部的分泌物混合组成精清,与来自附睾尾的精子悬浮液共同组成精液,射出的精液中,精清占精液总量的 75%。公牛精囊腺分泌果糖,果糖是精子能量的主要来源。前列腺液吸收精子运动排出的二氧化碳,以维持精液的弱碱性环境。在交配之前阴茎勃起时排出的少量液体,主要产生于尿道球腺。

四、交 配 器 官

交配器官包括阴茎和包皮。阴茎平时柔软,隐藏于包皮内。

交配时勃起,伸长并变得粗硬。阴茎由阴茎海绵体和尿生殖道阴茎部组成,分为阴茎根、阴茎体和阴茎头。包皮为一末端垂于腹壁的双层皮肤套,形成包皮腔,包藏阴茎头。阴茎为公牛的交配器官,具有交配和排尿功能。包皮具有容纳和保护阴茎头的作用。

五、阴 囊

阴囊位于两股之间,呈袋状的皮肤囊。阴囊上部狭窄,称阴囊颈,下面游离,称阴囊底。阴囊壁结构由外向内依次为皮肤、肉膜、睾外提肌和总鞘膜。可通过其肉膜和提睾肌收缩及舒张调节其与腹壁的距离,使睾丸获得使精子生成的最佳温度。

第二节　母牛的生殖器官及生理功能

母牛的生殖器官包括内生殖器官(卵巢、输卵管、子宫、阴道)和外生殖器官(尿道生殖前庭、阴唇、阴蒂)(图5-2)。

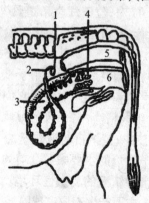

1.卵巢 2.输卵管 3.子宫角
4.子宫颈 5.直肠 6.阴道

图5-2　母牛的生殖器官示意图

一、卵 巢

卵巢是母牛最重要的生殖器官,为椭圆形,左侧右侧各1个。每侧卵巢的前端为输卵管端,后端为子宫端,两缘为游离缘和卵巢系膜缘。输卵管端、子宫端和卵巢系膜缘分别与输卵管系膜、卵巢固有韧带、卵巢系膜相连。

卵巢的表面覆盖一层生殖上皮,在生殖上皮的深面,是一薄层由致密结缔组织构成的白膜。白膜内为卵巢实质,可分为浅层的皮质和深层的髓质。皮质内含有许多不同发育阶段的各级卵泡、卵泡的前身和续产物(红体、黄体和白体);髓质无卵泡,由血管、淋巴管、神经和平滑肌纤维的结缔组织构成。

卵巢具有两方面的生理功能:一是是卵泡发育和排卵的场所。卵巢皮质部分布着许多原始卵泡,经过各发育阶段,最终排出卵子。二是分泌雌激素。排卵后,在原卵泡处形成黄体。黄体能分泌孕酮,它是维持怀孕所必需的激素之一。在卵泡发育过程中,包围在卵泡细胞外的两层卵巢皮质基质细胞形成卵泡膜,卵泡膜分为内膜和外膜。内膜分泌雌激素,以促进其他生殖器官及乳腺的发育,也是导致母畜发情的直接原因。

二、输 卵 管

输卵管是位于每侧卵巢和子宫角之间的一条弯曲管道。输卵管的前端扩大成漏斗状,称为输卵管漏斗。漏斗的边缘为不规则的皱褶,称输卵管伞,其前部附着在卵巢前端。漏斗中央的深处有一口为输卵管腹腔口,与腹膜腔相通,卵子由此进入输卵管。输卵管前段管径最粗,也是最长的一段,称输卵管壶腹,后端较狭而直,称输卵管狭部,以输卵管子宫口开口于子宫腔。输卵管与子宫角交界处无明显界限。

输卵管的生理功能:①分泌机能。在母畜发情期中,输卵管分泌液不仅数量增多,且富含黏蛋白及黏多糖,为运送生殖细胞及早期胚胎提供必要条件和营养。②精子完成获能。精子和卵子结合受精以及受精卵的早期卵裂、发育均在输卵管内进行。③运送机能。卵巢排出的卵子被伞承接后,借纤毛运动送至壶腹部。精卵结合后借输卵管的分节蠕动及逆蠕动,黏膜及输卵管系膜的收缩,以及纤毛活动引起的液流活动,将卵子向子宫方向运送。

三、子　宫

整个子宫可分为子宫角、子宫体和子宫颈 3 部分。子宫角为子宫的前端,前端通输卵管,后端会合而成为子宫体。子宫体向后延续为子宫颈。平时紧闭,不易开张。子宫颈后端开口于阴道,又称子宫颈外口。

子宫的生理功能:①是精子进入生殖道及胎儿产出的通道。发情时,子宫肌有节律、强有力地收缩,形成蠕动及逆蠕动,使精子能以超越自身运动的速度很快到达受精部位,分娩时子宫发出强大的阵缩,排出胎儿。②子宫颈是子宫的门户。发情时,子宫颈开张,分泌大量黏液,在休情时则关闭。妊娠期子宫颈不仅关闭,而且分泌黏稠的物质即子宫颈塞,堵塞子宫颈,防止异物侵入感染子宫,保护胎儿正常发育。③为精子获能提供条件,只有获能的精子才具有受精能力。子宫内膜在发情期分泌含有精子获能的黏液。④调控母畜的发情周期。子宫内膜在母畜发情周期第 $15\sim16$ d合成、释放出前列腺素 $F_{2\alpha}$($PGF_{2\alpha}$),通过子宫静脉—卵巢动脉血液的逆流机制,将 $PGF_{2\alpha}$ 运送到卵巢,溶解掉上次发情后形成的黄体,使母畜开始下一次发情。

四、阴　道

阴道位于骨盆腔内。阴道背侧为直肠,腹侧为膀胱和尿道,前接子宫,后接尿生殖前庭。

阴道在生殖过程中具有多种功能:阴道是交配器官,也是交配后的精子库。阴道的生化和微生物环境能保护生殖道不遭受微生物入侵,阴道通过收缩、扩张、复原、分泌和吸收等功能,排出子宫黏膜及输卵管分泌物,同时,也是分娩时的产道。

五、外生殖器

外生殖器包括尿生殖前庭、阴唇和阴蒂。尿生殖前庭是指阴瓣至阴门之间的部分,它的前端由阴瓣与阴道连接。尿生殖前庭和阴门的方向是由前向后下方倾斜的。母牛尿生殖前庭两侧的黏膜下层内,有呈 2 个分叶的前庭大腺,开口于距阴门约 6 cm 处的凹陷内。阴唇和阴蒂是母畜生殖道的最后部分,阴唇分左右两片构成阴门。在阴门下角内包含有一球形凸起物即阴蒂,阴蒂黏膜上有感觉神经末梢。

外生殖器官是交配器官和产道,也是排尿必经之路。

第三节　初情期、性成熟和体成熟

一、初　情　期

犊牛出生以后,随着年龄的增长及各系统的发育,生殖系统的结构与功能也日趋完善和成熟。母牛达到初情期的标志是初次发情。在初情期,母牛虽然开始出现发情征状,但这时的发情是不完全、不规则的,而且常不具备生育力。公牛的初情期比较难以判断,一般来说指公牛第 1 次能够释放出精子的时期,这时公牛可能表现多种多样的行为,如嗅闻母牛的外阴部,爬跨母牛,阴茎勃起,甚至有交配的动作,但一般不射精,或者精液中没有成熟的精子。在实践过程中可以根据个体和性腺的发育程度来判断初情期或性成熟。公牛的初情期一般都稍晚于母牛,一般在 6~12 月龄。

二、性 成 熟

性成熟指的是公牛生殖器官和生殖机能发育趋于完善,达到能够产生具有受精能力的精子,并有完全的性行为的时期。母牛则有完整的发情表现,可排出能受精的卵子,形成了有规律的发情周期,具备了繁殖能力,叫做性成熟。

性成熟是牛的正常生理现象。性成熟期的早晚与品种、性别、营养、管理水平、气候等遗传方面和环境方面的多种因素有关,也是影响肉牛生产的因素之一。如小型早熟肉牛甚至在哺乳期(6～8月龄)内就可达到性成熟(母);而大型、晚熟品种,则需长到12月龄或更晚,一般公牛较母牛为晚。如秦川牛性成熟期母牛平均为9.3月龄,而公牛则为12月龄左右。幼牛在生长期如果一直处于营养状况良好的条件下,可比营养不良的牛性成熟早4～6个月。放牧牛在气候适宜、牧草丰盛的条件下性成熟早,反之就晚。春夏季出生的母牛性成熟较早,秋冬季出生的母牛性成熟较晚。一般母牛性成熟的年龄为8～12月龄,公牛的性成熟年龄为9～15月龄。

三、体 成 熟

性成熟的母牛虽然已经具有了繁殖后代的能力,但母牛的机体发育并未成熟,全身各器官系统尚处于幼稚状态,此时尚不能参加配种,承担繁殖后代的任务。只有当母牛生长发育基本完成时,其机体具有了成年牛的结构和形态,达到体成熟时才能参加配种。过早配种可对育成母牛产生不良影响。有的在育成母牛尚未到12月龄,就已使之怀孕。这种现象会对母牛后期生长发育产生不良影响,因为此时的育成母牛身体的生长发育仍未成熟,还需要大量的营养物质来满足自身的生长发育需要,倘若过早地使之配种受孕,则不仅会妨碍母牛身体的生长发育,造成母牛个体偏小,分娩时由于身体各器官系统发育不成熟而易于难产,而且还会使母腹中的胎儿由于得不到充足的营养而体质虚弱,发育不良,甚至分娩出死胎。通常育成母牛的初次输精(配种)适龄为 1.5~2 岁,或达到成年母牛体重的 70%为宜。

体成熟是指公母牛骨骼、肌肉和内脏各器官已基本发育完成,而且具备了成年时固有的形态和结构。因此,母牛性成熟并不意味着配种适龄,因为在整个个体的生长发育过程中,体成熟期要比性成熟期晚得多,这时虽然性腺已经发育成熟,但个体发育尚未完善。如果育成公牛过早地交配,会妨碍它的健康和发育,育成母牛交配过早,不仅会影响其本身的正常发育和生产性能,缩短利用年限,并且还会影响到幼犊的生活力和生产性能。

公、母牛一般在 2~3 岁生长基本完成,达到可以配种的体成熟期。据经验,母牛初配年龄为:早熟种 16~18 月龄,中熟种 18~22 月龄,晚熟种 22~27 月龄;肉用品种适配年龄可在 16~18 月龄。公牛的适宜配种年龄为 2.0~2.5 岁。决定适宜初配年龄不能仅仅从年龄上考虑,还要考虑其身体发育的程度。由于受品种、饲养管理、气候和营养等因素的影响,牛的生长发育的速度很不一样,所以,不能将所有的牛只规定在同一年龄配种。育成母牛初配年龄,具体应看个体的生长发育状况,以成年牛为标准,当个体的体重达到成年的 65%~70%、体高达 90%、胸围达 80%时为初配适龄,此时开始配种经济效益最好。

一般来说,性成熟早的母牛,体成熟也早,可以早点配种、产犊,从而提高母牛终生的产犊数并增加经济效益。育成母牛初配年龄应在加强饲养管理和培育的基础上,根据其生长发育和健康状况而决定,只有发育良好的育成母牛才可提前配种。这样可提高母牛的生产性能,降低生产成本。

第四节 母牛的发情

一、发情季节

母牛发育到一定年龄,便开始出现发情。发情是未孕母牛所表现的一种周期性变化。发情时,卵巢上有卵泡迅速发育,它所产生的雌激素作用于生殖道使之产生一系列变化,为受精提供条件;雌激素还能使母畜产生性欲和性兴奋,主动接近公牛,接受公牛或其他母牛爬跨,把这种生理状态称为发情。

牛是常年、多周期发情动物,正常情况下,可以常年发情、配种。以放牧饲养为主的肉牛,由于营养状况存在着较大的季节差异,特别是在北方,大多数母牛只在牧草繁茂时期(6~9月份)膘情恢复后集中出现发情。这种非正常的生理反应可以通过提高饲养水平和改善环境条件来克服。以均衡舍饲饲养条件为主的母牛,发情受季节的影响较小。

二、发情周期

母牛到了初情期后,生殖器官及整个有机体便发生一系列周期性的变化,这种变化周而复始,一直到性机能停止活动的年龄为止。这种周期性的性活动,称为发情周期。发情周期通常是指从一次发情的开始到下一次发情开始的间隔时间。母牛的发情周期平均为21 d(18~24 d)。发情周期受光照、温度、饲养管理等因素影响。根据生理变化特点,一般将发情周期分为发情前期、发情期、发情后期和休情期。

（一）**发情前期** 此时的母牛尚无性欲表现,卵巢上功能黄体已经退化,卵泡已开始发育,子宫腺体稍有生长,阴道分泌物逐渐增加,生殖器官开始充血,持续时间 4~7 d。

（二）发情期 发情持续时间平均 18 h(6～36 h)。根据发情期不同时间的外部征状及性欲表现，又可分为发情初期、发情盛期和发情末期。

1. 发情初期 滤泡迅速发育，性激素含量增加，母牛表现兴奋不安，哞叫，食欲下降，放牧时尾随公牛，但不接受公牛爬跨。外阴肿胀，阴道壁潮红，有少量稀薄黏液分泌，子宫颈口开放。

2. 发情盛期 一侧卵巢增大，有突出于卵巢表现的滤泡，直径约 1 cm 左右，触摸波动性较差。母牛接受爬跨，阴道黏液显著增多，稀薄透明，能拉成丝状。

3. 发情末期 滤泡增大到 1 cm 以上，滤泡壁变薄，触之波动性强。母牛由兴奋转为安静，不再接受爬跨。阴道黏液减少而变黏稠。

（三）发情后期 此时母牛由性兴奋转入安静状态，发情征状开始消退。卵巢上的卵泡破裂，排出卵子，并形成黄体。子宫分泌出少而稠的黏液，子宫颈管道收缩。发情后期的持续时间为 5～7 d。

（四）休情期 为周期黄体功能时期，其特点是黄体逐渐萎缩，卵泡逐渐发育，从上一次情周期过渡到下一次情周期，母牛休情期的持续时间为 6～14 d。如果已妊娠，周期黄体转为妊娠黄体，直到妊娠结束前不再出现发情。

三、发情表现

母牛从性成熟到年老性机能衰退之前，在没有妊娠的情况下都在进行周期性发情。母牛的发情周期平均为 21 d，范围大约从 18～24 d，一般青年母牛的发情周期比经产母牛要短 1～2 d。发情母牛在生理、行为上会发生以下一系列的性活动表现。

（一）接受其他母牛的爬跨 发情母牛在运动场或放牧时会接受其他母牛爬跨。在发情旺盛期，接受爬跨时会静立不动。

（二）**行为变化** 母牛发情时会出现眼睛充血,眼神锐利,常表现出兴奋不安,有时出现哞叫,还有的伴有食欲减退,排粪、排尿次数增多,泌乳牛会出现乳量下降等变化。

（三）**生殖道的变化** 发情母牛外阴部充血、肿胀,子宫颈松弛、充血、颈口开放、分泌物增多,这些变化为受精及受精卵的发育做好了准备。

（四）**卵巢的变化** 在发情前2~3 d,卵巢内的卵泡发育开始加快,逐渐地卵泡液不断增多,卵泡体积增大,卵泡壁变薄,最后成熟卵排出,排卵后逐渐形成黄体。

四、发情鉴定

母牛发情鉴定的方法主要有外部观察法、阴道检查法和直肠检查法。

（一）**外部观察法** 主要是根据母牛的精神状态、外阴部变化及阴户内流出的黏液性状来判断是否发情。

发情母牛站立不安、大声鸣叫、弓腰举尾、频繁排尿,相互舔嗅后躯和外阴部、食欲下降,反刍减少。发情母牛阴唇稍肿大、湿润、黏液流出量逐渐增多。发情早期黏液透明、不呈牵丝状。由于多数母牛在夜间发情,因此在接近天黑和天刚亮时观察母牛阴户流出的黏液情况,判断母牛发情的准确率很高。在运动场最易观察到母牛的发情表现,如母牛抬头远望、东游西走、嗅其他牛、后边也有牛跟随,这是刚刚发情。发情盛期时,母牛稳定站立并接受其他母牛的爬跨。只爬跨其他母牛,而不接受其他母牛爬跨的,不是发情母牛,应注意区别。发情盛期过后,发情母牛逃避爬跨,但追随的牛又舍不得离开,此时进入发情末期。在生产中应建立配种记录和发情预报制度,对预计要发情的母牛加强观察,每天观察2~3次。

（二）**阴道检查法** 主要根据母牛生殖道的变化,来判断母牛发情与否。其方法是将母牛保定,用0.1%高锰酸钾溶液或1%~2%来苏儿溶液消毒外阴部,再用清水冲洗,用消毒过的毛巾擦干。开膣器先用2%~5%的来苏儿溶液浸泡消毒,再用温清水冲洗干净。然后一手持开膣器将阴道打开,借助手电筒光源,观察子宫颈口、黏液、黏液色泽等变化。发情母牛子宫颈口开张,黏膜潮红,黏液多。此法作为生产中发情鉴定的辅助手段。

(三)**直肠检查法** 根据母牛卵巢上卵泡的大小、质地、厚薄等来综合判断母牛是否发情。方法是将牛保定在六柱栏中,术者指甲剪短并磨光滑,戴上长臂形的塑料手套,用水或润滑剂涂抹手套。术者手指并拢呈锥状插入肛门,先将粪便掏净,再将手臂慢慢伸入直肠,可摸到坚硬索状的子宫颈及较软的子宫体、子宫角和角间沟,沿子宫角大弯至子宫角顶端外侧,即可摸到卵巢。牛的卵泡发育可分为4期:

第一期(卵泡出现期):卵泡直径0.5~0.7 cm,突出于卵巢表面,波动性不明显,此期内母牛开始发情,时间6~12 h。

第二期(卵泡发育期):卵泡直径1.0~1.5 cm,呈小球状,明显突出于卵巢表面,弹性增强,波动明显。此期母牛外部发情表现明显—强烈—减弱—消失过程,全期10~12 h。

第三期(卵泡成熟期):卵泡大小不再增大,卵泡壁变薄,弹性增强,触摸时有一压即破之感,此时6~8 h。此期外部发情表现完全消失。

第四期(排卵期):卵泡破裂排卵,卵泡壁变为松软皮样,触摸时有一小凹陷。

(四)**试情法** 利用切断输精管的或切除阴茎的公牛进行试情,效果较好。可将一半圆形的不锈钢打印装置(在其下端有一自由滚动的圆珠,其打印原理与圆珠笔写字相同),固定在皮带上,然后牢牢戴在公牛下颚部,当公牛爬跨发情母牛时,可将墨汁印在发情母牛的身上,这种装置叫下颚球样打印装置。也可将试情公牛胸前涂以颜色或安装带有颜料的标记装置,放在母牛群中,凡经爬跨过的发情母牛,都可在尾部留下标记。为了减少公牛切除输精管等手术的麻烦,可选择特别爱爬跨的母牛代替公牛,效果更好,因为切除输精管的公牛仍能将阴茎插入母牛阴道,可交叉感染疾病。

第五节 公牛的采精与精液冷冻

一、采 精

采精是人工授精中首要步骤和重要环节,认真做好采精前的准备工作,正确掌握采精技术,合理安排采精频率是保证采得多量优质精液和种公牛健康的重要条件。现在普遍应用的采精方法是假阴道法。

(一) 采精前的准备

1. 采精场的准备 采精要在一定的环境下进行,以便公牛建立起固定的条件反射,同时也可防止精液污染。采精场应设在公牛舍和精液检查处理室附近,要求宽敞、平坦、安静、卫生,温度适宜,内设采精架以保定台牛,或设立假台牛供公牛爬跨进行采精。

2. 器材和设备的准备 采精用的主要有牛用假阴道、集精杯、假台牛等。精液处理用的恒温水浴箱、离心机等;精液质量检查用的显微镜、比色仪等;精液分装用的细管、分装机等;保存用的冷藏箱、冷冻设备、冷藏设备如液氮和液氮罐等。人工授精用的器材有精液运输时保存精液的设备、人工授精设备如输精管或输精枪等。

3. 假阴道的准备 假阴道是相当于肉牛阴道环境条件的人工阴道,诱导公牛在其中射精而取得精液。

(1)构成。假阴道是一筒状结构,圆筒外壳由硬橡胶或硬塑料制成,圆筒内胎由柔软而富有弹性的橡胶制成;双层保温集精杯或瓶由有色玻璃制成,装在假阴道的一端,另外还有固定集精杯的胶套、固定内胎的胶圈、充气调压用的气卡等部分组成。

(2)清洗、消毒与安装。假阴道各部件在使用前需用去污剂、肥皂、洗衣粉等清洗,再用净水冲洗,清洗内胎时应检查有无破损、裂缝或小孔,以防漏水、漏气。内胎和集精杯可用75%的酒精棉球擦拭消毒,待酒精挥发后,再用0.9%的灭菌生理盐水冲洗2~3遍。安装时,将内胎放入外壳内,然后将内胎的两端翻转套在外壳的两端,外面套一胶圈牢牢固定,装好的内胎应平直无扭曲、松紧适度,集精杯直接装在假阴道末端,用固定套固定。

(3)调节温度、润滑度和压力。采精前,将安装完毕的假阴道通过注水孔注入相当假阴道容积2/3的50~55℃的温水,以维持内部温度在采精时保持38~40℃,集精杯应保持34~35℃,以防射精后因温度变化对精子的危害。用消毒后的玻璃棒蘸取经灭菌的凡士林(可在高温干燥箱内150~180℃烘烤0.5 h,也可放在蒸锅中蒸汽消毒0.5 h)均匀涂抹在内胎上,涂抹深度约为假阴道全长的1/2,注意润滑剂不要涂抹太多。涂好后,通过开关处注入空气来调节假阴道压力,以假阴道入口处的内胎形成3个饱满的瓣形为宜。

(4)假阴道安装好后,用消毒纱布盖住假阴道入口,可将其放入40~42℃的恒温箱内,以免采精前温度下降。

4. 台牛的准备 可选择体格健壮、结实、大小适当的发情母牛作台牛,也可利用不发情,但性情温顺已习惯作台牛的母牛或假台牛,假台牛一般用木料或金属制成的假台牛架,其后部与母牛的后躯相似,架的表面大多覆盖牛皮。采精前,将台牛保定在采精架内,用温肥皂水或洗衣粉水擦洗其尾根、外阴、肛门等处,再用净水冲洗并用消毒布擦干。

5. 公牛的准备 对初次采精公牛要进行调教,8~10月龄可开始采精训练,开始可用健康的非种用待淘汰的母牛作台牛,诱使其爬跨,待其适应了采精后,再换成假台牛。并且训练时要耐心、细致,避免强行从事或态度粗暴,采精人员应保持固定,采精场所要符合上述要求,公牛舍夏季要采取淋浴降温或其他降温措施,以保证公牛生精机能、精液品质及性欲。

公牛采精前,要用洁净的温开水冲洗腹部和包皮部,并按摩其阴囊,采精时先使公牛空爬数次,当阴茎充分勃起并排出少量分泌物时,才令其爬跨采精。注意,公牛采精前1~2 h,不应大量采食,且避免激烈运动,在夏季,不要在公牛采精前后立即饮用凉水。

(二) 采精操作步骤

(1) 将公牛牵至采精架,采精人员站于台牛右后方,右手横握假阴道。

(2) 让公牛进行1~2次假爬垮,当达性高潮时,用左手迅速准确地托握公牛包皮(勿触摸阴茎)将阴茎导入假阴道(假阴道应与阴茎方向一致),配合牛的射精冲动移动假阴道,射精结束时,采精人员应持假阴道随公牛滑下,并将假阴道入口向上倾斜,取下假阴道,保持立势。

(3) 打开外筒的开关,放掉内部的温水和空气,取下装有精液的集精杯,送入精液检查处理室。

(4) 采精时要注意:假阴道内壁不要黏上水分;冬季应避免精液温度急剧下降,宜将集精杯至于保温瓶或用保温杯直接采精,以防温度骤变造成精子休克或伤害。

也可将假阴道安装在具有调节假阴道角度的假台牛后躯内,任由公牛爬跨假台牛而在假阴道内射精。

二、精液的组成与精子的发生周期

(一) 精液的组成 精液大部分是精清,其中含有一定数量的精子,牛每次能排出 5~8mL 精液,每毫升精液含精子数 8~20

亿,精子的主要成分有核酸(DNA)、蛋白质、酶和脂质等。

精子核酸几乎全部位于精细胞头部的核内,具有传递父系遗传信息和决定后代性别的双重作用。精子的蛋白质有核蛋白、顶体复合蛋白及尾部收缩性蛋白。核蛋白主要与 DNA 结合,与基因开启有关;顶体复合蛋白存在于顶体内,主要由胺基酰胺酸等 18 种氨基酸及甘露糖、唾液酸组成,具有蛋白分解及透明质酸的活性,在受精时帮助精子进入卵子;尾部收缩性蛋白存在于精子尾部,主要是肌动球蛋白,与精子运动有关;精子体内的脂质主要是磷脂,占精液中脂质的 90%,大部分存在于精子膜及线粒体内,多以脂蛋白和磷脂的结合状态存在。既作为精子的能量来源,也对精子起保护作用。

精清中以水分为主,占 87%~98%,还含有多种与精子代谢有关的化学成分,其中有果糖、柠檬酸、甘油磷酸胆碱、脂质和无机成分 K^+、Na^+、Ca^{2+}、Mg^{2+}、Cl^- 等。精清的主要生理作用主要是扩大精液量,有助于精液射出及在母畜生殖道内的运行;副性腺分泌液对冲洗尿生殖道、精子正常代谢、延长精子受精能力和精子成熟等有重要关系。

(二) 精子的发生周期 精子发生周期指从精原细胞开始,经过增殖、生长、减数分裂及变形等最后形成精子的过程所需要的时间。牛精子的发生是在公牛生殖腺(精巢)的生精细管中进行的,它包括增殖期、生长期、成熟期和形成期等发育过程,最后在附睾中进一步成熟。精原细胞是最靠近曲精细管的一层细胞。在精细管内,由精原细胞经过有丝分裂,增殖形成许多初级精母细胞,再由初级精母细胞分裂为次级精母细胞。由次级精母细胞形成精细胞的过程称为精子发生。精细胞在精细管内变形,形成精子的过程称精子形成。精子在附睾内发生一系列变化。形成具有受精能力的精子的变化过程叫精子成熟。牛的精子发生周期为 54~60 d。所以,要获得高质量的精液,需要在此之前对公牛加强饲养管理。

三、精液品质鉴定

精液品质鉴定的最终指标是受精率的高低。但牛得到受精率数据最短也需要 35 d。因此,需要在实验室内尽可能准确地评定精液品质非常必要。

精液品质鉴定的目的是鉴定精液质量的优劣,以便决定取舍和确定制作输精剂量的头份,同时也检查公牛的饲养管理水平和生殖器官机能状态,反映技术操作质量,并依此作为检验精液稀释、保存和运输效果的依据。

精液品质鉴定的项目分为常规检查和定期检查。常规检查项目包括射精量、活率、浓度、色泽、气味、混浊度、pH 等。定期检查项目包括死活精子检查、精子计数、精子形态、精子存活时间及指数、美蓝退色试验、精子抗力及其他项目等。一般公牛的一个"可能授精"的精液样品的最低标准是:每毫升精液 5 亿个精子,活精子中 50% 以上呈前进运动,80% 的精子形态正常。如果其中有一条未达到,特别是在检查了 3 次以上的情况下,该公牛应怀疑为不育。但只有当精液中完全没有活精子并对生殖系统作彻底的疾病检查后,才可认定该公牛不育。

(一) 精液外观和射精量 精液应该具有均匀、不透明的外观,表明其精子浓度高。半透明状的精液含的精子数较少。精液应不含毛发、脏物杂质和其他污染物。有的公牛持续地产生黄色精液,是由于其中含有核黄素,这对精液品质没有影响。此种情况应注意与含尿的精液相区别,后者有明显的尿味。

一般说来,青年公牛和较小的个体产生的精液较少。频繁采精导致平均射精量减少,连续射精 2 次时,第 2 次的精液量通常较少。射精量少并非有害,但同时伴有精子浓度降低,则获得的总精子数就减少了。射精量的异常减少可能是公牛的健康因素所导致,或者采精程序有问题。

正常牛精液因精子浓度大而混浊不透明,肉眼观察时,可见精子因运动翻腾滚滚而呈云雾状。正常牛精液呈乳白色或乳黄色。

(二)显微镜检查

1. **精子活率** 精子活率是指精液中前进运动精子所占有的百分率,也称为活力。作前进运动的精子是指精子近似直线地从一点移动或前进到另一点。精子活率是精液品质评定的一个重要指标,因为受精率与所输精液包含的活动精子数高度相关。

精子活率是一个较经常评定的指标,一般在采精后,精液稀释后、降温平衡后、冷冻后、解冻输精前后都要评定。稀释液中的卵黄、甘油和乳汁等会使精子的运动速度减慢,但并不影响精子活率。全乳稀释液和其他一些稀释液会使单个精子难以看清,给评定带来难度和影响准确性。精子活率低于40%的原精液不适于使用,除非是来自特别优秀的种公牛而以降低受胎率为代价。

精子活率评定常采用目测法进行。评定时借助光学显微镜放大200~400倍,对精液样品中前进运动精子所占百分率进行估测,估测结果常以百分数或0~1.0间的小数表示。因为精子活率受环境温度影响较大,在评定时精液样品的温度应为37~40℃。现常用电热恒温板来加热和维持恒温。该仪器控温精确,性能良好。

由于牛的精液精子浓度大,在评定精子活率时应对所评定的精液样品用等渗的稀释液进行稀释,以便能看清单个的精子运动情况,牛精液要稀释100倍。

目测法评定精子活率的主要缺点是其主观性。尽管如此,精子活率与授精率确实存在正相关关系。若二者出现相关程度低的情况,可能的原因是精子活率评定的准确性和精确性差。

2. **精子形态检查** 完整的精子包括精子头、颈和尾部,其头部长约8 μm,颈部长约12 μm,尾部长约50 μm。精子头部前端有帽样结构覆盖,成为顶体。检查方法是在载玻片上滴一滴原精液,再加一滴染色液,完全混匀后,平拉制片,并使载玻片在常温下干燥后检查。也可将一小滴原精液与一小滴10%的福尔马林相互混匀后(使精子活动停止),覆盖干净的盖玻片再置于显微镜下观察。要求计算100个精子,然后再计算正常精子的百分率。

(1)异常精子的种类有头部过大或过小、双头、双颈、无头精子、折尾、卷尾、颈部和中部含有原生质滴的不成熟精子等,如为保存精液或冷冻精液,则顶体损伤的精子也为异常精子。

(2)通常大多数种公牛,正常精子数都大于85%,但新鲜精液中异常精子若超过20%,则不能用于人工授精。

(3)公牛精液的异常精子比例随季节的不同有明显变化,通常,在晚春和夏季异常精子数较多。

3. 死、活精子鉴别　　方法是取一滴待检精液置于干燥洁净的载玻片上,再滴一滴5%的伊红水溶液与精液混合均匀,后再迅速滴一滴1%的苯胺黑,用另一载玻片迅速推成抹片,迅速干燥,然后在显微镜下观察。活精子不着色,死精子呈红色,据此可算出活精子的百分率。注意,抹片的温度要与精液温度一致($38 \sim 40 \, \mathrm{^\circ C}$);制片要快。

(三) 精子浓度　也称精子密度,指单位容积(1 mL)的精液所含的精子数量。若某公牛精子浓度有持续下降趋势则表明存有较为严重的问题。这与采精前性刺激不足有关,或者采精进行得过于匆忙,或者在几周前公牛的生殖系统发生过或已开始出现病症。当精子浓度在正常范围内时,其与授精力的关系不大。但当精子浓度下降到低于正常值的50%时,则应谨慎使用这样的精液。

准确地测定每毫升精液中的精子数量极其重要,因为这是一个极易变动的精液特性。精子浓度和射精量这2个指标所确定的总精子数决定了接受输精母牛的数量,每头母牛都输入最佳数量的精子。采用血球计数计来对精子进行计数。

1. **精子直接计数(血细胞计计算法)** 血细胞计本来是用于血液中红血球、白血球计数的。精液品质评定工作中常利用它来计算精子的数量。其基本原理是，血细胞计的计数室深0.1 cm，底部为正方形，长宽各是1.0 cm。底部正方形又划分成25个小方格，通过计数和计算求出该计数是0.1 cm³精液中的精子数，再根据稀释倍数计算出每毫升精液中的精子数，计算公式为：

1 mL精液中的精子数(精子浓度)＝0.1 cm³中的精子数×10×稀释倍数×1 000

利用血细胞计计算精子浓度时应预先对精液进行稀释，稀释的目的是为了在计数室使单个的精子清晰可数。牛精液一般稀释200倍，所用稀释液必须能杀死精子。常用的有3%氯化钠溶液，含5%氯化三苯基四氮唑的生理盐水，5 g碳酸氢钠和1 mL 35%的浓甲醛加生理盐水至100 mL组成的混合溶液。有人推荐2%的伊红水溶液，既具杀精作用又具染色作用，更便于精子计数。

一种新型的称为Makler计数室的工具现广泛用于体外受精和其他研究中，用来对精子计数和计算精子浓度。

2. **光电比色计测定法** 光电比色计也称为分光光度计，其能准确测定精子浓度。精液样品浓度和样品光透率之间的线性关系用对数表示。使用光电比色计之前，需要根据血细胞计计算出精液样品中的精子数来确定标准。使用这些数据根据回归计算公式作出精子数量相对光密度的标准曲线。然后根据标准曲线上的光密度值来计算未知样品的精子浓度。

最新型的光电比色计(精子浓度测定仪)已事先把标准曲线储存在控制仪器的微电脑中，使用时自动对测定的精液样品稀释，可直接计算出或打印出样品的精子浓度、建议的稀释倍数和稀释液的加入量等项目数据。由于光电比色计测定精子浓度快捷、准确、方便，已被普遍用于冷冻精液生产单位。

3. **电子颗粒计数仪测定法**　电子颗粒计数仪能准确测定精子浓度,其准确度比血细胞计或光电比色计更高,使用时该仪器被调整到测定颗粒物档位,以便只对样品中的精子细胞进行计数。已作稀释的精液样品通过一个特制的直径很小的毛细管时,每次只有一个精子细胞在两个电极之间通过。精子头部引起的电阻陡增被计数器记录。该仪器的最大缺点是价格昂贵,因此尚未常规应用。

(四) 冷冻精液品质的评定　新鲜精液品质的评定决定了是否进行稀释、降温平衡、冷冻等下一步的处理,而冷冻精液品质的评定决定了某批次冷冻精液是否在一个输精剂量内能提供足够的有效精子数,从而决定是否存留。一般地有 5%～15% 的满足处理条件的精液在冷冻后被丢弃。其中夏季高温天气占的比例较多。冷冻精液品质检查中 2 项重要的指标是精子活率和精子顶体完整率。我国农业部牛冷冻精液质量监督检验测试中心专门制定了《牛冷冻精液质量检测规程》,对牛冷冻精液品质检查指标和方法作了较详细的规定。

摄影法确定精子活率。长时间曝光的摄影法是一种客观的确定精子活率的方法,这种方法的重复性高、准确性好,但因其费时和费用高,主要用于冷冻解冻后精液精子活率的评定。

摄影法采用的设备是带有照相机的暗视野影显微镜。操作时把精子浓度为 1 000 千万/mL 的精液样品滴入 Petroff - Hausser 计数室内,并放于显微镜载物台上的恒温板上,使操作过程中精液样品维持在 38 ℃。从 6 个不同位置对精液样品照相,每次曝光时间 2 s,放大 70 倍。按照底片上精子运动轨迹来对活动精子和非活动精子计数,并计算出精子活率。

(五) 精液品质分析仪　人们一直在研究客观、准确地评定精液品质的技术和设备,这就是精液品质电脑自动分析仪。这类设备近年来发展很快,已进入第 2 代和第 3 代阶段。由北京伟力新世纪科技发展有限公司和农业部牛冷冻精液质量监督检验测试中心联合研制的国产设备和系统已问世。

分析仪能对精液样品的精子活率、精子浓度、精子运动类型及速度、精子形态、精子顶体完整率等指标进行定量和定性分析并报告结果。分析仪系统由计算机(主机内含图像采集卡)、彩色生物电视显微镜、电热恒温板、彩色打印机、录像机等硬件和计算机分析软件组成。

第1代和第2代的分析仪存在的问题是不能区分样品中的杂物碎片和死精子,因此要求在分析前用孔径为 $0.2\ \mu m$ 的滤膜对精液样品进行过滤。第3代分析仪增加了对精子尾部的识别和分析,从而解决了这个问题。

自动分析仪提高了对精液的受精率的预测能力,有利于理解和弄清形态和受精率的确切关系。随着电脑自动分析仪分析速度的提高和价格的降低,会在不久进入常规实际应用阶段。

(六) 其他检查方法

1. 流式细胞计数仪分析精子染色体结构　精子染色体结构是测定精子对原位 DNA 变性的敏感性,即精子在酸中处理 $30\ s$,然后用特异性荧光染料吖啶橙染色,通过流式细胞计数仪进行分析。此法可作为精液品质检查的辅助手段。另有利用溴氧尿苷(BrdU),末端氧核苷酸转移酶,荧光素标记的抗 BrdU 单克隆抗体进行切口 DNA 测定,可以检测精子 DNA (染色质)变性和核完整性及凋亡情况。其结果与精子浓度、活率和形态有明显关系。

2. 流式细胞计数仪分析精子质膜变化　通过膜联蛋白与精子质膜的结合快速检测冷冻后精子膜的变化。细胞破坏时,丝氨酸从膜内层转移到外层,这是细胞凋亡的最早迹象。用膜联蛋白 V 和碘化丙锭 2 种荧光染料染色,通过流式细胞计数仪分析进行分析。

3. 荧光极化各向异性测定精子质膜流动性　各向异性值与

膜流动性成反比。冷冻/解冻后精子活率和活力与各向异性值成强相关,因而可以预测冷冻保存效果。动前膜流动性越高,精子对冷冻的反应越好。

4. 荧光染色检查顶体状态　利用 the PSA - FITC/Hoechst 33258 染色,可以检测精子状态和活力。

5. PCR 检测精液中病原微生物　很多报道利用 PCR 或巢式PCR 检测精液中的病原微生物。

四、影响精液品质的因素

(一) 营养　营养是影响精液品质的主要因素,要保证公牛有旺盛的性欲和品质优良的精液,必须满足所需的各种营养物质。营养不足或缺乏某些营养成分,如蛋白质、维生素和矿物质,都会影响公牛的配种能力和精液品质。

(二) 采精与采精频率　为了获得高质量的精液,采精时要注意做到:集精漏斗和集精管应采取足够的保护措施以避免低温打击;集精管应避免阳光照射;避免精液受尿液、水或润滑剂的污染;每次采精(包括射精失败)都应更换所准备的假阴道,以把精液的微生物污染减少到最小的程度;阴茎包皮的毛应剪去并加以清洗以减少污染。

合理安排公牛采精频率是维持公牛健康和最大限度采集精液的重要条件。1 g 睾丸组织每周大约生产 5 000 万精子,而睾丸的发育和精子产量又与饲养管理关系很大。在生产上,成年种公牛通常每周采 2~3 次。青年公牛精子产量较成年公牛少 1/2~1/3,采精次数应酌减。精液品质检查时出现未成熟精子、精子尾部近头端有未脱落原生质滴、种公牛性欲下降等都说明采精过度,这时应立即减少或停止采精。配种次数:公牛的配种次数以每周2~3 次比较适当,如果每天配种 1 次,连续几天要休息 1 d。对青年公牛一般每周不超过 2 次。过度配种会影响繁殖能力和精液品质。

（三）季节 公牛的生殖机能受季节影响不明显,但是在春季温度较低时精子密度高,畸形精子少;在炎热的夏季,精子密度较低,畸形精子多。

（四）运动 适当的运动能促进公牛的性欲和精子的生成。缺乏运动或运动过量,都会影响公牛的配种能力和精液品质。

（五）公牛的适配年龄 尽管公牛性成熟的年龄平均在 9 月龄,但公牛适宜的配种年龄应推迟至 1.5~2 岁,因为 18 月龄前的公牛身体发育还没有成熟,精液品质也较差。

五、冷冻精液的生产

精液的冷冻保存就是利用液氮(-196 ℃)、干冰(-79 ℃)或其他制冷设备为冷源,将精液经过特殊处理,保存在超低温下,以达到长期保存的目的。冷冻精液的最大优点是可长期保存,使精液的使用不受时间、地域以及种公牛寿命的限制,可充分提高优良种公牛的利用率。

（一）精液稀释液的配制 一份射精量为 6 mL 的公牛精液,其中含有的活精子数足够给 200~300 头母牛输精,但不可能把 6 mL 精液分成这么多头份。精液稀释是指在精液中加入适宜于精子存活并保持受精能力的稀释液,其目的是扩大精液容量,提高一次射精量可配母牛头数,补充适量营养和保护物质,抑制精液中有害微生物活动,以延长精子的寿命,便于精液的保存和运输。

精液稀释液的主要成分为糖类(如果糖、葡萄糖、蔗糖等)、缓冲物质(如柠檬酸钠、酒石酸钾钠、磷酸二氢钾、三羟基甲基氨基甲烷等)、卵黄和奶类、抗菌剂(如青、链霉素、卡那霉素、氯霉素、庆大霉素、泰乐霉素、林肯－壮观霉素等)和抗冻剂(甘油、二甲基亚砜等)。常用的冻精稀释液配方如下。

1. 细管用 ①第 1 液——蒸馏水 100 mL、二水柠檬酸钠 2.97 g、卵黄 10 mL、青霉素 500~1 000 U/mL、链霉素 500~

1 000 μg /mL;第 2 液——取第 1 液 41.75 mL,加入果糖2.5 g,甘油7 mL、青霉素 500～1 000 U/mL、链霉素 500～1 000 μg /mL。②脱脂乳 83 mL、卵黄 20 mL、甘油 7 mL。

2. 颗粒用 ①12％蔗糖 75 mL、卵黄 20 mL、甘油 5 mL、青霉素 500～1 000 U/mL、链霉素 500～1 000 μg/mL。②12％乳糖液 75 mL、卵黄 20 mL、甘油 5 mL、青霉素 500～1 000 U/mL、链霉素 500～1 000 μg/mL。③2.9％柠檬酸钠 73 mL、卵黄 20 mL、甘油 7 mL、青霉素 500～1 000 U/mL、链霉素 500～1 000 μg/mL。以上 3 种颗粒精液稀释液不加甘油可作第 1 液用,加入甘油后即为第 2 液。

稀释液应现配现用,亦可配后 4～5 ℃冰箱中备用,但不应超过 1 周。

(二) 精液的稀释、降温与平衡 精液应在镜检后(活率 0.6 以上,密度中等以上)尽快稀释,稀释前应将稀释液和被稀释的精液做等温处理(35 ℃左右),然后将稀释液缓缓倒入精液杯中,稀释后还应取 1 滴精液再检查活力情况,以验证稀释液是否有问题。稀释的倍数应根据原精液的活率和密度等确定,要求细管每个输精剂量应包含的呈直线前进运动的精子数为 1 000 万个以上、颗粒 1 200 万个以上、安瓿 1 500 万个以上。

先用与精液同温(35 ℃)的第 1 液,按1:1～1:2倍作第 1 次稀释;然后将稀释过的精液,连同第 2 液放入装冰的广口保温瓶内,使之经 1～1.5 h 后降温至 4～5 ℃;再用 4～5 ℃的第 2 液按原精的 1:1～1:2倍作第 2 次稀释。

将稀释后的精液,在 4 ℃冰箱静置 3～5 h,使甘油充分渗入精子内。

(三) 冷冻 精液在冷冻前,应充分混匀,并检查精子活力。

1. 细管型冷冻精液 采用一种聚氯乙烯塑料细管来容纳精液。塑料细管的容量为 0.25 mL(微型细管)和 0.5 mL(中型细管)

的 2 种。二者的长度都是 133 mm, 外径分别是 2.0 mm 和 2.8 mm。细管的一端是开口的, 另一端由塞柱结构封口。塞柱的总长度约 20 mm, 由两截棉线塞中间夹封口粉(化学成分是聚乙烯醇)组成。塞柱遇到水(精液)之后封口粉立即凝固成凝胶状, 使该端管腔堵塞, 起到"封口"作用。细管型冻精的优点是标识、分装、冻结都可采用机械设备进行, 且解冻后效果好于其他剂型, 运输使用方便, 易识别, 不易污染。

目前生产上普遍采用细管精液分装机来分装。细管被等距离地水平排列在橡胶传送带上, 传送到某一固定位置时, 负责抽吸真空的一组针头(3 支)和通过乳胶管抽吸精液的另一组针头(3 支)分别同时地插入 3 支细管的棉塞端和另一端(开口端), 使精液抽吸到这一组细管中, 由于棉塞端内的封口粉凝固, 此端即被封口。完成此动作后, 这一组细管又被传送到下一位置, 在该位置细管的开口端被封口仪的封口部件产生的超声波作瞬间封口并压扁。至此, 细管两端全被封口。

细管精液的冷冻采用液氮蒸汽熏蒸法, 这种方法是冷冻精液生产一直沿用的传统方法。根据冷冻时液氮蒸汽的状态又分为静止的液氮蒸汽熏蒸法和流动的液氮蒸汽熏蒸法 2 种。生产上采用熏蒸法冷冻细管精液的设备大致有 3 种。第 1 种是简易冷冻槽。第 2 种是大口径液氮罐, 第 3 种是喷氮式冷冻仪。

2. 颗粒型冷冻精液 没有包装容器, 是把处理后精液直接滴冻成半球状颗粒的一种剂型, 1 个剂量一般为 0.1 mL。缺点是不易标识, 易受污染, 优点是制作时不需复杂设备, 占用储存空间很小, 目前颗粒型冻精仍在部分地区生产和使用, 但最终会被细管型冻精替代。

颗粒精液的冷冻常采用滴冻法进行。操作时用滴管把平衡后的精液滴在 1 个已预冷的平面上(在装有液氮的容器上置一铜纱网或聚四氟乙烯板, 距液氮面 1~3 cm), 滴完最后 1 滴, 停 3~5 min 后,当精液颗粒颜色变白时,立即浸入液氮并将全部颗粒取下收集于储精瓶或纱布袋内,并做好标记,然后立即移入液氮罐中储存。低温容器可采用5 L的广口液氮罐、保温良好的金属小箱、铝锅或铝饭盒等。

3. **冻精活率检查**　检查颗粒型冷冻精液时,将预先配制好的2.9%柠檬酸钠溶液1 mL,放于干净小试管中,置于40 ℃温水杯中,迅速取颗粒冷冻精液一粒放入试管,轻轻摇动至化冻时(约20 s),由水浴杯中取出,检查活率。对于细管冻精可以把细管直接放入40 ℃温水中解冻。不低于0.35即认为合格。在带有保温箱或保温台(35~38 ℃)的显微镜下进行活力检查。精子解冻后活率活力达0.35以上,直线运动精子数颗粒精液在1200万以上,细管精液在1 000万以上方可输精。

第六节　肉牛的配种

一、自 然 交 配

自然交配是任公牛与母牛直接交配的方法。常用的自然交配有本交和人工辅助交配。

(一) **本交**　在20~40头母牛群中放入1头种公牛,任其自然交配。这种方式常用于粗放管理的草原或山区,是最省人力的1种方式。当母牛群组织良好,种公牛进行必要地选择的情况下,可获得较好的效果。但公、母牛在组群前必须保证是没有患生殖道疾病的个体。配种季节结束后,将公牛隔离,单独喂养。这种方法虽然简单,花费人力少。但种公牛利用率和母牛的受胎率都很低,不利于防治传染病,不能根据人的意志进行牛种改良。

(二) **人工辅助交配**　在没有人工授精的条件下,配种站配备一定数量的公牛,为来站的母牛配种。其优点是可以控制种公牛的交配次数,增加每头种公牛的选配头数。可对预配母牛作生殖疾病治疗,登记繁殖性能和选配牛号。在人工辅助交配的情况下,应做好母畜的外阴部清洗和消毒,也要做好公牛阴茎和包皮的洗涤工作。

主要步骤:选择一环境安静及地面平坦的场所;固定好母牛,以防它乱动;配种前要将母牛的阴门、后躯充分消毒洗涤;将公牛缓慢拉进配种场,稍停几分钟,以充分引起公牛性欲,使阴茎充分勃起,以防止空爬,造成不良习惯。配种时,配种员站在公牛左侧,待公牛趴稳后,左手虎口朝下,拇指与食指扒开母牛的阴门,其他3指挡住肛门,右手迅速将阴茎导入阴道;待公牛射精后让公牛退下。将交配后的母牛牵着运动几圈,并按其背部,以防精液外流或随尿一起排出;配种前 1~2 h 不可饮饲,配种后 1.5~1 h 内不喂料。夏季上午 10 时以后,下午 4 时以前不可配种;配种后要清扫配种场所,以经常保持清洁卫生。人工辅助交配虽然比自然交配提高种公牛的利用率和母牛的受胎率,但花费的人力较自然交配的多,且仍有传染疾病的机会。

二、人 工 授 精

(一) 授精前的准备

1. 检精室　要求保持干净,经常用清水;冲洗降尘,地面保持干净。室内陈设力求简单整洁,不得存放有刺激气味物品,禁止吸烟。除操作人员外,其他人一律禁止入内。室温应保持 18~25 ℃。

2. 优质精液的采购　采购精液常用小型液氮罐(3L)作为采购运输工具。外购肉牛精液要结合本场牛群育种改良计划有目的选购,要选优秀高产且育种值高的种公牛,种公牛的外貌评分优秀,父母的表现优良,其精液的质量优良,解冻后活力镜检达 0.3 以上,即可作为选购目标。

3. 冷冻精液的保管　为了保证储存于液氮罐中的冷冻精液品质,不致使精子活力下降,在储存及取用时应做到以下几点。

(1) 按照液氮罐保温性能的要求,定期添加液氮,罐内盛装储精袋(内装细管或颗粒)的提斗不得暴露在液氮面外。注意随时检查液氮存量,当液氮容量剩 1/3 时,需要添加。当发现液氮罐口有结霜现象,并且液氮的损耗量迅速增加时,是液氮罐已经损坏的迹象,要及时更换新液氮罐。

(2) 从液氮罐取出精液时,提斗不得提出液氮罐口外,可将提斗置于罐颈下部,用长柄镊夹取精液,越快越好。

(3) 液氮罐应定期清洗,一般每年 1 次。要将储精提斗向另一超低温容器转移时,动作要快,储精提斗在空气中暴露的时间不得超过 5 s。

(二) 人工授精的主要技术程序　目前的人工授精常用直肠把握输精法,也叫深部输精法。

1. 母牛的准备　拴系固定母牛头部或将母牛拴于保定栏内,将其阴门、会阴部先用清水洗,接着用 2% 的来苏儿或 1‰ 的新洁尔灭消毒外阴部及周围,然后用生理盐水或凉开水冲洗,最后用消毒抹布擦干。另一种方法是用酒精棉消毒阴门,待酒精挥发后再用卫生纸或毛巾擦干净。

2. 输精器材的准备　人工授精用的器材有精液运输时保存精液的设备、输精管或输精枪等。输精器械应清洗干净并消毒,消毒常用恒温(160~170 ℃)干燥箱。开腟器等金属用具可冲洗后浸入消毒液中消毒或使用前酒精火焰消毒。输精器每牛每次 1支,不得重复使用。使用带塑料外套细管输精器输精时,塑料外套应保持清洁,不被细菌污染,仅限使用 1 次。

3. 精液的准备　解冻精液,并镜检精子活力。目前常用精液制剂有 2 种,一种为细管型,一种为颗粒型。细管冻精则可直接把细管放入 40 ℃ 温水中进行解冻。而颗粒型精液解冻,通常把解冻用稀释液(1~1.5 mL2.9%的二水柠檬酸钠)安瓿置入40℃温水中,再放入冻精颗粒于稀释液安瓿中;解冻后应镜检精子活力,确认合格后方可置入输精管(枪)备用。精液解冻后应立即使用,不可久置。

4. 输精人员的准备 输精人员的指甲须剪短磨光,洗涤擦干,用75%的酒精消毒,手臂也应消毒,并涂以稀释液或生理盐水作润滑剂。

5. 操作步骤 直肠把握输精法,是目前普遍采用的输精方法。具体操作是输精员一手五指合拢呈圆锥形,左右旋转,从肛门缓慢插入直肠,排净宿粪,寻找并把握住子宫颈口处,同时直肠内手臂稍向下压,阴门即可张开;另一手持输精器,把输精器尖端稍向上斜插入阴道4~5 cm,再稍向下方缓慢推进,左右手互相配合把输精器插入子宫颈,再徐徐越过子宫颈管中的皱褶轮,使输精管送至子宫颈深部2/3~3/4处,然后注入精液。输精完毕,稍按压母牛腰部,防止精液外流。在输精过程中如遇到阻力,不可将输精器硬推,可稍后退并转动输精器再缓慢前进。如遇有母牛努责时,一是助手用手搯母牛腰部,二是输精员可握着子宫颈向前推,以使阴道肌肉松弛,利于输精器插入。青年母牛子宫颈细小,离阴门较近;老龄母牛子宫颈粗大,子宫往往沉入腹腔,输精员应手握宫颈口处,以配合输精器插入。输精时要注意以下几点。

(1)输精部位。一般要求将输精管插入子宫颈深部输精,即在子宫颈的5~8 cm处。

(2)输精量与有效精子数。与所用精液类型有关,如用常温精液,则输精量一般为1~2 mL,有效精子数应在3 000万~5 000万个;如用冷冻精液,则输精量只有0.25 mL,有效精子数为1 000万~2 000万。

(3)输精时间。从行为上看,当发情母牛接受其他母牛爬跨而站立不动时,再向后推迟12~18 h配种效果较好;从流出黏液分析,当黏液由稀薄透明转为黏稠微混浊状,用手可牵拉时,即可配种;最可靠的方法是通过直肠检查,在发情末期,此时母牛拒绝爬跨,卵泡增大,直径在1.5 cm以上,波动明显,泡壁薄,此时适宜配种。

(4)输精次数。输精量一般1次1剂,若用2次复配法,则用2剂。如果能确定排卵时间,则可用1次配种法。

(5)输精完毕,将所用器械清洗消毒备用。

三、适 时 配 种

(一)育成牛最佳初配年龄的选择　决定育成牛初配的年龄,主要根据牛的生长发育速度、饲养管理水平、气候和营养等因素综合考虑,但最重要的是根据牛的体重确定。一般情况下,育成母牛的体重要达到成年牛标准体重的70%以上时(本地牛达到300 kg、杂交牛350 kg以上),才能进行第1次配种。过早配种受孕,则不仅会妨碍母牛身体的生长发育,造成母牛个体偏小,分娩时由于身体各器官系统发育不成熟而易于难产,而且还会使母腹中的胎儿由于得不到充足的营养而体质虚弱,发育不良,甚至分娩出死胎。

(二)母牛产后适宜配种时间的选择　母牛产后配种时间,应有利于提高牛的经济利用性(产奶量和产犊数);不影响母牛健康和持久正常地生产。因此,产后配种过早或过晚都是不适宜的。对于肉牛,产犊的成绩往往和生产性能的发挥有着密切的联系,所以产犊后应尽可能提早配种。

母牛产后一般在30~72 d就会有发情表现,产后第1次发情时期受个体牛子宫复原、品种、挤奶次数或哺乳牛犊等因素的影响,也受产犊前后饲养水平的影响。肉牛产前饲喂低能量,产后以中等能量与产后以高能量比较,后者可以缩短第1次发情间隔。对产前饲喂中等能量的母牛,产后喂给高能量时,缩短第1次发情间隔不明显或不能缩短。若产前喂给高能量而产后喂给低能量,则产后第1次发情时间延长。为缩短产后第1次发情的间隔时间和发情周期时间及使不发情的母牛发情,可采取加强饲养和早期断奶等措施,使母牛早发情、早配种。

母牛产后第 1 次配种时间既不宜过早又不宜过晚,如配种过早由于子宫的内环境还没完全恢复,机体对疾病的抵抗力差,配种时易因消毒不严而感染子宫疾病,引起今后的难孕;如配种过晚不仅延长了产犊间隔,降低了经济利用率而且也容易造成母牛不易受孕。根据牛的生殖特点,最好能 1 年产 1 次犊牛,所以必须加强配种前的饲养,这对恢复和增加体重是十分必要的。实践证明,肉牛在产后 60～90 d 配种比较适宜且受胎率最高,对少数体况良好,子宫复原早的母牛可在 40～60 d 内配种。若发现母牛产后超过 72 d 仍不发情,应及时进行检查,以便尽早治疗。

(三) 母牛情期适宜配种时间的选择　在母牛发情后适时配种,可以节省人力、物力和精液,并提高受胎率。保证母牛较高的受精率,首先应了解:①排卵时间,母牛一般发情结束后 5～15 h 排卵;②卵子保持受精能力的时间,排卵后 6～12 h;③精子在母牛生殖道内保持受精能力的时间为 24～48 h。

在生产中排卵时间的确定,完全依靠频繁的直检是有困难的,必须从外阴部肿胀度、阴道黏膜的变化、黏液量和质的变化、子宫颈开张的程度、是否接受公牛的爬跨、直肠检查卵巢卵泡的变化等方面综合分析,才能找出最适宜的输精时间。

有经验表明,在发情症状结束前 1 h 到结束 3 h 范围内输精,其受胎率最高可达 93.3%,由此可见输精的最适期只有三四小时,因此要使受胎率高,必须要使卵子和精子的新鲜度高,也就是说排卵后不久就使精子到达输卵管。以下几种情况之一应予输精:①母牛由神态不安转向安定,发情表现开始减弱。②外阴部肿胀开始消失,子宫颈稍有收缩,黏膜由潮红变为粉红或带有紫褐色。③黏液量少,成混浊状或透明,有絮状白块。④卵泡体积不再增大,皮变薄,有弹力,泡液波动明显。

在生产中,如果在1个发情期输精1次,一般在母牛拒绝爬跨后的6~8h内输精受胎率较高。如上午发现母牛接受爬跨安定不动,应于晚上或第2天清晨进行配种;如下午发现母牛接受爬跨,安定不动,应于第2天清晨或傍晚进行配种。

如果在1个发情期输精2次,可在母牛接受爬跨后8~12h进行第1次输精,间隔8~12h后再进行第2次输精。若上午发现母牛发情,则下午4~5时进行第1次输精,第2天上午进行第2次输精;若下午发现母牛发情,则在第2天上午8时左右进行第1次输精,下午进行第2次输精。一般年老体弱母牛或夏季炎热天气,因发情持续时间较短,配种时间要适当提早,所以常说"老配早,少配晚,不老不少配中间"就是这个道理。

为了做到适时配种,应仔细观察牛群,及时检出发情牛,最好能掌握每头牛的发情规律(发情周期、发情持续期和排卵时间),使输精时机更合适,受胎率更高。

第七节 受精、妊娠与分娩

一、受 精

受精是精子和卵子相融合形成1个新的细胞即合子的过程。

(一) 精子、卵子受精前准备

1. 精子受精前的准备

(1)精子在母牛生殖道内的运行。精子和卵子受精部位在输卵管壶腹部。精子的运行是指由输精部位通过子宫颈、子宫和输卵管3个主要部分,最后到达受精部位的过程。精子运动的动力,除其本身的运动外,主要借助于母牛生殖道的收缩和蠕动以及腔内体液的作用。

(2)精子获能。精子获得受精能力的过程称为精子获能。进入母牛生殖道内的精子,经过形态及某些生理生化变化之后,才能获得受精能力。牛的精子获能始于阴道,当子宫颈开放时,流入阴道的子宫液可使精子获能,但获能最有效的部位是子宫和输卵管。牛精子获能需要 3~4 h。

(3)顶体反应。获能后的精子,在受精部位与卵子相遇,会出现顶体帽膨大,精子质膜和顶体外膜相融合。融合后的膜形成许多泡状结构,随后这些泡状物与精子头部分离,造成顶体膜局部破裂,顶体内酶类释放出来,以溶解卵丘、放射冠和透明带。这一过程称为顶体反应。精子获能和顶体反应是精子受精前准备过程中紧密联系的生理生化变化。

2. 卵子在受精前准备 卵子排出后,自身并无运动能力,而是随卵泡液进入输卵管伞后,借输卵管内纤毛的颤动,平滑肌的收缩以及腔内液体的作用,向受精部位运行,在到达受精部位并与壶腹部的液体混合后,卵子才具有受精能力。牛的卵子在母牛生殖道内的存活时间为 8~12 h。

(二)**受精过程** 受精过程是指精子和卵子相结合的生理过程,正常的受精过程可分为以下几个阶段。

1. **精子穿越放射冠** 放射冠是包围在卵子透明带外面的卵丘细胞群,受精前,卵子被大量精子包围,放射冠的卵丘细胞在排卵后 3~4 h 即被经顶体反应的精子所释放的透明质酸酶溶解,使精子得以穿越放射冠接触透明带。此时卵子对精子无选择性。

2. **精子穿越透明带** 穿越放射冠的精子即与透明带接触并附于其上,通过释放顶体酶将透明带溶出 1 条通道而穿越透明带并和卵黄膜接触。

3. **精子进入卵黄膜** 穿过透明带的精子在与卵黄膜接触时,激活卵子,由于卵黄膜表面微绒毛的作用使精子质膜和卵黄相互融合,使精子进入卵黄。精子一旦进入卵黄后,卵黄膜立即起 1 种变化,拒绝新的精子进入卵黄。称为卵黄封闭作用。这是 1 种防止 2 个以上的精子进入卵子的保护机制。

4. 原核形成　精子进入卵黄后,尾部脱落,头部逐渐膨大变圆,形成雄原核;精子进入卵黄后不久,卵子进行第 2 次减数分裂,排出第 2 极体,形成雌原核。

5. 配子配合　2 个原核形成后,彼此靠近,随后两核膜破裂,核膜、核仁消失,染色体混合、合并,形成二倍体的核。从 2 个原核的彼此接触到两组染色体的结合过程称为配子配合。至此,受精过程结束,受精后的卵子称为合子。

二、妊娠与妊娠诊断

(一)妊娠　妊娠是指从受精卵沿着输卵管下行,经过卵裂、桑葚胚和囊胚、附植等阶段,形成新个体,即胎儿,胎儿发育成熟后与其附属膜共同排出前的整个过程。

1. 胚胎的早期发育　合子形成后立即进行有丝分裂,进入卵裂期。

(1)卵裂。早期胚胎的发育有一段时间是在透明带内进行的,细胞数量不断增加,但总体积并不增加,且有减小的趋势。这一分裂阶段维持时间较长,叫卵裂。

(2)囊胚。当胚胎的卵裂球达到 16～32 个细胞,细胞间紧密连接,形成致密的细胞团,形似桑葚,称为桑葚胚。桑葚胚继续发育,细胞开始分化,出现细胞定位现象。胚的一端,细胞个体较大,密集成团称为内细胞团;另一端细胞个体较小,只沿透明带的内壁排列扩展,这一层细胞称为滋养层;在滋养层和内细胞团之间出现囊胚腔。这一发育阶段叫囊胚。囊胚阶段的内细胞团进一步发育为胚胎本身,滋养层则发育为胎膜和胎盘。囊胚的进一步扩大,逐渐从透明带中伸展出来,变为扩张囊胚,这一过程叫做"孵化"。

(3)原肠胚和中胚层的形成。囊胚进一步发育,内细胞团外面的滋养层退化,内细胞团裸露,成为胚盘。在胚盘的下方衍生出内胚层,它沿滋养层的内壁延伸、扩展,衬附在滋养层的内壁上,这时的胚胎称为原肠胚。原肠胚进一步发育,形成内胚层、中胚层和外胚层,为器官的分化奠定了基础。

2. **妊娠识别与建立** 孕体是指胎儿、胎膜、胎水构成的综合体,在妊娠初期,孕体产生的激素传感给母体,母体对此产生相应的反应,识别胎儿的存在,并在二者之间建立起密切的联系,这一过程即为妊娠识别。孕体和母体之间产生了信息传递和反应后,双方的联系和互相作用已通过激素的媒介和其他生理因素而固定下来,从而确定开始妊娠,这叫做妊娠建立。牛妊娠信号的物质形式是糖蛋白。妊娠识别后,即进入妊娠的生理状态,牛妊娠识别的时间为配种后 16～17 d。

3. **胚泡的附植** 囊胚阶段的胚胎称胚泡。胚泡在子宫内发育的初期阶段是呈游离状态,与子宫内膜之间未发生联系。因胚泡液的增多,限制了胚泡在子宫内的移动,逐渐贴附于子宫壁,随后才和子宫内膜发生组织及生理的联系,位置固定下来,这一过程称为附植(着床)。牛为单胎时,常在子宫角下 1/3 处附植,双胎时则均分于两侧子宫角。附植是 1 个渐进的过程,在游离之后,胚胎在子宫中的位置先固定下来,继而对子宫内膜产生轻度浸润,即发生疏松附植,紧密附植的时间是在此后较长的一段时间。牛的胚胎附植在排卵后 28～32 d 为疏松附植,40～45 d 为紧密附植。胚胎都是在子宫血管稠密,且能供给丰富营养的地方附植。

4. **胎盘和胎膜** 胎盘是由胎儿胎盘和母体共同构成。胎儿具有独立的血液循环系统,不与母体循环直接沟通。但是,母体必须通过胎盘向胎儿输送营养和帮胎儿排出代谢产物。牛的胎盘为子叶类胎盘,由于胎儿子叶与母体子叶嵌合非常紧密,所以在分娩时,胎衣娩出较慢,且易发生胎衣不下。胎膜为胎儿以外的附属膜,包括绒毛膜、尿膜、羊膜、卵黄囊。胎膜具有营养、排泄、呼吸、代谢、内分泌和保护功能。脐带是胎体同胎膜和胎盘联系的渠道,其中有脐动脉2条,脐静脉2条。

(二)妊娠诊断 为了尽早地判断母牛的妊娠情况,应做好妊娠诊断工作,以做到防止母牛空怀、未孕牛及时配种和加强对受孕母牛的饲养管理。妊娠诊断的方法主要包括以下几种。

1. **外部观察法** 就是通过观察妊娠牛的外部表现来判断母牛是否妊娠。输精的母牛如果20 d、40 d两个情期不返情,就可以初步认为已妊娠。另外,母牛妊娠后还表现为性情安静,食欲增加,膘情好转,被毛光亮。妊娠5~6个月以后,母牛腹围增大,右下腹部尤为明显,有时可见胎动。但这种观察都在妊娠中后期,不能做到早期妊娠诊断。

2. **直肠检查** 直肠检查指用手隔着直肠触摸妊娠子宫、卵巢、胎儿和胎膜的变化,并依此来判断母牛是否怀孕。此法安全、准确,是牛早期妊娠诊断最常用的方法之一。配种后40~60 d诊断,准确率达95%。检查的顺序依次为子宫颈、子宫体、子宫角、卵巢、子宫中动脉。

(1)母牛配种19~22 d,胎泡不易感觉到,子宫变化也不明显,若卵巢上有成熟的黄体存在则是妊娠的重要表现。

(2)母牛妊娠1个月时,两侧子宫大小不一,孕侧子宫角稍有增粗,质地松软,稍有波动,用手握住孕角,轻轻滑动时可感到有胎囊。未孕侧子宫角收缩反应明显,有弹性。孕侧卵巢有较大的黄体突出于表面,卵巢体积增加。

(3)母牛妊娠2个月时,孕角大小为空角的1~2倍,犹如长茄子状,触诊时感到波动明显,角间沟变得宽平,子宫向腹腔下垂,但可摸到整个子宫。

(4)母牛妊娠3个月时,孕侧卵巢较大,有黄体;孕角明显增粗(周径为10~12 cm),波动明显,角间沟消失,子宫开始沉向腹腔,有时可摸到胎儿。

3. 阴道检查法 根据阴道黏膜的色泽、黏液分泌及子宫颈状态等判断奶牛是否妊娠。

(1)阴道黏膜检查。妊娠20 d后,黏膜苍白,向阴道插入开膣器时感到有阻力。

(2)阴道黏液检查。妊娠后,阴道黏液量少而黏稠,混浊、不透明、呈灰白色。

(3)子宫颈外口检查。用开膣器打开阴道后,可以看到子宫颈外口紧缩,并有糊状黏块堵塞颈口,称为子宫栓。

4. 其他方法

(1)超声波诊断法。将超声波通过专用仪器送入子宫内,使其产生特有的波形,也可通过仪器转变成音频信号,从而判断是否妊娠。此法一般多在配种后1个月应用,过早使用准确性较差。

(2)孕酮水平测定法。牛妊娠后,妊娠黄体、胎盘均分泌孕酮,使血液中孕酮含量明显增加,通过测定血浆或乳汁中孕酮的含量与未孕牛孕酮水平比较,可确定是否妊娠。这是一种实验室诊断法,在配种后15 d即可诊断。孕酮含量的测定可采用放射免疫法(RIA)、免疫乳胶凝集抑制实验法(LAIT)、单克隆抗体酶免疫法和孕酮酶免测定试剂盒等。

(3)碘酒测定法。取配种后23 d以上的母牛晨尿10 mL,放入试管,加入7%碘酒1～2 mL,混合均匀,反应5～6 min。若混合液成棕褐色或青紫色,则可判定该牛已孕,若混合液颜色无变化,则判定该牛未孕。此法准确可达93%。

(4)硫酸铜测定法。取配种后20～30 d的母牛中午的常乳和末把乳的混合乳样1 mL于平皿中,加入3%硫酸铜溶液1～3滴,混合均匀。若混合液出现云雾状,则可判断该牛已孕;若混合液无变化,则判定该牛未孕。此法准确率达90%。

(5)激素反应法。利用妊娠母牛由于体内高孕酮水平而对适量的外源性雌激素的不敏感性,来判断牛是否妊娠。牛配种后

18~20 d,肌肉注射合成雌激素 2~3 mg,注射后 5 d 内不发情可判断已妊娠。此法准确率在 80% 以上。

三、分　娩

妊娠期满,母牛把成熟的胎儿、胎衣及胎水排出体外。这个生理过程,即为母牛的分娩。

(一)孕牛预产期的推算　肉牛妊娠期一般为 280 d 左右,误差 5~7 d 为正常。肉牛生产上常按配种月份数减 3,配种日期数加 6 来算。若配种月份数小于 3,则直接加 9 即可算出。

例一:配种日期为 2003 年 8 月 20 号,则预产期为:预产月份为 8-3=5;预产日期为 20+6=26,则该牛的预产期为 2004 年 5 月 26 日。

例二:配种日期为 2003 年 1 月 30 号,则预产期为:预产月份为 1+9=10;预产日期为 30+6=36,超过 30 d,应减去 30,余数为 6,预产月份应加 1。则该牛的预产期为 2003 年 11 月 6 日。

(二)分娩预兆　分娩前约半个月,乳房迅速发育膨大,腺体充实,乳头膨胀,至分娩前 1 周变为极度膨胀,个别牛在临产前数小时至 1 d 左右,有初乳滴出。阴唇从分娩前约 1 周开始逐渐柔软、肿胀、增大,阴唇皮肤上的皱褶展平,皮肤稍变红;阴道黏膜潮红,黏液由浓厚黏稠变为稀薄滑润。子宫颈在分娩前 1~2 d 开始肿大松软,黏液塞软化,流入阴道而排出阴门之外,呈半透明索状;骨盆韧带从分娩前 1~2 周即开始软化,至产前 12~36 h,尾根两旁只能摸到松软组织,且荐骨两旁组织塌陷。母牛临产前活动困难,精神不安,时起时卧,尾高举,头向腹部回顾,频频排尿,食欲减少或停止。上述各种现象都是分娩即将来临的预兆,要全面观察综合分析才能做出正确判断。

(三)分娩过程

1. 开口期　指从子宫开始阵缩到子宫颈口充分开张为止,一般需 2~8 h(范围为 0.5~24 h)。特征是只有阵缩而不出现努责。初产牛表现不安,时起时卧,徘徊运动,尾根抬起,常作排尿姿势,食欲减退;经产牛一般比较安静,有时看不出有什么明显表现。

2. 胎儿产出期　从子宫颈充分开张至产出胎儿为止,一般持续 3~4 h(范围 0.5~6 h),初产牛一般持续时间较长。若是双胎,则两胎儿排出间隔时间一般为 20~120 min。特点是阵缩和努责同时作用。进入该期,母牛通常侧卧,四肢伸直,强烈努责,羊膜绒毛膜形成囊状突出阴门外,该囊破裂后,排出淡白或微带黄色的浓稠羊水。胎儿产出后,尿囊才开始破裂,流出黄褐色尿水。因此,牛的第一胎水一般是羊水,但有时尿囊可先破裂,然后羊膜囊才突出阴门破裂。在羊膜破裂后,胎儿前肢和唇部逐渐露出并通过阴门。伴随产牛的不断阵缩和努责,整个胎儿顺产道滑下,脐带则自行断裂。产科临床上的难产即发生在产出期。难产常常由于临产母牛产道狭窄、分娩无力,胎儿过大,胎位、胎势、胎向异常等多种因素所造成。因此,牛场的畜牧兽医技术人员要及早做好接产、助产准备。

3. 胎衣排出期　此期特点是当胎儿产出后,母牛即安静下来,经子宫阵缩(有时还配合轻度努责)而使胎衣排出。从胎儿产出后到胎衣完全排出为止,一般需 4~6 h(范围 0.5~12 h)。若超过 12 h,胎衣仍未排出,即为胎衣不下,需及时采取处理措施。

(四) 接产　接产目的在于对母畜和胎儿进行观察,并在必要时加以帮助,达到母子安全。但应特别指出,接产工作一定要根据分娩的生理特点进行,不要过早过多地干预。

1. 接产前的准备

(1)产房。产房应当清洁、干燥,光线充足,通风良好,无贼风,墙壁及地面应便于消毒。在北方寒冷的冬季,应有相应取暖设施,以防犊牛冻伤。

(2)器械和药品的准备。在产房里,接产用药物(70%酒精、

2%～5%碘酊、2%来苏儿、0.1%的过锰酸钾溶液和催产药物等)应准备齐全。产房里最好还备有一套常用的已经消毒的手术助产器械(如剪刀、纱布、绷带、细布、麻绳和产科用具),以备急用。另外,还应准备毛巾、肥皂和温水。

(3)接产人员。接产人员应当受过接产训练,熟悉牛的分娩规律,严格遵守接产的操作规程及值班制度。分娩期尤其要固定专人,并加强夜间值班制度。

2.接产　为保证胎儿顺利产出及母子安全,接产工作应在严格消毒的原则下进行。其步骤如下。

(1)清洗母牛的外阴部及其周围,并用消毒液(如1%煤酚皂溶液)擦洗。用绷带缠好尾根,拉向一侧系于颈部。在产出期开始时,接产人员穿好工作服及胶围裙、胶鞋,并消毒手臂准备作必要的检查。

(2)当胎膜露出至胎水排出前时,可将手臂伸入产道,进行临产检查,以确定胎向、胎位及胎势是否正常,以便对胎儿的反常做出早期矫正,避免难产的发生。如果胎儿正常,正生时,应3件(唇及2前蹄)俱全,可等候其自然排出。除检查胎儿外,还可检查母牛骨盆有无变形,阴门、阴道及子宫颈的松软扩张程度,以判断有无因产道反常而发生难产的可能。

(3)当胎儿唇部或头部露出阴门外时,如果上面覆盖有羊膜,可把它撕破,并把胎儿鼻孔内的黏液擦净,以利呼吸。但也不要过早撕破,以免胎水过早流失。

(4)注意观察努责及产出过程是否正常。如果母牛努责,阵缩无力,或其他原因(产道狭窄、胎儿过大等)造成产子滞缓,应迅速拉出胎儿,以免胎儿因氧气供应受阻,反射性吸入羊水,引起异物性肺炎或窒息。在拉胎儿时,可用产科绳缚住胎儿两前肢球节或两后肢系部(倒生)交于助手拉住,同时用手握住胎儿下颌(正生),随着母牛的努责,左右交替用力,顺着骨盆轴的方向慢慢拉出胎儿。在胎儿头部通过阴门时,要注意用手捂住阴唇,以防阴门上角或会阴撑破。在胎儿骨盆部通过阴门后,要放慢拉出速度,防止子宫脱出。

(5)胎儿产出后,应立即将其口鼻内的羊水擦干,并观察呼吸是否正常。身体上的羊水可让母牛舔干,这样一方面母牛可因吃入羊水(内含催产素)而使子宫收缩加强,利于胎衣排出,另外还可增强母子关系。

(6)胎儿产出后,如脐带还未断,应将脐带内的血液挤入子畜体内,这对增进犊牛的健康有一定好处。断脐时,脐带断端不宜留得太长。断脐后,可将脐带断端在碘酒内浸泡片刻或在其外面涂以碘酒,并将少量碘酒倒入羊膜鞘内。如脐带有持续出血,须加以结扎。

(7)犊牛产出后不久即试图站立,但最初一般是站不起来的,应加以扶助,以防摔伤。

(8)对母牛和新生犊牛注射破伤风抗毒素,以防感染破伤风。

(五) 难产的助产和预防 在难产的情况下助产时,必须遵守一定的操作原则,即助产时除挽救母牛和胎儿外,要注意保持母牛的繁殖力,防止产道的损伤和感染。为便于矫正和拉出胎儿,特别是当产道干燥时,应向产道内灌注大量滑润剂。为了便于矫正胎儿异常姿势,应尽量将胎儿推回子宫内,否则产道空间有限不易操作,要力求在母畜阵缩间歇期将胎儿推回子宫内。拉出胎儿时,应随母牛努责而用力。

难产极易引起犊牛的死亡并严重危害母牛的生命的繁殖力。因此,难产的预防是十分必要的。首先,在配种管理上,不要让母牛过早配种,由于青年母牛仍在发育,分娩时常因骨盆狭窄导致难产。其次在注意母牛妊娠期间的合理饲养,防止母牛过肥、胎儿过大造成难产。另外,要安排适当的运动,这样不但可以提高营养物质的利用率,使胎儿正常发育,还可提高母牛全身和子宫的紧张性,使分娩时增强胎儿活力和子宫收缩力,并用于有利于胎儿转变为正常分娩胎位、胎势,以减少难产及胎衣不下、产后子宫复位不全等的发生。此外,在临产前及时对孕牛进行检查、矫正胎位也是减少难产发生的有效措施。

第八节 胚胎工程

一、同期发情

同期发情是利用某些激素制剂人为地控制并调整一群母畜发情周期的进程,使之在预定时间内集中发情,并能排出正常的卵母细胞,以便达到同期配种、受精、妊娠、产犊的目的。

(一)同期发情的意义

1. 有利于推广人工授精 人工授精往往由于牛群过于分散(农区)或交通不便(牧区)而受到限制。如果能在短时间内使母牛集中发情,就可以根据预定的日程巡回进行定期配种。

2. 便于组织生产 控制母牛同期发情,可使母牛配种妊娠、分娩及犊牛的培育在时间上相对集中,便于肉牛的成批生产,从而有效地进行饲养管理,节约劳动力和费用,对于工厂化养牛有很大的实用价值。

3. 提高繁殖率 同期发情不但用于周期性发情的母牛,而且也能使乏情状态的母牛出现性周期活动。例如卵巢静止的母牛经过孕激素处理后,很多表现发情;因持久黄体存在而长期不发情的母牛,用前列腺素处理后,由于黄体消散,生殖机能随之得以恢复。因此,可以提高繁殖率。

(二)同期发情的机理
母牛的发情周期,从卵巢的机能和形态变化方面可分为卵泡期和黄体期2个阶段。卵巢期是在周期性黄体退化继而血液中孕酮水平显著下降后,卵巢中卵泡迅速生长发育,最后成熟并导致排卵的时期,这一时期一般是从周期第 18～21 天。卵泡期之后,卵泡破裂并发育成黄体,随即进入黄体期,这一时期一般从周期第 1～17 天。黄体期内,在黄体分泌的孕激素的作用下,卵泡发育成熟受到抑制,母牛不表现发情,在未受精的情况下,黄体维持 15～17 d,即行退化,随后进入另 1 个卵泡期。相对高的孕激素水平可抑制卵泡发育和发情,由此可见黄体期的结束是卵泡期到来的前提条件。因此,同期发情的关键就是控制黄体寿命,并同时终止黄体期。

现行的同期发情技术有 2 种方法:一种方法向母牛群同时施用孕激素,抑制卵泡的发育和发情,经过一定时期同时停药,随之引起同期发情。这种方法,当在施药期内,如黄体发生退化,外源孕激素代替了内源孕激素(黄体分泌的孕激素),造成了人为黄体期,推迟了发情期的到来。另一种方法是利用前列腺素 $F_{2\alpha}$ 使黄体溶解,中断黄体期,从而提前进入卵泡期,使发情提前到来。

(三) 母牛同期发情处理方法　用于母牛同期发情处理应用的药物种类很多,方法也有多种,但较适用的是孕激素埋植法和阴道栓塞法以及前列腺素法。

1. 孕激素埋植法　目前普遍采用的将 3～6 mg 18 - 甲基炔诺酮与硅橡胶混合后凝固成为直径 3～4 mm 、长 15～20 mm 的棒状或用 18 - 甲基炔诺酮 20～40 mg 与等量或半量磺胺结晶粉混合,一道研磨成细微粉末,填入内径约 2.5 mm 、长 20～25 mm 的壁上烫有小孔的塑料管中,称为药物埋植管。上述埋植物处理时,用专用的埋植器或大号的牛瘤胃穿刺放气套管针进行埋植,埋植于耳背皮下,时间为 9～12 d 。到期后在原来植入口处,用刀片纵向划开 1 个小口,食指在耳背下面顶起,使埋植物一端突出皮肤,用镊子将埋植物取出。处理前肌肉注射 4～6 mg 苯甲酸雌二醇或戊酸雌二醇,可加速自然黄体的消退。

2. 孕激素阴道栓塞法　取 18 - 甲基炔诺酮 50～100 mg,用色拉油(事先煮沸消毒)溶解,浸泡于海绵中。海绵呈圆柱形,直径和长度约10 cm(大小根据个体大小而定,太大易引起努责,导致海绵栓被挤出,太小易滑脱),在一端拴一细绳。使用时利用开腟器将阴道扩张,用特制的放置器将海绵栓送入阴道中,让细绳暴露在阴门外。9～12 d后,拉住细绳将海绵栓取出。为了提高发情率,最好在取出海绵后肌肉注射 PMSG 或氯前列腺烯醇。该法的关键是要确保海绵栓中途不脱落,万一脱落,可每天肌肉注射孕激素5～10 mg。

除海绵栓外,还有阴道硅橡胶环孕激素释放装置,它们中间为硬塑料弹簧片,弹簧片外包被着发泡的硅橡胶,硅橡胶的微孔中有孕激素,栓的前端有一速溶胶囊,内含一些孕激素与雌激素的混合物,后端系有尼龙绳。与阴道海绵栓相比,这种装置使用时不易脱落,而且取出时也比较方便。

孕激素的处理有短期(9～12 d)和长期(16～18 d)2 种。长期处理后,发情同期率较高,但受胎率较低;短期处理后,发情同期率较低,而受胎率接近或相当于正常水平。如在短期处理开始时,肌肉注射 3～5 mg 雌二醇(可使黄体提前消退和抑制新黄体形成)及50～250 mg 的孕酮(阻止即将发生的排卵),这样就可提高发情同期化的程度。但由于使用了雌二醇,故投药后数日内母牛出现发情表现,但并非真正发情,故不要授精。使用硅橡胶环时,环内附有一胶囊,内装上述量的雌二醇和孕酮,以代替注射。

孕激素处理结束后,在第2、第3、第4天内大多数母牛有卵泡发育并排卵。

3. 前列腺素法　前列腺素肌肉注射是最简便的同期发情方法。$PGF_{2\alpha}$ 的用量为 20～30 mg (以 25 mg 最常用),PGc 为 700～800 μg,依牛的个体大小而定。处理后 3～5 d 大多数母牛可发情排卵。但 PG 对奶牛排卵后 5 d 以内的黄体无溶解作用,1 次处理仅有 70% 的母牛有反应,因此发展了间隔 11～12 d 2 次用药的方法,第2次用药的量与第1次的相同。间隔11~12 d 2次处理的方法有2种情况,一种是第1次处理后全部不输精,第2次处理后才定时输精;另一种情况是第1次处理后观察母牛的发情,发情者适时输精,不发情者于第1次处理后11~12 d再次PG处理。第1种情况是省去了发情观察,但至少有60%~70%的动物多用1次药,造成一定的浪费,且这些牛多损失11~12 d的饲养费用。第2种情况是由人观察、鉴定发情母牛,节约药品和饲养费用。

4. PG结合孕激素处理　目前采用的孕激素短期处理和PG 1次处理,母牛的发情率均较低,因而又发展了将孕激素短期处理与前列腺素处理结合起来处理方法,效果优于二者单独处理。该法是先用孕激素处理7 d,结束处理时肌肉注射PG。该法的处理依据是:经过7 d的孕激素处理,处于排卵后5 d内的母牛其黄体已经发展至少5 d,已对PG敏感,因而处理结束后有较高的发情率和配种后有较高的受胎率。同期发情处理结束时,给予3~5 mgFSH、1 000~1 500 U的PMSG或50~150 μg LRH - A$_3$,可提高处理后的发情率和受胎率。尤其是单独PG处理,对那些本来卵巢静止的母牛,效果很差甚至无效。

二、超数排卵

超数排卵简称超排,就是在肉牛发情周期的一定阶段,通过外源激素处理,提高血液中促性腺激素浓度,降低发育卵泡的闭锁率,增加早期卵泡发育到成熟阶段卵泡的数量,使卵巢比自然状况下有更多的卵泡发育并排卵。超排可以诱发母牛产双胎,因为母牛1个情期一般只有1个卵泡发育成熟并排卵,受精后只产1犊。进行超排处理,可诱发多个卵泡发育,增加受胎比例,提高繁殖率。目前,对供体母牛进行超排处理已成为胚胎移植的重要环节,只有能够得到足量的胚胎才能充分发挥胚胎移植的实际作用,提高应用效果。

（一）**诱导母牛超数排卵的药物**　主要有 FSH、PMSG、PG、孕激素等。FSH 由于半衰期短,一般每天给药 2 次,连续 3～4 d,操作繁琐,但药效均衡,超排效果比较稳定。PMSG 由于半衰期长,只需 1 次用药就可诱导超排,但 PMSG 易引起卵巢囊肿,降低可用胚胎数,为了克服 PMSG 因残余引起的胚胎死亡,近来发现在 PMSG 诱导发情后注射抗 PMSG 抗体以中和体内残余的 PMSG,可以提高超排效果。PG 和孕激素主要是控制母牛发情,以增强超排效果。

（二）**母牛超数排卵处理方法**

1. **用 FSH 超排**　在发情周期(发情当天为 0 d)的第 9 d 肌肉注射 FSH,以递减剂量连续注射 4 d,每天 2 次(7:00～8:00 和 19:00～20:00)。总剂量国产品 400 U 左右,若为纯化制剂 7～10 mg 左右,在第 1 次注射 FSH 48 h 后同时肌肉注射 1 次国产 $PGF_{2\alpha}$,剂量为 2～4 mL,间隔 12 h 再注同样剂量。第 13 d、14 d 发情配种,第 20 d 采胚。

2. **用 PMSG 超排**　在发情周期(发情当天为 0 d)的第 12 天,按每千克体重 5 U 的剂量,1 次肌肉注射 PMSG。在注 PMSG 后的 48 h 和 60 h(发情周期的第 14 天),再分别肌肉注射 $PGF_{2\alpha}$,每次剂量为 2～4 mL,母牛出现发情后 12 h(发情周期的第 16 天)输第 1 次精液的同时肌肉注射与 PMSG 相等剂量的抗 PMSG。第 23 天采胚。

为了使排出的卵子有较多的受精机会,一般在发情后授精 2～3 次,每次间隔 8～12 h。

（三）**影响超排效果的因素**　影响超排效果的因素很多,有许多仍不十分清楚。一般不同品种不同个体用同样的方法处理,其效果差别很大。青年母牛超排效果优于经产母牛;产后早期和泌乳高峰期超排效果较差。此外,使用促性腺激素的剂量、前次超排至本次发情的间隔时间、采卵时间等均可影响超排效果。如反复对母牛进行超排处理,需间隔一定时期。一般第2次超排应在首次超排后60～80 d进行,第3次超排应在第2次超排后100 d进行。增加用药剂量或更换激素制剂、药量过大、过于频繁地对母牛进行超排处理,则不仅超排效果差,还可能导致卵巢囊肿等病变。严寒、酷热、高温均对牛造成应激,这些极端刺激对生理的不良影响会作用于生殖内分泌轴,继而影响到发情和排卵,所以应减少和避开这些刺激,根据当地实际,在气候适宜的季节月份进行超数排卵。适宜的日粮水平是保证肉牛正常生殖能力的前提,所以在进行超数排卵前后,一定要保证日粮的全价和平衡,尤其是某些维生素和矿物质。

三、胚 胎 移 植

胚胎移植是将一头良种肉牛配种后的早期胚胎取出,或者由体外受精及其他方式获得的胚胎,移植到另一头同种的生理状态相同的母牛体内,使之继续发育成为新个体,所以也有人通俗地叫借腹怀胎。提供胚胎的个体称为供体,接受胚胎的个体称为受体。胚胎移植实际上是产生胚胎的供体和养育胚胎的受体分工合作共同繁殖后代的过程。

(一)胚胎移植的意义

1. 可充分发挥优良母牛的繁殖潜力,提高繁殖效率　作为供体的优良母牛,由于省去了很长的妊娠期,繁殖周期无形中缩短了,更重要的是通常都实行超数排卵处理,1次即可获得多枚胚胎,所以,不论在1次配种后或从一生来看,都能产生更多的后代,比在自然情况下增加若干倍。一般情况下,1头优良成年母牛1年只能繁殖1头犊牛,应用胚胎移植技术,1年可得到几头至几十头优良母牛的后代,大大加速了良种牛群的建立和扩大。

2. 可以缩短肉牛世代间隔,加快遗传进展　通过超数排卵和胚胎移植技术(MOET)可使供体牛繁殖的后代增加7～10倍。在肉牛育种工作中,应用 MOET,可以加大选择强度,可以提高选择准确性,可以缩短世代间隔。对于加快遗传进展尤为重要。

3．胚胎移植还可以代替种畜的引进　胚胎的冷冻保存可以使胚胎的移植不受时间和地点的限制,可通过胚胎的运输代替种牛的进出口,大大节约购买和运输种畜的费用。

4．诱发肉牛产双胎　对发情的母牛配种后再移植 1 个胚胎到排卵对侧子宫角内。这样配种后未受孕的母牛可能因接受移植的胚胎而妊娠,而配种后受母牛则由于增加了 1 个移植的胚胎而怀双胎。另外,也可对未配种的母牛在两侧子宫角各移植 1 个胚胎而怀双胎,从而提高生产效率。

(二) 胚胎移植的基本原则

1．胚胎移植前后所处环境的同一性

(1)供体和受体在分类学上的相同属性。即二者属于 1 个物种,但这并不排除异种(在动物进化史上,血缘关系较近,生理和解剖特点相似)之间胚胎移植成功的可能性。

(2)生理上的一致性。即受体和供体在发情时间上的同期性,也就是说移植的胚胎与受体在生理上是同步的,在胚胎移植实践中,一般供、受体发情同步差要求在 ±24 h 内,发情同步差越大,移植妊娠率越低,以至不能妊娠。

(3)解剖部位的一致性。即移植后的胚胎与移植前,所处的空间部位的相似性。也就是说,如果胚胎采自供体的输卵管,那么把胚胎也要移植到受体的输卵管,如果胚胎采自供体的子宫角,那么胚胎也需移植到受体的子宫角。

2．胚胎发育的期限　胚胎采集和移植的期限(胚胎的日龄)不能超过周期黄体的寿命。最迟要在受体周期黄体退化之前数日进行,当然更不能在胚胎开始附植之时进行。通常是在供体发情配种后 3~8 d 内采集胚胎,受体也在相同时间接受胚胎移植。

3．胚胎的质量　从供体采到的胚胎并不是每个都具有生命力,胚胎需经过严格的鉴定,确认发育正常者(可用胚胎)才能移植。此外,在全部操作过程中,胚胎不应受任何不良因素的影响而危机生命力。

4. 供受体的状况 包括以下2个方面:

(1)生产性能和经济价值。生产性能供体要高于受体,经济价值供体要大于受体,这样才能体现胚胎移植的优越性。

(2)全身及生殖器官的生理状态。供、受体应健康,营养良好,体质健壮,特别是生殖器官具有正常生理机能,否则会影响胚胎移植的效果。

(三)胚胎移植技术程序 胚胎移植的主要技术程序包括:供、受体选择,供、受体同期发情处理,超数排卵,供体的配种,胚胎采集技术,胚胎鉴定与保存技术,胚胎的移植技术(图5-3)。

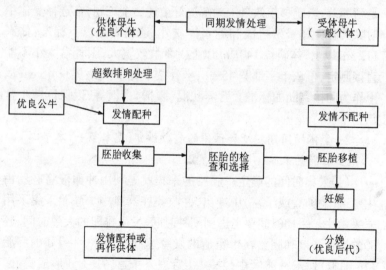

图5-3 胚胎移植技术程序示意图

1. 供、受体的选择

(1)供体的选择。供体应具备遗传优势,在育种上有价值,应选择生产性能高、生长发育快、肉质好、经济价值大的肉牛作为供体。供体应具有良好的繁殖能力,如易配易孕、没有遗传缺陷、无难产或胎衣不下现象、生殖器官正常无繁殖疾病、性周期正常、发情症状明显等。供体应营养良好体质健壮,健康无病。

(2)受体的选择。受体母牛可选用非优良品种的个体或黄牛,但也应具有良好的繁殖性能和健康状态,体型中上等。在拥有大数量母牛的情况下,可以选择自然发情与供体发情时间相同或相近的母牛,一般两者发情时间不宜超过±24 h。由于在一般情况下往往不易找到足够的合适的母牛作为受体,所以大都需要对供体和受体进行同期发情处理。

用黄牛做受体是我国牛胚胎移植的特点。如何选择好受体黄牛十分重要。黄牛做受体,最大的问题,一是体小,易发生难产;二是营养差,影响移植效果。为解决好上述2个难题,在选择受体牛时除具有良好繁殖机能和健康体质外,还应满足以下标准:体高112 cm以上,体斜长140 cm以上。骨盆较宽大,因骨盆大小不能直接测定,可依十字部宽45 cm、坐骨结节宽13 cm、尻长45 cm以上作为间接判断的标准。营养状况(膘情)中上等,以保证黄牛常年正常发情。

2.受体的同期发情和供体的超数排卵(见本节一、本节二)

3.胚胎的采集

(1)采集时间的确定。胚胎的采集就是利用冲卵液将胚胎由生殖道(输卵管或子宫)中冲出,并收集在器皿中。胚胎采集采用非手术法。采卵时间要考虑到配种时间、发生排卵的大致时间、胚胎的运行速度和胚胎在生殖道的发育速度等因素,牛4 d的胚胎(16细胞)处于输卵管中,3～4 d后进入子宫,7～8 d形成囊胚。通常母牛在发情配种后7 d(6～8 d)采用非手术法进行胚胎采集。

(2)肉牛胚胎的非手术采集方法。主要适合6～8 d的胚胎,具体做法如下。如图5-4和图5-5所示,供体牛在采胚前要禁

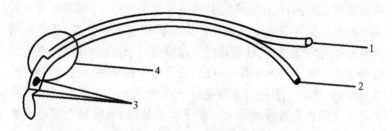

1.空气管 2.进出水管 3.进出水孔 4.气囊

图 5 - 4 二路式采卵器剖面结构

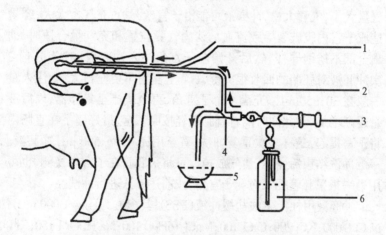

1.空气 2.三通管 3.连续注射器 4.夹子 5.集卵器 6.冲洗液

图 5 - 5 非外科手术采卵过程示意图

食 24 h,将采胚的供体牵入保定架内,呈前高后低姿势。于采胚前
10 min 对其进行麻醉,大都采用在尾椎硬膜外注入 2% 的普鲁卡因
4~5 mL,或颈部或臀部肌肉注射 2% 静松灵 2 mL 左右。在麻醉
的同时对外阴部清洗或消毒,用消毒液(如来苏儿)清洗外阴,然后
用净水冲洗并擦干。为利于采卵管的通过,事先用消过毒的扩张
棒进行宫颈扩张,青年牛尤为必要,成年母牛也可不进行扩张。把

采胚管消毒后用冲胚液冲洗,并检查气囊是否完好,将消毒的不锈钢导杆插入采胚管内。为防止阴道的异物感染采胚管,通常先用开膣器扩张阴道,将采胚管通过开膣器插入子宫颈外口后,再把开膣器退出。操作者将手伸入直肠,清除母牛粪便,并检查两侧卵巢黄体数目,然后一手通过直肠把握子宫颈,另一手将二路式或三路式采胚管经子宫颈缓缓导入一侧子宫角基部,此时抽出部分不锈钢导杆,操作者继续向前推进采胚管,当达到子宫角大弯处时,由进气口注入一定量的气体,充气量 10~20 mL,充气量的多少依子宫角粗细以及导管插入子宫角的深浅而定。充气量掌握适当,充气量太小,气囊太松,冲卵液可能沿子宫壁漏掉;充气量太大,容易造成子宫内膜破裂导致流血。认为气囊位置和充气量合适时,抽出全部不锈钢导杆,然后开始向子宫角注入冲胚液(37 ℃),前 2 次冲胚液对胚胎的回收很关键,1 个子宫角不要充得太满,注入量一般在 30~50 mL,充满 1 个子宫角,再令其流至集卵器,以后液量逐渐增加,与此同时隔着直肠轻轻按摩子宫,最好用手在直肠内将子宫提起,这样多次重复冲洗,直至用完 400~500 mL 冲胚液。一侧冲洗结束后,将气囊气放掉。可将采胚管在子宫内换侧,也可用另一根采胚管插入对侧子宫角,按前述方法进行冲洗。

冲胚液用杜氏磷酸盐缓冲液(PBS),其配方为(mg/1 000 mL):NaCl 8 000;KCl 200;CaCl$_2$ 100;MgCl$_2$·6H$_2$O 100;Na$_2$HPO$_4$ 1 150;KH$_2$PO$_4$ 200;葡萄糖 1 000;丙酮酸钠 36;牛血清白蛋白 4 000。每毫升冲胚液加入青霉素 1 000 U、链霉素 500~1 000 μg,以防止生殖道的感染。冲胚液使用的温度为 35~37 ℃。

冲洗结束后向子宫及生殖道内注入青霉素、链霉素各 1 支,以防子宫感染,同时肌肉注射 PGF$_{2\alpha}$ 4 mL,溶解黄体,维持牛的正常性周期活动。

4. 胚胎的检查与鉴定

(1)胚胎检查。检查胚胎应在 20~25 ℃的无菌室内进行。收集到的冲胚液移至 37 ℃ 温箱内,静止 20～30 min。胚胎沉入容器底部,移去上层液,将剩余的几十毫升冲胚液倒入培养皿内,在立体显微镜下放大 10～20 倍检查胚胎数量。捡出的胚胎用吸胚器移入含有 20% 犊牛血清的 PBS 培养液中进行鉴定。

(2)胚胎的鉴定。移植前正确鉴定胚胎的质量,是移植能否成功关键之一。在生产实际中主要是根据形态来进行。一般是在 50～80 倍的立体显微镜下或 120～160 倍的生物显微镜下进行综合评定,评定的主要内容是:①卵子是否受精。未受精卵的特点是透明带内分布匀质的颗粒,无卵裂球(胚细胞)。②透明带的规则性即形状、厚度、有无破损等。③胚胎的色调和透明度。④卵裂球的致密程度、细胞大小是否有差异以及变性情况等。⑤卵黄间隙是否有游离细胞,或细胞碎片。⑥胚胎本身的发育阶段与胚胎日龄是否一致、胚胎的可见结构如胚结(内细胞团)、滋养层细胞、囊胚腔是否明显可见。

胚胎一般分为 A、B、C 和 D 4 个等级。

A 级:胚胎发育阶段与胚龄一致,胚胎形态完整,轮廓清晰,呈球形,分裂球大小均匀,结构紧凑,色调和透明度适中,无游离的细胞和液泡或很少,变性细胞比例<10%。

B 级:胚胎发育阶段与胚龄基本一致,轮廓清晰,分裂球大小基本一致,色调和透明度及细胞密度良好,可见到一些游离的细胞和液泡,变性细胞占 10%～30%。

C 级:胚胎发育阶段与胚龄不太一致,轮廓不清晰,色调变暗,结构较松散,游离的细胞或液泡较多,变性细胞达 30%～50%。

D 级:有碎片的卵、细胞无组织结构,变性细胞占胚胎大部分(75%)。

A、B、C 级胚胎为可用胚胎,D 级为不可用胚胎。

5. 胚胎的保存 胚胎保存是指在体外条件下将胚胎储存起来而不使其失去活力,是胚胎移植的重要程序之一。

(1)常温保存。指胚胎在常温(15～25℃)下保存,胚胎存活期为10～20 h。在生产中,通常采用含20%犊牛血清的PBS保存液,可保存胚胎4～8 h。

(2)低温保存。指在0～10℃的较低温度下保存胚胎的方法。在此温度下,胚胎细胞分裂暂停,新陈代谢速度显著减慢,所以较常温保存时间延长,但也只能维持有限的时间,不能达到长期保存的目的。其优点是操作简便,不需加入抗冻剂、冷冻和解冻处理,能保存数天。适用于胚胎移植的培养液均可用作保存液,生产中通常采用的保存液为改良的PBS液。牛胚胎低温保存的适宜温度为0～6℃。

(3)冷冻保存。胚胎冷冻保存是指在干冰(-79℃)或液氮(-196℃)中保存胚胎。该项技术可以使胚胎移植不受时间、地域的限制,有利于胚胎移植技术的推广应用,同时为引种和品种资源保护开辟了新途径。

方法一:逐步降温法(快速冷冻法)。①胚胎的采集及鉴定。将合格胚于含20%犊牛血清的PBS液中冲洗2次。②加入冷冻液。将胚胎在室温(20～25℃)条件下直接移入1.4 mol/L甘油的PBS液中平衡5～10 min(或分0.45 mol/L,0.9 mol/L,1.4 mol/L甘油3步进行甘油平衡,每步平衡5～10 min),然后将胚胎吸入塑料细管中。吸入胚胎前,先吸入加有抗生素的含20%犊牛血清的PBS液,后留0.3 cm的空气,再吸入带有胚胎的1.4 mol/L甘油的PBS液,再留0.3 cm的空气,然后再吸入含1 mol/L蔗糖的溶液,最后将细管封口。并在细管外标记供体牛号、编号、等级和冷冻日期。③冷冻、植冰及储存。将装入胚胎的细管放入冷冻仪进行降温。先以每分钟1℃的速率从室温降至-6～-7℃植冰(诱发结晶),然后以每分钟0.3℃的速率降至-35～-38℃,之后投入液氮中长期储存。④解冻。在1 min左右的时间内,从液氮中取出装胚胎的细管直接放入25～37℃水浴中使胚胎解冻。⑤脱除抗冻剂。擦净细管,剪开。把解冻后的胚胎先放入

1.4 mol/L甘油的PBS液中平衡5 min,然后移入含0.9 mol/L甘油的PBS液中平衡5 min,再移入含0.45 mol/L甘油的PBS液中平衡5 min,最后将胚胎用不含抗冻剂的20%血清PBS液中冲洗3～4遍。即可装管移植。

　　方法二:玻璃化冷冻法。玻璃化冷冻法是基于胚胎在0℃以上的温度下,置于高浓度且急速降温时易形成玻璃化的溶液中平衡后,直接投入液氮中,使细胞内、外液皆形成玻璃化状态,胚胎不会发生死亡的构思建立起来的一种快速胚胎冷冻方法。这种方法不需要程序降温仪进行慢速降温过程。玻璃化冷冻法所采用的抗冻液,投入液氮中冷冻后细胞内、外液皆无冰晶生成,即称为玻璃化溶液。此溶液是以PBS为基础液,添加高浓度的抗冻保护剂配制而成。桑润滋等研制的玻璃化溶液的组成为含40%乙二醇、18%聚蔗糖和0.3 mol/L蔗糖的EFS40。①冷冻。冷冻前将冷冻液及所以器械在20℃室温下平衡1～2 h,用0.25 mL塑料细管依次吸入0.5 mol/L蔗糖、空气、EFS40、空气、EFS40,平行放于操作台上。将胚胎在10%乙二醇溶液中平衡5 min,用移液管移入塑料细管的EFS40中平衡30 s,将塑料细管继续吸入空气、EFS40、空气、0.5 mol/L蔗糖后,用聚乙烯醇粉将塑料细管封口,把含有胚胎的细管一端直接插入液氮,另一半用液氮熏蒸冷冻,待蔗糖部分冻结后放入液氮罐中长期保存。②解冻与脱除抗冻剂。用镊子将盛有胚胎的塑料细管从液氮中取出后,平行置于20℃水浴中轻轻摆动10 s。待细管中蔗糖液由乳白色变为透明后,擦去细管表面水分,剪掉两端口,用吸有0.5 mol/L蔗糖的注射器将细管内容物冲入表面皿内,在实体显微镜下回收胚胎,然后将胚胎移入0.5 mol/L蔗糖液中平衡5 min去除乙二醇,再用培养液(PBS液)洗涤胚胎2次,除去蔗糖后,对胚胎进行鉴定,可用者待移植。

　　6.胚胎的移植　对于肉牛来讲,通常采用非手术法移植。

将鉴定为可用的胚胎吸入0.25 mL塑料管内,胚胎和培养液按图 5-6 所示吸入。然后,隔着细管在立体显微镜下检查以确定胚胎是否在培养液中。然后将细管(有海绵塞端向后)装入移植器中待移。

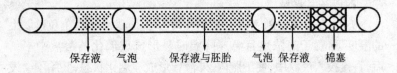

保存液　气泡　　保存液与胚胎　　气泡　保存液　棉塞

图 5-6　胚胎吸入细管示意图

受体保定、消毒和麻醉与供体相同。移植者先把受体直肠内的宿粪掏净,然后把手放入直肠内,检查确定黄体位于哪一侧并记录发育状况,分开受体阴唇,移植者将移植器插入阴道,为防止阴道污染移植器,在移植器外套上经消毒的塑料薄膜,当移植器前端进入子宫颈外口时,将塑料薄膜撤回。按直肠把握输精的方法使移植器进入子宫颈,由于受体大都处于发情后 6~8 d,子宫颈口封闭较紧,尤其青年受体,因此通过子宫颈口比发情输精时困难,移植者要谨防损伤子宫颈,当移植器通过子宫、子宫体到达子宫角时,将胚胎注入。

目前鲜胚移植成功率达 60%~70%,冻胚达 45%~50%。影响胚胎移植妊娠效果的因素是多方面的,而且各种因素都相互制约。加之胚胎损失的原因很复杂,涉及到生理、内分泌、遗传、免疫和环境等因素。胚胎方面的因素包括胚胎的质量、胚胎发育阶段、移植胚胎的数量、提供胚胎的供体、胚胎在体外停留的时间、鲜胚和冻胚等;母体因素包括供体受体发情同期化程度、受体的孕酮水平、移植黄体同侧与对侧、移植部位、受体的营养、受体子宫、卵巢的生理状况等;其他因素包括发情的一致性、移植法、移植器械污染程度以及操作者的熟练程度等。

第九节 肉牛的繁殖力指标

一、母牛繁殖力的概念

母牛的繁殖力主要是生育后代的能力和哺育后代的能力,它与性成熟的迟早、发情周期正常与否、发情表现、排卵多少、卵子受精能力、妊娠、泌乳量高低等有密切关系。

二、衡量母牛繁殖力的主要指标

(一) 配种率 指在本年度发情配种的母牛数占全部适合繁殖母牛数的百分比。计算公式:

$$配种率 = \frac{配种母牛数}{适繁母牛数} \times 100\%$$

(二) 受胎率 指受胎母牛数占配种母牛数的百分率。

1. 年总受胎率 指本年度末受胎母牛数占本年度参加配种母牛数的百分率。计算公式:

$$年总受胎率 = \frac{受胎母牛数}{配种母牛数} \times 100\%$$

2. 情期受胎率 指在本年度内受胎母牛数占参加配种母牛输精总情期数的百分率。计算公式:

$$情期受胎率 = \frac{年受胎母牛数}{年输精总情期数} \times 100\%$$

(三) 分娩率 指本年度内分娩母牛数占受胎母牛数的百分率。计算公式:

$$分娩率 = \frac{分娩母牛数}{受胎母牛数} \times 100\%$$

（四）犊牛成活率　指断奶成活的犊牛数占本年度出生犊牛数的百分率。计算公式：

$$犊牛成活率 = \frac{成活犊牛数}{出生活犊牛数} \times 100\%$$

（五）繁殖率　指本年度内出生的犊牛数占本年度初适繁成母牛头数的百分率。计算公式：

$$繁殖率 = \frac{出生活犊牛数}{适繁母牛数} \times 100\%$$

（六）繁殖成活率　指断奶成活的犊牛数占本年度初适繁成母牛头数的百分率。计算公式：

$$繁殖成活率 = \frac{成活犊牛数}{适繁母牛数} \times 100\%$$

（七）产犊间隔　指母牛相邻两次产犊间隔的天数，又称胎间距。牛群的平均胎间距计算公式：

$$平均胎间距(d) = \frac{\sum 胎间距}{n}$$

式中：$\sum$ 胎间距为 n 个胎间距的合计天数，n 为总产犊胎数。

三、提高肉牛繁殖力的措施

提高肉牛繁殖力的措施必须从提高公牛和母牛繁殖力 2 方面着手，充分利用繁殖新技术，挖掘优良公、母牛的繁殖潜力。

（一）保证肉牛正常的繁殖机能

1. 加强种牛的选育　繁殖力受遗传因素影响很大，不同品种和个体的繁殖性能也有差异。尤其是种公牛，其精液品质和受精能力与其遗传性能密切相关，而精液品质和受精能力往往是影响卵子受精、胚胎发育和幼犊生长的决定因素，其品质对后代群体的影响更大,因此,选择好种公牛是提高家畜繁殖率的前提。母牛的排卵率和胚胎存活力与品种有关。

2. 及时淘汰有遗传缺陷的种牛　每年要做好牛群整顿,对老、弱、病、残和经过检查确认已失去繁殖能力的母牛,应有计划的定期清理淘汰。异性孪生的母犊中约有95%无生殖能力,公犊中约有10%不育,应用染色体分析技术在犊牛出生后进行检测,及时淘汰遗传缺陷牛,可以减少不孕牛的饲养数,提高牛群的繁殖率。公牛隐睾、公母牛染色体畸变,都影响繁殖力。某些屡配不孕的、习惯流产和胚胎死亡及初生犊牛活力降低等生殖疾病等,也与遗传有关。对于这些遗传缺陷动物,最经济有效的办法是及时淘汰。

3. 科学的饲养管理　加强种牛的饲养管理,是保证种牛正常繁殖机能的物质基础。

(1)确保营养均衡,防止饲草饲料中有毒有害物质中毒。营养对母牛的发情、配种、受胎以及犊牛的成活起决定性的作用。使用全价配合饲料,保证维持生长和繁殖的营养平衡,从而保持良好的膘情和性欲。营养缺乏会使母牛瘦弱,内分泌活动受到影响,性腺机能减退,生殖机能紊乱,常出现不发情,安静发情、发情不排卵等。种公牛表现精液品质差,性欲下降等。

饲料生产加工和储存过程有可能被污染或产生某些有毒有害物质。如生产过程中的农药污染,加工和储存过程中有可能发生霉变,产生诸如黄曲霉毒素类的生物毒性物质。这些物质对精子生成、卵子和胚胎发育均有影响。因此,在饲养过程中应尽量避免。

(2)狠抓妊娠牛的保胎工作,作到全产。加强犊牛培育工作,做到全活。

(3)创造理想的环境条件。环境因子如季节、温度、湿度和日照,都会影响繁殖。不论过高过低的温度,都可降低繁殖效率。在我国多数地区夏季炎热,冬季又较寒冷,所以牛的繁殖率最低。

春、秋两季温度适宜,繁殖率最高,冬季发情、受胎少的原因是日照短和粗料中维生素含量低。夏季高温会缩短发情持续期并减少发情表现。高温还明显增加胚胎的死亡率。为了达到最大的繁殖效率,必须具备最理想的环境条件,如凉爽的气候、低的湿度、长的日照和丰富的营养。

(二)加强繁殖管理　做好繁殖管理是提高肉牛繁殖力的重要保证。

1. 做好发情鉴定和适时配种　发情鉴定的目的,是掌握最适宜的配种时机,以便获得最好的受胎效果。对牛来说,配种前除作表观行为观察和黏液鉴定外,还应进行直肠检查即通过直肠触摸卵巢上的卵泡发育情况,以便根据卵泡发育情况,适时输精,此法是目前准确性最高的方法。此外,应用酶免疫测定技术测定乳汁、血液或尿液中的雌激素或孕酮水平,进行发情鉴定的准确性也很高,而且操作方便,结果判断客观。

目前,肉牛的配种很大程度上采用了人工授精技术,因此在人工输精过程中一定要遵守操作规程,从发情鉴定,清洗消毒器械、采精、精液处理、冷冻、保存及输精,是一整套严密的操作,各个环节紧密联系,任何一个环节掌握不好,都会影响受胎率。

2. 进行早期妊娠诊断,防止失配空怀　为了及时掌握母牛输精后妊娠与否,定期进行妊娠检查,对提高牛群繁殖率,减少空怀具有极为重要的意义。通过早期妊娠诊断,能够及早确定母牛是否妊娠,做到区别对待。对已确定妊娠的母牛,应加强保胎,使胎儿正常发育,可防止孕后发情造成误配。对未孕的母牛,应认真及时找出原因,采取相应措施,不失时机的补配,减少空怀时间。

3. 预防和治疗屡配不孕　屡配不孕是引起母牛情期受胎率降低的重要原因。引起动物屡配不孕的因素很多,其中最主要的因素是子宫内膜炎和异常排卵。而胎盘滞留是引起子宫内膜炎的主要原因。因此,从肉牛分娩开始,重视产科疾病和生殖道疾病的预防,对于提高情期受胎率具有重要意义。

4. 降低胚胎死亡率　牛的胚胎死亡率是相当高的,最高可达40%～60%,一般可达10%～30%。胚胎在附植前容易发生死亡,附植后也可发生死亡,但比率较低。造成胚胎死亡的因素是多方面的。

(1)营养及管理失调。一般营养缺乏及某些微量元素不足,缺少维生素,特别是维生素A不足表现得明显,母牛缺乏运动,也会使胚胎死亡数增多,另外,饲料中毒、农药中毒以及妊娠牛患病,都可造成胚胎死亡。

(2)生殖细胞老化。精子和卵子任何一方在衰老时结合都容易造成胚胎死亡。老龄公母牛交配、近亲繁殖会使胚胎生活力下降,也能导致胚胎死亡率增加。

(3)在妊娠过程中,子宫感染疾病也是造成胚胎死亡的重要原因。如子宫感染大肠杆菌,链球菌、结核菌、溶血性葡萄球菌等都会引起子宫内膜炎,从而引起胚胎死亡。

5. 控制繁殖疾病　预防和治疗公牛繁殖疾病,如隐睾、发育不全、染色体畸变、睾丸炎、附睾炎、外生殖道炎等引起的繁殖障碍,提高公牛的交配能力和精液品质,从而提高母牛的配种受胎率和繁殖率。

母牛的繁殖疾病主要有卵巢疾病、生殖道疾病、产科疾病3大类。卵巢疾病主要通过影响发情排卵而影响受配率和配种受胎率,有些疾病也可引起胚胎死亡和并发产科疾病;生殖道疾病主要影响胚胎的发育与成活,其中一些还可引起卵巢疾病;产科疾病可诱发生殖道疾病和卵巢疾病,甚至引起母体和胎犊死亡。因此,控制公、母牛的繁殖疾病对提高繁殖力十分有益。

(三)推广应用繁殖新技术　对公牛来说,人工授精目前已经普及,现在主要任务是严格和改进操作程序,引进国外先进的精液品质评定方法和精液保存新方法,提高人工授精的受胎率。提高母牛繁殖利用率的新技术主要有超数排卵和胚胎移植、胚胎分割技术、卵母细胞体外培养和体外成熟技术。这些技术已经在一定范围内得到应用。由于应用这些新技术的成本较高,所以一般用在良种的培育和引进新品种,这样可以提高优秀种母牛的繁殖效率,取得更可观的经济效益。

第十节 肉牛繁殖技术管理规程

一、总 则

(1)为减少人为和环境因素对肉用种牛繁殖过程中的不良影响,充分发挥其繁殖潜力,提高饲养肉用种牛的经济效益,特制定本规程。

(2)本规程适用于肉用种公牛站、肉用生产企业及相关技术服务单位。

(3)在执行过程中,规程内容将随着繁殖技术的进步和生产发展的需要不断加以完善。

二、种公牛繁殖的技术管理

(一)基本要求和繁殖目标

(1)种公牛系谱至少3代清楚,并经后裔测定或其他方法证明为良种者。

(2)种公牛必须体制健壮,生殖器官发育正常,无繁殖障碍和传染病。

(3)开始采精年龄不得低于14月龄,体重不得低于400 kg。

(4)全年冻精合格率不低于60%,年生产量不得低于1万个剂量。

（二）采精管理

（1）根据育种（改良）计划、冻精销售情况、种公牛利用频率及种公牛饲养状况，做好采精计划，并精心组织实施。

（2）种牛站应设置专门的采精室，并保证采精室清洁卫生，安静明亮，同时要有适宜的温、湿度。采精场所应整洁、防尘和地面平坦，并铺设防滑垫和安全栏。

（3）所有采精器具每次使用前均需清洗消毒，未经消毒不得重复使用。假阴道用后清洗干净，一般采用75%酒精及紫外线灯进行消毒，用前检查、安装、保温备用。玻璃及金属器械可蒸煮消毒15 min，有条件的可用高压灭菌锅消毒。

（4）采精后应清洗消毒台畜或假台畜。使用前应再次消毒后使用。做好采精牛平时的阴毛修剪和采精时的包皮冲洗、消毒以及公牛后躯的卫生工作。

（5）成年种公牛每周采精2次，每次采2次。采精前做空爬1~2次。采精时要求假阴道温度在37~40 ℃，松紧适宜，润滑剂涂抹深度不得超过1/2。

（6）采精时要做到人牛固定，动作规范，手法正确，不得粗暴，保证公牛射精充分。做到诱导采精由公牛阴茎自行伸入假阴道，射精后随公牛下落，让阴茎慢慢回缩自动脱落，严格注意保护种公牛阴茎不受损伤。

（7）采精员要随时注意种公牛的反应及性行为过程是否正常。既要保证人员安全，又要保证公牛安全。

（三）日常管理

（1）每天3次饲喂，定时定量。先粗后精，青、粗、精搭配。粗、精料以提供的干物质计算，各占60%和40%的比例为宜。精料采用干拌料。换料时应逐渐进行。常年饲喂优质青干草，每日3次投喂，喂量8~10 kg/（头·d），喂前切短。每天按0.25~0.5 kg/100 kg体重投喂胡萝卜，喂前洗净切片。可适量饲喂青贮料,但宜在采精后饲喂,且每日不应多于 5～10 kg/头。精料每日投喂量0.3～0.6 kg/100 kg 体重。冬季增加 0.5～1 kg/头,夏季减少 0.5～1 kg/头。

(2) 种公牛每天饮水 3～4 次,每次 0.5～1 h。夏季也可全天自由饮水,但应保证每天 3 次清洁水槽。冬季夜间应把水槽中剩余水放掉。在运动及采精后要防止立即饮水。

(3) 保证每头公牛有足够的运动量。场地应铺垫 10 cm 厚的细沙,应保证公牛每天运动 1～2 h。必要时可牵遛或驱使运动。如当日采精,可适当减少运动。

(4) 每天刷拭牛体 2 次。以头颈和后躯清洁为重点,夏季每天 2 次喷淋或冲刷牛体。

(5) 每月称重 1 次,并根据体重和膘情来调整日粮及饲养管理计划。

(6) 每年修蹄 2 次。每周应检查、清理蹄壁及蹄叉 1 次。

(7) 每周修剪阴茎周围长毛 1 次,每月修剪尾毛 1 次。平时注意对种公牛生殖器官的护理,防止各种因素造成的伤害。青年牛在首次采精前,对生殖器官全面检查 1 次,成年公牛每年检查 1 次,发现异常问题时要及时查明原因并酌情进行治疗或淘汰。

(8) 建立兽医卫生保健制度。每年春、秋两次进行检疫、防疫及驱虫。每半月定期对环境消毒 1 次。每季度进行 1 次全面消毒。

三、肉用母牛繁殖的技术管理

(一) 繁殖指标

(1) 年总受胎率≥85%。

(2) 年平均情期受胎率≥50%。

(3) 年平均胎间距≤450 d。

(4) 年繁殖率≥80%。

(二) 人工授精技术管理

1. 配种母牛要求

(1) 育成母牛满 18 月龄或体重本地牛达到 300 kg、杂交牛 350 kg 以上开始配种。

(2) 成年母牛产后第 1 次配种时间掌握在产后 50～90 d,膘情中等以上。

(3) 配前要对母牛进行检查,对患有生殖疾病的牛不予配种,应及时治疗或淘汰。

2. 发情鉴定

(1)以外部观察法为主,结合直肠检查。

(2)外部观察。母牛阴门肿胀并流出玻璃棒状透明黏液;食欲减退,精神兴奋,哞叫不停;接受其他牛爬跨,站立不动。

(3)直肠检查,触感卵巢上有明显滤泡发育者为发情牛。

3. 人工授精技术

(1) 检精室要求保持干净,经常用清水冲洗降尘,地面保持干净。室内陈设力求简单整洁,不得存放有刺激气味物品,禁止吸烟。除操作人员外,其他人一律禁止入内。室温应保持 18～25 ℃。

(2) 所用输精器械必须严格消毒,玻璃用具应在每次使用后彻底洗涤、冲洗,然后放干燥箱内经 170 ℃ 消毒 2 h 或蒸煮消毒 0.5 h;开膣器等金属用具可冲洗后浸入消毒液中消毒或使用前酒精火焰消毒。输精器每牛每次 1 支,不得重复使用。使用带塑料外套细管输精器输精时,塑料外套应保持清洁,不被细菌污染,仅限使用 1 次。

(3) 输精母牛应牵到输精架内,将尾巴拉向一侧固定,对母牛外阴部清洗消毒。一种方法是先用清水洗,接着用 2% 的来苏儿或 1% 的新洁尔灭消毒外阴部及周围,然后用生理盐水或凉开水冲洗,最后用消毒抹布擦干。另一种方法是用酒精棉消毒阴门,待酒精挥发后再用卫生纸或毛巾擦干净。

(4) 精液解冻时,若使用颗粒冻精,可将盛有 1 mL 解冻液的安瓿或试管置入(38±2)℃温水中预热,然后从液氮中取出冻精 1 粒投入解冻液中,并不断摇动。当精液颗粒融化后,从温水中取出;若使用细管冻精,可从液氮中取出后直接水平放入 40～42℃ 温水中反复摆动 10～20 s,快速解冻,待冻精融化后取出。

(5) 解冻后,在带有保温箱或保温台(35～38℃)的显微镜下进行活力检查。精子活力达 0.35 以上,直线运动精子数颗粒精液在 1 200 万以上,细管精液在 1 000 万以上方可输精。

(6) 母牛输精时机掌握在发情中、后期。发现母牛接受爬跨、静立不动后 8～12 h 输第 1 次精,间隔 8～12 h 再输第 2 次。每次用 1 个剂量精液,1 个发情期输精 1～2 次。为方便起见,早晨(上午)发现母牛接受爬跨,下午(晚上)第 1 次输精,第 2 天早晨第 2 次输精;下午发现母牛接受爬跨,第 2 天早晨第 1 次输精,第 2 天晚上第 2 次输精。若采用直肠检查卵巢,应以卵泡发育至成熟期为最佳输精时间并应立即输精,可以获得较高的准胎率,并可节省冻精和劳动强度及母牛往返上站次数。

(7) 输精操作者要求指甲剪短、磨平,穿好工作服、胶鞋,手臂进行清洗、消毒或戴长臂手套,输精器用稀释液冲洗 2 次,将精液吸入输精器内(细管精液则直接装入输精器内)。

(8) 采用直肠把握输精。用左手打开阴唇,将吸入精液的输精管插入阴道内。右手用水浸湿,插入母牛直肠并把握子宫颈。两手相互配合,将输精器插入子宫颈口内 5～7 cm 处(越过 3～4 个横行皱褶),注入精液。使用玻璃输精器,在输精器抽出子宫前不得松开胶球,以免吸回精液。输精要点:慢插、轻注、缓出,防止精液逆流。

(9) 液氮罐正确使用注意事项:

①运输中轻拿轻放,避免碰撞,特别注意对液氮罐颈部的保护。

②平时放置于阴暗处,尽量减少开罐次数和时间,以减少液氮

消耗。

③定期(液氮剩1/3时)添加液氮。

④储存过程中,如发现液氮消耗显著或罐外排霜,表明液氮罐性能失常,应立即更换。

⑤取、放冻精时不要把盛冻精的提筒提到罐口之外,只能提到罐颈基部。如经10 s还没有取完,应将提筒放回,经液氮浸泡后再继续提起取用。

⑥储存冻精的液氮罐,每年至少要彻底清洗1次,要冲洗干净并控干后方可再次使用。

(三) 妊娠诊断和管理

(1) 妊娠诊断于输精后60 d进行,采用直肠检查确定妊娠与否。

(2) 妊娠母牛要加强饲养管理。保持中上等体况,否则适当补饲精饲料1～3 kg,日常管理工作围绕保胎进行。

(四) 产科管理

(1) 母牛应以自然分娩为主,需助产时严格按产科要求进行。

(2) 产后6 d内,观察母牛产道有无损伤,发现损伤要及时处理。

(3) 产后12 h内,观察母牛努责情况。发现努责强烈,要注意子宫内有无胎儿和子宫脱征兆。发现子宫脱要及时处理。

(4) 产后24 h内观察胎衣排出情况。发现胎衣滞留应及时处理。

(5) 产后15 d左右观察恶露排净程度及黏液的洁净程度。发现异常要酌情处理。

(6) 产后30～40 d通过直肠检查子宫复旧情况。发现子宫复旧不全要及时治疗。

(7) 为促进母牛产后生殖机能恢复,提早发情配种时间,对产后母牛加强饲养管理,对分娩后3～4个月内母牛要酌情补饲精饲料3～5 kg/头·d;对犊牛尽早实行补饲并限制哺乳次数,为早期断奶做准备。

（8）异性双胎母犊不留作繁殖用。

（五）繁殖障碍牛的管理

（1）对产后 60 d 未发情或发情后 40 d 以上不再发情的未配牛、妊娠检查发现的未妊娠牛要查明原因，必要时进行诱导发情。

（2）对输精 2 次以上未妊娠的牛，要进行直肠检查，发现病症及时处理。

（3）对产后半年以上的未妊娠牛要组织会诊。

（4）对早期胚胎死亡、流产、早产牛，要分析原因，必要时进行流行病学调查，并采取相应措施。

（5）对屡配不孕（3 个情期以上）或屡治不育的母牛要及时淘汰。

（六）繁殖记录及统计报表记录

（1）建立发情、配种、妊娠、流产、产犊、产科管理及繁殖障碍牛检查、处理等记录。原始记录必须真实。

（2）要认真做好各项繁殖指标的统计，数字要准确。

（3）建立繁殖月报、季报和年报制度。

第六章　肉牛的营养需要

运用饲养学和饲料科学理论与技术来测定牛每日对能量、蛋白质、矿物质和维生素等养分的需要，从而制定出饲养标准，这是实现肉牛标准化饲养和推动饲料工业标准化进程的基础。

第一节　饲料营养物质对肉牛的作用

肉牛在生存和生产过程中，必须不断地从环境中摄取养分。饲料是肉牛的食物，指能被肉牛采食并能提供给肉牛某种或多种养分的物质，主要来源于植物及其产品。饲料是发展畜牧业的物质基础，各类畜产品都是家畜采食饲料养分经体内转化而产生的。饲料成本占肉牛饲养成本的 70% 左右，饲料利用的合理与否直接影响着畜牧业生产的经济效益。在肉牛养殖生产中，人们总希望以最少的饲料投入来获得较多的优质牛肉。然而，实际上真正参与肉牛体内代谢、对肉牛的生命和生产起作用的是饲料中的各种养分。为了合理利用饲料，科学饲养肉牛，最大限度的发挥肉牛的生产性能，了解饲料养分的种类与功能及各种物质在牛体内的作用，对于推动肉牛养殖业向标准化、规范化发展是至关重要的。

一、饲料中的营养成分

(一) 饲料的元素组成　据近代分析技术测定结果，植物体含有 60 多种元素，至少有 26 种肉牛所必需的元素参与构成饲料的各种养分，其名称、符号及原子量见表 6-1。

表 6-1　饲料中的化学元素及其相对原子质量

元素	符号	相对原子质量	元素	符号	相对原子质量	元素	符号	相对原子质量
碳	C	12	氯	Cl	35.5	铁	Fe	55.8
氢	H	1	镁	Mg	24.3	硅	Si	28.1
氧	O	16	铜	Cu	63.5	钼	Mo	96
氮	N	14	锰	Mn	55	矾	V	50.9
钾	K	31	锌	Zn	65.4	铬	Cr	52
钠	Na	23	碘	I	127	砷	As	74.9
钙	Ca	40	硒	Se	79	镍	Ni	58.7
磷	P	39	钴	Co	59	锡	Sn	118.6
硫	S	32	氟	F	19			

其中以碳、氢、氧、氮 4 种有机元素的含量最多(饲料中碳含量约为 45%;氧约为 42%;氢约为 6.5%;氮约为 1.5%),约占饲料干物质总量的 95% 以上,它们主要以化合物形态存在;其次是矿物质,包括钾、钠、钙、镁、硫、磷、氯 7 种常量矿物元素,其含量较多;其余是微量元素,约有 15 种,如铁、铜、锰、锌、碘、硒、钴、氟、硅、钼、矾、铬、砷、镍、锡等。此外,锶、钡、溴、硼和其他一些元素也可能属于饲料养分中必不可少的元素。而且,肉牛在生活和生长过程中,一般都须由饲料中取得这些元素。

(二)饲料养分的种类　肉牛为了生存、繁殖后代和生产产品,必须由饲料中获得其所必需的各种元素的化合物,这些化合物统称为养分,亦称为营养物质或营养素。养分存在于任何饲料中,主要包括碳水化合物、粗蛋白质、粗脂肪、水分、矿物质和维生素,概括如图 6-2 所示。

1. 水分　水含碳、氢 2 种元素。水分存在于一切饲料中,风干饲料中约有 10%,而青绿多汁饲料可达 80% 以上。水分作为肉牛的营养成分必不可少,其饮水量比干物质采食量要高好几倍。除此之外,水分在饲料和饲养方面还具有重要作用。水分含量与饲料的营养价值及储藏性有密切关系,一般饲料水分低则易于储存,其营养价值相对高一些,而饲料水分过高会使饲料发热、发霉或变质,影响饲料的质量。

表6-2　饲料养分

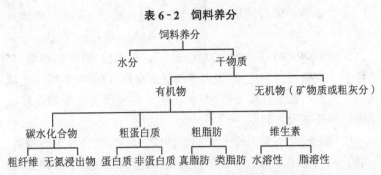

2. 碳水化合物　由碳、氢、氧三种元素组成,一般氢与氧之比为2:1,同水的组成相同,故称碳水化合物。植物中碳水化合物含量极其丰富,占饲料干物质的70%以上,是肉牛热能的主要来源,其种类多种多样。从饲养的角度看,饲料中的碳水化合物近似分析法中的无氮浸出物和粗纤维2部分。无氮浸出物包括一些易溶的物质,最容易被肉牛消化和吸收,如淀粉、糖、半纤维素等;粗纤维是植物体的木质部分,不易消化,包括纤维素、半纤维素与木质素。根据其分子结构可分为3类,即单糖、寡糖和多糖。

(1)单糖。构成碳水化合物的基本单位。根据碳原子数目可分为三碳糖、四碳糖、五碳糖、六碳糖及七碳糖等,其中以六碳糖即己糖为重要,己糖有葡萄糖、果糖、半乳糖和甘露糖等,分子式为 $C_6H_{12}O_6$。

①葡萄糖。属右旋糖,除在植物体内以游离状态存在外,还作为其他碳水化合物的组成成分而存在。其在肉牛胃肠道内直接被吸收利用。

②果糖。是左旋性的酮糖。与葡萄糖共存于成熟的果实和蜂蜜中,也以结合状态存在于碳水化合物中。果糖是所有糖中最甜的,易于发酵。

③半乳糖。属醛糖,是乳糖的组成部分,以乳糖的形式存在于乳汁中,饲料中通常不以游离形式存在。

④甘露糖。属右旋糖,是糖蛋白的组成成分,不以游离形式存在。

五碳糖即戊糖,其分子式为 $C_5H_{10}O_5$,有木糖、阿拉伯糖等,自然界单一戊糖状态少见,多以戊聚糖状态存在,戊聚糖水解则生成戊糖。戊糖不能被直接吸收,必须在牛体内经瘤胃微生物发酵成低级脂肪酸被吸收利用。

(2)寡糖。有少数几个分子的单糖(2~6 个)结合形成的糖类,均溶于水,多数有甜味。寡糖的种类很多,但以双糖分子最为普遍。双糖是两个单糖去掉一分子水缩合而成,分子式为 $C_{12}H_{22}O_{11}$。重要的双糖有:

①蔗糖。由葡萄糖和果糖缩合而成,在消化道经蔗糖酶水解可生成葡萄糖和果糖。蔗糖主要存在于甘蔗、甜菜和成熟的果实内,其味甜,可在饲料中作甜味剂。

②麦芽糖。由两分子葡萄糖缩合而成,可经酶或酸水解生成葡萄糖。麦芽糖主要在谷类发芽和淀粉水解时产生,其甜度仅为蔗糖的1/4。

③乳糖。由一分子葡萄糖和一分子半乳糖构成,主要存在于肉牛乳汁中,通常不存在于植物性饲料中。

(3)多糖。一类结构复杂的高分子化合物,由许多单糖分子经脱水缩合而成。多糖是自然界分布最广的碳水化合物,也是植物性饲料中所含的主要营养物质。根据其能否被肉牛分泌的酶所消化,可分为可溶性和不溶性 2 类,前者包括淀粉、糊精、糖原,后者包括纤维素、半纤维素、木质素和果胶等。

①淀粉。由 10 个以上分子的葡萄糖聚合而成,以微颗粒形式大量存在于植物种子、根茎及干果中。一般由直链淀粉和支链淀粉 2 部分组成。天然淀粉中直链淀粉一般占 15%～25%,支链淀粉占 75%～85%,但糯米、黏高粱中支链淀粉占 99%,而有的豆类淀粉则全部是直链淀粉。淀粉是多数肉牛饲料的主要成分,易被

消化,因此是肉牛的主要能源物质。

②糊精。是淀粉水解或在肉牛消化过程中生成的中间产物,淀粉加热也能形成糊精。糊精易溶于水,易被消化。发芽种子中也含有糊精。

③糖原。与支链淀粉结构相似,是肉牛体内糖的一种存在形式,在一般饲料中含量很少,而在酵母中占干物质的 3%～20%。

④纤维素。是植物细胞壁的主要成分之一,其化学性质稳定,不溶于水,仅能吸水膨胀;亦不溶于稀酸、稀碱,仅在强酸作用下发生水解生成葡萄糖。纤维素在肉牛体内可依靠微生物产生的酶,如纤维素酶而得以降解。

⑤半纤维素。大量存在于植物的木质化部分,是植物贮备物质与支持物质的中间类型。半纤维素是多缩戊糖、多缩己糖、葡甘露糖等的混合物。其中由木糖以 β-1,4 键缩合而成的木聚糖,是植物茎叶、秸秆的骨架;由果糖以 β-2,6 键和 β-2,1 键结合的果聚糖,为植物体的储备物质,牧草中含量丰富。另外也存在阿聚糖、甘露聚糖等。半纤维素在化学上介于淀粉与纤维素之间,大多半纤维素比纤维素易于消化降解,但没有淀粉和糖易消化。

⑥木质素。是高分子苯基—衍生物的复杂聚合物,比碳水化合物含碳多,氢氧的比例与碳水化合物不同,且有氮存在,所以并不是碳水化合物,其准确的化学结构尚不完全清楚。肉牛不能消化木质素,并且它还会影响其他养分的消化,尤其是纤维素的消化率。

⑦果胶。主要存在于细胞壁的间隙中,有黏着细胞和运输养分的功能,是植物界分布很广的胶状多糖类物质。它可被热水或冷水浸出而成胶状物,肉牛消化道分泌的酶不能使其水解,但在微生物作用下可被消化。

3. 粗蛋白质　饲料中的含氮化合物统称粗蛋白质,包括蛋白质和非蛋白质含氮物(游离氨基酸、胺类、酰胺类、硝酸盐、生物碱、核酸、尿素等)2 部分。各种蛋白质含氮量很接近,平均为 16%,另外还含碳、氢、氧及硫和磷等。不同种类的饲料粗蛋白质的组成和含氮量是不同的。通常,植株和种子中非蛋白质含氮物的数量较少。生长旺盛的青饲料、青贮料及某些根茎类,则可能含有较多的非蛋白质含氮物。动物性饲料如乳、肉、蛋、骨粉等,通常只有少量游离氨基酸而极少含非蛋白质含氮物。微生物饲料如酵母、细菌中含较多核酸。

蛋白质的基本成分是氨基酸,蛋白质是由多种氨基酸以肽键连接而成的高分子化合物,包括必需氨基酸和非必需氨基酸。天然蛋白质结构复杂,种类繁多,按化学组成、分子形状及溶解性等可将其分为 3 大类,即纤维状蛋白(胶原蛋白、硬蛋白等)、球状蛋白(白蛋白、球蛋白、组蛋白、精蛋白等)、结合蛋白质(糖蛋白、脂蛋白、磷蛋白等)。蛋白质水解后则生成各种氨基酸。饲料蛋白质含有的各种必需氨基酸的数量和比例是决定其营养价值的重要基础。

4. **粗脂肪** 含碳、氢、氧 3 种元素,与蛋白质及碳水化合物构成生物体的 3 大组分,它不仅是天然饲料中主要的营养物质,也是高能配合饲料中不可缺少的重要原料。脂肪包括中性脂肪和类脂肪,是广泛存在于动植物体内的一类化合物。乙醚浸出物可用于表示饲料中脂类部分。脂肪属甘油酯,动植物油一般以甘油酯为主要成分。脂肪酸是甘油酯的主要成分,占甘油酯的 90% 以上。

(1)中性脂肪。即真脂肪,碳、氢、氧 3 种元素组成。它是一分子甘油和三分子脂肪酸构成的酯类化合物,亦称甘油三酯。构成甘油三酯的脂肪酸多达百种,包括饱和脂肪酸和不饱和脂肪酸。饱和脂肪酸以棕榈酸和硬脂酸最为普遍;不饱和脂肪酸中则以油酸、亚油酸和亚麻酸最为普遍。自然界的大多数脂肪酸含有偶数的碳原子,脂肪酸的熔点很大程度上取决于分子的长短与饱和的程度,短链脂肪酸易挥发。不饱和脂肪酸具有吸氧或其他化学物质的能力,这有利有弊。亚麻仁油的价值就在于它有高含量的不饱和脂肪酸,因此,将其暴露于空气时,就会吸收氧气而形成结实的保护性被覆层。由于不饱和缘故,脂肪常因氧化而酸败,结果发生不良气味与味道,从而降低它们作为饲料的适宜性。脂肪酸是脂类的基本成分,其含量代表真脂肪的含量它们各自的长短与饱和程度决定脂类的许多物理性质。当其与甘油酯化时,就形成各种大小的甘油酯和水。甘油可以与一个、两个或三个脂肪酸酯化。反刍动物产品(羊脂、奶油)中脂肪酸含奇数碳原子。

(2)类脂肪。指含磷、含糖或含有其他含氮物的脂肪,它虽不属于中性脂肪,但在结构上或性质上却与真脂肪相近。主要包括糖脂、磷脂、固醇和蜡,亦称复合脂类。

①磷脂。是一种复合脂肪,在结构上除有磷酸根甘油和脂肪外,还有含氮的有机碱。它是动植物细胞的重要组成成分,肉牛的各组织器官均有大量磷脂,植物则以种子中含量较多。常见的有卵磷脂和脑磷脂。

②糖脂。其分子中含有糖(半乳糖或葡萄糖)、脂肪酸及神经鞘氨基醇,但无磷酸及甘油。糖脂是禾本科和豆科青草中粗脂肪的主要成分,最多可达 60%以上,以半乳糖脂居多,肉牛外周和中枢神经组织中也有分布。

③固醇。一类高分子的一元醇,在动植物界分布很广,属环戊烷多氢菲的衍生物。固醇类化合物中最重要的有胆固醇和麦角固醇。

④蜡。是由脂肪酸和甘油以外的高级醇类所生成的酯。一般为固体,不易水解,故无营养价值。动物的毛、羽中因蜡的存在而具有一定防水特性。

5. 矿物质 矿物质是一类无机营养物质。在动植物体所含的元素中,除了碳、氢、氧和氮主要以有机化合物形式出现外,其余的各种元素无论含量多少,统称为矿物质,亦称为无机盐或粗灰分。

　　在肉牛营养中,一般把占肉牛体重0.01%以上的元素称为常量元素,包括钙、磷、镁、钠、钾、氯和硫等7种;把占肉牛体重0.01%以下的元素称为微量元素,包括铁、铜、锰、锌、硒、碘、铬、钼、钴、氟、硅、砷、锡、镍、钒等15种目前已知的必需元素。

　　6. 维生素　维生素是调节肉牛生长、生产、繁殖和保证肉牛健康所必需的一类微量营养物质。它既不是肉牛的能源物质,又不是结构物质,但却是肉牛机体物质代谢过程的必须参加者,缺乏时会引起肉牛代谢障碍。

　　维生素通常分为脂溶性(维生素A、维生素D、维生素E、维生素K)和水溶性(B族维生素及维生素C等)2种。一些维生素如维生素K及B族维生素可由消化道微生物合成,还有的维生素如维生素C和维生素D_3可在机体组织器官合成,这两者被称为内源性维生素,而饲料中提供的则为外源性维生素。一般认为,水溶性维生素牛是不会缺乏的。大多数肉牛的内源性维生素不能满足需要,一般天然饲料中所含维生素也不多,特别是处于逆境的高产肉牛,有的维生素几乎全部靠饲料添加来满足。

二、饲料中各种营养物质在牛体内的作用

　　饲料被牛体采食后,各种营养物质在牛体内经过一系列物理、化学变化和微生物发酵等作用,被牛体消化吸收,为牛体提供能量或转变成体组织成分。

　　能量是维持生命活动和生长、繁殖、生产所必需的,牛需要的能量来自饲料中碳水化合物、脂肪和蛋白质3大营养物质。

　　(一)碳水化合物　饲料中的碳水化合物分为2部分,一部分为无氮浸出物(即可溶性糖类);一部分为粗纤维。

　　1. 碳水化合物的一般功能

　　(1)肉牛体组织的构成物质。碳水化合物普遍存在于肉牛体各种组织中。

（2）牛体的主要能量来源。在正常情况下，碳水化合物在体内氧化供能。肉牛能够利用粗料中相当大的一部分，通过瘤胃内细菌的作用形成挥发性脂肪酸（VFA）。当能量只用于维持需要时，粗料通常是肉牛最经济的能量来源。

（3）肉牛体内营养储备物质。饲料中的碳水化合物除供给肉牛养分外，多余时就转变为糖原和脂肪在体内储备。糖原在体内处于储备与分解消耗的动态平衡。碳水化合物合成糖原剩余后用以合成脂肪储存。对于肉牛而言，碳水化合物转变成脂肪经过了氢化作用，所以组成脂肪的脂肪酸多是饱和的，形成得体脂比较硬，肉的品质较好。

（4）乳脂和乳糖的重要合成原料。牛体利用碳水化合物在瘤胃中发酵产生的乳酸合成乳脂肪中的脂肪酸，有试验证明60%～70%的乳脂以饲料中碳水化合物为原料；乳糖可由葡萄糖合成，其葡萄糖来源于血液葡萄糖及碳水化合物在瘤胃中发酵产生的丙酸所合成。

2. 粗纤维在肉牛饲料中的作用　粗纤维是由纤维素、半纤维素和木质素及果胶等组成的混合物，是各种肉牛尤其是反刍动物不可缺少的营养物质。粗纤维是反刍动物主要能源物质，其在瘤胃和盲肠中经微生物发酵产生各种挥发性脂肪酸，除合成脂肪或葡萄糖外，还可氧化供能。粗纤维体积大、吸水性强，不易消化，可填充胃肠道，使肉牛有饱腹感；还可刺激胃肠道，促进胃肠蠕动和粪便排出保证消化道正常的机能活动。在牛日粮中，必须注意精粗比例以掌握最佳瘤胃发酵，使其发挥出最佳生产性能。对于犊牛和高产反刍动物，应注意粗纤维喂量不宜过高。

粗纤维的一些组分即可溶性非淀粉多糖（NPS）具有抗营养活性，抑制大量营养物质的消化。因此，饲料中粗纤维含量越高，粗纤维本身消化率越低，同时对其他营养物质也产生不利影响。

3. 碳水化合物在牛体内的消化吸收　碳水化合物在肉牛体

内主要被分解为挥发性脂肪酸被吸收利用,以单糖形式被吸收的数量很少。粗纤维进入瘤胃后,被瘤胃细菌分解为乙酸、丙酸和丁酸等挥发性脂肪酸及甲烷气体。气体排出后,挥发性脂肪酸被吸收入肝,丙酸形成糖原,丁酸分解为乙酸。乙酸参加三羧酸循环,氧化产生二氧化碳和水同时释放出热能供维持体温,或被输送进乳腺合成乳脂。瘤胃中未被分解的粗纤维过小肠无变化,在结肠与盲肠中被细菌分解为挥发性脂肪酸及气体,挥发性脂肪酸被吸收利用,气体排出体外。反刍动物口腔中淀粉酶很少,故饲料中淀粉在其口腔中消化很少,大部分进入瘤胃被细菌分解为挥发性脂肪酸被瘤胃壁吸收参与机体代谢。在瘤胃中未被分解的淀粉和糖进入小肠,在淀粉酶、麦芽糖酶及蔗糖酶作用下分解为葡萄糖被瘤胃壁吸收。在小肠中未被消化的淀粉和糖进入结肠和盲肠被细菌分解为挥发性脂肪酸和气体。

由此可见,挥发性脂肪酸是牛瘤胃内的主要产物,成分主要是乙酸、丙酸和丁酸,三者比例为 70:20:10。这种比例随日粮组成不同而变化,提高丙酸比例,可提高饲料有效能的利用。对于肉牛来说,可提高饲料利用率 10% 左右。碳水化合物在瘤胃的代谢过程见图 6-1。

(二) 蛋白质　蛋白质是三大营养物质中惟一能提供牛体氮素的物质,在肉牛生命和生产过程中起着重要的作用,其作用是脂肪和碳水化合物所不能代替的。蛋白质是由氨基酸组成的一类数量庞大的物质的总称,因此蛋白质的营养实际上是氨基酸的营养。氨基酸约有 20 多种,有些氨基酸在牛体内不能合成或合成数量不能满足牛体正常生长需要必须由饲料中供给,成为必需氨基酸,如蛋氨酸、色氨酸、赖氨酸、精氨酸、胱氨酸、甘氨酸、酪氨酸、组氨酸、亮氨酸、异亮氨酸、缬氨酸、苯丙氨酸、苏氨酸。含有全部必需氨基酸的蛋白质,营养价值最高,成为全价蛋白质,否则为非全价蛋白质。一般来说,肉牛性蛋白质优于植物性蛋白质。多种饲料搭配喂肉牛比单一饲料好,主要是因为各种氨基酸可以互补,提高饲料中蛋白质的生物学效价。

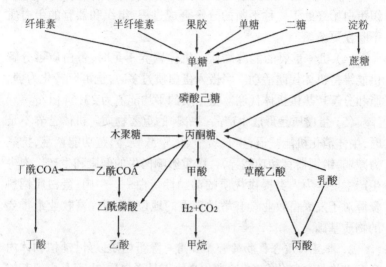

图 6-1　碳水化合物在瘤胃的代谢过程

1. 蛋白质的营养作用

(1) 体组织的结构物质。各种组织器官之所以具有特异的生理机能,维持正常生命活动,主要是因为组成该组织器官的蛋白质种类及其存在形式不同所致。牛体组织、体液、骨骼、筋腱、韧带、毛发、蹄角等都以不同类型的蛋白质为其主要成分,起着传导、支持、运输、保护、连接、运动等多种功能的作用。

(2) 牛体内功能物质的主要成分。蛋白质对于生命的重要意义不仅在于它是生命的组成成分,更重要的是为机体提供多种具有特殊生物学功能的物质。在肉牛的生命和代谢过程中起催化作用的酶、起调节作用的激素、具有免疫和防御机能的抗体、运输脂溶性维生素和其他脂肪代谢产物的脂蛋白、遗传信息的传递物质等都是以蛋白质为主体构成的。另外,蛋白质在维持体内渗透压和水分的正常分布方面也都起着重要作用。

(3) 牛体组织的更新物质。肉牛机体在新陈代谢过程中,组织蛋白始终处于一种不断的分解合成过程,组织和器官的蛋白质不断在更新。

(4) 机体重要的能源物质。机体营养不足时,蛋白质可分解供能维持机体代谢活动。当摄入蛋白质过多时,也可以转化为糖、脂和分解产热供机体代谢。蛋白质的平均能值为 23.64 kJ/g。

(5) 蛋白质是形成牛产品(牛肉)的重要物质。机体营养不足时,牛体消化机能减退,生长缓慢、体重减轻,繁殖功能紊乱,抗病力减弱,组织器官和功能异常,严重影响肉牛的健康和生产。肉牛生产主要是为人类提供优质的动物性蛋白——牛肉,蛋白质饲料资源对于发展畜牧业具有举足轻重的地位,是现代畜牧业最重要的物质基础。

2. 非蛋白质含氮物的营养作用　除蛋白质以外,动植物体内还存在许多含氮化合物,这类化合物不是蛋白质,也不是由氨基酸组成的,但它们都含有氮元素,统称为非蛋白氮(NPN)。

非蛋白氮对牛体有重要的营养作用,在饲料氮中占重要地位。饲料中 NPN 可充分地被瘤胃机能发育完善的牛所利用,合成微生物蛋白质(MCP),进而再被真胃和小肠分解成氨基酸而吸收利用,满足牛体蛋白质的部分需要以降低饲养成本。这对于蛋白质不足的地方来说意义很大。尿素是使用最普遍的一种非蛋白氮,但要注意喂量不宜太多,以免中毒。

3. 含氮化合物在牛体内的消化吸收　瘤胃是牛体"高效厌氧的活体发酵罐"。瘤胃内微生物种类很多,牛体在瘤胃微生物发酵作用下能同时利用饲料中蛋白质和非蛋白氮,合成肉牛机体需要的高品质的菌体蛋白供机体利用。蛋白质进入瘤胃以后,分 2 部分被消化吸收。其中 60% 被瘤胃微生物降解,称为瘤胃降解蛋白(RDP),分解为肽、游离氨基酸,肽和氨基酸部分被微生物合成细菌蛋白;部分氨基酸经脱氨基作用产生挥发性脂肪酸、二氧化碳、氨气及其他产物,微生物又同时利用这些分解产物合成 MCP;少量氨基酸可直接被瘤胃壁吸收为机体所利用。瘤胃蛋白质的降解产物氨气除用于合成细菌蛋白质外,其余经瘤胃壁黏膜吸收进入门静脉,在肝脏合成尿素,或随尿排出,或经唾液在返回瘤胃,再次被微生物合成菌体蛋白(称为"瘤胃—肝脏的尿素循环")。其余 40%未经变化进入下一部分消化道,称为过瘤胃蛋白(RBPP)或瘤胃未降解蛋白(UDP)(图 6-2)。

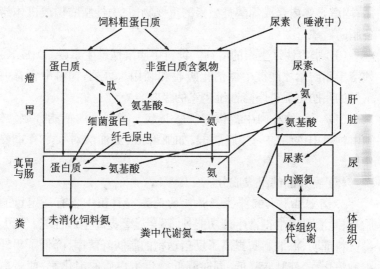

图 6-2 含氮化合物在牛体内的消化吸收

进入小肠的蛋白质,靠肠道分泌的胃蛋白酶水解成氨基酸被吸收,进入盲肠和结肠的含氮物质主要是未消化的蛋白质和来自血液的尿素。在此降解和合成的氨基酸几乎完全不能被吸收,以粪的形式排出。

(三)脂肪

1. **脂肪的重要生理功能** 脂肪的生理功能主要包括以下几点。

(1)脂肪是肉牛能量来源之一。脂肪和脂肪酸产生的能量约为碳水化合物的2.25倍,它是供给肉牛能量的重要原料,同时也是肉牛体储备能量的最佳形式。

(2)构成体组织的重要原料。牛体各种器官和组织细胞、神经、肌肉、骨骼、皮肤及血液中均含有脂肪,各种组织的细胞膜也是由蛋白质和脂肪按一定比例组成。磷脂对牛体生长发育起重要作用;固醇是体内合成固醇类激素的重要物质;中性脂肪构成机体储备脂肪。

(3)脂溶性维生素的溶剂。饲料中脂溶性维生素(A、D、E、K)须溶于脂肪后才能被牛体消化吸收和利用。可见,饲料中含有一定量的脂肪可促进脂溶性维生素的吸收。

(4)可为幼小肉牛提供必须脂肪酸。犊牛体内不能合成,必须由饲料中供给的一些脂肪酸,如亚麻酸、亚油酸对犊牛有重要作用。

(5)畜产品的组成成分。

2. **日粮脂肪与肉牛生产性能的关系** 日粮中含有一定量的脂肪,除满足肉牛正常生理功能外,还会显著提高生产性能。据大量资料证明,添加脂肪提高了反刍动物的脂肪降解率,降低了粗纤维的消化率,使乳脂降低,同时降低瘤胃蛋白质的消化率,使蛋白质合成效率增加。有关日粮中添加保护性脂肪—脂肪酸钙的一系列研究报道认为,这种保护性高能饲料添加剂可改善瘤胃内环境及养分降解率,提高饲料消化率,对生产性能影响很大。对于肉牛可以提高牛肉品质。肥育牛饲料中添加脂肪由于不影响瘤胃微生物的消化功能,脂肪酸能被充分利用,因此可使肌肉中不饱和脂肪含量增加,改善牛肉的品质。近藤郁夫(1995)给肉牛饲料中添加脂肪酸钙200 g/(d·头),可使肉牛日增重增加0.05 kg/(d·头),每头牛肌肉重量增加4.1kg/头,瘦肉率提高0.5%,肌肉中不饱和脂肪酸含量显著提高,肉品质提高一个等级。

3. 脂肪在牛体内的消化吸收 幼龄反刍动物对乳脂的消化吸收与单胃动物相似,随着断奶后食物的改变和瘤胃微生物的逐渐成熟。

日粮中含有较高比例的不饱和脂肪酸,进入瘤胃后在微生物作用下水解成游离脂肪酸,进一步经微生物发酵生成挥发性脂肪酸。脂肪酸在瘤胃中吸收少,瘤胃只吸收少量脂肪酸。由于瘤胃内环境为高度还原性,饲料脂肪在瘤胃中可发生氢化作用。不饱和脂肪酸氢化为饱和脂肪酸,其中主要是硬脂酸。此外,瘤胃微生物还能将丙酸合成奇数碳链脂肪酸,并能利用缬氨酸、亮氨酸和异亮氨酸的碳链合成一些支链脂肪酸。由于饲料脂肪在瘤胃内经微生物作用发生一系列变化,因而瘤胃中脂肪及其脂肪酸组成与进食时有明显差异。

反刍动物胰脂酶对脂肪的消化主要在空肠后部进行。因为由瘤胃进入十二指肠的脂肪酸主要以一薄层游离脂肪酸的形式存在于饲料微粒的表面,而且十二指肠和空肠前段内容物偏酸性不利于乳化脂肪,胰脂酶活性低,难以充分发挥对脂肪水解作用,所以脂肪消化产物大部分在空肠后3/4部位吸收,且空肠后段也能较好的吸收饱和脂肪酸和长链脂肪酸,尤其是硬脂酸。

(四) 水分

1. 水分在牛体内的含量与分布 肉牛体内水的含量比较恒定,占肉牛体重的60%～70%,因肉牛品种、性别、年龄和个体的营养状况不同而有差异。一般来说,初生犊牛含水量74%,2岁龄牛的含水量为40%～50%。水通常与溶解于其中的无机物和有机物(葡萄糖、蛋白质等)以体液形式存在。

2. 水的生理功能 水是一种极易被忽略而且对维持肉牛生命来说极其重要的营养物质,牛体对水的需要比对其他营养物质的需要更重要。牛在失去全部脂肪或半数蛋白质仍能存活,若脱水 5% 则食欲减退,脱水 10% 则生理失常,脱水 20% 即可死亡。水的生理功能如下。

(1) 参与维持组织器官形态。水能与蛋白质结合成胶体,使组织器官呈现一定的形态、硬度和形态。

(2) 参与生化反应。水对于牛体内所有生理过程都是必需的,牛体内营养物质的消化与吸收都必须有水参与,如淀粉、蛋白质和碳水化合物的水解反应等。

(3) 参与物质运输。水是良好的溶剂,易于流动,有利于牛体内养分的运输、代谢废物的排泄等。

(4) 参与体温调节。水的比热大需要或失去过多的热能才能使水温明显下降或上升,因而牛体温不易因外界温度变化而明显改变。同时水的蒸发热值大,牛体能够依靠出汗和经皮肤蒸发水分,达到放散过多热量的目的。

(5) 水作为润滑液,使骨骼的关节面保持润滑和活动自如。

(6) 作为水溶性营养物质的载体和化学物质的溶剂。

3. 水在牛体内的代谢

(1) 牛体内水的来源。

①饮水。饮水是肉牛水的重要来源。鉴于水对牛体的重要功能,在生产中必须给牛自由饮水条件,保证充足清洁的饮水。饮水质量应达标准、安全。饮水量多少与牛的年龄、体重、不同生产时期、饲料和日粮结构、环境温度等有关,生产强度也明显影响需水量。牛通过饮水来调节水平衡。

②饲料水。是牛体水的另一重要来源。饲料水中有很多易吸收的营养物质。牛采食不同性质的饲料,获取水分多少各异。饲料来源水少,则饮水多。

③代谢水。指三大有机物质在肉牛体内氧化分解或合成过程中所产生的水,也是牛体水分来源之一。在外来水源缺乏时,代谢

水对机体内水的供应起着重要的作用。

(2) 牛体内水的去路。牛体内各种来源的水在参与代谢后，通过粪尿的排泄、肺脏及皮肤的蒸发等失去。

①通过粪、尿的排泄。尿的排泄是体内水丢失的重要途径。一般情况下，随尿排出的水占排除水总量的 50% 左右。排尿量受饮水量、饲料性质、活动量及环境温度的影响。以粪便形式排出的水量因动物种类而异，不同动物粪便含水量不同。牛排粪量大，粪中含水量又高，因此粪中排出水量很多。

②通过肺脏和皮肤散失。肉牛呼气中排出的水取决于活动量和环境温度。皮肤蒸发水分是肉牛在高温时的主要散热方式。

③通过乳汁等产品分泌。主要指泌乳牛，1 头日产奶量 25 kg 的奶牛，从乳汁中排出的水量每天可达 20 kg 以上。

(五) 矿物质 矿物质元素是肉牛营养中的一大类无机营养素。现已证明自然界存在的 60 余种元素中，肉牛所需要的元素至少有 17 种，常量元素包括钙（Ca）、磷（P）、镁（Mg）、钾（K）、钠（Na）、氯（Cl）和硫（S）；微量元素包括铁（Fe）、钴（Co）、铜（Cu）、锌（Zn）、碘（I）、硒（Se）、锰（Mn）、铬（Cr）、镍（Ni）和钼（Mo）。若日粮中这些元素供给不足，则会导致牛生产性能下降和缺乏症。

1. **钙和磷** 钙和磷是牛体内含量最多的无机元素，是骨骼和牙齿的重要成分，约有 98% 的钙和 80% 的磷存在于骨骼和牙齿中。钙是细胞和组织液的重要成分，参与血液凝集、心肌控制、膜通透性、维持血液 pH 及神经肌肉的正常功能。磷是磷脂、核酸、磷蛋白的组成成分，参与糖代谢和生物氧化过程，形成含高能磷酸键的化合物，维持体内酸碱平衡。

美国国家研究协会（NRC,1996）推荐了肉牛满足不同生理功能的可利用钙需要量。维持需要为 15.4 mg/kg 体重；生长需要为 7.18 g/100 g 蛋白质增重；泌乳需要为 1.23 g/kg 产奶量；胎儿钙含量为 13.7 g/kg 胎儿体重。磷的维持需要为 16 mg/kg 体重；沉积磷需要为 3.9 g/100 g 蛋白质增重;泌乳需要为 0.95 g/kg 产奶量;胎儿磷含量为 7.6 g/kg 胎儿体重。

幼龄肉牛缺乏钙骨骼生长受阻,发生佝偻病,生长发育受阻;成年肉牛缺乏钙发生骨软症。肉牛缺磷导致生长缓慢,饲料利用率下降,食欲下降,繁殖受阻。产奶量下降,骨骼软弱易碎。肉牛肥育期喂精料多时最易缺钙,故必须补钙以保证正常日增重和饲料利用效率。日粮中钙磷过高也会产生不良影响。钙磷比例不当会影响牛的生产性能及钙磷在牛体的吸收,一般认为饲料中钙磷比在 2:1~1:1 范围内。另外,维生素 D 是保证钙磷有效吸收的基础。

粗饲料通常是钙的丰富来源。对于肉牛钙磷补充料包括磷酸氢钙、碳酸钙、石灰石、脱氟磷肥、磷酸二氢钙等。

2. 钠、氯和钾　是细胞外液中的阴离子和阳离子,主要为电解质维持渗透压,调节酸碱平衡。钠对神经传导和营养物质吸收起重要作用,钾参与糖、蛋白质代谢,还影响神经肌肉兴奋性,氯是胃液中盐酸和胃蛋白酶激活的必需矿物质。

缺乏时会引起牛食欲下降,异食癖,生长缓慢,皮毛粗糙、繁殖力下降,饲料利用率低,生产力下降。

钠的补充料有氯化钠、碳酸氢钠,2 种形式的钠利用率都很高。钾补充料包括氯化钾、碳酸氢钾和硫酸钾,各种形式钾都易于吸收。

3. 镁　60%~70% 的镁存在于骨骼中,作为骨骼和牙齿的成分。它是 300 多种酶的激活剂,以 Mg－ATP 形式参与糖原合成等许多生物合成过程,在 3 大代谢中起重要作用;酶还调节神经肌肉兴奋性,保证其正常功能。

镁的吸收主要在瘤胃。缺镁时,牛生长受阻、兴奋、厌食,放牧肉牛缺乏症为草痉挛。镁过量使牛中毒。

氧化镁和硫酸镁是镁优良的补充料。

4．硫 存在于牛体内含硫氨基酸中发挥作用，是能量代谢中起重要作用的辅酶 A 的成分，是碳水化合物代谢中硫胺素的重要成分。瘤胃微生物能够由无机硫合成肉牛体组织需要的含硫有机无物。瘤胃微生物生长和代谢也需要硫。

牛缺乏时消瘦，角、爪、毛、蹄生长缓慢，纤维素利用率低，采食量下降。日粮硫缺乏极大地降低微生物数量。

在饲料中硫主要以蛋白质的组成成分存在。当日粮中蛋白含量高时，硫需要量相对高，因为硫是瘤胃达最佳发酵状态的一种限制因素；当以 NPN 饲喂牛时必须补充硫。反刍动物日粮中可通过添加硫酸钠、硫酸铵等硫酸盐或单质硫来补充。

5．铁 血红蛋白和肌红蛋白的重要组成成分。作为许多酶的组成成分参与细胞内生物氧化过程。

牛缺铁引起贫血，采食量下降，增重缓慢，抗病力弱，严重时导致死亡。尤其是犊牛在哺乳时，宜尽早补喂饲料以增加铁的供给。

铁通常以硫酸亚铁、碳酸铁、氧化铁、柠檬酸铁补充，但吸收利用率低。

6．钴 是维生素 B_{12}（硫胺素）的组成成分。钴是反刍动物的必需元素，在瘤胃中转化为维生素 B_{12} 的数量在钴进食量的 3% ～ 13% 变化。钴对机体造血功能必不可少，并激活许多酶，同蛋白质及碳水化合物代谢有关。钴可增强瘤胃微生物分解纤维素的活性。

钴缺乏时，食欲差、生长慢、异食癖、消瘦、生产性能下降。

钴通常以碳酸钴、硫酸钴形式添加。

7．铜 是许多酶的组成成分和激活剂，参与体内氧化磷酸化和能量转化过程，促进铁在小肠的吸收，是形成血红蛋白的催化剂。还可促进骨和胶原蛋白的合成，参与被毛色素代谢，还与牛的繁殖力有关。

铜缺乏时表现为贫血、生长缓慢、被毛褪色、骨质疏松、繁殖机能障碍等。

通常以硫酸铜、碳酸铜形式添加,也可利用甘氨酸铜等有机制剂。

8. 锌　是许多酶的必需成分和激活剂,直接参与牛体3大代谢,对于免疫系统的正常发育和发挥作用也很重要。

牛缺锌时生长慢,食欲差,繁殖机能受损等。相反,过量的锌会引起中毒。因此应注意适量添加。

锌的补饲可通过矿物质混合盐、肌肉注射、水中加锌解决、如硫酸锌、氧化锌、蛋氨酸锌等。

9. 碘　其功能是参与甲状腺的组成,几乎参加所有的物质代谢过程。维持体内热平衡,对繁殖、生长发育、血液循环起调控作用。

缺碘的第一症状为甲状腺肿大。还会引起牛体虚弱,繁殖机能紊乱。

通常以碘酸钙、碘化钾形式添加,且利用率很高。

10. 锰　骨骼中软骨的必需成分。是参与3大代谢的一些酶类的组成成分及多种非专一性酶的激活剂。还与生长繁殖有关,是形成骨骼所必需,还参与铜的造血功能。

缺铜时采食量下降,饲料利用率降低,生长发育受阻,骨骼缺陷,影响成年牛繁殖机能。

粗饲料中含充实的锰。可以以硫酸锰及各种有机锰形式添加补充到肉牛日粮中。

11. 硒　是谷胱甘肽过氧化酶的主要成分,起抗氧化作用以保护体细胞。此外,硒对肉牛的生长有刺激作用。

日粮中缺硒使犊牛发生白肌病;母牛缺硒引起繁殖机能失常,但食入过量会引起中毒。

缺硒时用亚硒酸钠加入矿物质食盐中供牛舔食,补充量可按每千克干物质补充 $0.1 \sim 0.3$ mg 硒。

(六) 维生素　维生素对肉牛有机体的正常生命活动及生长发育是必需的营养,具有很高的生物学活性,在肉牛体的代谢过程中起催化作用。日粮中加入适量的维生素可以促进和改善营养物质的利用。

牛的瘤胃可以合成足够的 B 族维生素和维生素 K,但脂溶性维生素 A、维生素 D、维生素 E、维生素 K,必须从饲料中提供和满足。维生素 C 虽然被瘤胃微生物破坏,但又可以在肝脏中合成。

1. 维生素 A　对牛的生长和繁殖起重要作用,维持黏膜的正常状态,保证眼睛网膜视紫质的正常机能。日粮中缺乏时,牛的眼睛发炎、动作失调、母牛繁殖力降低、公牛精子合成受阻,幼牛生长发育迟缓及抗病力减弱等。犊牛常出现维生素 A 缺乏症。

维生素 A 可以通过在饲料中添加工业合成的维生素 A 制剂(维生素 A 胶囊等)或饲喂含胡萝卜素高的植物饲料(胡萝卜等)在体内转化获得。

2. 维生素 D　调节钙、磷代谢。研究还证明,它对碳水化合物和蛋白质代谢有一定作用。犊牛缺维生素 D,四肢肢势不正、关节粗大、胃肠功能紊乱;怀孕母牛则表现为神经兴奋性提高、牙齿松动、后肢患病等。

饲料中的维生素 D 主要来自日光照射下的豆科干草及由青绿饲料所调制的青贮。

3. 维生素 E　维持牛的繁殖机能,影响肌肉及神经组织的代谢,对平衡脑垂体及甲状腺的活动也有一定作用。缺乏时,公牛睾丸变性;母牛胚胎死亡;幼牛肌肉营养不良并患白肌病,严重时出现瘫痪。

第二节　肉牛对饲料营养物质的消化代谢

肉牛是反刍动物,在消化道结构和消化生理方面和单胃动物相比有明显的不同,肉牛有其独特的能力,它可把低等的非食用的饲草饲料转化为高品质的肉,这种独特能力,与其解剖生理学、营养学的特点密切相关。

一、消化道的结构特点

牛的消化道起于口腔，经咽、食管、胃(瘤胃、网胃、瓣胃和皱胃)、小肠(包括十二指肠、空肠和回肠)、大肠(包括盲肠、结肠和直肠)，止于肛门。附属消化器官有唾液腺、肝脏、胰腺、胃腺和肠腺。

(一)口、舌和牙齿 牛的唇不灵活，不利于采食草料，它的主要采食器官是舌。牛的舌长、坚强、灵活，舌面粗糙，适宜卷食草料，很易被下颚门齿和上腭齿垫切断而进入口腔。

(二)唾液腺和食道 唾液腺位于口腔，分泌唾液。牛的唾液腺有腮腺、颌下腺、舌下腺、咽腺、舌腺、颊腺、唇腺等。反刍动物唾液分泌的数量很大。据统计，每日每头牛的唾液分泌量为 $100\sim200$ L，唾液分泌具有 2 种生理功能，其一是促进形成食糜；其二是对瘤胃发酵具有巨大的调控作用。唾液中含有大量的盐类，特别是碳酸氢钠和磷酸氢钠，这些盐类担负着缓冲剂的作用，使瘤胃 pH 值稳定在 $6.0\sim7.0$ 之间，为瘤胃发酵创造良好条件。同时，唾液中含有大量内源性尿素。对反刍动物蛋白质代谢的稳衡控制、提高氮素利用效率起着十分重要的作用。

食道系自咽通至瘤胃的管道，成年牛长约 1.1m，草料与唾液在口腔内混合后通过食道进入瘤胃，瘤胃内容物又定期地经过食道反刍回到口腔，经细嚼后再行咽下。

(三)复胃结构 牛的胃为复胃，包括瘤胃、网胃、瓣胃和皱胃 4 个室。前 3 个室的黏膜没有腺体分布，相当于单胃的无腺区，总称为前胃。皱胃黏膜内分布有消化腺，机能与单胃相同，所以又称之为真胃。4 个胃室的相对容积和机能随牛的年龄变化而发生很大变化。初生犊牛皱胃约占整个胃容积的 80% 或以上，前两胃很小，而且结构很不完善，瘤胃黏膜乳头短小而软，微生物区系还未建立，此时瘤胃还没有消化作用，乳汁的消化靠皱胃和小肠。随着日龄的增长，犊牛开始采食部分饲料，瘤胃和网胃迅速发育，而皱胃生长较慢。正常饲养条件下,3月龄牛瘤网胃的容积显著增加,比初生时增加约10倍,是皱胃的2倍;6月龄牛的瘤网胃的容积是皱胃的4倍左右;成年时可达皱胃的7~10倍。瘤胃黏膜乳头也逐渐增长变硬,并建立起较完善的微生物区系,3~6月龄时已能较好地消化植物饲料。

1. 瘤胃　瘤胃由柱状肌肉带分成四个部分,1个背囊,1个复囊和2个后囊。肌肉柱的作用在于迫使瘤胃中草料作旋转方式的运动,使与瘤胃液体充分混合。许多指状突起、乳头状小突起布满于瘤胃壁,这样就大大地增加了从瘤胃吸收营养物质的面积。瘤胃容积最大,通常占据整个腹腔的左半,为4个胃总容积的78%~85%,是暂时储存饲料的场所。瘤胃虽不能分泌消化液,但胃壁强大的纵形肌环能够强有力地收缩和松弛,进行节律性蠕动,以搅拌食物。胃黏膜表面有无数密集的角质化乳头,尤其是瘤胃背囊部"黏膜乳头"特别发达,有利于增加食糜与胃壁的接触面积和揉磨。瘤胃内存在大量微生物,对食物分解和营养物质合成起着极其重要的作用,从而使瘤胃成为牛体的一个庞大的、高度自动化的"饲料发酵罐"。

2. 网胃　由网-瘤胃褶与瘤胃分开,瘤胃与网胃的内容物可自由混杂,因而瘤胃与网胃往往即称为瘤网胃。网胃壁像蜂巢,故也叫做蜂巢胃。网胃的右端有一开口通入瓣胃,草料在瘤胃和网胃经过微生物作用后即进入瓣胃,网胃中在食道与瓣胃之间有一条沟,叫作食道沟。食管沟是犊牛吮吸奶时把奶直接送到皱胃的通道,它可使吮吸的乳中营养物质躲开瘤胃发酵,直接进入皱胃和小肠,被机体利用。这种功能随犊牛年龄的增长而减退,到成年时只留下一痕迹,闭合不全。如果咽奶过快,食管沟闭合不全,牛奶就可能进入瘤胃,这时由于瘤胃消化功能不全,极易导致消化系统疾病。

网胃在4个胃中容积最小,成年牛的网胃约占4个胃总容积的5%。网胃的上端有瘤网口与瘤胃背囊相通,瘤网口下方有网瓣孔与瓣胃相通。网胃壁黏膜形成许多网格状皱褶,形似蜂巢,并布满角质化乳头,因此,又称网胃为蜂巢胃。网胃的功能如同筛子一样,将随饲料吃进去的重物(如铁丝、铁钉等)储藏起来。

3. 瓣胃　内容物在瘤胃、网胃经过发酵后,通过网胃和瓣胃之间的开口—网瓣孔而进入瓣胃,瓣胃黏膜形成100多片瓣叶,瓣胃内存有干细食糜,其作用是压挤水分和磨碎食糜。瓣胃呈球形,很坚实,位于右季肋部、网胃与瘤胃交界处的右侧。成年牛瓣胃占4个胃总容积的7%~8%。瓣胃的上端经网瓣口与网胃相通,下端有瓣皱口与皱胃相通。瓣胃黏膜形成百余叶瓣叶,从纵剖面上看,很像一叠"百叶",所以俗称"百叶肚"。瓣胃的作用是对食糜进一步研磨,并吸收有机酸和水分,使进入真胃的食糜更细,含水量降低,利于消化。

4. 皱胃　皱胃是牛的真胃。反刍动物只有皱胃分泌胃液,皱胃壁具有无数皱襞,这就能增加其分泌面积。皱胃位于右季肋部和剑状软骨部,与腹腔低部紧贴。皱胃前端粗大,称胃底,与瓣胃相连;后端狭窄,称幽门部,与十二指肠相接。皱胃黏膜形成12~14片螺旋形大皱褶。围绕瓣皱口的黏膜区为贲门腺区;近十二指肠黏膜区为幽门腺区;中部黏膜区为胃底腺区。皱胃分泌的胃液含有胃蛋白酶和胃酸,其功能与单胃动物相同,消化来自前胃中的食糜。

(四)肠　据测定,牛的肠长和体长比为27:1;牛的小肠特别发达,长27~49 m。食糜进入小肠后,在消化液的作用下,大部分可消化的营养物质可被充分消化吸收。

牛等反刍动物2大发酵罐同时并存,据报道,反刍动物的盲肠和结肠也进行发酵作用,能消化饲料中纤维素的15%~20%。纤维素经发酵产生大量挥发性脂肪酸,可被机体吸收利用。

由于复胃和肠道长的缘故,食物在牛消化道内存留时间长,一般需 7~8 d 甚至 10 多天的时间,才能将饲料残余物排尽。因此,牛对食物的消化吸收比较充分。

二、唾液腺的分泌作用

牛的唾液分泌的数量很大。据统计,每日每头牛的唾液分泌量为 100~200L,唾液分泌具有 2 种生理功能,其一是促进形成食糜;其二是对瘤胃发酵具有巨大的调控作用。唾液中含有大量的盐类,特别是碳酸氢钠和磷酸氢钠,这些盐类担负着缓冲剂的作用,使瘤胃 pH 稳定在 6.0~7.0 之间,为瘤胃发酵创造良好条件。同时,唾液中含有大量内源性尿素。对反刍动物蛋白质代谢的稳衡控制、提高氮素利用效率起着十分重要的作用。

三、瘤胃的发酵与调控

(一)瘤胃微生物　瘤胃微生物是由 60 多种细菌和纤毛原虫组成的,种类甚为复杂,并随饲料种类、饲喂制度及奶牛年龄等因素而变化。1 g 瘤胃内容物中,含细菌 150 亿~250 亿和纤毛虫 60 万~180 万,总体积约占瘤胃液的 3.6%,其中细菌和纤毛虫约各占 1/2。瘤胃内大量繁殖的微生物随食糜进入皱胃后,被消化液分解而解体,可为宿主动物提供大量优质的单细胞蛋白营养分。

1. **瘤胃细菌**　瘤胃中最主要的微生物是细菌。瘤胃细菌是后天通过饲料或由外界环境引入的。瘤胃中细菌约有 70% 黏附在饲料颗粒上,30% 在瘤胃内自由游动,少数黏附在瘤胃黏膜层上或黏附在其他细菌或原虫体上。瘤胃细菌不仅数量大,而且种类也多。按其功能瘤胃细菌可分糖类分解菌、淀粉分解菌、纤维素分解菌、半纤维素分解菌、蛋白质分解菌、脂肪分解菌、产氨菌、产甲烷气菌以及蛋白质合成和维生素合成等菌类,一种细菌往往兼有多种功能。

纤维素分解细菌约占瘤胃内活菌的 1/4,包括厌气拟杆菌属、梭菌属和球虫属等,能分解纤维素、纤维二糖及果胶等,产生甲酸、乙酸、丁酸等。纤维素的分解活性与蛋白质合成之间有内在联系,瘤胃内含有多种兼能利用尿素与分解纤维素的细菌。粗纤维饲料补加适量尿素,可使粗纤维的消化率显著提高。在一些糖类发酵菌和产甲烷菌的协同作用下,纤维素最终分解产生乙酸、丙酸、丁酸、二氧化碳、甲烷等。产甲烷菌能利用其他细菌所产生的氢或甲酸,使二氧化碳还原为甲烷,从而获取供生长的能量。

2. 厌氧性真菌 瘤胃内生活着严格的厌氧真菌,它约占瘤胃微生物总量的8%。其中最重要的一类厌氧真菌是藻红真菌属的真菌。厌氧真菌的功能在于它首先侵袭植物纤维结构,从内部使木质纤维强度降低,从而易于在反刍时破碎,这样就为瘤胃纤维分解菌在这些碎粒上栖息、繁殖创造了条件。瘤胃真菌含有纤维素酶、木聚糖酶、糖苷酶、半乳糖醛酸酶和蛋白酶等,对纤维素有强大的分解能力。如果饲喂的饲草含硫量丰富时,真菌的数量和消化力都增加。

3. 瘤胃原虫 据研究,在瘤胃微生物中,至少有30种以上的纤毛虫,均为专性厌氧微生物。瘤胃的纤毛虫分全毛与贫毛2类,都严格厌氧,能发酵糖类产生乙酸、丁酸和乳酸、CO_2、H_2 或少量丙酸。全毛虫主要分解淀粉等糖类产生乳酸和少量挥发性脂肪酸,并合成支链淀粉储存于其体内。贫毛类分为2类,一类以分解淀粉为主,另一类能发酵果胶、半纤维素和纤维素。纤毛虫还具有水解脂类、氢化不饱和脂肪酸、降解蛋白质及吞噬细菌的能力。纤毛虫的上述消化代谢能力,完全靠其体内有关酶类作用的结果。已经确定纤毛虫含有分解糖类的酶系统(如 α-淀粉酶、蔗糖酶、呋喃果聚糖酶等),蛋白分解酶类(如蛋白酶、脱氨基酶等)及纤维素分解酶类(半纤维素酶和纤维素酶)。由于纤毛虫具有分解多种营养物的能力,并有一些细菌在其体内共生,所以有"微型反刍动物"之称。

瘤胃内纤毛虫的种类和数量明显地受饲料类型的影响。当奶牛采食富含淀粉日粮时,全毛虫和其他利用淀粉的纤毛虫(如内毛虫属)较多;而当采食富含纤维素的日粮时,则双毛虫(体内含有纤维素酶)明显增加。瘤胃的 pH 也是一个重要影响因素,当 pH 值降至 5.5 或更低时,纤毛虫的活力降低,数量减少或完全消失,这种情况往往见于饲喂高水平淀粉(或糖类)的日粮。此外,饲喂日粮次数较多,则纤毛虫数量亦多。

纤毛虫蛋白的消化率(91%)高于细菌蛋白(74%),并含有丰富的必需氨基酸,其营养品质也优于细菌蛋白质。随食糜进入皱胃和小肠的瘤胃纤毛虫,成为奶牛蛋白质营养的重要来源之一。

瘤胃纤毛虫当长期暴露于空气中或处于其他不良条件下,就不能生存。出生犊牛瘤胃没有纤毛虫,因此,犊牛主要通过与其他成年牛直接接触获得天然的接种来源。如果用成年牛的反刍食团喂犊牛进行人工接种,那么犊牛瘤胃内可能提前就有纤毛虫繁殖。

4. 瘤胃微生物的相互作用 瘤胃内的微生物不仅与宿主(牛)之间存在着共生关系,而且微生物之间彼此也存在相互制约的共生关系。从细菌的营养角度来看,在瘤胃内一类细菌发酵饲料中的主要养分,而另一类细菌则是发酵前者的产物。如瘤胃中同时存在多种纤维素分解菌和其他菌类;直接协同参与纤维素分解过程。同时,尚有其他许多细菌,虽然不直接分解纤维素,但能够发酵纤维素降解的代谢产物,从而有助于纤维素的继续分解。此外,纤维分解菌的生长与繁殖所需的简单含氮物也是靠其他微生物的代谢产物所提供。瘤胃内菌群之间的这种协同作用,使瘤胃内的营养物质的消化代谢得以正常进行。

在瘤胃中,细菌与原虫之间存在拮抗和协同两种关系。当瘤胃中原虫完全消失时,细菌数量明显增加;接种原虫后,细菌数减少,可能是由于原虫与细菌对食物的竞争和细菌作为食物被原虫吞食的结果。原虫每分钟约可吞食 1%瘤胃细菌。虽然原虫的生长繁殖有赖于瘤胃细菌,但原虫也有刺激细菌繁殖的作用。以瘤胃微生物分解纤维素能力为例,原虫和细菌单独存在条件下,原虫的纤维素消化率为6.9%,细菌为38.1%;而二者混合培养时,纤维素消化率提高至65.2%,远远超过原虫和细菌分别培养时两者的总和(45%);甚至原虫经高压消毒杀灭后加入细菌培养中,亦可使纤维素消化率提高至55.6%。由此可见,原虫体内含有不被高温高压破坏的、能促进细菌生长繁殖的刺激素。鉴于瘤胃细菌和原虫的关系,有的学者已提出控制瘤胃内原虫数量和种类的观点。瘤胃真菌与甲烷菌之间也存在密切的共生关系,两者混合培养时,纤维素降解率显著提高。

5. 瘤胃微生物的生长条件 一般情况下,瘤胃微生物的生长均处于动态环境。从理论上讲,当瘤胃微生物的外流速度与微生物的繁殖速度相一致时,则微生物的产量高,而且微生物的能量利用效率也最高。在一定范围内,微生物的产量随着瘤胃稀释率的增加而增加。

瘤胃中碳水化合物经发酵后,产生ATP(三磷酸腺甙),对微生物的维持和生长具有重要作用。在生产实践中,常常用可消化有机物质或能量来估算微生物蛋白产量。

充足的瘤胃氮源供给,才能保证瘤胃微生物的最大生长。硫也是保证瘤胃微生物最佳生长的重要成分。瘤胃微生物的含硫氨基酸在比例上比较稳定,所以瘤胃微生物需要的硫可以用其与氮比例来表示。$N:S \approx 12:1 \sim 15:1$。

日粮类型与瘤胃微生物种类和发酵类型相适应。当组成日粮的饲料改变时,瘤胃微生物的种类和数量也随之改变,如由粗料型突然转变为精料型,乳酸发酵菌不能很快活跃起来将乳酸转为丙酸,乳酸就会积蓄起来,使瘤胃pH值下降。乳酸通过瘤胃进入血液,使血液pH值降低,以致发生"乳酸中毒",严重时可危及生命。因此,饲草饲料的变更要逐步过渡,避免突然改变日粮。

此外,瘤胃内环境条件变化亦影响瘤胃微生物生长。

(二) 瘤胃内环境

1. *瘤胃内容物的干物质*　瘤胃内容物含干物质10%～15%,含水分85%～90%。牛采食时摄入的精料,大部分沉入瘤胃底部或进入网胃。草料的颗粒较粗,主要分布于瘤胃背囊。Euans 等(1973)研究,乳牛每日喂干草3 kg、5 kg或7 kg的情况下,不同部位的内容物干物质含量仍有明显差异:顶部或背囊为12.7%,腹囊为4.5%,网胃为4.9%。不同饲养水平对同一部位的干物质含量也有一定影响。

2. *瘤胃的水平衡*　瘤胃内容物的水分除来源于饲料水和饮水外,还有唾液和瘤胃壁透入的水。以喂干草、体重530 kg的母牛为例,24 h流入瘤胃的唾液量超过100 L,瘤胃液平均50 L,24 h流出量为150～170 L。白天流入量略高于夜间流入量。通常将每小时离开瘤胃的流量占瘤胃液容积的比例称为稀释率。喂颗粒饲料牛的平均流量为18%瘤胃液体容积/h,即9 L/h。泌乳牛流量比干奶牛高30%～50%。一般瘤胃液约占反刍动物机体总水量的15%,而每天以唾液形式进入瘤胃的水分占机体总水量的30%,同时瘤胃液又以占机体总水量30%左右的比例进入瓣胃,经过瓣胃的水分60%～70%被吸收。此外,瘤胃内水分还通过强烈的双向扩散作用与血液交流,其量可超过瘤胃液10倍之多。瘤胃可以看作体内的蓄水库和水的转运站。在生产实际中,如能通过调控瘤胃水平衡来提高瘤胃稀释率,可提高瘤胃微生物蛋白进入小肠的数量。

3. *瘤胃温度*　瘤胃正常温度为39～41℃,与肛温相比,瘤胃温度易受饲料、饮水等因素影响。采食易发酵饲料,可使瘤胃温度高达41℃;饮用水的温度较低,当饮用25℃的水时,会使瘤胃温度下降5～10℃,经2 h后才能恢复到瘤胃正常温度。瘤胃部位不同,温度亦有差异,一般腹侧温度高于背侧温度。

4. 瘤胃 pH 值　瘤胃 pH 值变动范围为 5.0～7.5,低于 6.5 对纤维素消化不利。瘤胃 pH 值易受日粮性质、采食后测定时间和环境温度的影响。喂低质草料时,瘤胃 pH 值较高。喂苜蓿和压扁的玉米时,瘤胃 pH 值降至 5.2～5.5。大量喂淀粉或可溶性碳水化合物可使瘤胃 pH 值明显下降。饲喂高精料日粮时,瘤胃 pH 值降低。谷物饲料经加工(如粉碎),可使瘤胃 pH 值降低。采食青贮料时,pH 值通常降低。饲后 2～6 h,瘤胃 pH 值降低。背囊和网胃内 pH 值较瘤胃其他部位略高。

5. 渗透压　一般情况下,瘤胃内渗透压比较稳定。饲喂前一般比血浆低,而喂后数小时转为高于血浆,然后又渐渐转变为饲前水平。饮水导致瘤胃渗透压下降,数小时后恢复正常。高渗透压对瘤胃功能有影响,可使反刍停止,纤维素消化率下降。

6. 缓冲能力　瘤胃有比较稳定的缓冲系统,它与饲料、唾液数量及成分、瘤胃内酸类及二氧化碳浓度、食糜的外流速度和瘤胃壁的分泌有密切关系。瘤胃 pH 值在 6.8～7.8 时,缓冲能力良好,超出这个范围则缓冲能力显著降低。在正常的瘤胃 pH 值范围内,最重要的缓冲物质是碳酸氢盐和磷酸盐。当 pH 值<6 和瘤胃发酵活动强烈时,磷酸盐相对比较重要。

7. 氧化还原电位　瘤胃内经常活动的菌群,主要是厌气性菌群,使瘤胃内氧化还原电位保持在 -250～-450 mV 之间。负值表示还原作用较强,瘤胃处于厌氧状态;正值表示氧化作用强或瘤胃处于需氧环境。在瘤胃内,二氧化碳占 50%～70%,甲烷占 20%～45%,和少量的氢、氮、硫化氢等,几乎没有氧的存在。有时瘤胃气体中含 0.5%～1% 的氧气,主要是随饲料和饮水带入的。不过,少量好气菌能利用瘤胃内氧,使瘤胃内仍能保持很好的厌氧条件和还原态,保证厌氧性微生物连续生存和发挥作用。

8. 表面张力　饮水和表面活性剂(如洗涤剂、硅、脂肪)可降低瘤胃液的表面张力。表面张力和黏度都增高时会产生气泡,造成瘤胃的气泡性膨气。饲喂精饲料和小颗粒饲料,可使瘤胃内容物黏度增高,表面张力增加,在 pH 值 5.5~5.8 和 pH 值 7.5~8.5 时黏度最大。

由上述可见,尽管影响瘤胃内环境的因素很多,但反刍动物可通过唾液分泌和反刍、瘤胃的周期性收缩、内源营养物质进入瘤胃、营养物质从瘤胃中吸收、食糜的排空、嗳气和有效的缓冲体系等,使瘤胃内微生态环境始终保持相对稳定,为牛瘤胃内物质代谢和能量转化提供了条件。

(三) 瘤胃的发酵过程

1. 瘤胃对蛋白质和非蛋白氮(NPN)的利用

(1) 饲料蛋白质在瘤胃的降解。牛能同时利用饲料的蛋白质和非蛋白氮,构成微生物蛋白质,供机体利用。进入瘤胃的蛋白质约有 60% 被微生物所降解,生成肽、游离氨基酸,氨基酸再经脱氨基作用产生挥发性脂肪酸、二氧化碳、氨及其他产物,微生物同时又利用这些分解产物合成微生物蛋白质。少量的氨基酸可直接被瘤胃壁吸收,为机体所利用。一部分氨也通过瘤胃壁吸收进入血液,在肝脏合成尿素,或随尿排出体外,或进入唾液再返回到瘤胃重新被利用(这一过程称瘤胃氮素循环)。

尽管大多数瘤胃微生物能利用氨和氨基酸作为氮源生长,但是肽合成微生物蛋白质的效率高于氨基酸。肽能够加快瘤胃微生物的繁殖速度、缩短细胞分裂周期,瘤胃细菌的生长速度有肽比有氨基酸快 70%。肽是瘤胃微生物合成蛋白质的重要底物。肽在瘤胃内的代谢主要由瘤胃微生物的肽酶完成,以外切酶为主。肽分子量的大小对其利用途径有影响,细菌对大分子肽的摄取速度比对小分子肽和氨基酸的摄取速度快,所以大分子肽更易转化为菌体蛋白。瘤胃微生物对饲料蛋白质的降解和合成,一方面它将品质低劣的饲料蛋白质转化成高质量的微生物蛋白质;另一方面它又可将优质的蛋白质降解。在瘤胃被降解的蛋白质,有很大部分被浪费掉了,使饲料蛋白质在牛体内消化率降低。因此,蛋白质在瘤胃的降解度将直接影响进入小肠的蛋白质数量和氨基酸的种类,这也关系到牛对蛋白质的利用。

根据饲料蛋白质降解率的高低,可将饲料分为低降解率饲料(<50%),如干燥的苜蓿、玉米蛋白、高粱等;中等降解率饲料(40%~70%),如啤酒糟、亚麻饼、棉子饼、豆饼等;高降解率饲料(>70%),如小麦麸、菜子饼、花生饼、葵花饼、青贮苜蓿等。

(2)影响饲料蛋白质瘤胃降解率的因素。

①蛋白质分子结构。蛋白质的结构特性形成降解的阻力。如蛋白质分子中的二硫键有助于稳定其三级结构,增加抗降解力。羽毛蛋白含有很多交互键,另外用甲醛处理饲料时,甲基与蛋白质中交互键作用,可降低蛋白质在瘤胃的分解。

②蛋白质可溶性。可溶性蛋白在瘤胃比不可溶性蛋白更易降解,酪蛋白是一种高可溶蛋白质,大约95%被瘤胃微生物降解。

③在瘤胃的停留时间。饲料蛋白质在瘤胃停留时间长短可影响蛋白质的降解量。饲料在瘤胃停留时间短,某些可溶性蛋白质也可躲过瘤胃的降解,如停留时间长,不易被降解的蛋白质也可能在瘤胃中大量降解。

④采食量。随着采食量的提高,日粮蛋白质在瘤胃的降解率显著降低。有试验表明,采食量高时,葵花饼蛋白的降解率为72%,低采食量时则为81%。

⑤稀释率。增加瘤胃液的稀释率,可提高反刍动物瘤胃蛋白质流量,其中部分来自微生物蛋白,另一部分来自日粮非降解蛋白。饲喂碳酸氢钠或氯化钠,均可提高稀释率,增加蛋白质从瘤胃流出。

⑥饲喂频率。肉牛在低进食水平下,增加饲喂频率可提高瘤胃排出非降解蛋白质的比例。

⑦pH值。瘤胃pH值影响日粮蛋白质在瘤胃的降解率。提

高采食量或增加日粮精料比例,结果降低瘤胃液 pH,偏离细菌适宜的作用范围,降解率低。而高粗料日粮,瘤胃 pH 值较高,饲料蛋白质降解率高。

⑧饲料的加工与储藏。饲料的各种物理和化学处理均可改变蛋白质在瘤胃的降解率。如加热、甲醛处理、包被等。以加热为例,随着加热温度的提高,降解蛋白下降,非降解蛋白增加,不能被肉牛利用的蛋白质量也增加,所以供给小肠可消化吸收蛋白量则出现由少到多又到最小的变化趋势。

(3)非蛋白氮在瘤胃的降解。青绿饲料和青贮饲料中含有很多非蛋白氮,如黑麦草青草中非蛋白氮占总氮量的 11%,而黑麦草青贮中非蛋白氮占其总氮量的 65%。牛瘤胃微生物能把饲料中的这些非蛋白氮和尿素类饲料添加剂转变为微生物蛋白质,最后被牛消化利用。牛利用尿素等非蛋白氮的过程如下:

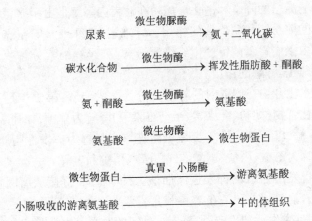

瘤胃微生物利用非蛋白氮的形式主要是氨。氨的利用效率直接与氨的释放速度和氨的浓度有关。当瘤胃中氨过多,来不及被微生物全部利用时,一部分氨通过瘤胃上皮由血液送到肝脏合成尿素,其中很大数量经尿排出,造成浪费,当血氨浓度达到

1 mg /100 mL时,便可出现中毒现象。因此,在生产中应设法降低氨的释放速度,以提高非蛋白氮的利用效率。

此外,保证瘤胃微生物对氨的有效利用,还必须为其提供微生物蛋白合成过程中所需的能源、矿物质和维生素。碳水化合物中,提供微生物养分的速度,纤维素太慢,糖过快,而以淀粉的效果最好,并且熟淀粉比生淀粉好。所以,在生产中饲喂低质粗饲料为主的日粮,用尿素补充蛋白质时,加喂高淀粉精料可以提高尿素的利用效率。

2. 瘤胃对碳水化合物的利用   淀粉、可溶性糖类能被牛体分泌的消化酶分解,也能被瘤胃微生物所消化;而纤维素、半纤维素和果胶等只能由瘤胃微生物作用而被消化。对于大多数谷物(除玉米和高粱),90%以上的淀粉通常是在瘤胃中发酵,玉米大约70%是在瘤胃中发酵。淀粉的结构和组成,淀粉同蛋白质的结构互作影响淀粉的降解和消化。淀粉在瘤胃内降解是由于瘤胃微生物分解的淀粉酶和糖化酶的作用。纤维素、半纤维素等在瘤胃的降解是由于瘤胃真菌可产生纤维素分解酶、半纤维素分解酶和木聚糖酶等13种酶的作用。

碳水化合物在瘤胃内的降解可分为2大步骤:第1步是高分子碳水化合物(淀粉、纤维素、半纤维素等)降解为单糖,如葡萄糖、果糖、木糖、戊糖等。第2步是单糖进一步降解为挥发性脂肪酸,主要产物为乙酸、丙酸、丁酸、二氧化碳、甲烷和氢等。

瘤胃发酵生成的挥发性脂肪酸大约有75%直接从瘤网胃壁吸收进入血液,约20%在瓣胃和真胃吸收,约5%随食糜进入小肠,可满足牛生活和生产所需能量的65%左右。牛从消化道吸收的能量主要来源于挥发性脂肪酸,而葡萄糖很少。这里应指出的是,牛体内代谢需要的葡萄糖大部分由瘤胃吸收的挥发性脂肪酸——丙酸在体内转化生成,如果饲料中部分淀粉避开瘤胃发酵而直接进入皱胃,在皱胃和小肠内受消化酶的作用分解,并以葡萄糖的形式直接吸收(这部分淀粉称之为"过瘤胃淀粉"),可提高淀粉类饲料的利用率,改善牛的生产性能。

瘤胃发酵过程中还有一部分能量以 ATP 形式释放出来,作为微生物本身维持和生长的主要能源;而甲烷及氢则以嗳气排出,造成牛饲料中能量的损失。甲烷是乙酸型发酵的产物,丙酸型发酵不生成甲烷,因此,丙酸发酵可以向牛提供较多的有效能,提高牛对饲料的利用率。

正常情况下,瘤胃中乙酸、丙酸、丁酸占总挥发性脂肪酸的比例分别为 50%～65%、18%～25% 和 12%～20%,这种比例关系受日粮的组成影响很大。精饲料在瘤胃中的发酵率很高,挥发性脂肪酸产量较高,丙酸比例提高;粗饲料细粉碎或压粒,也可提高丙酸比例。粗饲料发酵产生的乙酸比例较高。

乙酸是牛脂肪合成的主要前体物;丙酸是牛体内糖异生的主要前体物质;丁酸在通过瘤胃上皮细胞吸收时,大部分转变为酮体。对于肉牛,瘤胃中丙酸比例提高,会使体脂肪沉积增加,体重加大,有利于牛的育肥。

纤维性饲料在牛的日粮中比例很大,研究影响瘤胃中纤维素消化率的因素,提高其利用率有重要意义。当牛饲喂粗料型日粮时,瘤胃 pH 值处于中性环境,分解纤维的微生物最活跃,对粗纤维的消化率最高;当喂精料型日粮时,瘤胃 pH 值下降,纤维分解菌的活动受抑制,消化率降低,所以,要保持瘤胃内环境接近中性或微碱性。日粮中应有适宜的蛋白质、可溶性糖类和矿物质元素,以保证微生物活动需要。粗纤维的木质化程度越高,消化率越低。粗饲料经化学或物理方法处理,可使纤维素消化率大幅度提高,这一方面是由于提高了微生物所产生的纤维素酶对纤维素的化学键的敏感性,另一方面则是由于使木质素—碳水化合物键断裂,细胞壁结构发生变化和纤维素超显微结构暴露等。

3. 瘤胃对脂肪的利用 与单胃动物相比,牛体脂含较多的硬脂酸。乳脂中还含有相当数量的反式不饱和脂肪酸和少量支链脂肪酸,而且体脂的脂肪酸成分不受日粮中不饱和脂肪酸影响。这些都是由牛对脂类消化和代谢的特点所决定的。

进入瘤胃的脂类物质经微生物作用,在数量和质量上发生了很大变化。一是部分脂类被水解成低级脂肪酸和甘油,甘油又可被发酵产生丙酸。二是饲料中不饱和脂肪酸在瘤胃中被微生物氢化,转变成饱和脂肪酸,这种氢化作用的速度与饱和度有关,不饱和程度较高者,氢化速度也较快。另外饲料中脂肪酸在瘤胃还可发生异构化作用。三是微生物可合成奇数长链脂肪酸和支链脂肪酸。瘤胃壁组织也利用中、长链脂肪酸形成酮体,并释放到血液中。未被瘤胃降解的那部分脂肪称"过瘤胃脂肪。"在牛日粮中直接添加没有保护的油脂,会使采食量和纤维消化率下降。油脂不利于纤维消化可能是由于:①油脂包裹纤维,阻止了微生物与纤维接触;②油脂对瘤胃微生物的毒性作用,影响了微生物的活力和区系结构;③长链脂肪酸与瘤胃中的阳离子形成不溶复合物,影响微生物活动需要的阳离子浓度,或因离子浓度的改变而影响瘤胃环境的 pH 值。如果在牛日粮中添加保护完整的油脂即过瘤胃脂肪,就可以消除油脂对瘤胃发酵的不良影响。

4. 瘤胃对矿物质的利用 瘤胃内无机盐有常量元素和微量元素,这些无机盐主要由日粮供给,另一部分来源于唾液和瘤胃壁分泌物。瘤胃液中矿物质元素又由微生物的无机盐元素和可溶性元素组成。据测定,瘤胃细菌的钾、磷、钠、硫含量远比日粮高,而钙、镁变化不大。菌体内微量元素以钴的浓度增加最多,其次为硒、铝、锌、铜、锰和镍,可见瘤胃微生物具有对无机元素的浓缩作用。瘤胃对无机盐的消化能力强,消化率为 30% ~ 50%。无机盐对瘤胃微生物的作用,通常通过 2 条途径:一方面瘤胃微生物需要各种无机元素作为养分;另一方面无机盐可改变瘤胃内环境,进而影响微生物的生命活动。

常量元素除是瘤胃微生物生命活动所必需的营养物质外,还参与瘤胃生理生化环境因素(如渗透压、缓冲能力、氧化还原电位、稀释率等)的调节。微量元素对瘤胃糖代谢和氨代谢也有一定影响。某些微量元素影响脲酶的活性,有些参与蛋白质的合成。瘤胃维生素 B_{12} 的合成取决于钴的水平。适当添加无机盐对瘤胃的发酵有促进作用。

5. 瘤胃对维生素的利用　牛体内维生素来源有 2 条途径:一是外源性维生素,即由饲料摄取;二是牛体内生物合成的内源性维生素。消化道微生物和某些器官组织是内源性维生素的合成场所。

幼龄牛的瘤胃发育不全,全部维生素需要由饲料供给。当瘤胃发育完全,瘤胃内各种微生物区系健全后,瘤胃中微生物可以合成 B 族维生素及维生素 K,不必由饲料供给,但不能合成维生素 A、维生素 D、维生素 E,因此在日粮中应经常提供这些维生素。

瘤胃微生物对维生素 A、胡萝卜素和维生素 C 有一定破坏作用。据测定,维生素 A 在瘤胃内的降解率达 60%～70%。维生素 C 注入瘤胃 2 h 即损失殆尽。同时,血液和乳中维生素 C 含量并不增加,说明维生素 C 被瘤胃微生物所破坏。

瘤胃中 B 族维生素的合成受日粮营养成分的影响,如日粮类型、日粮的含氮量、日粮中碳水化合物量及日粮矿物质元素。适宜的日粮营养成分有利于瘤胃微生物合成 B 族维生素。

(四) 瘤胃的发酵调控　瘤胃发酵是牛最为突出的消化生理特点和优势,它通过对饲料养分的分解和微生物菌体成分的合成,为牛提供了必需的能量、蛋白质和部分维生素。研究证明,瘤胃中合成的微生物蛋白,除可满足牛维持需要外,还能满足一般肉牛生长和育肥所需的蛋白质和氨基酸需要。然而,瘤胃发酵本身也会造成饲料能量和氨基酸的损失。因此,正确控制瘤胃的发酵,提高日粮的营养价值,减少发酵过程中养分损失,是提高牛的饲料利用率,改善生产性能的重要技术措施。

1. 瘤胃发酵类型的调控　瘤胃发酵类型是根据瘤胃发酵产物——乙酸、丙酸、丁酸的比例相对高低来划分的。乙酸/丙酸比值:大于3.5为乙酸发酵类型;等于2.0为丙酸发酵;丁酸占总挥发性脂肪酸摩尔比20%以上为丁酸发酵类型。

瘤胃发酵类型的变化明显地影响能量利用效率。瘤胃中乙酸比例高时,能量利用率下降;丙酸比例高时,可向牛体提供较多的有效能。

饲料和饲养是决定瘤胃发酵类型的最重要因素。日粮中精料比例越高,发酵类型越趋于丙酸类型;相反,粗料比例增高则导致乙酸类型。饲料粉碎、颗粒化或蒸煮可使瘤胃中丙酸比例增高。提高饲养水平,乙酸比例下降,丙酸比例上升。先喂粗料,后喂精料,瘤胃中乙酸比例增高;相反,先喂精料,后喂粗料,丙酸比例增高。在高精料日粮条件下,增加饲喂次数(如由2次改为6次),瘤胃中乙酸比例增高,乳脂率提高。此外,瘤胃素是一种最典型的瘤胃发酵类型调控剂,可提高瘤胃中丙酸的产量,降低乙酸和丁酸的产量,并广泛用于肉牛生产。

2. 饲料养分在瘤胃降解的调控　增加饲料中过瘤胃淀粉、蛋白质和脂肪的量,对于改善牛体内葡萄糖营养状况、增加小肠中氨基酸吸收量、调节能量代谢、提高肉牛生产水平十分重要。

(1)利用天然饲料的过瘤胃蛋白质和淀粉资源。豆科牧草常作为过瘤胃蛋白的来源,玉米是一种理想的过瘤胃淀粉来源。

(2)热处理。加热会降低蛋白质在瘤胃的降解率,周明等(1996)研究表明,加热以150℃、45 min最好。

(3)化学处理。具有较强还原性的甲醛,可与蛋白质分子的氨基、羧基、硫氢基发生烷基化反应而使其变性,免于瘤胃微生物降解。甲醛与蛋白分子间的反应在酸性环境下是可逆的。因此,如果处理适当,不仅可降低蛋白质在瘤胃中的降解率,而且又不影响过瘤胃蛋白质在小肠的正常消化与吸收,使小肠内吸收的氨基酸数量增加,提高肉牛的生产性能。研究表明,每 100 g 粗蛋白质加 0.6 g 甲醛,对 20 倍的水,再与饲料拌匀,常温下堆放 1 d 即可。淀粉饲料的处理方法是:将谷物磨碎能通过 1 mm 筛孔,用 2% 甲醛溶液处理即可。脂肪亦可采用甲醛处理蛋白质饲料的方法进行。脂肪酸钙盐是脂肪过瘤胃保护的较好形式,国外已作为商品性脂肪补充料。

3. 甲烷的调控 甲烷主要由数种甲烷菌通过 CO_2 和 H_2 进行还原反应产生的,化学性质极稳定,一旦生成后很难在瘤胃内代谢,它以嗳气的方式经口排出体外,反刍动物每天产生的甲烷能占饲料能的 8% 左右,造成不小的能量损失。由于甲烷菌具有增殖速度慢和大多附着原虫体表,因此可通过加快瘤胃内容物的速度、消化速度及控制原虫达到抑制甲烷菌的目的。具体如下:

(1)改善饲料供给技术。甲烷产生量受饲料种类、精粗比、饲养水平及供给方法的影响。一般喂高纤维饲料甲烷产生量高,而与精饲料搭配或喂高蛋白饲料则下降。精饲料的种类也影响甲烷的生成,大麦在瘤胃产生的甲烷能大于玉米。如使用全价饲料可降低甲烷的产生量。

(2)使用甲烷抑制剂。已试用的甲烷抑制剂包括 2 大类,一类是阴离子载体化合物,如莫能菌素、拉沙里菌素和盐霉素等,可减少 5%~6% 的饲料消耗,但抑制作用持续时间较短。另一类是多卤素化抑制剂,如水合氯醛、氯化的脂肪酸和溴氯甲烷等,虽能抑制 20%~80% 甲烷排放的效果,但瘤胃微生物会产生适应性,作用不能持久。对于甲烷抑制剂还缺乏深入的研究。

4. 脲酶活性抑制剂 抑制瘤胃微生物产生的脲酶的活性,控制氨的释放速度,以达到提高尿素利用率的目的。最有效的脲酶抑制剂是乙酰氧肟酸。此外,尿素衍生物(羟甲基尿素、磷酸脲)、某些阳离子(Na^+、K^+、Co^+、Zn^{2+}、Cu^{2+}、Fe^{2+})和磷酸钠也有此作用。

5. 瘤胃 pH 值调控　控制瘤胃液 pH 值对于饲喂高精料饲粮的牛尤为重要,补充碳酸氢钠(小苏打)可稳定 pH 值,加快瘤胃食糜的外流速度,提高乙酸/丙酸值,提高乳脂率,防止乳酸中毒等。常用 pH 值调控剂是 0.4%氧化镁 + 0.8%碳酸氢钠(占日粮干物质)。

综合上述,正确的调控瘤胃发酵,是养牛生产中一项新技术,是提高牛生产性能,降低饲养成本的有效方法。在运用这些技术时,若方法不当,会产生相反作用,在生产中应加以注意。

第三节　肉牛的营养需要

肉牛的营养需要指肉牛达到所期望的生产性能时,每天对能量、蛋白质、矿物质、微量元素、维生素等养分的需要量,其中所需养分的一部分用于维持肉牛本身的生命,表现在基础代谢、自由活动及维持体温 3 个方面,这部分养分称为维持需要。肉牛摄取养分首先满足维持需要,摄取养分总量减去维持需要后所剩余的养分量称为生产需要。生产需要表现为肉牛的生长和生产。维持需要占总养分摄入量的比例越低,饲养效益就越好。

一、能量需要

肉牛生命的全部过程和机体的活动,如维持体温、消化吸收、营养物质的代谢,以及生长、繁殖、泌乳等均需消耗能量才能完成。牛体所需的能量来源于碳水化合物、脂肪和蛋白质 3 大类营养物质。最重要的能量来源是饲料中的碳水化合物(粗纤维、淀粉等),脂肪的能源虽然比其他养分大 2 倍以上,但作为饲料中的能源来说不占主要地位。蛋白质也可以产生能量,但从资源的合理利用及经济效益考虑不适宜。饲料营养物质在体外燃烧所产生的热量称为总能,饲料食入牛体内,在各个消化代谢阶段都有一部分能量损失掉(图 6-3)。

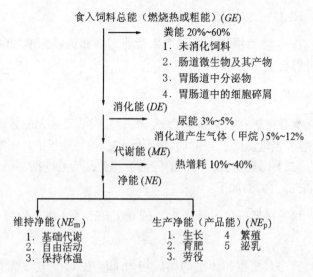

图 6-3 饲料能量在牛体内的利用与消耗

目前,世界各国所采用的肉牛能量体系不尽相同,但总的趋势是采用净能,少数国家采用代谢能,我国采用综合净能(将维持净能和增重净能相加合并为一个指标),为了在生产实践中应用方便,在肉牛饲养标准中采用了肉牛能量单位(RND)。

饲料综合净能值(NE_{mf}),(MJ/kg) = $DE \times (K_m \times K_f \times 1.5) / (K_f + K_m \times 0.5)$

式中:K_m(消化能转化为维持净能的效率) = $0.187\ 5 \times (DE/GE) + 0.457\ 9$;$K_f$(消化能转化为增重净能的效率) = $0.523\ 0 \times (DE/GE) + 0.005\ 89$。

肉牛能量单位(RND)是以 1 kg 中等玉米(二级饲料玉米,干物质 88.4%,粗蛋白质 8.6%,粗纤维 2.0%,粗灰分 1.4%,消化能 16.40 MJ/ kg 干物质,$K_m = 0.621\ 4$,$K_f = 0.461\ 9$,$K_{mf} = 0.557\ 3$,$NE_{mf} = 9.13$ MJ/ kg 干物质)所含的综合净能值 8.08 MJ 为一个肉牛能量单位,即:

RND = $NE_{mf}(MJ)/8.08$

(一) 维持需要 我国肉牛营养需要和饲养标准(2000)推荐的计算公式为:

$$NE_{mf}(MJ) = 0.322W^{0.75}(kg)$$

此数值适合于中立温度、舍饲、有轻微活动和无应激环境条件下使用,当气温低于12℃时,每降低1℃,维持能量消耗需增加1%。

(二) 增重需要 肉牛的能量沉积就是增重净能,其计算公式(Van Es,1978)如下:

$$增重净能(kJ) = 日增重 \times (2\,092 + 25.1 \times 体重)/(1 - 0.3 \times 日增重)$$

式中日增重和体重的单位均为 kg。生长母牛的增重净能需要在上式计算基础上增加10%。

(三) 妊娠母牛的能量需要 据国内 78 头母牛饲养试验结果,在维持净能需要的基础上,不同妊娠天数每千克胎儿增重的维持净能为:

$NE_m(MJ) = 0.197\,769t - 11.761\,22$,式中 t 为妊娠天数。

不同妊娠天数不同体重母牛的胎儿日增重(kg) = (0.008\,79t - 0.854\,54) \times (0.143\,9 + 0.000\,355\,8W),式中 W 为母牛体重(kg)。

由上述两式可计算出不同体重母牛妊娠后期各月的维持净能需要,再加维持净能需要(0.332$W^{0.75}$ kg),即为总的维持净能需要。总的维持净能需要乘以 0.82 即为综合净能(NE_{mf})需要量。

(四) 哺乳母牛能量需要 泌乳的净能需要按每千克4%乳脂率的标准乳含 3.138 MJ 计算;维持能量需要(MJ) = 0.322$W^{0.75}$(kg)。二者之和经校正后即为综合净能需要。

不同肉牛对能量的需要量见附表1。

二、蛋白质需要

（一）生长肥育牛的粗蛋白质需要量

维持的粗蛋白质需要(g) = $5.5W^{0.75}$(kg)。

增重的粗蛋白需要(g) = ΔW(168.07 − 0.168 69W + 0.000 163 3W^2)×(1.12 − 0.123 3ΔW)/0.34。式中 ΔW 为日增重(kg)，W 为体重(kg)。

（二）妊娠后期母牛的粗蛋白质需要

维持的粗蛋白质需要(g) = $4.6W^{0.75}$(kg)；在维持基础上粗蛋白质的给量，6 个月时为 77 g，7 个月时 145 g，8 个月时 255 g，9 个月时 403 g。

（三）哺乳母牛的粗蛋白质需要　维持的粗蛋白质需要(g) = $4.6W^{0.75}$(kg)；生产需要按每千克 4%乳脂率标准乳需粗蛋白质 85 g。

不同肉牛对蛋白质的需要量见附表 1。

三、矿物质需要

（一）钙　肉牛的钙需要量(g/d) = [0.015 4×体重(kg) + 0.071×日增重的蛋白质(g) + 1.23×日产奶量(kg) + 0.013 7×日胎儿生长(g)]÷0.5

（二）磷　肉牛的磷需要量(g/d) = [0.028 0×体重(kg) + 0.039×日增重的蛋白质(g) + 0.95×日产奶量(kg) + 0.007 6×日胎儿生长(g)]÷0.85。

（三）食盐　肉牛的食盐给量应占日粮干物质的 0.3%。牛饲喂青贮饲料时，需食盐量比饲喂干草时多；给高粗料日粮时要比喂高精料日粮时多；喂青绿多汁的饲料时要比喂枯老饲料时多。

（四）其他矿物质　见附表 1。

四、维生素需要

(一) 维生素 A (或胡萝卜素)　肉用牛维生素 A 需要量(数量/kg 饲料干物质):生长育肥牛 2 200 IU(或 5.5 mg 胡萝卜素);妊娠母牛为 2 800 IU(或 7.0 mg 胡萝卜素);泌乳母牛为 3 800 IU(或9.75 mg胡萝卜素)。

(二) 维生素 D　肉牛的维生素 D 需要量为每千克饲料干物质275 IU。犊牛、生长牛和成年母牛每100 kg 体重需 660 IU 维生素D。

(三) 维生素 E　正常饲料中不缺乏维生素 E。犊牛日粮中需要量为每千克干物质含 15～60 IU,成年牛正常日粮中含有足够的维生素 E。

五、干物质需要

干物质进食量受体重、增重水平、饲料能量浓度、日粮类型、饲料加工、饲养方式和气候等因素的影响。根据国内饲养试验结果,参考计算公式如下:

(一) 生长育肥牛　干物质进食量$(kg) = 0.062 W^{0.75}(kg) + (1.529\ 6 + 0.003\ 71 \times$体重 $kg) \times$日增重(kg)。

(二) 妊娠后期母牛　干物质进食量$(kg) = 0.062 W^{0.75}(kg) + (0.790 + 0.005\ 587 \times$妊娠天数$)$。

六、水的需要量

在生产实践中,满足肉牛对水的需要非常重要。肉牛的需水量因体重、环境温度、饲料种类、采食量和生产性能而异。肉牛每天对水的需要量见表 6 - 3。

表6-3　肉牛每天对水的需要量(L)

体重	环 境 温 度 （℃）					
(kg)	4.4 －	10.0	14.4	21.1	26.6	32.2
生长牛：						
182	15.1	16.3	18.9	22.0	25.4	36.0
273	20.1	22.0	25.0	29.5	33.7	48.1
364	23.8	25.7	29.9	34.8	40.1	56.8
育肥牛：						
273	22.7	24.6	28.0	32.9	37.9	54.1
364	27.6	29.9	34.4	40.5	46.6	65.9
454	32.9	35.6	40.9	47.7	54.9	78.0
怀孕牛：						
409	25.4	27.3	31.4	36.7	—	—
500	22.7	24.6	28.0	32.9	—	—
产奶牛：						
409	43.1	47.7	54.9	64.0	67.8	61.3
成年公牛：						
636	30.3	32.6	37.5	44.3	50.7	71.9
724	32.9	35.6	40.9	47.7	54.9	78.0

七、饲料能值的计算

总能(MJ/kg 干物质)＝(粗蛋白%×5.7＋粗脂肪%×9.4＋粗纤维%×4.2＋无氮浸出物%×4.2)×0.041 84

消化能(DE,MJ/kg 干物质)＝DE(MJ/kg 干物质)×总能消化率

消化能(DE,MJ/kg 干物质)＝(粗蛋白%×5.7×粗蛋白质消化率＋粗脂肪%×9.4×粗脂肪消化率＋粗纤维%×4.2×粗纤维消化率＋无氮浸出物%×4.2×无氮浸出物消化率)×0.041 84

代谢能(ME)＝DE×0.82

维持净能(NE_m,MJ/kg 干物质)＝DE(MJ/kg 干物质)×K_m

增重净能(NE_g,MJ/kg 干物质)＝DE(MJ/kg 干物质)×K_f

综合净能（NE_{mf}, MJ/kg 干物质）$= DE$（MJ/kg 干物质）$\times K_{mf}$

$K_m = 0.1875 \times DE / ME + 0.4579$

$K_f = 0.5230 \times DE / ME + 0.00589$

$K_{mf} = K_m \times K_f \times 1.5 / (K_f + 0.5K_m)$

肉牛能量单位（RND）$= NE_{mf}$（MJ）$/8.08$

第七章　优质饲草种植技术

第一节　饲草的分类

饲草包括饲料作物和牧草。尽管同属饲用植物,但在我国它们分属于不同的概念范畴。

一、饲料作物

饲料作物是指用于栽培作为家畜饲料用的作物。根据其分类学地位或形态,又分为以下几种类型:①禾谷类饲料作物,包括玉米、高粱、大麦、燕麦、黑麦等禾本科作物。②豆类饲料作物,包括大豆、豌豆、绿豆等豆科作物。③块根块茎类饲料作物,包括甜菜、胡萝卜、红薯、马铃薯等。④瓜类饲料作物,包括南瓜、饲用西瓜等。

二、牧　　草

凡是能用来饲喂牲畜的细茎植物称之为牧草。它包括以下几类:①草本植物,又分为一年生、二年生、多年生草本植物。如苏丹草、草木樨、苜蓿等。②藤本植物,如葛藤。③半灌木、小灌木、灌木。如柠条、沙棘等。

牧草种类繁多,但主要是豆科和禾本科植物,这两科几乎囊括了所有的栽培牧草。此外,藜科、菊科及其他科的有些植物也可用作牧草,但种类较少。

关于饲料作物和牧草的划分,因我国的传统习惯将它们定义为两类不同的饲用植物类型,但在美、欧及日本等国将我国所指的饲料作物和牧草统称为饲用作物,甚至干脆归在"作物"当中。

第二节 我国的饲草栽培区划

20世纪的后半叶,我国的草业生产迅猛发展,但在发展的过程中也出现了诸多问题。如盲目引种导致栽培工作失败;种子生产与实际需要脱节,而且基因混杂;在自然条件相同或相近的地区,重复引种、选育等。针对这一生产乱象,农业部在1984年下达"全国主要多年生栽培草种区划研究"课题,经多个科研、教学和生产单位的共同攻关,完成了我国多年生饲草栽培区划,将全国分为9个栽培区和40个亚区,为引导各地科学引种和栽培饲草奠定了基础。

一、东北羊草、苜蓿、沙打旺、胡枝子栽培区

本区包括黑龙江、吉林和辽宁三省全部和内蒙古的呼伦贝尔盟及兴安盟所辖的18个旗县。气候特点是冬季严寒多雪,夏季高温多雨,极端温差达80 ℃, $\geqslant$ 10 ℃的积温2 000～3 700 ℃,无霜期90～180 d,年降水量250～1 100 mm。土质为黑钙土,比较肥沃。人工草地以羊草、苜蓿、沙打旺、胡枝子为主,此外无芒雀麦、扁蓿豆、山野豌豆、广布野豌豆、野大麦、碱茅等也有栽培。依据当家草种的生态、生物学特性、生产条件和利用方式,本区又分为以下6个亚区:

(1) 大兴安岭羊草、苜蓿、山野豌豆亚区;

(2) 三江平原苜蓿、无芒雀麦、山野豌豆亚区;

(3) 松嫩平原羊草、苜蓿、沙打旺亚区;

(4) 松辽平原苜蓿、无芒雀麦亚区;

(5) 东部长白山山区苜蓿、胡枝子、无芒雀麦亚区;

(6) 辽西低山丘陵沙打旺、苜蓿、羊草亚区。

二、内蒙古高原苜蓿、沙打旺、老芒麦、蒙古岩黄芪栽培区

本区包括内蒙古大部、河北坝上、宁夏平原和甘肃的河西走廊等省区的部分地区,共辖125个旗县(市、区)。气候特点是冬季多风寒冷,夏季凉爽干燥。年平均气温−3~9.4℃,≥10℃的积温为2 000~2 800℃,无霜期90~170 d,年降水量50~450 mm,春季多旱。土质多为栗钙土和灰钙土。适宜栽培的牧草有苜蓿、沙打旺、老芒麦、蒙古岩黄芪、披碱草、羊草、冰草、柠条、细枝岩黄芪等。本区又可分以下7个亚区:

(1) 内蒙古中南部老芒麦、披碱草、羊草亚区;

(2) 内蒙古东南部苜蓿、沙打旺、羊草亚区;

(3) 河套—土默特平原苜蓿、羊草亚区;

(4) 内蒙古中北部披碱草、沙打旺、柠条亚区;

(5) 伊克昭盟柠条、蒙古岩黄芪、沙打旺亚区;

(6) 内蒙古西部琐琐、沙拐枣亚区;

(7) 宁甘河西走廊苜蓿、沙打旺、柠条、细枝岩黄芪亚区。

三、黄淮海苜蓿、沙打旺、无芒雀麦、苇状羊茅栽培区

本区包括北京、天津、河北大部、河南大部、山东全部、江苏北部和安徽淮北地区,共辖477个县(市、区)。气候特点是属暖温气候,年平均气温6~14.5℃,≥10℃的积温为4 000~4 500℃,无霜期145~220 d,年降水量500~850 mm。土质为棕壤和褐土。适宜种植的牧草有苜蓿、沙打旺、无芒雀麦、苇状羊茅、葛藤、小冠花、草木樨、百脉根、多年生黑麦草、三叶草等。本区又分为5个亚区:

(1) 北部西部山地苜蓿、沙打旺、葛藤、无芒雀麦亚区;

(2) 华北平原苜蓿、沙打旺、无芒雀麦亚区;

(3) 黄淮平原苜蓿、沙打旺、苇状羊茅亚区;

(4) 鲁中南山地丘陵沙打旺、苇状羊茅、小冠花亚区;

(5) 胶东低山丘陵苜蓿、百脉根、黑麦草亚区。

四、黄土高原苜蓿、沙打旺、小冠花、无芒雀麦栽培区

本区包括山西全部、河南西部、陕西中北部、甘肃东部、宁夏南部、青海东部,共辖 313 个县(市、区)。气候特点是属季风性大陆气候,年平均气温 4~14 ℃,≥10 ℃的积温为 3 000~4 400 ℃,无霜期 120~250 d,年降水量 240~750 mm。土质为黄绵土和黑垆土。适宜栽培的牧草有苜蓿、沙打旺、小冠花、红豆草、苇状羊茅、鸡脚草、湖南稷子、草木樨、冰草等。本区又分为 4 个亚区:

(1) 晋东豫西丘陵山地苜蓿、沙打旺、小冠花、无芒雀麦、苇状羊茅亚区;

(2) 汾渭河谷苜蓿、小冠花、无芒雀麦、鸡脚草、苇状羊茅亚区;

(3) 晋陕甘宁高原丘陵沟壑苜蓿、沙打旺、红豆草、小冠花、无芒雀麦、扁穗冰草亚区;

(4) 陇中青东丘陵沟壑苜蓿、沙打旺、红豆草、扁穗冰草、无芒雀麦亚区。

五、长江中下游白三叶、黑麦草、苇状羊茅、雀稗栽培区

本区包括江西、浙江和上海三省市的全部,湖南、湖北、江苏、安徽四省的大部,此外还包括河南的一小部分,共辖 561 个县(市、区)。气候特点是属亚热带和暖温带的过渡区,四季分明,冬冷夏热,年降水量 800~2 000 mm,≥10 ℃的积温为 4 500~6 500 ℃,无霜期 230~330 d。土质多为黄棕壤、红壤和黄壤。适宜栽培的牧草有白三叶、多年生黑麦草、苇状羊茅、雀稗、红三叶、鸡脚草、苜蓿、一年生黑麦草、象草等。本区分为以下 3 个亚区:

(1) 苏浙皖豫平原丘陵白三叶、苇状羊茅、苜蓿亚区;

（2）湘赣丘陵山地白三叶、岸杂 1 号狗牙根、苇状羊茅、苜蓿、雀稗亚区；

（3）浙皖丘陵山地白三叶、苇状羊茅、黑麦草、鸡脚草、红三叶亚区。

六、华南宽叶雀稗、卡松古鲁狗尾草、大翼豆、银合欢栽培区

本区包括闽、粤、桂、台和海南五省及云南南部，共辖 190 个县（市、区）。气候特点属亚热带和热带海洋气候，水热条件极为丰富，年降水量 1 100～2 200 mm，年平均气温 17～25 ℃，≥10 ℃的积温为 5 500～6 500 ℃。土质多为红壤。适宜栽培的牧草有宽叶雀稗、卡松古鲁狗尾草、大翼豆、银合欢、格拉姆柱花草、象草、银叶山蚂蟥、绿叶山蚂蟥、小花毛华雀稗等。本区又分为 4 个亚区：

（1）闽粤桂南部丘陵平原大翼豆、银合欢、格拉姆柱花草、卡松古鲁狗尾草、宽叶雀稗、象草亚区；

（2）闽粤桂北部低山丘陵银合欢、银叶山蚂蟥、绿叶山蚂蟥、宽叶雀稗、小花毛华雀稗亚区；

（3）滇南低山丘陵大翼豆、格拉姆柱花草、宽叶雀稗、象草亚区；

（4）台湾山地平原银合欢、山蚂蟥、柱花草、毛华雀稗、象草亚区。

七、西南白三叶、黑麦草、红三叶、苇状羊茅栽培区

本区包括陕西南部、甘肃东南部、四川、云南大部、贵州、湖北、湖南南部，共辖 434 个县(市、区)。气候特点属亚热带湿润气候，年降水量 1 000 mm，年平均气温 10～18 ℃，≥10 的积温为 2 500～6 500 ℃，无霜期 250～320 d。土质多为黄壤、紫色土、红壤等。适宜栽培的牧草有白三叶、多年生黑麦草、红三叶、苇状羊茅、扁穗牛鞭草、苜蓿、鸡脚草、圆芦草等。本区分以下 4 个亚区：

（1）四川盆地丘陵平原白三叶、黑麦草、苇状羊茅、扁穗牛鞭草、聚合草亚区；

（2）川陕甘秦巴山地白三叶、红三叶、苜蓿、黑麦草、鸡脚草亚区；

（3）川鄂湘黔边境山地白三叶、红三叶、黑麦草、鸡脚草亚区；

（4）云贵高原白三叶、红三叶、苜蓿、黑麦草、圆芦草亚区。

八、青藏高原老芒麦、垂穗披碱草、中华羊茅、苜蓿栽培区

本区包括西藏、青海大部、甘肃甘南及祁连山山地东段、四川西部、云南西北部，共辖 156 个县（市、区）。气候特点属大陆性高原气候，寒冷干燥，冬长夏短，无霜期短，温差大，日照强度高，年降水量 100～200 mm，年平均气温 −5～12 ℃。土质多为草甸土和草原土。适宜栽培的牧草有老芒麦、垂穗披碱草、中华羊茅、苜蓿、红豆草、无芒雀麦、白三叶、冷地早熟禾、沙打旺、草木樨等。本区又分为 5 个亚区：

（1）藏南高原河谷苜蓿、红豆草、无芒雀麦亚区；

（2）藏东川西河谷山地老芒麦、无芒雀麦、苜蓿、红豆草、白三叶亚区；

（3）藏北青南垂穗披碱草、老芒麦、中华羊茅、冷地早熟禾亚区；

（4）环湖甘南老芒麦、垂穗披碱草、中华羊茅、无芒雀麦亚区；

（5）柴达木盆地沙打旺、苜蓿亚区。

九、新疆苜蓿、无芒雀麦、老芒麦、木地肤栽培区

本区包括新疆全部。气候特点是南疆气温高于北疆，年平均气温南疆为 7.5～14.2 ℃，北疆为 5～7 ℃；≥10 ℃的积温南疆为 4 000 ℃，北疆为 3 000～3 600 ℃；无霜期南疆为 200～220 d，北疆为 160 d。年降水量北疆高于南疆，北疆 150～200 mm，南疆只有

20 mm。土质多为盐土、灰钙土和棕钙土。适宜栽培的牧草有苜蓿、无芒雀麦、老芒麦、木地肤、沙拐枣、红豆草、鸡脚草、驼绒藜等。本区分为2个亚区：

(1) 北疆苜蓿、木地肤、无芒雀麦、老芒麦亚区；

(2) 南疆苜蓿、沙拐枣亚区。

第三节　土壤耕作与施肥

一、土 壤 耕 作

土壤耕作是指在作物生长的整个过程中，通过农机具的物理机械作用，调节土壤耕层结构，改善和协调土壤中水、肥、气、热的关系，为作物播种出苗和生长发育提供适宜土壤环境的农业技术措施。

(一) 土壤耕作的作用　土壤耕作可使紧实的耕层土壤变得疏松，改善土壤的理化性状，创造适合牧草与饲料作物种子萌发和根系生长的耕层结构。其次，耕作可将各种动植物残体及杂草种子深埋在耕层中，即消灭了病虫杂草，又可增加土壤有机质含量。第三，通过耕作措施，可将撒施在土壤表面的底肥均匀地分布到耕层中。第四，通过耙地、耢地、镇压等措施，使耕层表面平整、软硬适中，有利于保墒和播种作业。

(二) 土壤耕作措施　根据耕作对土壤作用的性质和范围，可将耕作分为2类，即基本耕作和表土耕作。基本耕作包括深耕翻、深松耕和旋耕3种；通过这3种耕作措施，可有效改善耕层土壤结构，达到疏松土壤、保墒防旱、消灭病虫杂草的目的。表土耕作包括浅耕灭茬、耙地、耱地、镇压和中耕5种作业方式；通过上述措施可起到清除地面残茬和杂草、破碎土块和板结以及平整地面的作用。

二、施　　肥

施肥应按照不同生长阶段对养分的要求来进行，以满足其生长需求。

根据施肥的时间不同施肥可分为基肥、种肥和追肥 3 种类型。基肥是播种或定植前结合土壤耕作施用的肥料，其目的是为了满足饲草生长发育所要求的土壤条件和养分条件；作基肥的肥料主要有机肥料、磷肥和复合肥等。种肥是播种(或定植)时施于种子附近或与种子混播的肥料，其目的是为种子发芽和幼苗生长创造良好的条件；种肥的种类主要有：腐熟的有机肥料、速效的无机肥料或混合肥料、颗粒肥料及菌肥等，用做种肥的肥料必须对种子无副作用。追肥是在饲草生长期间施用的肥料，其目的是满足饲草生育期间对养分的要求；追肥的主要种类为速效氮肥和腐熟的有机肥料，磷、钾、复合肥也可用作追肥。

第四节　种子的处理和播种

一、种子的品质要求

种子品质的优劣，直接影响到饲草的产量。优质种子应纯净、饱满、整齐、无病虫而且生活力强，表现在纯净度高、发芽势和发芽率好，千粒重大。为此在购买种子前后，应对所购种子进行上述指标的检测，以满足播种需求。

二、种子的处理

播种前必须对饲草种子进行处理，如精选、去杂、浸种、消毒、硬实处理、根瘤菌接种和去壳去芒等处理，以保证种子质量和播种质量。

三、播 种

全苗、壮苗是作物获得高产的基础环节。要保证做到全苗、壮苗，掌握好播种技术是关键，尤其是对粒小、播种量少、发芽慢的牧草种子更为重要。

(一) 播种期 每一种饲草都有它适宜的播种期。适期播种可保证种子少受或不受不良环境的影响，有利于种子萌发，还可起到增产作用。

早春主要播种一些种子发芽要求温度较低、苗期较耐寒的种类或品种，如苦荬菜、紫花苜蓿等。晚春和夏季多播种一些幼苗不耐寒的夏秋饲料作物和牧草，如玉米、高粱、大豆、苏丹草等。秋季多播一些耐寒的 2 年生或多年生植物。秋播应注意出苗后幼苗应有至少 1 个月的生长期，以便安全越冬。秋播时雨水较为适宜，田间杂草处于衰败期，有利于牧草幼苗的生长。

(二) 播种深度 播种深度应掌握小粒种子宜浅，大粒种子宜深；土壤黏重、含水量高宜浅，土壤砂大含水少宜深；在土壤墒情较差时宜深，土壤墒情较好时宜浅。通常播种深度以 2～6 cm 为宜。播种过深，种子发芽后没有能力顶破深厚的土壤而造成焖种；播种过浅，水分满足不了种子发芽的需要而造成晒种，从而使出苗率降低，因而要有适宜的播种深度。

(三) 播种量 播种量随饲草的种类、利用目的、种子大小、土壤肥力、水分状况、播种期的早晚以及播种时气候条件而有变化。但就同一条件、同一饲草品种、同一利用目的而言，其播种量主要由种子用价高低决定。种子用价高，播种量少，种子用价低，播种量多。公式如下：

$$播种量(kg/hm^2) = \frac{种子用价100\%时播种量}{种子用价}$$

$$种子用价 = 纯净度 \times 发芽率$$

（四）播种方式

1. 撒播　指将种子撒到地里，然后用耙覆土的播种方式。这种方式的优点是省工、省力、速度快；缺点是播种不匀，出苗不整齐，植株之间距离无规律，不易管理。

2. 条播　用条播机或开沟器将种子按一定行距撒成条带状。条播因幼苗集中在行内生长有利于与杂草竞争，且易于田间管理，如中耕除草、施肥、浇水、灭虫等。条播行距依据饲草的种类和栽培目的确定。通常植株高大的饲料作物或牧草行距要宽，植株矮小的要窄；收子为目的的要宽，收草的要窄。

3. 穴播　也称为点播。对某些大粒中耕作物如大豆、玉米等，多采用这种方式。

4. 混播　将生长习性相近的饲草种子混合在一起播种。混播多用于人工草地的建设，尤其是放牧地。植株高大的饲料作物和牧草通常不采用这种方式。

第五节　田间管理和收获

一、田 间 管 理

（一）灌溉　灌溉方法多种多样，大致分为3种类型，即地表灌溉、喷灌（空中）和地下灌溉（渗灌）。为节约用水和提高灌溉效果，应尽可能采用喷灌和渗灌的方式进行灌溉。灌溉除要选用合适的方式之外，还要注意灌溉的时间。要保证在饲草生长过程中需水的关键时期进行灌溉。如禾本科植物通常在拔节至抽穗、豆科植物从现蕾到开花是需水的关键时期，此时灌溉可收到良好效果。

（二）杂草防除　杂草通过与饲草争光、争水、争肥，影响饲草的正常生长，并对饲草品质带来不利影响。因此杂草防除对于保证饲草优质高产具有十分重要的意义。

杂草防除应采取综合技术措施。首先应在播种之前对播种材料进行清选，以剔除杂草种子；其次不要使用未经腐熟的粪肥或堆肥；选择适宜的播种季节进行种植，以避开杂草旺盛生长期；窄行条播、合理密植、适当加大播量等亦可有效抑制杂草；及时通过中耕消灭已出现的杂草；使用除草剂，但应注意施用时间、施用方法、施用剂量及施用安全。

（三）**病虫害防治**　饲草生长期间，经常受到病虫危害，导致产量和品质下降。因此加强病虫害防治工作，对促进饲草高产，保证饲草品质具有重要作用。

饲草的病虫害防治，必须贯彻"预防为主、综合防治"的方法。综合防治就是从生产的全局和农业生态系统的总体观点出发，根据病虫与农作物、与耕作制度以及与有益生物和环境条件之间的辩证关系，因地制宜地应用各种防治手段，取长补短，互相协调，经济有效地把病虫危害控制在一定水平之下，以达到增产增收的目的。常用的防治方法有植物检疫、农业防治、化学防治、生物防治和物理机械防治等。这些方法必须因地制宜，综合应用，方能达到预期的效果。

二、收　获

收获是饲草生产的最终目的，也是确保优质高产的重要环节。

（一）**收获时间**　收获时间对于获得高产优质的饲草至关重要。确定适宜的收获时间必须要综合考虑，不能只强调产量或品质等某一方面。各种饲草的适宜收获时间应在饲草产量相对最高、单位面积营养物质的产量相对最高、收获后对再生和寿命没有不良影响的时间进行。

（二）**收获方法**　收获方法包括人工收获和机械收获。人工收获是在收获过程中不使用任何机械，完全用人工或畜力进行作业。机械收获则是在收获过程中采用各种靠动力牵引的收获机械来进行,其特点是速度快、效率高,适宜大面积地块应用。但这些机械投入大,能耗大、成本高,大面积应用尚有一定困难。因此,可采用机械和人工相结合的方式进行收获,除刈割、打捆等必须机器作业外,其余可采用人工劳动,可节约生产费用。

第六节　饲料作物栽培技术

一、玉　米

玉米又名玉蜀黍、包谷、包米、玉茭、玉麦、棒子、珍珠米。玉米即是重要的粮食作物,又是重要的饲料作物。其植株高大,生长迅速,产量高;茎含糖量高,维生素和胡萝卜素丰富,适口性好,饲用价值高,适于作青贮饲料和青饲料,被称为"饲料之王"。

(一)特征与特性　一年生草本植物。须根系发达,可深达150～200 cm。茎扁圆形,高1～4 m。叶互生,叶片数一般与节数相等。雌雄同株,雄花序着生在植株顶部,为圆锥花序;雌花序着生在植株中部的一侧,为肉穗花序。玉米的子粒有硬粒型、马齿型、中间型等。子粒大小差异很大,大粒种千粒重可达400 g以上,最小的千粒重仅50 g。颜色主要为黄、白色。

玉米为喜温作物,种子一般在6～7℃时开始发芽,苗期不耐霜冻,出现－2～－3℃低温即受霜害。拔节期要求日温度为18℃以上,抽雄、开花期要求26～27℃,灌浆成熟期保持在20～24℃。需水多,适宜在年降水量500～800 mm的地区种植。需肥多,特别是对氮的需要量较高。对土壤要求不严,各类土壤均可种植。适宜的pH值为5～8,以中性土壤为好,不适于在过酸、过碱的土壤中生长。

(二)栽培技术　玉米田要深耕细耙,耕翻深度一般不能少于18 cm,黑钙土地区应在22 cm以上。春玉米在秋翻时,可施入有机肥作基肥,一般每公顷施堆、厩肥 30~45 t。夏玉米一般不施基肥。

玉米品种繁多,可根据使用目的和当地环境条件选择适宜当地生长的高产优质品种进行栽培。目前生产中广泛使用的专用青贮或青饲品种有农大 108、中原单 32、中玉 15、饲宝 1、饲宝 2、科多4、科多 8 等,可根据当地条件选用。

播种期因地区不同差异很大。我国北方春玉米的播期大致为:黑龙江、吉林 5 月上、中旬;辽宁、内蒙古、华北北部及新疆北部多在 4 月下旬至 5 月上旬;华北平原及西北各地 4 月中、下旬;长江流域以南则可适当提早。小麦等作物收获后播种夏玉米时,应抓紧时间抢时抢墒播种,愈早愈好。玉米可采用单播、间作、套种等方式播种。单播时行距 60~70 cm,株距 40~50 cm;作青贮或青饲用时,行距可缩小到 30~45 cm,株距 15~25 cm。播种量一般收子田每公顷 22.5~37.5 kg,青贮玉米田 37.5~60.0 kg,青刈玉米田 75.0~100.0 kg。播种深度一般以 5~6 cm 为宜;土壤黏重、墒情好时,应适当浅些,多 4~5 cm;质地疏松、易干燥的沙质土壤或天气干旱时,应播深 6~8 cm,但最深不宜超过 10 cm。

玉米生长到 3~4 片真叶时进行间苗,每穴留 2 株大苗、壮苗。到 5~6 片真叶时进行定苗,每穴留 1 株。玉米苗期不耐杂草,应及时中耕除草。另外,可应用西玛津或莠去津进行化学除草,一般在玉米播种前或播后出苗前 3~5 d 进行。玉米苗期常见的害虫为地老虎、蝼蛄和蛴螬。在玉米心叶期和穗期,常发生玉米螟危害。在玉米穗期可发生金龟子(蛴螬成虫)危害。出现虫害后应及时采用高效低毒农药进行防治。对于青贮玉米,要少施苗肥,重施拔节肥,轻施穗肥。

(三) 收获和利用　子粒玉米以子粒变硬发亮、达到完熟时收获为宜,粮饲兼用玉米应在蜡熟末期至完熟初期进行收获。专用青贮玉米则在蜡熟期收获为宜。子粒玉米一般每公顷产子粒6.0~8.0 t,青贮玉米一般每公顷产青体 60~75 t。

玉米子粒淀粉含量高,还含有胡萝卜素、核黄素、维生素 B 等多种维生素,是肉牛的优质高能精饲料。专用青贮玉米品种调制的青贮饲料品质优良,具有干草与青料两者的特点,且补充了部分精料。100 kg 带穗青贮料喂肥育肉牛,可相当于 50 kg 豆科牧草干草的饲用价值。

二、大 麦

大麦又名有稃大麦、草大麦。我国栽培历史悠久,南北各地均有分布。因栽培地区不同有冬大麦和春大麦之分,冬大麦的主要产区为长江流域各省和河南等地;春大麦则分布在东北、内蒙古、青藏高原、山西、陕西、河北及甘肃等省(区)。大麦适应性强,耐瘠薄,生育期较短,成熟早,营养丰富,饲用价值高,是重要的粮饲兼用作物之一。

(一) 特征与特性 1 年生草本植物。须根入土深 100 cm。茎秆直立,高 100 cm 左右。叶披针形,宽厚。有稃大麦子粒成熟时内外稃紧包果实,脱粒时不易分开,千粒重 32~33 g。

大麦喜冷凉气候,耐寒,对温度要求不严,高纬度和高山地区都能种植。耐旱,在年降水量 400~500 mm 的地方均能种植,但抽穗开花期需水量较大,此时干旱会造成减产。对土壤要求不严,不耐酸但耐盐碱,适宜的 pH 值为 6.0~8.0。土壤含盐0.1%~0.2%时,仍能正常生长。

(二) 栽培技术 播前要精细整地,每公顷施用厩肥 30~45 t、硫酸铵 150 kg,过磷酸钙 300~375 kg 作底肥。为预防大麦黑穗病和条锈病,可用 1% 石灰水浸种,或用 25% 多菌灵按适宜浓度拌种。用 50% 辛硫磷乳剂拌种可防治地下害虫。条播行距15~30 cm,每公顷播种量为 150~225 kg,播深 3~4 cm,播后镇压。青刈大麦在适期范围内播种越早,产量越高。冬大麦的播种期,华北地区以在寒露到霜降为宜;长江流域一带可延迟到立冬前播完。春大麦可在3月中下旬土壤解冻层达6～10 cm时开始播种,于清明前后播完。

大麦为速生密植作物,无需间苗和中耕除草,但生育后期应注意防除杂草,并及时追肥和灌水。一般在分蘖期、拔节孕穗期进行,每公顷每次追氮肥100～150 kg。

(三) 收获与利用　子粒用大麦在全株变黄,子粒干硬的蜡熟中后期收获,每公顷产子粒2.25～3.0 t;青刈大麦于抽穗开花期刈割,也可提前至拔节后;青贮大麦乳熟初期收割最好。春播大麦每公顷产鲜草22.5～30.0 t,夏播的产15.0～19.5 t。

大麦子粒属于良好的能量饲料,大麦秸秆也是优于小麦秸、玉米秸的粗饲料。

在苗高40～50 cm时可青刈利用。此时柔软多汁,适口性好,营养丰富,是肉牛优良的青绿多汁饲料,一般切短后直接喂牛。也可调制青贮料或干草。国外盛行大麦全株青贮,其青贮饲料中带有30%左右大麦子粒,茎叶柔嫩多汁,营养丰富,是肉牛的优质粗饲料。

三、燕　麦

燕麦又名铃铛麦、草燕麦。在我国,主要分布于东北、华北和西北地区,是内蒙古、青海、甘肃、新疆等各大牧区的主要饲料作物,黑龙江、吉林、宁夏、云贵高原等地也有栽培。

燕麦分带稃和裸粒两大类,带稃燕麦为饲用,裸燕麦也称莜麦,以食用为主。栽培燕麦又分春燕麦和冬燕麦两种生态类型,饲用以春燕麦为主。

(一) 特征与特性　一年生草本植物。须根系发达,入土100 cm左右。丛生,茎秆直立,圆而中空,高80～120 cm。叶片宽而平展,长15～40 cm。圆锥花序开散。颖果纺锤形,外稃具短芒或无芒,千粒重25～45 g。

燕麦喜冷凉湿润气候,种子发芽最低温度 3~4℃,不耐高温。生育期需≥5℃积温 1 300~2 100℃。需水较多,适宜在年降水量 400~600 mm 的地区种植。对土壤要求不严,在黏重潮湿的低洼地上表现良好,但以富含腐殖质的黏壤土最为适宜,不宜种在干燥的沙土上。适应的土壤 pH 值为 5.5~8.0。

(二) 栽培技术 燕麦要求土层深厚、肥沃的土壤,播前要精细整地。深耕前施足基肥,一般深耕 20 cm 左右,每公顷施厩肥 30.0~37.5 t。冬燕麦要求在前作收获后耕翻,翻后及时耙糖镇压。播种期因地区和栽培目的不同而异,我国燕麦主产区多春播,一般在 4 月上旬至 5 月上旬,冬燕麦通常在 10 月上、中旬秋播。收子燕麦条播行距 15~30 cm,青刈燕麦 15 cm。播种量每公顷 150~225 kg,播种深度 3~5 cm,播后镇压。燕麦宜与豌豆、苕子等豆科牧草混播,一般燕麦占 2/3~3/4。

燕麦出苗后,应在分蘖前后中耕除草 1 次。由于生长发育快,应在分蘖、拔节、孕穗期及时追肥和灌水。追肥前期以氮肥为主,后期主要是磷、钾肥。

(三) 收获与利用 子粒燕麦应在穗上部子粒达到完熟、穗下部子粒蜡熟时收获,一般每公顷收子粒 2.25~3.0 t。青刈燕麦第一茬于株高 40~50 cm 时刈割,留茬 5~6 cm;隔 30 天左右齐地刈割第二茬,一般每公顷产鲜草 22.5~30.0 t。调制干草和青贮用的燕麦一般在抽穗至完熟期收获,宜与豆科牧草混播。

燕麦子粒富含蛋白质和脂肪,但粗纤维含量较高、能量少,营养价值低于玉米,宜喂牛。燕麦秸秆质地柔软,饲用价值高于稻、麦、谷等秸秆。

青刈燕麦茎秆柔软,适口性好,蛋白质消化率高,营养丰富,可鲜喂,亦可调制青贮料或干草。燕麦青贮料质地柔软,气味芳香,是肉牛冬春缺青期的优质青饲料。用成熟期燕麦调制的全株青贮料饲喂肉牛,可节省 50% 的精料,生产成本低,经济效益高。国外资料报道,利用单播燕麦地放牧,肉牛平均日增重 0.5 kg,用燕麦与苕子混播地放牧,平均日增重则达 0.8 kg。

第七节 优质牧草栽培技术

一、禾本科优质牧草

(一)无芒雀麦 无芒雀麦又名无芒草、禾萱草、光雀麦等,原产于欧洲。1923 年我国在东北开始引种栽培,表现良好。在我国东北、华北、西北表现尤为良好,是我国北方地区建立人工草地的当家草种。无芒雀麦固土能力强,是优良的水土保持植物。

1. 特征与特性 多年生草本植物。根系发达,具横走短根茎。茎直立,高 90~130 cm。叶片狭长披针形;叶鞘闭合,长度常超过上部节间。圆锥花序顶生,小穗披针形;颖狭而尖锐,无芒或具短芒。种子扁平,暗褐色,千粒重2.44~3.74 g。

无芒雀麦特别适合寒冷干燥气候。在年降水量为400~500 mm 的地区生长较为合适,有较强的耐旱能力。成株零下33 ℃能安全越冬,零下 48 ℃,有雪覆盖的条件下越冬率可达83%,适宜的生长温度为 20~26 ℃。对土壤要求不严,喜排水良好而肥沃的壤土或黏壤土,轻砂质土壤和盐碱土上也可以生长。耐水淹,水淹 50 天也能成活。

2. 栽培技术 春播者要秋翻地,夏播者要在播前 1 个月翻地。耕地宜深,要在 20 cm 以上,整地宜平整细碎。结合耕翻每公顷施用15.0~22.5 t 厩肥和225 kg 过磷酸钙作底肥。无芒雀麦种子寿命短,储藏 4~5 年以上的的种子不要用于播种。春、夏、秋播均可,春、秋播种宜早不宜迟。墒情好,宜春播,春旱严重的地区,宜在 6~7 月份雨季播种。条播,行距 15~30 cm。播种量每公顷22.5~30.0 kg;若撒播,播种量以 45.0 kg 为宜。播种深度黏性土壤 2~3 cm,沙性土壤 3~4 cm,播后及时镇压 1~2 次。

苗期生长缓慢,因此应加强中耕除草。需要氮肥多,在拔节、孕穗及每次刈割后要结合灌水追施氮肥 150~225 kg。每年冬季或早春可追施厩肥,同时追 450~600 kg 的磷肥。生长到第 3~5 年时,根茎絮结成草皮,使土壤表面紧实,导致产草量下降。此时必须及时耙地松土复壮,以提高产草量和利用年限。

3. 收获与利用　无芒雀麦春播当年,只能刈割 1 次,此后每年可刈 2~3 次,刈割时间宜在孕穗至初花期。在青海灌溉条件下,鲜草产量 45.0 t/hm²,在呼和浩特每公顷产鲜草 15.0 t,河北省坝上最高产量为 15.0 t。

无芒雀麦枝叶柔嫩,营养价值高,粗蛋白、粗脂肪、粗纤维、无氮浸出物、粗灰分含量分别为 15.6%、2.6 %、36.4%、42.8%、2.6%,适口性好,牛尤喜食。在利用上,主要是放牧或刈制干草,也可青饲或调制青贮饲料。播种当年不能放牧,第 2、3 年采收第一茬草调制干草,用再生草放牧或青饲,此后主要用于放牧。

(二)羊草　羊草又名碱草,我国分布的中心在东北平原、内蒙古高原的东部,华北、西北亦有分布。羊草草地是东北及内蒙古地区重要的饲草基地,除满足当地需要外,还远销海内外。

1. 特征与特性　多年生根茎型草本植物。须根系,具砂套。地下具发达的横走根茎。茎直立,高 30~90 cm。叶片灰绿色或黄绿色,干后内卷;叶鞘通常长于节间。穗状花序直立,外稃披针形,无毛,内外稃等长。颖果长椭圆形,深褐色,种子细小,千粒重 2 g 左右。

羊草具极强的抗寒性,在 -40.5 ℃ 条件下能安全越冬,由返青至种子成熟所需积温为 1 200~1 400 ℃。耐旱能力强,在年降水量 300 mm 的地区生长良好,但不耐水淹。对土壤要求不严,除低洼内涝地外,各种土壤均能种植,对瘠薄、盐碱土壤有较好的适应性,适应的土壤 pH 值为 5.5~9.0。

2. 栽培技术 播前要精细整地,耕深不少于20 cm,并及时耙耱,使土壤细碎,墒情适宜,无杂草。结合翻地要施入37.5~45.0 t的厩肥作底肥。播前须对种子清选,除去杂质,提高净度,以利出苗。播种时间以夏天雨季为宜,也可春播,夏播最晚不迟于7月中旬,延晚会影响越冬。条播行距 30 cm,播种量每公顷37.5~45.0 kg,播种深度2~4 cm,播后镇压1~2次。

羊草幼苗生长极慢,最宜受杂草危害,从而造成幼苗死亡,所以中耕除草,抑制杂草危害,是保证羊草幼苗成活的重要措施。羊草根茎发达,生长年限过长,根茎形成絮结草皮,致使土壤通透性下降,产草量降低。所以在利用5~6年以后,要进行耙地松土复壮,切断根茎,疏松土壤,延长羊草草地的利用年限。

3. 收获与利用 调制干草时,羊草的适宜刈割期为抽穗期,若青饲则在拔节至孕穗期刈割为宜。在良好的管理水平下,每年可刈割2次,若生产条件较差,每年只能刈割1次。在大面积栽培条件下,每公顷产干草 1.5~4.5 t,若有灌溉、施肥条件,可达6.0~9.0 t。

羊草营养丰富,粗蛋白、粗脂肪、粗纤维、无氮浸出物及粗灰分含量分别为13.35%、2.58%、31.45%、37.49%和5.19%。叶量多,适口性好,属于优质饲草。其主要利用方式为调制干草,其干草是肉牛重要的冬春储备饲料。在适当搭配精料的前提下,一般每10~13 kg干草,可生产 0.5~0.6 kg牛肉。放牧利用宜在拔节至孕穗期进行,注意不要过牧。

(三)冰草 冰草又名扁穗冰草、麦穗草、羽状小麦草、野麦子等,东北、西北、内蒙古、河北、青海等省区均有栽培。在农牧交错带及干旱草原地带,冰草是退化草地改良、人工草地建设、退耕还草及防风固沙等项目的重要草种之一。

1. 特征与特性 多年生疏丛型草本植物。须根发达,具砂套。茎直立,基部膝状弯曲,高40~80 cm。叶披针形;叶鞘紧密包茎,短于节间。穗状花序,小穗无柄,紧密着生于穗轴两侧,排列整齐成羽状;外稃有毛,尖端常具芒。种子舟形,千粒重 2 g 左右。

冰草耐寒性较强,当年植株在 -40 ℃ 的低温下能安全越冬。抗旱性强,能在半沙漠地带生长,在年降水量仅 250～350 mm 的地区生长良好,它是我国目前栽培的最耐干旱的牧草之一,但不耐水淹。对土壤要求不严,除沼泽、酸性土壤外,一般土壤均能种植。耐瘠薄,即使干燥的沙土地也能良好生长,对盐碱土有一定的适应性。

2. 栽培技术 播前必须精细整地,反复耙糖,做到平整细碎。播种时间为春、夏、秋三季,春旱严重的地区宜夏季乘雨抢种,除严寒地区外,也可秋播。条播行距 20～30 cm,播种量每公顷 15.0～22.5 kg,撒播 30.0～37.5 kg,播种深度 3～4 cm,播后及时镇压1～2次。也可与紫花苜蓿等豆科牧草混播。

冰草播种当年生长缓慢,必须及时中耕除草。对水、肥反应敏感,有条件的地区,要适时灌水和追肥,旱作时也可在雨季乘雨追肥,以提高产量和品质。生长 3 年以上的冰草地,要在早春或秋季进行松耙,改善土壤通透性状,促进冰草更新和生长。

3. 收获与利用 冰草以放牧为主,调制干草为辅。若刈制干草要在抽穗至开花期刈割,每年只能刈割 1 次,一般每公顷产干草 1.5～3.0 t,水肥条件好时可达 6.0 t。

冰草富含各种营养物质,孕穗期粗蛋白含量达 19.14%,无氮浸出物 31.23%,还含有丰富的钙、磷和胡萝卜素,饲用价值高,草质柔软,适口性好,无论鲜草和干草牛均喜食。

(四) 多花黑麦草 多花黑麦草又名意大利黑麦草、一年生黑麦草,我国最适于在长江流域种植,其他温暖多雨地区亦可种植。

1. 特征与特性 一年生或短期多年生疏丛型草本植物。根系发达致密。茎直立,高 130 cm 以上。叶片披针形,早期卷曲;叶鞘开裂。穗状花序,小穗互生,每小穗有花 10～20 个。外稃披针形,具短芒,内外稃等长。颖果梭形,千粒重 1.8～1.98 g。

多花黑麦草为喜温牧草,在 12～25 ℃ 的昼夜温度下生长最快;耐寒力较弱,幼苗可耐 1.7～3.2 ℃ 的低温,不能抵御晚霜;耐热能力差,夏季炎热则生长不良。喜湿润环境,适宜的年降水量为1 000～1 500 mm,耐旱能力弱。适宜在肥沃而深厚的壤土或沙壤土上种植,黏性土壤也能生长,耐盐碱,适宜的土壤 pH 值为 6～7。

2. 栽培技术　整地质量要好,耕深要在 20 cm 以上,并每公顷施有机肥 22.5～30.0 t、过磷酸钙 150～225 kg 作底肥。播种时间为春秋两季,南方冬季温暖地区宜秋播,华北、西北地区宜春播。条播行距 15～30 cm,播种量 15.0～22.5 kg,播种深度1.5～2.0 cm。苗期要注意中耕除草,每次刈割后结合灌溉要追施氮肥。

3. 收获与利用　适宜刈割期为抽穗初期,延晚则品质下降。北方地区每年可刈割 1～2 次,南方可刈 2～5 次,留茬高度 5 cm,每公顷产鲜草 60.0～75.0 t。

多花黑麦草富含多种营养成分,粗蛋白、粗脂肪、粗纤维、无氮浸出物、粗灰分含量分别为 13.4%、4.0%、21.2%、46.5% 和14.9%。草质好,柔嫩多汁,适口性好。可青饲、放牧利用,也可调制干草或青贮饲料。

(五) 多年生黑麦草　多年生黑麦草又名英国黑麦草、宿根黑麦草、牧场黑麦草等,我国南方、西南和华北地区均有种植。多年生黑麦草分蘖多,耐践踏,绿期长,也是优良的草坪植物。

1. 特征与特性　多年生草本植物。根系发达,主要分布在15～20 cm 的土层中。茎直立,高 80～100 cm。叶披针形;叶鞘裂开或封闭,与节间等长或稍长。穗状花序,小穗无柄,生于穗轴两侧;外稃具 5 脉,无芒或近无芒,内外稃等长。颖果扁平菱形,千粒重1.5～2.0 g。

喜温凉气候,适宜在夏季凉爽、冬季不太寒冷的地区种植。生长的适宜温度为 20 ℃,超过 35 ℃生长不良。耐寒耐热性差,在东北、内蒙古等地不能越冬或越冬不良,在南方越冬良好,但夏季高温地区多不能越夏。喜湿润条件,在年降水量为 500～1 500 mm 的地区均可生长。不耐旱,高温干旱,对其生长更为不利。对土壤要求较严,最适宜在排灌良好,肥沃湿润的黏土或黏壤土上生长,适宜的土壤 pH 值为 6～7。

2. 栽培技术　播前要细致整地,施足底肥。每公顷施厩肥 15.0～22.5 t,过磷酸钙 150～225 kg 作底肥,施肥后耕翻耙压,做到地平土碎,以利播种。春播或秋播,以秋播最为适宜,时间在 9～11 月份,春播时宜在 3 月中旬进行。条播行距 15～30 cm,播种量 15.0～22.5 kg,播深 1.5～2.0 cm。

多年生黑麦草喜肥,特别对氮肥反应敏感,追施氮肥不仅可以增加产草量,而且还可以提高粗蛋白的含量。在每次刈割或放牧后,均宜追施氮肥,在分蘖、拔节、抽穗等需水较多的阶段,要及时灌水。

3. 收获与利用　青饲利用时,适宜刈割期为抽穗至始花期,调制干草时宜在盛花期,鲜草产量 45.0～60.0 t/hm^2,刈割留茬高度 5～10 cm。

多年生黑麦草质地柔嫩,营养丰富,粗蛋白、粗脂肪、粗纤维、无氮浸出物、粗灰分含量分别为 17.0%、3.2%、24.8%、42.6% 和 12.4%,适口性好,牛尤喜食。主要利用方式为放牧或刈牧结合,放牧在草层高 20～30 cm 时为宜。将黑麦草干草粉制成颗粒饲料,与精料配合作肉牛肥育饲料,效果更好。

(六) 老芒麦　老芒麦又名西伯利亚披碱草、垂穗大麦草等。我国于 20 世纪 60 年代开始在东北、华北、西北地区推广种植,表现良好,已成为我国北方地区一种重要的、经济价值较高的牧草。

1. 特征与特性　多年生疏丛型草本植物。根系较发达。茎直立或基部倾斜,高 70～120 cm。叶片狭长条形;上部叶鞘短于节间,下部叶鞘长于节间。穗状花序较疏松,略弯曲下垂;内外颖及内外稃等长,外稃顶端具长芒。颖果长椭圆形,千粒重 3.5~4.9 g。

老芒麦耐寒性强,在秋季 -8℃仍保持青绿,能忍受 -40℃的低温。从返青到种子成熟需活动积温 1500~1800℃。具一定的抗旱能力,在年降水量 400~500 mm 的地区可旱作栽培。对土壤要求不严,能适应较为复杂的地理、地形、气候条件,瘠薄、弱酸、弱碱和轻盐渍化土壤均可种植。

2. 栽培技术　播前要精细整地,做到地平土碎。春播者要在前一年秋季耕翻。随翻耕施足底肥,每公顷施厩肥 22.5 t,氮肥 225 kg。种子具芒,影响种子的流动,播前要进行去芒处理,以提高播种质量。春、夏、秋播均可,春旱严重的地区宜夏秋播,在雨后抢墒播种。条播行距 20~30 cm,播深 2~3 cm,播种量每公顷 22.5~30.0 kg。

苗期要注意中耕除草,有条件的地区,在拔节期、孕穗期及每次刈割后进行灌溉,同时进行追肥。

3. 收获与利用　老芒麦适于刈割利用。刈割期以抽穗至始花期为宜,每年可刈割 1~2 次。一般每公顷产干草 3.0~6.0 t,高者可达 7.5 t 以上。

老芒麦叶量丰富,质地柔软,营养价值高,粗蛋白、粗脂肪、粗纤维、无氮浸出物、粗灰分含量分别为 13.90%、2.12 %、26.95%、34.56 %、9.12%,适口性好,是披碱草属中饲用价值最高的一种。无论青饲,还是调制干草牛均喜食。老芒麦再生性较差,再生草产量仅占总产量的 20%,所以在利用上一般一年只刈一次,再生草则放牧利用。

(七)披碱草　披碱草又名直穗大麦草、碱草、青穗大麦草等,在我国主要分布于东北、华北、西南,呈东北至西南走向。我国于 20 世纪 60 年代开始驯化栽培,70 年代逐渐推广,现已成为华北、东北地区的主要牧草。

1. 特征与特性 多年生疏丛型草本植物。根系发达,入土深达 110 cm。茎直立,高 70～160 cm。叶片披针形,扁平或内卷;叶鞘下部闭合,上部开裂,长度多超过节间。穗状花序顶生,直立;颖披针形,具短芒,内稃与外稃近等长。颖果长椭圆形,褐色,千粒重3～4 g。

披碱草从返青至种子成熟需≥10 ℃的积温 1 700～1 900 ℃。抗寒能力较强,在－40 ℃条件下能够越冬。耐旱能力强,在年降水量 250～300 mm 的条件下生长尚好。对土壤要求不严,耐盐碱,可在微碱性或碱性土壤上生长,在 pH7.6～8.7 的范围内生长良好。

2. 栽培技术 播前要精细整地,耕深 20 cm,并施足底肥。种子具长芒,易黏结成团,影响播种质量,因而播前需作去芒处理,以利播种。披碱草春、夏、秋均可播种。水分条件好的地区宜春播,春旱严重的地区宜夏、秋乘雨抢种。条播行距 30 cm,播种深度2～4 cm,播种量 30.0～45.0 kg,播后要镇压。

披碱草苗期生长缓慢,易受杂草侵害,要及时中耕除草,以消灭杂草,促进生长。第 2 年雨季每公顷追施尿素 150～300 kg。

3. 收获与利用 披碱草主要刈割调制干草,也可青饲或调制青贮饲料。调制干草在抽穗至始花期刈割,在旱作条件下,每年只能刈割 1 茬,留茬 8～10 cm。在灌溉条件下,干草产量 5.25～9.75 t/hm²,旱作则为 2.25～3.0 t/hm²。

披碱草叶量少而茎秆多,品质不如老芒麦,营养成分为粗蛋白14.94%、粗脂肪2.67%、粗纤维29.61%、无氮浸出物41.36%、粗灰分 11.42%,属中等品质的牧草。抽穗期至始花期刈割调制的干草家畜均喜食,迟于盛花期刈割则茎秆粗老,适口性下降。

(八)苇状羊茅 苇状羊茅又名苇状狐茅、高牛尾草。我国南北各地栽培效果良好,许多省、区把其列为人工草地建设的当家草种或骨干草种。根系发达,固土力强,又是良好的水土保持植物。

1. 特征与特性　多年生疏丛型草本植物。须根发达而致密。茎直立,高 80~100 cm。叶鞘光滑,长于节间,叶片线形。圆锥花序开展,直立或微弯。颖披针形;外稃与内稃等长或稍短。颖果为内外稃贴生,不分离。种子细小,千粒重 2.4~2.6 g。

苇状羊茅喜温耐寒又抗热。幼苗能忍受零下 3~4 ℃的低温和 36 ℃以上的高温,在东北、华北、西北地区能安全越冬。苇状羊茅喜水又耐旱,适宜的年降水量为 450 mm 以上,地下水位高或排水不良的生境条件均能生长。在年降水量小于 450 mm 的干旱地区也能种植。对土壤要求不严,从贫瘠到肥沃的土壤,从酸性到碱性的土壤均可种植,适应的土壤 pH 值为 4.7~9.5,既可在南方的红壤上种植,又可在北方的盐碱土壤上栽培。

2. 栽培技术　宜选择肥沃土壤并精细整地,耕深要在 20 cm 以上,耕后及时耙糖。耕翻前每公顷施用半腐熟的厩肥 30.0~37.5 t和过磷酸钙 375~450 kg 作底肥,生长期间要及时追施氮肥,并配合追施适量的磷、钾肥。春、夏、秋三季播种。北方寒冷地区宜春播,春旱严重的地区亦可夏播;南方温暖地区宜秋播,但不宜过迟,时间掌握在幼苗越冬前达到分蘖期为宜。条播行距 30 cm,播种量每公顷22.5~30.0 kg,覆土 2~3 cm,播后镇压 1~2 次。

苗期生长缓慢,易受杂草危害,出苗后要及时中耕除草,以抑制杂草的滋生,单播地也可用 2,4 - D 化学灭草。

3. 收获与利用　青饲利用时,宜在拔节至抽穗期刈割,调制干草和青贮饲料时则在孕穗至初花期刈割为宜。每年可刈割 3~4 次,鲜草产量 30.0~45.0 t/hm²。

苇状羊茅属中等品质的牧草,营养物质含量较丰富,粗蛋白、粗脂肪、粗纤维、无氮浸出物、粗灰分含量分别为 15.4%、2.0%、26.6%、44.0%、12.0%。苇状羊茅适宜刈割利用,可青饲,也可调制成青贮饲料或干草。其可食性以秋季最高,春季次之,夏季最低,但干草适口性好。亦可放牧,时间宜在拔节中期至孕穗初期进行,也可在春季、晚秋或收种后的再生草地上放牧。青饲时食量不可过多,以防产生牛羊茅中毒症。

(九) 鸭茅 鸭茅又名鸡脚草、果园草,原产于欧洲、北非及亚洲温带地区。目前我国南方、新疆、北京等地区均有栽培,在南方各地表现良好。

1. **特征与特性** 多年生疏丛型草本植物。根系发达。茎直立或基部膝曲,高 70~150 cm。叶鞘无毛,闭合。叶片蓝绿色。圆锥花序开展,小穗着生于穗轴一侧,簇生于穗轴顶端;颖披针形;外稃顶端具短芒。颖果长卵形,黄褐色,千粒重 0.97~1.34 g。

鸭茅喜温凉气候,生长的适宜温度为 10~28 ℃,超过 30 ℃生长不良,6 ℃停止生长,在无雪覆盖的寒冷地区不易越冬。喜湿润环境,对地下水反应敏感,地下水位在 50~60 cm 时可促进其生长,不耐长期水淹,水淹时间不能超过 28 d。对土壤有良好的适应性,在贫瘠干燥的土壤上也能生长良好,不抗碱,较耐酸,适宜的土壤 pH 值 5.5~7.5,最适宜在肥沃的壤土和黏土上生长。鸭茅耐荫,可在果树林间和高秆作物下种植。

2. **栽培技术** 播前要求精细整地,并施 22.5~30.0 t 有机肥作底肥,做到平整细碎无杂草。在南方播种时间春、秋均可,以秋播为宜,春播在 3 月下旬,秋播不迟于 9 月下旬。北京地区以早秋播种较为适宜,延晚播种不利越冬。鸭茅宜条播,行距 15~30 cm,播种量每公顷 7.5~15.0 kg,播深 2~3 cm。

幼苗期生长慢,长势差,抑制杂草能力弱,要及时中耕除草,加强管理。鸭茅需肥多,特别对氮肥需求多,每次刈割后结合灌溉追施氮肥 75~150 kg。

3. **收获与利用** 适宜刈割期为抽穗期,此时品质高,再生能力好。每年可刈割 2~3 次,鲜草产量每公顷 45.0~60.0 t,水肥条件好,鲜草产量可达 75.0 t,刈割留茬不可过低。

鸭茅叶量多,草质柔嫩,营养丰富,干物质中含粗蛋白12.7%、粗脂肪 4.7%、粗纤维 29.5%、无氮浸出物 45.1%、粗灰分 8.0%。鸭茅适于放牧、刈制干草利用,也可青饲或调制青贮饲料。不耐践踏,放牧时间不能过长或过于频繁,适宜的放牧期为拔节中后期至孕穗期。

(十) 蔄草　蔄草又名草芦、草苇、金色苇草等,原产于欧洲、北美、亚洲中部和东部地区。我国南北各地有野生种分布,多生于低洼下湿地,是低湿地草地建设的优良草种,在湿盐碱地也有发展前途。

1. **特征与特性**　多年生根茎型草本植物。根系发达。具发达的根茎。茎直立,高 60～150 cm。叶片平展,常呈灰绿色;叶鞘光滑,下部长于节间,上部短于节间。圆锥花序;小穗丛密;二颖等长。种子长椭圆形,光滑,细小,有光泽,千粒重 0.7～0.9 g。

蔄草较耐寒抗热,幼苗能忍受 −7～ −8 ℃的低温, −17 ℃能够安全越冬,夏季在 35～37 ℃的高温条件下也能正常生长。蔄草喜水,适宜在土壤潮湿,年降水量 500～1 000 mm 的地区生长,耐水淹,可适应水生环境。对土壤要求不严,以黏壤土和沙壤土最为适宜,喜微酸性至中性土壤,pH8 以上的盐渍化土壤不能生长。

2. **栽培技术**　播前要精细整地,耕深 20 cm 以上,每公顷施入厩肥 15.0～30.0 t 作底肥。春、秋播种均可,春播在地温达 5～6 ℃时即可播种。条播行距 30～45 cm,播种量每公顷 22.5～30.0 kg,播深 2～3 cm。蔄草也可用根茎进行无性繁殖,选健壮根茎,切成 5～10 cm 的小段,每小段要带 1～2 个芽,按行、穴距 40 cm×30 cm 栽植,埋深 5～6 cm,栽后浇水即可成活。

蔄草竞争力强,较耐杂草,因而无需中耕除草。喜水喜肥,在分蘖期、拔节期和每次刈割后要进行灌溉,并追施氮肥,每次每公顷追施尿素 75～90 kg。

3. **收获与利用**　蔄草宜在抽穗前刈割,北方每年可刈 2 次,南方可割 3～4 次,在南京地区产干草可达 15.0 t/hm²,属于高产牧草。

蔄草营养丰富,为富含蛋白质的优质禾草,且消化率高,其营养成分含量分别为粗蛋白 13.6%、粗脂肪 2.7%、粗纤维 33.6%、无氮浸出物 41.6%、灰分 8.5%。鲜嫩适口,为牛所喜食。可青饲,也可调制成干草或青贮饲料。

(十一) 苏丹草　苏丹草又名野高粱,原产于非洲北部的苏丹高原。1905—1915 年开始栽培,是当前各国栽培最普遍的一年生禾草。我国 20 世纪 30 年代自美国引入,现在全国各地均有栽培。

1. 特征与特性　一年生草本植物。根系发达,入土深达 2 m 以上。茎圆柱形,光滑,分蘖多;株高 50～300 cm。叶宽条形,表面光滑,边缘稍粗糙;除最上一节外,其余各节叶鞘与节间等长。圆锥花序,颖果侧卵圆形,黄褐色以至红褐色,千粒重 10～15 g。

苏丹草为喜温牧草,耐寒性差,幼苗期遇 2～3 ℃ 的低温即受冻害,在 12～13 ℃ 时,苏丹草即停止生长,生育期要求的积温为 2 200～3 000 ℃。抗旱力强,在干旱年份也能获得较高产量。对水分反应敏感,在水大、肥足时,可大幅度增产,但又不能忍受过分湿润的土壤条件。对土壤要求不严,沙壤土、重黏土、盐碱土、微酸性土壤均可栽培,但最喜欢排水良好、肥沃的砂壤土和黏壤土。

2. 栽培技术　苏丹草忌连作。春播时应在头一年秋季进行翻耕,耕深应在 20 cm 以上,第 2 年春季耙糖之后播种。夏播时要在前作收获后及时耕翻耙糖,以便适时播种。播前需对种子进行清选,并晒种 4～5 d,可提高发芽率。北方一般在 4 月下旬到 5 月上旬,南方在 2～3 月份播种。宜条播,干旱地区行距 45～60 cm,播种量 22.5 kg 为宜;水肥条件较好的地区行距 20～30 cm,播种量 30.0～37.5 kg。

苏丹草苗期生长慢,竞争能力不如杂草,应及时中耕除草,每隔 10～15 d 进行 1 次。需肥量大,特别对氮肥反应敏感。在播种时除每公顷施 15.0～22.5 t 厩肥作底肥外,还要在分蘖期、拔节期及每次刈割后结合灌溉进行追肥,每次每公顷追施尿素或硫铵112.5～150.0 kg,过磷酸钙150～225 kg,以促进分蘖和加速生长。

3. 收获与利用　调制干草时,宜在抽穗至开花期刈割,青饲时在孕蕾期刈割较为适宜,而调制青贮饲料时则宜在乳熟期刈割。在水肥条件较好的条件下,苏丹草每年可刈割3～4次,旱作时可刈1～2次,鲜草产量15.0～75.0 t/ hm²左右,刈割留茬7～8 cm。

苏丹草营养物质含量丰富,其粗蛋白、粗脂肪、粗纤维、无氮浸出物、灰分含量分别为8.1%、1.7%、35.9%、44.0%和10.3%。质地柔软,适口性好,各种家畜均喜食。饲喂肉牛的效果可与苜蓿相媲美。苏丹草适于调制干草或青贮,青饲也是主要的利用方式。

二、豆科优质牧草

(一) 紫花苜蓿　紫花苜蓿又名紫苜蓿、苜蓿。在我国主要分布在西北、东北、华北地区,江苏、湖南、湖北、云南等地也有栽培。苜蓿是家畜的主要饲草,还是重要的水土保持植物、绿肥植物和蜜源植物,在轮作倒茬及三元种植结构调整中也发挥着重要作用。

1. 特征与特性　多年生草本植物。根系发达,主根入土深达6 m甚至更长。根茎膨大,并密生许多幼芽。茎直立或斜生,株高70～80 cm。三出羽状复叶,小叶长椭圆形,叶缘上1/3处有锯齿,中下部全缘。短总状花序,紫色或深紫色。荚果螺旋形,内含种子2～8粒。种子肾形,黄褐色,千粒重1.5～2.0 g。

喜温暖半干燥气候。生长的最适温度是25 ℃,零下20～30℃能够越冬,有雪覆盖时, -44 ℃也能安全越冬。抗旱力强,适于在年降水量500～800 mm的地区生长。对土壤要求不严,除重黏土、极瘠薄的沙土、过酸过碱的土壤及低洼内涝地外,其他土壤均能种植。适宜的pH值范围为7～8。生长期间最忌积水。

2. 栽培技术　整地要精细,做到深耕细耙,上松下实,地平土碎,无杂草。春、夏、秋均可播种,也可临冬寄子播种。春季风沙大,气候干旱又无灌溉条件的地区以及盐碱地宜雨季播种。秋播不要过迟,一般以在播种后能有 30~60 d 的生育期较为适宜。长江流域 3~10 月份均可播种,而以 9 月份播种最好。播种量一般为每公顷 15.0~22.5 kg,播种深度 2 cm 左右。条播、撒播均可,但通常多用条播。条播行距为 20~30 cm。干旱地区和盐碱地种植可采用开沟播种的方法,播后要及时进行镇压。

应采取综合措施防除苜蓿田间杂草。首先播前要精细整地,清除地面杂草。其次要控制播种期,如早秋播种可有效抑制苗期杂草。第三可采取窄行条播,使苜蓿尽快封垄。第四进行中耕,在苗期、早春返青及每次刈割后,均应进行中耕松土,以便清除杂草;也可使用化学除莠剂进行化学除草。在返青及刈割后要注意追施磷、钾肥,并进行灌溉。苜蓿忌积水,雨后积水应及时排除,以防造成烂根死亡。

3. 收获与利用 苜蓿的适宜刈割时间为始花期。刈割后的留茬高度一般为 5~7 cm。北方地区春播当年,若有灌溉条件,可刈割 1~2 次,此后每年可刈割 3~5 次,长江流域每年可刈割 5~7 次。鲜草产量一般为 15.0~60.0 t/hm²,水肥条件好时可达 75.0 t 以上。

苜蓿是肉牛的优质牧草。粗蛋白含量为 21.01%,且消化率可达 70%~80%。粗脂肪、粗纤维、无氮浸出物、粗灰分含量分别为 2.47%、23.77%、36.83% 和 8.74%,另外,苜蓿富含多种维生素和微量元素,还含有一些未知促生长因子,对肉牛的生长发育均具良好作用,不论青饲、放牧或是调制干草和青贮,适口性均好,被誉为"牧草之王"。

在单播地上放牧易得膨胀病,为防此病发生,放牧前先喂一些干草或粗饲料,同时不要在有露水和未成熟的苜蓿地上放牧。

(二)金花菜 金花菜又名南苜蓿、黄花苜蓿、肥田草等。我国以江苏、浙江的沿江、沿海地区栽培面积最大,四川、湖北、湖南、江西、福建等省也有栽培。金花菜即是优良的饲用植物,又是良好的绿肥作物,还可用作水土保持植物和观赏植物,亦可用作蔬菜。

1. 特征与特性　一年生或越年生草本植物。主根细小,侧根发达,有根蘖。茎匍匐或斜生,长 30～100 cm。三出羽状复叶,小叶倒心脏形或宽倒卵形,上部叶缘具锯齿。总状花序腋生,花冠黄色。荚果螺旋形,每荚含种子 3～7 粒。肾形种子黄褐色,千粒重2.5～3.2 g。

喜温暖湿润气候。幼苗在零下 3～5 ℃时即会受冻或部分死亡,生长期间在零下 10～12 ℃也会受冻。耐旱性较弱。对土壤的适应性较广,适于 pH 值 5.5～8.5 的土壤,在土壤含氯盐低于0.2%时仍可生长。

2. 栽培技术　播种以在 9 月上旬到 10 月上旬为宜。通常用带荚种子播种,播种前可用 50% 的腐熟人粪尿浸种 5～6 h 后,与草木灰、塘泥、钙、镁、磷肥拌种后再播种,效果较好。播种量每公顷 75～90 kg,与其他作物套种时每公顷 37.5～45.0 kg。晚稻田应在播前15～20 d 排水,并在收获之前进行套种。中稻田收割后最好先耕地作畦,然后条播或撒播,条播行距 20～30 cm,也可在中稻收割后直接开沟条播或穴播,播种深度 3 cm。棉田多在立秋后撒播。

金花菜不耐瘠薄,施用磷、钾肥增产效果显著。入冬前每公顷施磷肥 225 kg,可增加其抗寒能力。生育期间金花菜不耐积水,应注意排水。

3. 收获与利用　金花菜宜在盛花期收割,留茬 15 cm 左右,一般产鲜草 15.0～37.5 t/hm²。

金花菜茎叶柔嫩,营养丰富,盛花期时粗蛋白、粗脂肪、粗纤维、无氮浸出物和粗灰分含量分别达到 23.25%、3.85%、16.99%、38.74% 和 9.94%,且适口性好,肉牛喜食。可以青饲、制成干草或青贮。青饲时易得臌胀病,要注意预防。

（三）草木樨

1. 白花草木樨　　白花又名白甜车轴草、白香草木樨。我国1922年引进种植,东北、华北、西北均有栽培。除做饲草利用外,还是重要的水土保持植物、绿肥和蜜源植物,有些地区还用作燃料。

（1）特征与特性。二年生草本植物。主根粗壮,深达2 m以上。茎粗直立,圆而中空,高1～4 m。三出羽状复叶,边缘有疏锯齿。花白色,总状花序腋生。荚果卵圆形或椭圆形,无毛,含种子1～2粒。种子椭圆形、肾形等,黄色以至褐色,千粒重2.0～2.5 g。

耐寒性较强,成株可在－30 ℃的低温下越冬。生长期间的适宜温度为17～30 ℃。抗旱力强,在年降水量300～500 mm的地方生长良好。对土壤要求不严,除低洼积水地不宜种植外,其他土壤均可种植;耐瘠薄,适宜的 pH 值为7～9。其耐碱性是豆科牧草中最强的一种。在含盐量0.20%～0.30%的土壤上生长良好。

（2）栽培技术。播前应精细整地,宜深耕细耙,地平土碎。结合耕地施足磷、钾肥。播前需对硬实种子进行处理,可用碾米机碾压,使种皮擦伤即可。春、夏、秋均可播种,也可冬季寄子播种。白花草木樨生长年限短,在北方早春土壤解冻时趁墒播种较为适宜,但春旱多风地区,以6月上、中旬雨水较多时播种为宜,秋播不要过迟,以免影响越冬。播种量每公顷11.25～22.5 kg。条播、撒播均可,以条播为主。条播行距15～30 cm。播种深度2～3 cm,播种后要进行镇压,防止跑墒。

幼苗期要注意防除杂草。在分枝期、刈割后要追施磷、钾肥,并及时灌溉、松土等。追施磷肥可显著增加白花草木樨的产草量,在河北坝上地区施用 P_2O_5 270 kg/hm^2 时,可使白花草木樨的产草量达到最大值。

（3）收获与利用。适宜刈割期为现蕾期。留茬高度 10～15 cm 为宜。早春播种当年可产鲜草 15.0～30.0 t/ hm²，第 2 年可达 30.0～45.0 t，高者可达 60.0～75.0 t。

白花草木樨质地细嫩，营养价值较高，含有丰富的粗蛋白和氨基酸，是家畜的优良饲草，可青饲、放牧利用，也可以调制成干草或青贮饲料后饲喂。株体内含有香豆素，具苦味，影响适口性。因此，饲喂时应由少到多，数天之后，开始喜食。调制成干草后，香豆素会大量散失，因而适口性较好。

2. 黄花草木樨 黄花草木樨又名黄甜车轴草，香草木樨、金花草等。我国东北、华北、西北、西藏、四川和长江流域以南都有野生种。在西北、华北、东北等地栽培较多。

黄花草木樨茎叶繁茂，营养丰富，为优良牧草，亦可作绿肥和水土保持植物。

其植物学特征与生物学特性和白花草木樨基本相同，主要区别在于花黄色，主根入土深度稍深，株高略低于白花草木樨，开花期较白花草木樨约早 2 周。产草量比白花草木樨要低，但抗逆性比白花草木樨要强，在白花草木樨不能很好生长的地区，可以种植黄花草木樨。

栽培与利用技术和白花草木樨相同。

（四）沙打旺 沙打旺又叫直立黄芪、斜茎黄芪、沙大王、麻豆秧、地丁、青扫条、薄地草等。近年来我国北方各省区广泛栽培。沙打旺既是优质饲草，又是良好的水土保持植物、绿肥作物和蜜源植物。在我国北方，沙打旺已成为退耕还草、改造荒山荒坡及盐碱沙地、防风固沙、治理水土流失的主要草种。

1. 特征与特性 多年生草本植物。根系发达，主根入土深达 1～2 m。株高 1～2 m，茎圆而中空，直立或倾斜。奇数羽状复叶，小叶长椭圆形。总状花序，花冠碟形，蓝紫色或紫红色。荚果矩形或长椭圆形，顶端具下弯的喙，内含黑褐色种子 10 余粒，千粒重

1.5~2.4 g。

喜温耐寒,生长期间需≥0 ℃的积温 3 600~5 000 ℃,无霜期 150 d 以上,否则不能开花结实,但营养体生长良好,－38 ℃的低温下能安全越冬。喜水耐旱,年降水量 300 mm 的地区即生长良好。对土壤要求不严,除低洼地、黏土、酸性土壤外均可种植。耐瘠薄,耐盐碱,不耐潮湿和水淹。抗风沙能力强,在风沙吹打下,甚至被流沙淹埋 3~5 cm,仍能正常生长。

2. 栽培技术　播前整地一定要精细,结合土地耕翻施入有机肥和磷肥做底肥。鲜种子硬实率较高,播前需进行碾压处理。春夏秋冬均可播种。在春旱比较严重的地区,以早春顶凌播种较好。春末和夏秋可乘雨抢种,但秋播时间不要迟于 8 月下旬。丘陵、山坡地乘雨抢种时,宜在雨季后期为宜。条播、撒播均可,可根据地形适当采用,平地条播,行距 30~40 cm,不便于条播的地块可撒播,播后要及时镇压。每公顷播量 2.25~3.0 kg。播种深度为 1~2 cm,过深出苗困难,易造成缺苗。播后最好镇压。

苗期生长慢,易受杂草危害,应注意及时中耕除草,并在每次刈割后中耕除草 1 次。当出现菟丝子时,要及时拔除病株,或用鲁保一号制剂防除。不耐涝,当土壤水分过多时应注意排水。有条件的地区,在早春和每次刈割后应进行灌溉和施肥。

3. 收获与利用　沙打旺播种当年可刈割 1~2 次,其后可刈割 2~3 次。适宜刈割期为现蕾期,花后刈割木质化严重,影响饲用价值。刈割留茬高度为 5~10 cm。春播当年可产鲜草 15.0~45.0 t/hm²,此后可达 75.0 t 以上。

沙打旺营养价值高(粗蛋白 17.27%、粗脂肪 3.06%、粗纤维 22.06%、无氮浸出物 49.94%、粗灰分 7.66%),适口性较好。在利用方式上,可青饲、放牧、调制青贮、干草和干草粉等,其干草的适口性优于青草。

(五) 紫云英　紫云英又名红花草、莲花草、翅摇、米布袋等。

我国长江流域和长江以南地区均有栽培,而以长江下游各省栽培最多,是我国水田地区主要的冬季绿肥牧草,也是良好的蜜源植物。

1. **特征与特性** 一年生或越年生草本植物。主根肥大,侧根发达。茎直立或匍匐,高30~100 cm。奇数羽状复叶。总状花序,花冠紫红色或白色。荚果条状长圆形,顶端有喙,成熟时黑色,内含种子5~10粒。种子肾形,黄绿色,有光泽,千粒重3.2~3.6g。

喜温暖气候,生长的最适温度为15~20℃,低于-15℃不能越冬。喜水,不耐旱,但又忌积水。喜肥沃的沙壤土、黏壤土以及无石灰性的冲积土,适宜的土壤pH值为5.5~7.5。耐酸能力较强,耐盐性较差,土壤含盐量超过0.2%时就会死亡。

2. **栽培技术** 紫云英常与水稻、棉花、麦类及油菜等轮作。种子硬实较多,可用温水浸种24 h,或用碾米机碾磨进行处理。播种时间一般为秋播,最早在8月下旬,最迟在11月中旬,最好在9月上旬到10月中旬。在我国南方,往往收获水稻后在稻田直接撒播,或耕翻后撒播,也可整地后条播或点播,播种量30.0~60.0 kg。作青贮用时可与黑麦草混播,播种量各15.0 kg左右。

紫云英一般不施底肥。在苗期至开春前追施灰肥、厩肥可促使幼苗健壮,提高抗寒能力。开春后及时追施人粪尿、硫铵等速效肥,并配合追施磷、钾肥。紫云英最忌积水,低洼地或排水不良的地方,应注意排除过多的水分,以防烂根死亡。

3. **收获与利用** 适宜刈割时间为盛花期。每年可收2~3茬。一般产鲜草22.5~37.5 t/hm²,高的可达52.5~60.0 t。

紫云英茎叶柔嫩,叶量丰富,适口性好,营养丰富。干物质中,含粗蛋白22.27%,粗脂肪4.79%,粗纤维19.53%,无氮浸出物33.54%,粗灰分7.84%,此外还含有丰富的维生素和矿物质,是上等优质饲草。可青饲,也可调制成青贮饲料或干草、干草粉。青饲时一次喂量不可过多,以防得臌胀病。

（六）三叶草　我国三叶草有 8 种,最常见的是红三叶和白三叶。

1. 红三叶　又名红车轴草、红菽草等。我国在 20 世纪 20 年代引入,已在西南、华中、华北南部、东北南部和新疆等地栽培。花期长,蜜腺发达,是优良的蜜源植物,花色艳丽,还可用做草坪绿化植物。

（1）特征与特性。多年生草本植物。根系发达。茎直立或斜生。三出掌状复叶,小叶卵形或长椭圆形,叶面有"V"字斑纹。头形总状花序,花冠淡红色或淡紫色。荚果小,内含种子 1 粒。种子椭圆形或肾形,棕黄色或紫色,有光泽,千粒重 1.5～2.0 g。

喜温牧草,生长的最适温度为 20～25 ℃,耐热性差,抗寒性较强,−25 ℃并有雪覆盖能安全越冬。喜水不耐旱,适宜的年降水量为 800～1 000 mm。对土壤要求不严,但沙砾地、低洼地和地下水位较高的地不宜种植。耐酸性较强,适宜的土壤 pH 为 5.5～7.5,土壤含盐量 0.3% 则不能生长。

（2）栽培技术。不耐连作,同一地块需隔 5～7 年才能再次种植。种子硬实率较高,播前需用碾米机碾压。在华北、东北、西北地区宜春、夏播种,春播在 3 月中、下旬至 4 月上旬,夏播在 6 月中旬至 7 月中旬。南方地区宜秋播,时间在 9 月中、下旬或 10 月上旬。条播行距 30～40 cm,播种量 15.0～22.5 kg,播深 1～2 cm,播后镇压 1～2 次。

红三叶苗期生长缓慢,易受杂草危害,需及时中耕除草,每年返青前后也要中耕除草 1～2 次。红三叶不耐旱,不抗热,干旱和炎热天气,要及时灌水,以促进其生长。

（3）收获与利用。红三叶的适宜刈割期青饲用时在开花初期,调制干草和青贮饲料时则在开花盛期。在长江流域,一年可刈 5～6 茬,鲜草产量 52.5～90.0 t/hm^2;在华北中、南部,一年可刈 3～4 茬,鲜草产量为 37.5～45.0 t。刈割留茬 10～12 cm。

红三叶营养丰富,其营养成分含量分别为蛋白质 17.1%、粗脂肪 3.6%、粗纤维 21.5%、无氮浸出物 47.6%、粗灰分 10.2%,总消化养分和净能略高于苜蓿,饲用价值高。适口性好,可青饲、放牧利用,也可调制成青贮饲料或干草。放牧在现蕾至开花初期进行,放牧时注意预防臌胀病。

2. 白三叶 白三叶又名白车轴草、荷兰翅摇等。20 世纪 20 年代引入我国,分布在东北、西北、华北、西南等 20 个省市。白三叶茎叶繁茂,固土力强,是良好的水土保持植物。草姿优美,绿色期长,可作为草坪植物。

(1) 特征与特性。多年生草本植物。主根短而侧根发达。茎细长,匍匐生长。掌状三出复叶,小叶倒卵形或倒心脏形,叶面有"V"字斑纹。头形总状花序,花冠白色或微带紫色。荚果长卵形,每荚含种子 3~4 粒。种子心脏形,黄色或棕褐色,千粒重 0.5~0.7 g。

喜温暖湿润气候,生长的最适温度为 19~24 ℃,抗寒能力较强,晚秋遇零下 7~8 ℃的低温仍能恢复生长,耐热能力较强。喜水不耐旱,年降水量不宜低于 600~800 mm。耐荫耐湿,可在林下种植。对土壤要求不严,除盐渍化土壤外均能种植。耐酸性较强,适宜的土壤 pH 值为 5.6~7.0,pH 大于 8 的碱性土壤生长不良或不能生长。

(2) 栽培技术。白三叶要求精细整地,耕深 20 cm,耕翻前施有机肥 45.0~60.0 t 作底肥,酸性土壤宜施用石灰。种子硬实率高,播前需要碾磨处理,以破除硬实。北方地区宜春播,时间为 3 月下旬至 4 月上、中旬;南方地区从 3 月上旬至 9 月上旬均可播种,但以秋播为宜。条播、穴播或撒播均可,条播行距 30 cm,在坡地上宜穴播,按株行距 40~50 cm 播种。播种量为每公顷 3.75~7.5 kg,播种深度为 1.0~1.5 cm。

苗期不耐杂草,在出苗后至封垄前要连续中耕除草 2~3 次。

当封垄后,白三叶可有效抑制杂草,注意拔除大草即可。

3. **收获与利用** 白三叶的适宜刈割期为开花期。在东北地区每年可刈 2~3 次,华北 3~4 次,南方 4~5 次,留茬 5~15 cm。每公顷产鲜草 45.0~60.0 t,高的可达 75.0 t。

白三叶草质柔嫩,营养丰富,干物质中含粗蛋白 24.7%,粗脂肪 2.7%,粗纤维 12.5%,无氮浸出物 47.1%,粗灰分 13.0%,且适口性好,肉牛喜食。白三叶是放牧型牧草,耐践踏,再生性好。肉牛放牧于良好的白三叶草地不需补饲精料,即可获得良好的生产性能。注意放牧时间不能过长,因为白三叶含有雌性激素香豆雌醇,能造成肉牛生殖困难。冬季要禁牧。此外,青饲或放牧时还要注意预防膪胀病。

(七) 红豆草 红豆草又名驴喜豆、驴食豆、普通红豆草,被誉为“牧草皇后”。华北、西北、东北南部都能种植,特别是适于西北干旱和半干旱地区。除做牧草利用外,红豆草还是良好的蜜源植物、园林绿化植物和水土保持植物。

1. **特征与特性** 多年生草本植物。直根系,主根入土深度达 3~4 m。茎直立,高 70~150 cm。奇数羽状复叶。穗状总状花序,花冠为鲜艳的粉红至紫红色。荚果扁平,表面有凸形网状脉纹,边缘有锯齿,每荚含种子 1 粒。种子肾形,红褐色,千粒重 13~16 g。

喜温暖气候,耐寒性较差,-20 ℃以下,没有积雪的地区不能越冬。喜干燥,在干旱地区,降水量 300~400 mm 收成较好,在年平均气温 12~13 ℃,降水量 500 mm 的地区生长最好。不耐涝。对土壤要求不严,但以富含石灰质、疏松的壤土为适宜,适宜的 pH 为 6.0~7.5。

2. **栽培技术** 忌连作,同一块地须隔 5~6 年才能再次种植。播前要精细整地,并施 37.5~52.5 t/hm^2 的厩肥作底肥。在我国北方冬季寒冷地区,播种宜在春季,西北地区多在 4 月中、下旬或 5 月上旬播种,北方春旱严重的地区宜夏播,时间在 6 月中、下旬,冬季温暖地区可秋播,但应不迟于8月中旬。红豆草宜条播,行距30~60 cm,播种量45.0~60.0 kg/hm²,播深3~5 cm,播后及时镇压。

苗期生长缓慢,注意中耕除草以防杂草危害,一般每隔15~20 d进行1次,每年返青及每次刈割后也要及时进行中耕除草。红豆草虽抗旱,但灌水可提高产量和品质,冬灌还可提高越冬率,所以有灌溉条件的地区,要适时灌水。

3. 收获与利用　红豆草适宜的刈割期为现蕾期。一般每年可刈2~3次,留茬5~6 cm,也可头茬收草,以后放牧利用。鲜草产量一般为30.0~52.5 t/hm²。

红豆草营养丰富,粗蛋白、粗脂肪、粗纤维、无氮浸出物和粗灰分的含量分别达到了15.12%、1.98%、31.50%、42.97%和8.43%,适口性好,特别是食后不得臌胀病,是肉牛的优质饲草。青饲、放牧、调制青贮或干草均可。

(八) 小冠花　小冠花又叫多变小冠花。辽宁、河北、河南、山西、山东、陕西、江苏、湖北、湖南等省均有种植,且表现良好。小冠花是良好的水土保持植物以及公路和铁路的护坡、护堤植物及土壤改良植物,还是良好的蜜源植物和园林绿化植物。

1. 特征与特性　多年生草本植物。根系粗壮,深可达2 m,根上有许多不定芽,叫根蘖。茎斜生,草丛高60~70 cm。奇数羽状复叶。伞形花序,由14~22朵小花分两层呈环状紧密排列于花梗顶端,似皇冠,故此得名,花色多变,初为粉红色,以后渐变为蓝紫色。荚果细长指状,分节,每节含种子1粒,种子短圆柱形,红褐色,千粒重3.1~4.1 g。

喜温耐寒,最适生长温度为20~23℃,−30℃能安全越冬,耐炎热,34~36℃持续高温,生长旺盛。喜水,适宜在年降水量600~1 000 mm的地区种植,但不耐水淹和潮湿环境。对土壤要求不严,除酸性过大、含盐量过高或低洼内涝地外,其他土壤均能种植,具一定的耐酸碱能力,最适 pH 为 6.8~7.5。

2. 栽培技术 整地质量要好,耕深要达到 20 cm,并在耕翻前每公顷施入农家肥 45.0~60.0 t。种子硬实率极高,达 70%~80%,可用浓硫酸浸种 20~30 min,用清水冲洗至无酸性反应,阴干播种。也可用 80℃ 的水浸种 3~5 min,再用凉水降温后捞出,晾干播种。春、夏、秋播均可,秋播宜早不宜迟,以免越冬困难。条播或穴播,条播行距 100~150 cm,穴播株行距各 100 cm,播种量 6.0~7.5 kg,播深 1~2 cm。

小冠花苗期生长缓慢,易受杂草危害,要注意中耕除草,返青期和每次刈割后,易滋生杂草,需中耕除草 1 次。冬前灌 1 次冬水,以利越冬。每年追肥、灌溉 1~2 次,追肥以磷肥为主。

3. 收获与利用 适宜刈割时期是从孕蕾到初花期,1 年可刈 3~4 茬,留茬 5~6 cm,产鲜草 45.0~90.0 t/hm²。放牧利用在株高 40~60 cm 时开始。

小冠花枝叶繁茂柔软,叶量丰富,无怪味,营养价值高,富含粗蛋白(18.83%)、粗脂肪(2.61%)和无氮浸出物(24.45%),且消化率较高,最适合作反刍家畜的饲料。可青饲、放牧利用,也可调制成青贮饲料和干草饲喂。

三、其他科优质牧草

(一)串叶松香草 串叶松香草又名松香草,菊花草、串叶菊花草等。我国 1979 年引入,目前大部分省市均有栽培。花期长,花金黄色,有清香气味,是良好的观赏植物和蜜源植物,其根还有药用价值。

1. 特征与特性 多年生草本植物。根系发达粗壮;具根茎。茎直立,四棱,高 2~3 m。叶分基生叶与茎生叶两种,播种当年为基生叶,丛生呈莲座状,有短柄,或近无柄;茎生叶无柄,对生,相对两叶基部相连,茎从中间穿过,故此得名。头状花序,黄色花冠。

瘦果心脏形,褐色,种子千粒重20~25 g。

喜温耐寒抗热。生长适温为25~28 ℃,夏季能忍受长时间35~37 ℃的高温,-39.5 ℃不受冻害,在东北、华北及西北地区能够越冬。喜水耐旱,适宜的年降水量为600~800 mm,凡年降水量450~1 000 mm的地方都能种植。耐涝性较强,地表积水长达4个月,仍能缓慢生长。喜欢中性至微酸性的肥沃土壤,壤土及沙壤土都适宜种植,适宜的土壤pH值6.5~7.5。黏土妨碍根的发育,不宜种植,抗盐性及耐瘠薄能力差,故而盐碱地和贫瘠的土壤也不适宜种植。

2. 栽培技术　要选择肥水充足、便于管理的地块种植,最好秋翻地,耕深20 cm以上,来不及秋翻的要早春翻耕。需肥较多,播前要施足底肥,每公顷施用厩肥45.0~60.0 t,磷肥240 kg,氮肥225 kg。生长期间对氮肥极为敏感,因而要及时追施氮肥,每次追施硫酸铵150~225 kg或尿素75~105 kg,施后及时浇水。

播种时要尽可能选用头一年采收的种子,并用30 ℃温水浸泡种子12 h,有利出苗。在北方春、夏、冬三季均可播种。春播在3月下旬至4月上旬,夏播在6月中下旬,不晚于7月中旬,也可冬前寄子播种。南方春播、秋播均可,春播在2月中旬至3月中旬为宜,秋播宜早不宜晚,宜在幼苗停止生长时能长出5~7片真叶为宜。播种量为每公顷3.0~4.5 kg。条播、穴播均可,以穴播为主,行距40~50 cm,株距20~30 cm。每穴播种子3~4粒,覆土深度2~3 cm。

在封垄之前要除草2~3次,如果头2年管理得好,可以减少除草次数,甚至不必除草。播种当年在3~6片真叶时结合中耕除草进行定苗,根据土壤肥力情况,每公顷可留苗45 000~90 000株。返青期及每次刈割后要及时追肥和灌水。寒冷地区为安全越冬要进行培土或人工盖土防寒,也可灌冬水,促进早返青、早利用。

3. 收获与利用　串叶松香草播种当年产量不高,每公顷

30.0～45.0 t,第2年以后开始抽茎,株高可达2 m以上,产量成倍增加,鲜草产量可达150.0～300.0 t/hm²。播种当年只在越冬枯死前刈割1次,以后各年可刈割2～3次,适宜刈割期为现蕾至开花初期,以后每隔40～50 d刈割1次。北方年刈3～4次,南方4～5次为宜。刈割时留茬10～15 cm。

串叶松香草不仅产量高,而且品质好,粗蛋白质、粗脂肪、粗纤维、无氮浸出物、粗灰分含量分别为14.44%、3.48%、12.33%、39.15%、16.31%。属于优质饲料。利用以青饲或调制青贮饲料为主,也可晒制干草。初喂时有异味,多不爱吃,但经过驯化,即可变得喜食。

(二)子粒苋　子粒苋又名西粘谷、西番谷、蛋白草等。我国栽培历史悠久,全国各地均能种植。子粒苋也可作为观赏花卉,还可作为面包、饼干、糕点、饴糖等食品工业的原料。

1. **特征与特性**　一年生草本植物。直根系,主根入土深度达1.5～3.0 m。茎直立,高2～4 m,绿或紫红色,多分枝。叶互生,卵圆形,绿或紫红色。穗状圆锥花序,分枝多。花小,单性,雌雄同株。胞果卵圆形。种子球形,紫黑、棕黄、淡黄色等,有光泽,千粒重0.5～1.0 g。

喜温暖湿润气候,生长的最适温度为20～30℃,40.5℃仍能正常生长。不耐寒,成株遇霜冻很快死亡。耐干旱,不耐涝,积水地易烂根死亡。对土壤要求不严,耐瘠薄,抗盐碱。旱薄沙荒地、黏土地、次生盐渍土壤均可种植。在含盐量0.23%的盐碱地上能正常生长,pH值8.5～9.3的草甸碱化土地也能正常生长,可作垦荒地的先锋植物。但排水良好,疏松肥沃的壤土或沙壤土生长最好。

2. **栽培技术**　子粒苋忌连作。要精细整地,深耕多耙,结合耕翻每公顷施有机肥22.5～30.0 t作基肥。一般在春季地温16℃以上时即可播种,低于15℃出苗不良。北方于4月中旬至5

月中旬播种,南方于3月下旬至6月份播种,播种期越迟,产量也就越低。条播、撒播或穴播均可。行距25～35 cm,株距15～20 cm。播种量375～750g/ hm²,覆土1～2 cm,播后及时镇压。

苗期生长缓慢,易受杂草危害,要及时进行中耕除草。在2叶期时,要进行间苗,4叶期定苗。8～10叶期生长加快,宜追肥灌水1～2次,每公顷施尿素300 kg,现蕾至盛花期生长速度最快,对养分需求也最大,要及时追肥。苗高20～30 cm时再中耕除草1次。每次刈割后,结合中耕除草,追肥灌水。

3. 收获与利用　青饲用子粒苋于现蕾期收割,调制干草时在盛花期刈割,制作青贮饲料时在结实期刈割。刈割留茬20～30 cm,最后1次刈割不留茬。北方1年可收2～3次,南方5～7次,每公顷产鲜草75.0～150.0 t。

子粒苋茎叶柔嫩,清香可口,营养丰富。其子实可作为优质精饲料利用。茎叶适口性好,其营养价值与苜蓿和玉米子实相近,属于优质的蛋白质补充饲料,无论青饲或调制青贮、干草和草粉均为肉牛喜食。

第八章 肉牛的饲料及加工技术

第一节 青、粗饲料

一、粗饲料及加工调制

凡天然含水量低于45%,干物质中粗纤维含量在18%以上的饲料称之为粗饲料。它主要包括2大类,即干草和秸秆。粗饲料的特点是体积大,食后有饱感,但营养价值低,在肉牛日粮中所占比重大,通常作为肉牛的基础饲料。

(一) 干草及草产品加工调制 鲜草经过一定时间的晾晒或人工干燥,水分达到15%~18%以下时,称之为干草。这些干草在干燥后仍保持一定的青绿颜色,因此也称青干草。青饲料调制成干草后,除维生素D有所增加外,其他营养物质均有不同程度的损失,但仍是肉牛最基本、最主要的饲料,特别是优质干草各种养分比较平衡,含有肉牛所必需的营养物质,是磷、钙、维生素D的重要来源。优质干草所含的蛋白质(7%~14%)高于禾谷类子实饲料,在玉米等子实饲料中加入干草或干草粉,可以提高子实饲料中蛋白质的利用率。

1. 干草调制

(1) 适时收割。调制优质干草的前提是要保证有优质的原料,因此干草调制的首要问题是要确定适宜的收割期。因为同一种牧草,在不同的时间收割,其品质具有很大差异。对于豆科牧草而言,从其产量,营养价值和有利于再生等情况综合考虑,最适收割期应为现蕾盛期至始花期。而禾本科在抽穗——开花期刈割较

为适宜。对于多年生牧草秋季最后 1 次刈割应在停止生产前30 d
为宜。

（2）调制方法。

①自然干燥法。自然干燥法即完全依靠日光和风力的作用使
牧草水分迅速降到 17% 左右的调制方法。这种方法简便、经济，
但受天气的影响较大，营养物质损失相对于人工干燥来说也比较
多。自然干燥又分以下 2 种形式。

地面干燥：地面干燥是在牧草刈割后平铺地面就地干燥4~6 h，
使其含水量降至 40%~50% 时，再堆成小草堆，高度 30 cm 左右，重
量 30~50 kg，任其在小堆内逐渐风干。注意草堆要疏松，以利通风。
此法又称小草堆干燥法。在牧区，或在便于机械化作业的草地上，
牧草经 4~6 h 的平铺日晒后，可用搂草机搂成草垄，注意草垄要疏
松，让牧草在草垄内自然风干。此法又称草垄干燥法。

上述方法可使茎叶干燥速度一致，叶片碎裂较少，同时与阳光
的接触面积较少，因而可有效降低干草调制过程中的养分损失。

草架干燥法：用一些木棍、竹棍或金属材料等制成草架。牧草
刈割后先平铺日晒 4~6 h，至含水量 40~50% 时，将半干牧草搭在
草架上，主要不要压紧，要蓬松。然后让牧草在草架自然干燥。和
地面干燥法相比，草架干燥法干燥速度快，调制成的干草品质好。

②人工干燥法。人工干燥法兴起于 20 世纪 50 年代，方法有
常温鼓风干燥法和高温快速干燥法 2 种。常温鼓风干燥是把刈割
后的牧草压扁并在田间预干到含水 50%，然后移到设有通风道的
干草棚内，用鼓风机或电风扇等吹风装置进行常温鼓风干燥。高
温快速干燥则是将鲜草切短，通过高温气流，使牧草迅速干燥。干
燥时间的长短，决定于烘干机的种类和型号，从几小时到几分钟，
甚至数秒钟，牧草的含水量在短时间内下降到 15% 以下。和自然
干燥法相比，人工干燥法营养物质损失少，色泽青绿，干草品质好，
但设备投资较高。

2. 草产品加工 草产品是指以干草为原料进行深加工而形成的产品。主要有草捆、草粉、草颗粒、草块等。

(1) 草捆加工

① 打捆。打捆就是利用捡拾打捆机将干燥的散干草打成草捆的过程(图8-1)。其目的是便于运输和储藏。

图 8-1 捡拾打捆机

在压捆时必须掌握好牧草的含水量。一般认为,在较潮湿地区适于打捆的牧草含水量为30%~35%;干旱地区为25%~30%。

根据打捆机的种类不同,打成的草捆分为小方草捆、大方草捆和圆柱形草捆3种。

小方草捆:小方草捆的切面从0.36 m×0.43 m到0.46 m×0.61 m,长度从0.5 m到1.2 m,重量从10 kg到45 kg不等,草捆密度160~300 kg/m³。草捆常用两条麻绳或金属线捆扎,较大的捆用3条金属线捆扎。

大方草捆:草捆大小为1.22 m×1.22 m×(2~2.8)m,重0.82~0.91 t,密度为240 kg/m³,草捆用6根粗塑料绳捆扎。大方形草捆需要用重型装卸机或铲车来装卸。

大圆柱草捆:其规格为长1~1.7 m,直径1~1.8 m,重600~850 kg,草捆的密度110~250 kg/m³。圆柱形草捆的状态和容积使它很难达到与方草捆等同的1次装载量,因此,一般不宜作远距离运输。

②二次打捆。二次打捆是在远距离运输草捆时,为了减少草捆体积,降低运输成本,把初次打成的小方草捆压实压紧的过程。方法是把2个或2个以上的低密度(小方草捆)草捆压缩成一个高密度紧实草捆。高密度草捆的重量为40~50 kg,草捆大小约为30 cm×40 cm×70 cm。二次压捆需要二次压捆机。二次压捆时要求干草捆的水分含量14%~17%,如果含水量过高,压缩后水分难以蒸发容易造成草捆的变质。大部分二次打捆机在完成压缩作业后,便直接给草捆打上纤维包装膜,至此一个完整的干草产品即制作完成,可直接储存和销售了。

(2)草粉加工。草粉加工所用的原料主要是豆科牧草和禾本科牧草,特别是苜蓿。据报道,全世界草粉中,由苜蓿加工而成的约占95%,可见苜蓿是草粉最主要的原料。

草粉既可用干草加工,也可用鲜草加工。当用干草进行加工时,一定要选用优质青干草作为原料。首先要除去干草中的毒草、尘沙及发霉变质部分;然后看其干燥程度,如有返潮草,应稍加晾晒干燥后粉碎。豆科干草,注意将茎秆和叶片调和均匀。牧草干燥后立即用锤式粉碎机粉碎,然后过筛制成干草粉。对于肉牛,所需草粉的草屑以 3 mm 左右为宜。若用鲜草直接加工,首先是将鲜草经过 1 000 ℃左右高温烘干机烘干,数秒钟后鲜草含水量降到12%左右,紧接着进入粉碎装置,直接加工为所需草粉。既省去了干草调制与储存工序,又能获得优质草粉,但制作成本高于前者。

(3)草颗粒加工。为了缩小草粉体积,便于储藏和运输,可以用制粒机把干草粉压制成颗粒状,即草颗粒。草颗粒可大可小,直径为 0. 64～1. 27 cm,长度 0. 64～2. 54 cm。颗粒的密度为700 kg/m^3(而草粉密度为 300 kg/m^3)。草颗粒在压制过程中,可加入抗氧化剂,防止胡萝卜素的损失。在生产上应用最多的是苜蓿颗粒,占 90%以上,以其他牧草为原料的草颗粒较少。

(4)草块加工。牧草草块加工分为田间压块、固定压块和烘干压块 3 种类型。田间压块是由专门的干草收获机械——田间捡拾压块机完成的,能在田间直接捡拾干草并制成密实的块状产品,产品的密度为 700～850 kg/m^3。压制成的草块大小为 30 mm×30 mm×(50～100) mm,田间压块要求干草含水量必须达到10%～12%,而且至少 90%为豆科牧草。固定压块是由固定压块机强迫粉碎的干草通过挤压钢模,形成大约 3. 2 cm×3. 2 cm×(3.7～5) cm 的干草块,密度为 600～1 000 kg/m^3。烘干压块由移动式烘干压块机完成,由运输车运来牧草,并切成 2～5 cm 长的草段,由运送器输入干燥滚筒,使水分由 75%～80%降至 12%～15%,干燥后的草段直接进入压块机压成直径 55～65 mm、厚约 10 mm的草块,密度为 300～450 kg/m^3。草块压制过程中可根据肉牛的需要,加入尿素、矿物质及其他添加剂。

(二)秸秆加工调制　秸秆是指农作物收获子实后的残余物。

其特点是粗纤维含量丰富,可达 30%～45%,但其他营养物质的含量低而品质差,消化率低。因此对秸秆的加工主要针对粗纤维进行。通过加工,使粗纤维的消化率得以提升。

1. **热喷处理**　热喷处理就是将秸秆装入热喷机内,向其中通入过热饱和蒸汽,经过一段时间热、压处理后,骤然降压,物料由机内喷出而膨胀,使其结构和化学成分发生变化的一种加工方法。膨化秸秆有香味,家畜非常喜食,所以,膨化秸秆可直接用于饲喂家畜,也可与其他饲料混合饲喂。

在热喷处理过程中,将会导致木质素、纤维素和半纤维素发生变化。木质素被熔化,使得纤维素暴露,因而消化因子就能对其发生作用,从而使消化率得以提高。此外,纤维素和半纤维素均会发生水解,使其聚合度降低,更易被消化利用。此外,在热处理结束时,木质素已呈熔化状态,细胞间结构薄弱,此时开启压力罐排料球心阀,在罐内压力驱使下,细胞间及细胞内气体就急速向外扩散,从而撑破细胞壁,使之变得疏松,从而提高消化率。

热喷时要求秸秆的含水量为 30%～50%;温度应在 150 ℃ 以上,最好在 200～300 ℃ 之间;要求膨化机内的蒸汽压达 15～87 kg/cm²。时间应根据膨化机内温度而定,当温度为 200～300 ℃ 时,压缩加压时间只需 5～20 min,迅速解除压力达到膨化的目的;从外部加热使膨化机内压力上升时,在温度为 200～300 ℃ 的情况下,内部压力上升到 15～87 kg/cm²,放置 5～30 min,立即解除压力即可完成。

2. **碱化处理**　碱化处理是成本低廉、简便易行的秸秆加工方法之一。用碱性化合物处理秸秆,可以打开纤维素、半纤维素与木质素之间对碱不稳定的酯键,溶解半纤维素和一部分木质素及硅,使纤维素膨胀,从而使瘤胃液易于渗入。这样,既提高了秸秆的适口性,增加了采食量,又提高了秸秆的消化率和含水量。秸秆的碱化处理是目前研究最多,生产上较实用的方法之一,包括以下 3 种方式。

（1）湿法碱处理。该方法是把切碎的秸秆在 NaOH 溶液中浸泡，然后再用大量清水漂洗，去除余碱。该法可有效提高秸秆的消化率，但由于漂洗液会对环境造成严重污染，因而不宜采用。

（2）干法碱处理。其方法是将 NaOH 配成 20%～40% 的溶液、每 100 kg 秸秆用 30 kg 碱液，然后用耐碱的高压喷雾器将碱液均匀地喷洒在切碎的秸秆上，随拌随喂，碱液用量不得超过秸秆重量的 25%。若采用高性能的高压喷雾器，碱液量可减少到秸秆重的 5%～10%。处理后的秸秆可堆储在仓库，也可压制成颗粒。其 pH 值虽上升到 11，但喂前无需清洗，秸秆消化率可提高 12%。缺点是秸秆中含钠量高，家畜饮水量大。

经过干法碱化处理的秸秆还可粉碎成秸秆粉，然后经压粒机制成颗粒。由于压粒时的高温（90～100 ℃）高压作用，进一步破坏了秸秆中木质素的化学结构，使消化率可增加近 1 倍。这种秸秆颗粒因含碱量较高，饲喂量应控制在每头牛每昼夜 5～6 kg。

3. 氨化处理　在秸秆中加入一定比例的氨水、无水氨、尿素或异尿素溶液等，经密闭处理以提高秸秆消化率和营养价值的方法叫氨化。氨化秸秆的适口性有一定的改善，采食量增加 10%～20%，秸秆的脆性增强，细胞壁变得疏松柔软，渗透作用增强。而且，氨化秸秆中粗蛋白质含量提高 0.8%～1.5% 倍，干物质消化率提高 8%～25%。大量试验证明，氨化秸秆不仅具有碱化法的优点，还可增加秸秆的氮素营养。

氨化处理秸秆时常用的氨化剂有氨水、液态氨、尿素、双缩脲等，处理方法有以下几种：

（1）塑料袋氨化法。是将秸秆装入塑料袋内，通入无水氨后密封。其过程如下：按 4:100 加入无水氨

秸秆 ——→ 装袋 ——按 4:100 加入无水氨——→ 密封1个月后 ——→ 取出通风干燥 ——→ 饲喂

（2）窖储氨化法。将秸秆填充到窖内，用塑料薄膜密封后注入氨

化剂氨化的方法。一般情况下,每6 kg秸秆加入1 kg 18%的氨水。

(3) 垛法氨化。用厚0.2 mm的塑料薄膜铺底,上面堆放秸秆捆,秸秆垛上覆以的塑料薄膜,上下2张塑料薄膜的四周应重叠卷边,用重物压住,使秸秆密封其中(图8-2)。

氨水或无水氨注入方式有2种:一是将定量氨水装入广口瓶中,置于秸秆垛上面,密封后将氨水瓶推翻。二是通过带孔的钢管注入(图8-3)。每100 kg秸秆加5%的氨水25 kg,4周后开垛,晾置2～3 d即可。

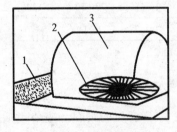
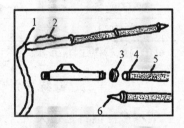

1. 塑料薄膜 2. 中部微凹坑
  3. 秸秆垛

1. 胶皮管 2. 手把 3. 螺母
4. 螺口 5. 注氨管 6. 尖端

(《饲料加工工艺与设备》,饶应昌主编,1996)

图8-2 垛式氨化　　**图8-3 注氨管**

(4) 炉法氨化。中国农业大学非常规饲料研究所先后设计出金属箱式氨化炉、拼装式氨化炉等。操作时,将秸秆捆装入特制的氨化炉中,密闭后通入无水氨,每100 kg秸秆加无水氨2 kg,加热至95℃后开动风扇,使氨在炉内环流15 h,然后关掉风扇和加热器继续密闭4 h后开门,任其自由通风4 h放掉余氨后即可饲喂。

(5) 尿素氨化法。秸秆上存在脲酶,当用尿素溶液喷洒秸秆封存一段时间后,尿素就会在脲酶作用下分解出NH_3,对秸秆产生氨化作用。尿素用量为秸秆重的4%左右。

氨化秸秆的品质好坏与氨的用量、氨化的时间和温度以及秸秆的含水量有关。研究表明,当氨的用量低于秸秆干物质的5%时,增加氨的用量与氨化秸秆消化率的提高呈正相关。对粗蛋白质含量的影响也大致如此。在一定范围内,氨化时间越长,效果越好。而氨化时间的长短要依据气温而定(表8-1)。气温越高,完成氨化所需的时间越短;相反,气温越低,氨化所需时间就越长。另外,氨化时要求秸秆的含水量为25%~35%,这样可以保证氨化效果良好。

表8-1 气温与秸秆氨化时间的关系

气温(℃)	<5	5~10	10~20	20~30	>30
氨化所需时间(d)	>56	28~56	14~28	7~14	5~7

引自《饲草饲料加工与贮藏》,张秀芬主编,1992。

二、青绿多汁饲料及加工调制

青绿多汁饲料是指天然含水量高于60%的饲料。主要包括天然牧草、栽培牧草、青饲作物、叶菜类作物、块根块茎类作物等。其主要特点是水分含量高,而养分浓度低;无氮浸出物含量高,而粗纤维含量低;蛋白质品质好,营养价值高;富含各种维生素,特别是胡萝卜素含量极为丰富;钙磷比例适当,且微量元素含量较高。总之,青绿饲料柔软多汁,营养丰富,适口性好,还具有轻泻、保健作用,是肉牛饲料的重要来源,也是一种营养相对平衡的饲料。

为了保证青绿饲料多汁饲料的品质,在饲用时必须做到适时收割。因为在青绿多汁饲料的生长过程中,产量逐渐增加,而品质逐渐下降。因此过分追求产量将会牺牲其品质,从而影响其利用价值。收割后的青绿多汁饲料,只需进行铡切处理,即可饲喂,无需进行其他加工处理。

三、青贮饲料及加工调制

青贮饲料是指在厌氧条件下经过乳酸菌发酵调制而成的青绿

多汁饲料。此外,还包括经过添加酸制剂、甲醛、酶制剂等添加剂,抑制有害微生物发酵、促使 pH 值下降而保存的青绿多汁饲料。其过程称为青贮。青贮过程被认为是一种酸的发酵过程,而进行这一发酵过程的容器称为青贮窖。

青贮饲料具有很多优点,可归纳成以下几个方面。首先,青贮过程养分的损失低于用同样原料调制干草的损失。其次,饲草经青贮后,可以很好地保持饲料青绿时期的鲜嫩汁液,质地柔软,并且具有酸甜清香味,从而提高了适口性。第三,青贮饲料能刺激肉牛的食欲,促进消化液的分泌和肠道蠕动,从而可增强消化功能。用同类原料分别调制成青贮饲料和干草进行比较,青贮饲料不仅含有较高的可消化粗蛋白、可消化总养分和可消化总能量,而且消化率也高于干草。此外,当它和精料、粗饲料搭配饲喂时,还可提高这些饲料的消化率和适口性。第四,一些粗硬原料和带有异味的原料在未经青贮之前,肉牛不喜食,经青贮发酵后,却可成为良好的肉牛饲料,从而可有效地利用饲料资源。第五,青贮饲料可以长期储存不变质,因而可以在牧草生长旺季,通过青贮把多余的青绿饲料保存起来,留作淡季供应,可以做到常年供青,从而使肉牛终年保持高水平的营养状态和生产水平。

(一) 青贮设施　生产中采用的青贮设施有青贮窖、青贮塔、塑料薄膜、不锈钢容器等。现分别叙述于下:

1. 青贮窖　青贮窖是我国北方地区使用最多的青贮设施。根据其在地平线上下的位置可分为地下式青贮窖、半地下式和地上式青贮窖,根据其形状又有圆形与长方形之分。一般在地下水位比较低的地方,可使用地下式青贮窖,而在地下水位比较高的地方易建造半地下式和地上式青贮窖。建窖时要保证窖底与地下水位至少距离 0.5 m(地下水位按历年最高水位为准),以防地下水渗透进青贮窖内,同时要用砖、石、水泥等原料将窖底、窖壁砌筑起来,以保证密封和提高青贮效果。

当青贮原料较少时,最好建造圆形窖,因为圆形窖与同样容积的长方形窖相比,窖壁面积要小,贮藏损失少。一般圆形窖的大小以直径 2 m,窖深 3 m,直径与窖深比例为 1∶1.5～1∶2 为宜。如果青贮原料较多,易采用长方形窖,其宽、深比与圆形窖相同,长度可根据原料的多少来决定。在建造青贮窖时可参考表 8-2 中参数来确定窖的大小尺寸。

表 8-2 不同原料青贮后的容量

原料种类	容量(kg/m³)
叶菜类、紫云英、甘薯块根等	800
甘薯藤	700～750
萝卜叶、芜菁叶、苦荬菜	600
牧草、野草	600
青贮玉米、向日葵	500～550
青贮玉米秸	450～500

2. 青贮塔 青贮塔是用砖、水泥、钢筋等原料砌筑而成的永久性塔形建筑。适于在地势低洼、地下水位高的地区的大型牧场使用。塔的高度一般为 12～14 m,直径 3.5～6.0 m,窖壁厚度不少于 0.7 m。近年来,国外采用不锈钢或硬质塑料等不透气材料制成的青贮塔,坚固耐用,密封性能好,作为湿谷物或半干青贮的设施,效果良好。

3. 塑料薄膜 可采用 0.8～1.0 mm 厚的双幅聚乙烯塑料薄膜制成塑料袋,将青贮原料装填于内;也可将青贮原料用机械压成草捆,再用塑料袋或薄膜密封起来,均可调成优质青贮饲料。这种方法操作简便,存放地点灵活,且养分损失少,还可以商品化生产。但在贮放期间要注意预防鼠害和薄膜破裂,以免引起二次发酵。

不管用什么原料建造青贮设施,首先,要做到窖壁不透气,这是保证调制优质青贮饲料的首要条件。因为一旦空气进入其内,必将导致青贮饲料品质的下降和霉坏。其次,窖壁要做到不透水,如水浸入青贮窖内,会使青贮饲料腐败变质。再次,窖壁要平滑、垂直或略有倾斜,以利于青贮饲料的下沉和压实。第四,青贮窖不可建的过大或过小,要与需求量相适应。

(二) 青贮饲料的调制

1. 调制青贮饲料应具备的基本条件

(1) 要有足够的含糖量。青贮过程是一个由乳酸菌发酵,把青贮原料中的糖分转化成乳酸的过程,通过乳酸的产生和积累,使青贮窖内的 pH 值下降到 4.2 以下,从而抑制各种有害微生物的生长和繁殖,达到保存青绿饲料的目的。因此,为产生足够的乳酸,使 pH 值下降到 4.2 以下,就需要青贮原料中含有足够的糖分。

试验证明,所有的禾本科饲草、甘薯藤、菊芋、向日葵、芜菁和甘蓝等,其含糖量均能满足青贮的要求,可以单独进行青贮。但豆科牧草、马铃薯的茎叶等,其含糖量不能满足青贮的要求,因而不能单独青贮,若需青贮,可以和禾本科饲草混合青贮,也可以采用一些特种方法进行青贮。

(2) 青贮原料的水分含量要适宜。青贮原料中含有适宜的水分是保证乳酸菌正常活动与繁殖的重要条件,过高或过低的含水量,都会影响正常的发酵过程与青贮的品质。

水分含量过少的原料,在青贮时不容易踏实压紧,青贮窖内会残存大量的空气,从而造成好气性细菌大量繁殖,使青贮料发霉变质。而水分含量过高的原料,在青贮时会压得过于紧实,一方面会使大量的细胞汁液渗出细胞造成养分的损失,另一方面过高的水分会引起酪酸发酵,使青贮料的品质下降。因此青贮时原料的含水量一定要适宜。青贮原料的适宜含水量随原料的种类和质地不同而异,一般为 60% ~70% 为宜。

(3) 切短、压实、密封,造成厌气环境。切短的优点概括起来如下:①经过切碎之后,装填原料变得容易,增加密度(单位体积内的重量);②改善作业效率,节约踩压的劳动时间;③易于清除青贮窖内的空气,可阻止植物呼吸并迅速形成厌氧条件,减少养分损失,提高青贮品质;④如使用添加剂时,能使添加剂均匀地分布于原料中;⑤切碎后会有部分细胞汁液渗出,有利于乳酸菌的生长和繁殖;⑥切短后在开窖饲喂时取用也比较方便,家畜也容易采食。压实是为了排除青贮窖内的空气,减弱呼吸作用和腐败菌等好气性微生物的活动,从而提高青贮饲料的质量。密封的目的是保持青贮窖内的厌气环境,以利于乳酸菌的生长和繁殖。

上述3个条件是青贮时必须要给予满足的条件,此外青贮时还要求青贮窖内要有合适的温度,因为乳酸菌的最适生长发育温度为20~30℃之间。然而青贮过程中温度是否适宜,关键在于上述3个条件是否满足。如果不能满足上述条件,就有可能造成青贮过程中温度过高,形成高温青贮,使青贮饲料品质下降,甚至不能饲用。当能满足上述3个条件时,青贮温度一般会维持在30℃左右,这个温度条件有利于乳酸菌的生长与繁殖,保证青贮的质量。

2. 青贮饲料的制作方法

(1)适时收割。优质的青贮原料是调制优良青贮饲料的物质基础。青贮饲料的营养价值,除了与原料的种类和品种有关外,还与收割时期有关。一般早期收割其营养价值较高,但收割过早单位面积营养物质收获量较低,同时易于引起青贮料发酵品质的降低。因此依据青贮原料的种类,在其固有生育期内适时收割,不但可从单位面积上获得最高总消化养分产量,而且不会大幅度降低蛋白质含量和提高纤维素含量。同时含水量适中,可溶性碳水化合物含量较高。有利于乳酸发酵,易于制成优质青贮料。刈割过晚可引起可消化营养物质含量下降,同时由于营养物质含量下降,还会导致家畜的采食量下降。禾草在结实期刈割,它的总消化氧分和可消化蛋白的下降分别为适期刈割的46%和28%,干物质采食量只保持适期刈割的75%。

根据青贮品质、营养价值、采食量和产量等综合因素来判断禾本科牧草的最适宜刈割期为抽穗期(大概出苗或返青后50~60

d)。而豆科牧草为开花初期最好。专用青贮玉米,即带穗整株玉米,多采用在蜡熟末期收获,(在当地条件下,初霜期来临前能够达到蜡熟末期的品种均可作为青贮原料)。兼用玉米即子粒做粮食或精料,秸秆作青贮饲料,目前多选用在子粒成熟时,茎秆和叶片大部分呈绿色的杂交品种,在蜡熟末期及时掰果穗后,抢收茎秆作青贮。

(2) 切碎。切碎的程度取决于原料的粗细、软硬程度、含水量、饲喂家畜的种类和铡切的工具等情况。对肉牛来说,一般把禾本科牧草和豆科牧草及叶菜类等原料,切成 $2\sim3$ cm,玉米和向日葵等粗茎植物,切成 $0.5\sim2$ cm 为宜。柔软幼嫩的原料可切的长一些。切碎的工具各种各样,有切碎机、甩刀式收割机和圆筒式收割机等。无论采取何种切碎措施均能提高装填密度,改善干物质回收率、发酵品质和消化率,增加摄取量,尤其是圆筒式收割机的切碎效果更高。利用切碎机切碎时,最好是把切碎机放置在青贮容器旁,使切碎的原料直接进入窖内,这样可减少养分损失。

(3) 装填和压实。在把青贮原料装入青贮窖之前,要把青贮设施清理干净,装填速度要迅速,以免在原料装填与密封之前的时间过长,造成好气分解以至于腐败变质。一般小型窖要当天完成,大型窖要在 $2\sim3$ d 内装填完毕。装填时间越短,青贮品质就越高。

如果是青贮窖,在装填青贮原料之前,可先在窖底铺一层 $10\sim15$ cm切短的秸秆软草,以便吸收青贮汁液。窖壁四周衬一层塑料薄膜,可加强密封和防漏气渗水。

装填过程一般是将青贮切碎机械置于青贮窖旁,使切碎的原料直接落入窖内。每隔一定时间将落入窖内的青贮原料铺平并压实。

为了避免在青贮原料的空隙间存在空气而造成好气性微生物活动,导致青贮原料腐败,任何切碎的青贮原料在青贮窖中都要压实,而且压的越实越好,要特别注意靠近壁和角的地方不能留有空隙,这样更有利于创造厌氧环境,便于乳酸菌的繁殖和抑制好气性微生物的生存。原料的压实,小规模青贮窖可由人力踩踏,大型青贮窖宜用履带式拖拉机来压实,但其边、角部位仍需由专人负责踩踏。用拖拉机压实不要带进泥土、油垢、铁钉或铁丝等物,以免污染青贮原料,并避免家畜采食后造成胃穿孔,伤害家畜健康。压实过程一般是每装入 30 cm 厚的一层,就要压实 1 次。切忌等青贮原料装满后进行一次性的压实。

(4) 封顶。原料装填到高出窖口 60～100 cm,并经充分压实之后,应立即密封和覆盖,其目的是隔绝空气继续与原料接触,并防止雨水进入。封顶一定要严实,绝对不能漏水透气,这是调制优质青贮饲料的一个非常重要的关键。封顶时,首先在原料的上面盖一层 10～20 cm 切短的秸秆或青干草,上面再盖一层塑料薄膜,薄膜上面再压 30～50 cm 厚的土层,窖顶呈蘑菇状,以利于排水。

(5) 管理。封顶之后,青贮原料都要下沉,特别是封顶后第 1 周下沉最多。因此在密封后要经常检查,一旦发现由于下沉造成顶部裂缝或凹陷,就要及时用土填平并密封,以保证青贮窖内处于无氧环境。

(三) 青贮饲料的饲用和管理

1. 开窖取用时注意的事项　青贮饲料一般要经过 30～40 d 便能完成发酵过程,此时即可开窖饲用。

对于圆形窖,因为窖口较小,开窖时可将窖顶上的覆盖物全部去掉,然后自表面一层一层地向下取用,使青贮料表面始终保持一个平面,切忌由一处挖窝掏取,而且每天取用的厚度要达到 6～7 cm 以上,高温季节最好要达到 10 cm 以上。

对于长方形窖,开窖取用时千万不要将整个窖顶全部打开,而是由一端打开 70～100 cm 的长度,然后由上至下平层取用,每天取用厚度与圆形窖要求相同,等取到窖底后再将窖顶打开 70～100 cm 的长度,如此反复即可。

2. 二次发酵的防止　青贮饲料的二次发酵是指在开窖之后，由于空气进入导致好气性微生物大量繁殖,温度和 pH 值上升,青贮饲料中的养分被分解并产生好气性腐败的现象。

为了防止二次发酵的发生,在生产中可采取以下措施:一是要做到适时收割,控制青贮原料的含水量在 60%～70%,不要用霜后刈割的原料调制青贮饲料,因为这种原料会抑制乳酸发酵,容易导致二次发酵。二是要做到在调制过程中一定要把原料切短,并压实,提高青贮饲料的密度。三是要加强密封,防止青贮和保存过程中漏气。四是要做到开窖后连续使用。五是要仔细计算日需要量,并据此合理设计青贮窖的断面面积,保证每日取用的青贮料厚度冬季在 6～7 cm 以上,夏季在 10～15 cm 以上。六是喷洒甲酸、丙酸、己酸等防腐剂。

3. 青贮饲料的饲用

(1) 饲喂时注意事项。首先,在饲喂青贮饲料时,个别肉牛不习惯采食,对于这种情况要进行适应性锻炼,逐渐加大喂量,经过一段时间的训练就会变得喜食。其次,由于青贮饲料含水量较高,因此冬季往往冰冻成块,这种冰冻的青贮饲料不能直接饲喂,要先将它们置于室内,待融化后再进行饲喂,以免引起消化道疾病。第三,对于霉变的青贮饲料必须要扔掉,不能饲喂。第四,每天自青贮窖内取用的数量要和肉牛的需要量一致,也就是说取出的青贮饲料要在当天喂完,不能放置过夜。第五,尽管青贮饲料是一种良好的饲料,但它不能作为肉牛的惟一饲料,必须要和其他饲料如精料、干草等按照肉牛的营养需要合理搭配进行饲喂。

(2) 饲喂量。不足 6 月龄的犊牛要使用专门制备的青贮饲料,这种青贮饲料是由幼嫩、富含维生素和可消化蛋白质的植物为原料制成的。6 月龄以上的牛,可使用与成年牛相同的青贮饲料。当犊牛出生满 1 个月时开始饲喂专用青贮饲料,喂量为每头每天 100～200 g,到 2 月龄时日喂 2～3 kg,3～4 月龄时 4～5 kg,5～6

月龄时 8~15 kg,育肥牛 15~20 kg。

四、半干贮饲料及加工调制

半干青贮是用含水量在 45%~55% 之间的饲草调制成的青贮饲料。其特点介于青干草和青贮饲料两者之间,具体表现为:发酵品质良好、可消化营养物质含量高、家畜对半干青贮饲料的干物质摄取量大、运输效率高、青贮原料不受含糖量高低影响等。

半干青贮的调制方法与普通青贮基本相同,区别在于原料收割后,需平铺在地面上,在田间晾晒 1~2 d,当水分含量达到 45%~55% 时才能装储,并且储藏过程和取用过程中要保证密封。

(一)晾晒 半干青贮之所以能安全储存,主要是靠提高渗透压的作用,而增加渗透压又是通过晾晒完成的。制作半干青贮时,先将刈割的原料进行晾晒,使牧草茎秆内的水分含量尽快降至 45%~55%,晾晒时间越短越好,最好控制在 24~36 h 之内。

测定半干原料的含水量,可采用田间观测法和公式法计算。

田间观测:禾草经晾晒后,茎叶失去鲜绿色,叶片卷成筒状,茎秆基部尚保持鲜绿状态;豆科牧草晾晒至叶片卷成筒状,叶片易折断,压迫茎秆能挤出水分,茎表面可用指甲刮下,这时的含水量约 50%。

公式计算:$R = (100 - W)/(100 - X)$

式中:R 为每 100 kg 青贮原料晒干至要求含水量时的重量(kg);W 为青贮原料最初含水量(每 100 kg 中的重量);X 为青贮时要求的含水量(每 100 kg 中的重量)。

(二)切碎 对于半干青贮而言,切碎的目的是提高密度排除空气而不是促进发酵。所以原料的含水量越低,应切的越短,最好铡成 6.5 cm 左右的碎段后入窖。

(三)装填 原料的装填要遵循快速而压实的原则,分层装填原料,分层镇压,压的越实越好,特别要注意靠近壁和角的地方不能留有空隙。装填时间尽量缩短,如果是小型窖应在1 d内完成。如果使用目前较先进的袋式青贮,使用特殊灌装设备和塑料拉伸膜青贮袋,可免去压实作业。

（四）青贮设备的密封和覆盖　青贮饲料装满压实后,需及时密封和覆盖,目的是创造容器内的缺氧环境,抑制好气性微生物的发酵。具体方法是装填镇压完毕后,在上面盖聚乙烯薄膜,薄膜上盖土50 cm厚即可。在全密封的大塑料膜容器或塑料袋中青贮时,装完原料封严后,可由备用抽气孔将空气排除。

目前,半干青贮广泛应用于草捆青贮。其方法是将牧草刈割后晾晒,当含水量至45%～55%时用压捆机将其压成草捆,再密闭于塑料薄膜之中。这种青贮方法实现了机械化作业,提高了劳动效率,在青贮过程中养分损失得到有效遏制。

第二节　精　饲　料

精饲料是相对粗饲料而言的,谷物、饼粕、粮食加工的副产品（小麦麸、次粉、米糠等）都属精饲料。精饲料又根据蛋白质含量的不同,分为蛋白饲料和能量饲料。

一、能量饲料及加工调制

能量饲料是指干物质中粗纤维的含量低于18%,粗蛋白质含量低于20%的饲料。它包括谷实类饲料、粮食加工的副产品和其他高能饲料。

（一）谷实类饲料　谷实类饲料一般是禾本科植物成熟的种子,是能量饲料的主要来源,可占肥育牛日粮的40%～70%。常用的谷物类饲料有玉米、高粱、小麦、大麦和燕麦。

1. **玉米**　在谷实类饲料中玉米含的可利用能最高,在肉牛饲料中使用的比例最大。

玉米的无氮浸出物含量约为65.4%,粗纤维约为2.3%,玉米的粗脂肪含量高,为3.5%~4.5%,是小麦或大麦的1倍,每千克对牛维持净能为9.41 MJ,增重净能为6.01 MJ。玉米的粗蛋白含量偏低,为8.7%左右,而且蛋白质在氨基酸组成上不平衡,赖氨酸、色氨酸和蛋氨酸含量不足。

玉米中的矿物质含量比较低。在谷实类饲料中玉米钙、磷含量比较低。

玉米中维生素含量也不多,也不能满足动物的需要。黄玉米中的叶黄素含量高,并含有胡萝卜素,营养价值高于白玉米。但白玉米饲喂肉牛能使肌间脂肪更白,牛肉市场价格提高。

根据上述营养特性,玉米不能作为单一的饲料喂牛,必须与其他饲料配合使用,以满足肉牛的营养需要。

2. 高粱 高粱中含有约70%的碳水化合物及3%~4%的脂肪。在谷实类中高粱的能值仅次于玉米。高粱的粗蛋白含量比较低,为11%左右,必需氨基酸的含量也不能满足动物的需要。高粱中含的矿物质除了铁之外都不能满足动物的营养需要。高粱中还含有0.2%~0.5%的抗营养物质单宁,单宁影响蛋白质、氨基酸以及能量的利用率,而且单宁和胰淀粉酶形成复合物,从而影响淀粉的消化率。

鉴于以上的营养特性一般不把高粱作为肉牛的主要饲料。

3. 小麦 小麦粒中粗纤维的含量很低,有效能值仅次于玉米,单独饲喂易引起酸中毒。小麦粒中含粗蛋白约14%,粗蛋白的含量在谷实类中仅次于大麦。小麦中必需氨基酸的含量比较低,不能满足动物需要。在谷实类中小麦的矿物质含量比较高,优于玉米。

小麦的过瘤胃淀粉较玉米、高粱低,肉牛饲料中的用量以不超过50%为宜,并以粗碎和压片效果最佳,不能整粒饲喂或粉碎的过细。另外小麦通常价格高,因此不是常用的饲料原料。

4. 大麦 带壳为"草大麦",不带壳为"裸大麦"。带壳的大麦,即通常所说的大麦粗纤维含量比较高约6%,可促进动物肠道的蠕动,使消化机能正常,是牛的好饲料。粗蛋白的含量约为玉米的2倍,氨基酸含量也较高,如赖氨酸含量最高可达0.6%,有些品种赖氨酸含量比玉米高出约1倍。在谷实类饲料中大麦中矿物质含量也比较高。

作为肉牛饲料原料喂前最好压扁或粗碎,但不要磨细。大麦和苜蓿干草同时混在日粮中会增加患臌胀病的可能性,尤其是大麦收割后未经充分晒干的情况下。

5. 燕麦 燕麦纤维素的含量比大麦的还要高,平均达10%,去稃燕麦中粗脂肪含量较高,比小麦约高1倍,但由于脂肪中含有亚油酸等不饱和脂肪酸,所以燕麦与其他谷物相比不容易储存。燕麦中蛋白质含量比其他谷物高,给肉牛饲喂燕麦时只需较少的蛋白质补充料。

6. 稻谷和糙米 稻壳中仅含3%的粗蛋白质,40%以上的是粗纤维,粗纤维中有一半以上是难以消化的木质素。稻谷在能量饲料中属中低档饲料。稻谷脱壳后即得糙米,含约8%的粗蛋白,必需氨基酸较缺乏,必需的矿物质微量元素也比较缺乏。

(二) 粮食加工的副产品 粮食加工的一些副产品常被用做饲料原料。这些副产品包括小麦麸、次粉、米糠。

1. 小麦麸 小麦麸俗称麸皮,主要是小麦的种皮、糊粉层、少量的胚和胚乳。小麦麸粗蛋白含量较高约为15.7%,粗纤维含量也较高为8.9%,粗脂肪含量约为3.9%。除胱氨酸、色氨酸略高于米糠外,所有氨基酸的含量都低于糠麸类中同类氨基酸的含量。小麦麸中含有丰富的锰与锌,但铁的含量差异很大。含磷较高。小麦麸质地疏松、容重小、适口性好,是牛良好的饲料,具有轻泻作用,母牛产后喂以适量的麦麸粥,可以调养消化道的机能。用量一般不要超过20%。

2．次粉　次粉又称黑面、黄粉、下面或三等粉等,是小麦磨制面粉的另一种副产品。由于面粉生产的工艺的不同,次粉有不同的档次。一般次粉中含有粗蛋白质14%(变动于11%～18%),粗脂肪含量2%～3%(变动于0.4%～5.0%),无氮浸出物的平均值含量为65%(变动于53%～73%)。

3．米糠　糙米皮层及胚的一部分被分离成为米糠,不包括稻壳。新鲜的米糠适口性好。米糠粗蛋白的含量约为12.8%,但蛋白质的质量较差,除赖氨酸外,其他氨基酸都不能满足动物的需要。米糠中磷多,钙少。米糠中不饱和脂肪酸的含量较高,不宜久存。稻壳粉碎后和米糠混合称统糠,统糠的营养价值取决于米糠在其中的比例。

（三）其他能量饲料　其他能量饲料包括块根、块茎、油脂、糖蜜,以下介绍了这些饲料的主要特点及饲喂原则。

1．块根、块茎　块根、块茎包括胡萝卜、甘薯、木薯、马铃薯和饲用甜菜等。这些饲料的干物质中淀粉和糖类含量高,蛋白质含量低,纤维素少,并且不含木质素(表8-3),适口性好,一般用于饲喂犊牛与产奶牛,而不用作肉牛肥育(因为这类饲料体积大)。这类饲料的干物质含能值一般比谷物类饲料要高。

表8-3　几种块根块茎饲料营养成分

名称	水分(%)	粗蛋白(%)	粗脂肪(%)	粗纤维(%)	无氮浸出物(%)	灰分(%)
木薯 鲜	62.7	1.2	0.3	0.9	34.4	0.5
干	0	3.2	0.8	0.5	99.2	1.3
甘薯 鲜	75.4	1.1	0.2	0.8	21.2	1.3
干	0	4.5	0.8	3.3	86.2	5.2
马铃薯 鲜	79.5	2.3	0.1	0.9	15.9	1.3
干	0	11.2	0.5	4.4	77.6	6.3
胡萝卜 鲜	89.0	1.1	0.7	1.3	6.8	1.4
干	0	10.0	3.6	11.8	61.8	12.7
糖甜菜 鲜	89.0	1.5	0.1	1.4	6.9	1.1
干	0	13.4	0.9	12.2	63.4	9.8

表8-4 块根块茎的消化能含量

名称	干物质(%)	消化能(MJ/kg干物质)
木薯	37.30	14.62
甘薯	24.60	14.70
马铃薯	20.50	14.96
胡萝卜	11.0	15.62
糖甜菜	11.0	15.41

2. **油脂** 油脂的作用是提供能量,供应必需脂肪酸,促进脂溶性维生素的溶解、吸收。实践证明,油脂作为供能物质,热增耗最低,能量利用效率比蛋白质和碳水化合物高5%~10%。肉牛日粮中添加脂肪,可提高增重,改善胴体品质。然而,补饲脂肪会抑制纤维的消化,这可以通过添加保护性脂肪来缓解。专家认为,反刍动物低脂肪日粮补充长链脂肪酸,能提高饲料能量转化效率。但对高纤维日粮,当脂肪含量超过5%时,会影响纤维的消化率。因此,须对脂肪进行过瘤胃保护。有试验证明,饲喂羊草和玉米—豆粕型日粮的肉牛,精粗比为25:75时,日粮中添加保护油脂(长链脂肪酸钙),结果能量沉积显著提高。

3. **糖蜜** 糖蜜作为一种快速发酵的能量源,对于反刍动物来说是极具价值的饲料原料。与淀粉、脂肪等其他能量饲料相比,它具有消化吸收快、口感好、富含矿物质及B族维生素的特点。

糖蜜用于反刍动物有多种饲喂方法,最简单的是让牛直接舔食。方法是在密闭的容器中盛满糖蜜。容器安装可以转动的、表面积较大的轮子,转动的轮子可以将糖蜜带出来供动物舔食;糖蜜还可以直接添加到干草上;尤其是饲用舔块,糖蜜不仅作为有效的能量原料,而且还是一种很好的黏结剂及调味剂。另外,在饲料青贮时,糖蜜还可以作为一种添加剂加入青贮料中。

(四)能量饲料的加工调制 根据肉牛的生理和消化特点,以及饲料的营养特点和利用饲喂特点,对饲料进行加工,从而充分利用饲料的营养物质,获得最大的生产效益。能量饲料的70%～80%是由淀粉组成的,加工的目的是提高饲料中淀粉的利用率和便于饲料的配合。

1. 谷物的加工方法　主要有粉碎、压片、发芽法。

(1) 粉碎和压片。其作用是引起饲料细胞的物理破坏,使饲料中被外皮或壳所包围的营养物质暴露出来,易于和消化液接触,提高营养物质的利用效果。如玉米、高粱、小麦、大麦等饲料常采用粉碎的方法进行加工。应当注意的是饲料粉碎的粒度不能太小,否则造成消化不良(如瓣胃阻塞)。一般要求将饲料粉碎成两半或1/4颗粒即可。

谷物也可以在湿、软状态下压片后喂牛。蒸汽压片谷物在美国肉牛肥育中广泛使用。玉米蒸汽压片是将玉米蒸10～15 min,使50%左右的淀粉糊化,然后碾成薄片,提高消化率。没有条件进行蒸汽处理压片时饲喂前浸泡,也可使谷物消化率提高。

(2) 发芽。整粒谷物在水的浸泡作用下发芽,以增加饲料中某些营养物质的含量,提高饲喂效果。谷粒饲料发芽后,可使一部分蛋白质分解成氨基酸,糖分、维生素及各种酶增加,纤维素增加。如大麦发芽前几乎不含胡萝卜素,发芽后胡萝卜素的含量可达90～100 mg/kg,核黄素含量增加10倍,蛋氨酸和赖氨酸的含量分别增加2倍和3倍。在营养缺乏的日粮中添加发芽谷物效果更显著。

2. 块根块茎类饲料的加工方法　这类饲料营养较丰富,适口性也较好。加工时应注意以下4个方面问题:一是霉烂的饲料不能饲喂;二是将饲料上的泥土清洗干净,用机械或手工的方法切成薄片、细丝或小块,块大时容易造成食道堵塞;三是冰冻的饲料不能用;四是饲喂时最好与其他饲料混合,并现切现喂。

二、蛋白质饲料

蛋白质饲料是指干物质中粗纤维含量小于18%,同时干物质中粗蛋白含量大于或等于 20% 的饲料。包括植物性蛋白质饲料和动物性蛋白质饲料(在反刍动物饲养中已禁用动物性饲料)。

(一) 植物性蛋白质饲料

1. 大豆饼(粕)　是以大豆为原料取油后的副产品。由于取油工艺不同,通常将用压榨法或夯榨法取油后的副产品称为大豆饼;将用浸提法或用预压后,再浸提取油后的副产品为大豆粕。

大豆饼(粕)的粗蛋白含量约为 42%,总能约为 20 MJ/kg。大豆饼中残脂为 5%～7%,大豆粕中残脂为 1%～2%,前者比后者的有效能值和粗蛋白含量都低。同样大豆饼中氨基酸含量也低于同级的大豆粕,大豆饼(粕)含有的必需氨基酸一般在畜禽需要量以上。

2. 棉子饼(粕)　以棉花子实为原料取油后的副产品。也有饼粕之分。

棉子饼(粕)由于棉子脱壳程度及制油方法不同,营养价值差异很大。完全脱壳的棉仁制成的棉仁饼(粕)粗蛋白质可达 40%～44%,而由不脱壳的棉子直接榨油生产出的棉子饼(粕)粗纤维含量达 16%～20%,粗蛋白质仅为 20%～30%。带有一部分棉子壳的棉仁(子)饼(粕)蛋白质含量为 34%～36%。棉子饼(粕)蛋白质的品质不太理想,赖氨酸较低,蛋氨酸也不足。总能的含量约为 20 MJ/kg。棉子饼(粕)中含有一定量的游离棉酚,一般来说不会构成反刍动物的中毒,但不与其他饲料配合,长时间饲喂,也会引起中毒。牛如果摄取过量(日喂 8 kg 以上)或食用时间过长,导致中毒。犊牛日粮中一般不超过 20%,种公牛日粮不超过 30%。在短期强度育肥架子牛日粮中棉子饼可占精料的 60%。

3. 菜子饼(粕)　以油菜子为原料,取油后的副产品。也有饼(粕)之分。

菜子饼(粕)中约含粗蛋白质 35%～36%,总能约为 4.2 MJ/kg。菜子饼(粕)中含有较高的赖氨酸,其他必需氨基酸也能满足畜禽的需要。菜子饼(粕)中富含铁、锰、锌、硒,但缺铜。其总磷的60%以上为植酸磷。菜子饼(粕)中含有两种毒性物质异硫氰酸酯、噁唑烷硫酮(甲状腺肿素)。所以菜子饼(粕)在肉牛饲料中不要超过10%。

4. 亚麻仁饼(粕)、胡麻仁饼(粕) 亚麻仁饼(粕)是以亚麻子为原料取油后的副产品。胡麻是以油用型亚麻子为主体,混有云芥子、臭芥子、黑芥子、油菜子的油料作物子实的混合物的俗称,胡麻取油后的副产品就是胡麻仁饼(粕)。

(1)亚麻仁饼(粕)。亚麻仁饼(粕)的营养成分受残油率、壳仁比、原料质量、加工条件等因素的影响。亚麻饼和亚麻粕中粗蛋白质及各种氨基酸含量与棉、菜子饼(粕)近似。粗纤维约为8%。从蛋白质含量及有效能供给量的角度分析亚麻仁饼(粕)属中等偏下水平。

(2)胡麻子饼(粕)。由于胡麻子的组成多变,故其常规营养成分含量也不定。可以根据胡麻子的实际组成推算。

5. 向日葵饼(粕) 向日葵饼(粕)以部分脱壳的向日葵子为原料,取油后的副产品。向日葵饼(粕)中粗蛋白质平均含量为23%。向日葵饼(粕)中壳仁比是影响其营养价值的主要因素。当前我国市售的向日葵饼(粕)中大部分属粗饲料,即使可称之为蛋白质类型的向日葵饼(粕)有效能值也较低,一般还比不上糠麸类饲料。

(二)其他加工副产品 加工淀粉的副产品主要是玉米蛋白和豌豆蛋白,粗蛋白含量较高(45%~70%)。糟渣类饲料是酿造、淀粉及豆腐加工行业的副产品。其主要特点是水分含量高,为70%~90%,干物质中蛋白质含量为25%~33%,B族维生素丰富,还含有维生素B_{12}及一些有利于动物生长的未知生长因子,常见的有豆腐渣、酱油渣、粉渣、酒糟等,特别是酒糟是肉牛育肥的好饲料。

(三) 蛋白质饲料的加工

1. **豆饼饲料的加工** 豆饼根据加工工艺的不同可分为熟豆饼和生豆饼,熟豆饼经粉碎后可直接添加到饲料中。生豆饼由于含有抗胰蛋白酶,在粉碎后需经蒸煮焙炒饲喂。豆饼粉碎的细度应比玉米要细,便于配合饲料和防止挑食。

2. **棉子饼的加工** 棉子饼中含有毒性物质棉酚,饲喂过量时容易引起中毒,所以在饲喂前要进行脱毒处理。常用的处理方法有水煮法和硫酸亚铁水溶液浸泡法

(1) 水煮法。将粉碎的棉子饼加适量的水煮沸半小时,冷却后饲喂。如果没有水煮的条件,可以将棉子饼打成碎块,用水浸泡24 h,之后将水到掉,将打碎的棉子饼与其他饲料混合饲喂。

(2) 硫酸亚铁水溶液浸泡法。棉粕中的游离棉酚与某些金属离子能结合成不被肠胃消化吸收的物质,使棉酚丧失其毒性作用。方法是用 1.25 kg 工业用硫酸亚铁,溶于 125 kg 的水中配制成 1%的硫酸亚铁溶液,浸泡 50 kg 的棉子饼,中间搅拌几次,经一昼夜浸泡后即可饲用。

3. **菜子饼的加工** 菜子饼中含有毒性物质,因此菜子饼也需要脱毒,脱毒方法主要有 2 种。

(1) 土埋法。用土埋法可以基本脱去菜子饼的毒素。方法是:挖一土坑(土的含水量为 8%),铺上草席,把粉碎成末的菜子饼加水(菜子饼:水 = 1:1)浸泡后装入坑内,2 个月后即可饲用。

(2) 氨、碱处理法。氨处理法是用 100 份菜子饼,加含 7%氨的氨水 22 份,均匀的喷洒到菜子饼中,闷盖 3~5 h,再放到蒸笼中蒸 40~50 min,然后炒干或晾干。碱处理法是 100 份菜子饼加入24 份 14.5%~15.5%的纯碱溶液,其他处理同氨处理法。

三、矿物质饲料

矿物质饲料是用来补充动物所需矿物质。肉牛常用的矿物质

饲料主要有食盐、石粉、膨润土和磷补充料。

（一）食盐　食盐是牛及各种动物不可缺少的矿物质饲料之一，它对于保持生理平衡、维持体液的正常渗透压有着非常重要的作用，同时食盐可以提高饲料的适口性，具有调味作用。肉牛日粮中食盐的用量一般是 1%～2%。最常用的饲喂方法是将食盐直接拌入饲料中或制成盐砖放在运动场上让牛自由采食。

（二）石粉　石粉主要是指石灰石粉，主要成分是天然的碳酸钙，一般含钙 35%，是最便宜的矿物质饲料。只要石灰石粉中铅、汞、砷、氟的含量在安全范围之内，就可以作为肉牛的饲料。肉牛饲料中一般添加 1%。

（三）膨润土　膨润土是以蒙脱石为主要成分的细粒黏土。膨润土对氨有较强的吸附性，对碱有一定的缓冲能力，因此能保持瘤胃 pH 值相对稳定，促进反刍动物对非蛋白氮的利用。在肥育牛日粮中每天添加 50 g 或 100 g 膨润土，日增重会明显增加。

（四）磷补充料　磷的补充饲料主要有磷酸氢二钠、磷酸氢钠、磷酸氢钙、过磷酸钙等，在配合饲料中的作用是提供磷和调整饲料中钙磷的比例，促进钙磷的合理吸收和利用。

四、饲料添加剂

（一）饲料添加剂的定义及分类　为满足畜禽等动物的营养需要，完善日粮的全价性，提高饲料利用率、促进动物生长发育，防治疫病，减少饲料储存期间的物质损失，增加畜产品产量并改善畜产品品质等，在饲料中添加的某些微量成分，这些微量成分统称饲料添加剂。

饲料添加剂习惯上分为 2 类，营养性饲料添加剂和非营养性饲料添加剂。

1. 营养性饲料添加剂　这类添加剂对动物有直接或间接的营养作用，主要有维生素添加剂、微量元素添加剂、氨基酸添加剂、小肽和非蛋白氮和共轭亚油酸等。

(1) 维生素饲料添加剂。配合饲料中常用的维生素添加剂一般都经过加工,与纯化合物不同。加工的目的有 2 个:一是保护它们的活性;二是提高它们在配合饲料中混匀的程度。

① 维生素 A 添加剂。高精料日粮或饲料储存时间过长容易缺乏维生素 A,维生素 A 是肉牛日粮中最容易缺乏的维生素。维生素 A 的化合物名称是视黄醇,极易被破坏。制成维生素添加剂是先用醋酸或丙酸或棕榈酸进行酯化,提高它的稳定性,然后再用微囊技术把酯化了的维生素 A 包被起来,一方面保护它的活性;另一方面增加颗粒体积,便于在配合饲料中搅拌。

在以干秸秆为主要粗料,无青绿饲料时,每千克肉牛日粮干物质中需添加维生素 A 添加剂(含 20 万 IU/g)14 mg。

② 维生素 D 添加剂。维生素 D 可以调节钙磷的吸收。用高精料日粮和高青贮日粮肥育肉牛时,肉牛也容易缺乏维生素 D。

维生素 D 分为 2 种,一种是维生素 D_2(麦角固化醇);另一种是维生素 D_3(胆固化醇)。维生素 D_3 添加剂也是先经过醋酸的酯化,再用微囊或吸附剂加大颗粒。

维生素 D 添加剂的活性成分含量为 1g 中含有 500 000 IU,或 200 000 IU。$1IU = 0.025\mu g$ 结晶维生素 D_2 或维生素 D_3。

在以干秸秆为主要粗料,无青绿饲料时,育肥也应注意维生素 D_3 的供给,每千克肉牛日粮干物质中需添加维生素 D_3 添加剂(含 1 万 IU/g)27.5 mg。

③ 维生素 E 添加剂。维生素 E 也叫生育酚。维生素 E 能促进维生素 A 的利用,其代谢又与硒有协同作用,维生素 E 缺乏时容易造成白肌病。肉牛日粮中应该添加维生素 E,每千克肉牛日粮干物质中需添加维生素 E(含 20 万 IU/g)0.38~3 g。

除犊牛外,一般无需额外补充 B 族维生素(维生素 B_1、维生素 B_2、维生素 B_5、维生素 B_{12})、维生素 K、维生素 C。

（2）微量元素添加剂。肉牛常需要补充的微量元素有 7 种，即铁、铜、锰、锌、碘、硒、钴。微量元素的应用开发经历了 3 个阶段，即无机盐阶段、简单的有机化合物阶段和氨基酸螯合物阶段。目前我国常用的微量元素添加剂主要还是无机盐类。微量元素添加剂及其元素含量、可利用性见表 8-5。

表 8-5　微量元素添加剂及其元素含量

添加剂	含量(%)	可利用率(%)
铁:一水硫酸亚铁	30.0	100
七水硫酸亚铁	20.0	100
碳酸亚铁	38.0	15~80
铜:五水硫酸铜	25.2	100
无水硫酸铜	39.9	100
氯化铜	58	100
锰:一水硫酸锰	29.5	100
氧化锰	60.0	70
碳酸锰	46.4	30~100
锌:七水硫酸锌	22.3	100
一水硫酸锌	35.5	100
碳酸锌	56.0	100
氧化锌	48.0	100
碘:碘化钾	68.8	100
碘酸钙	59.3	—
硒:亚硒酸钠	45.0	100
钴:七水硫酸钴	21.0	100
六水氯化钴	24.3	100

数据来源:2002《中国饲料》。

微量元素氨基酸螯合物是指以微量元素离子为中心原子,通过配位键、共价键或离子键同配体氨基酸或低分子肽键合而成的复杂螯合物。微量元素氨基酸螯合物稳定性好,具有较高的生物学效价及特殊的生理功能。

研究表明,微量元素氨基酸螯合物能使被毛光亮,并且能治疗肺炎、腹泻。用氨基酸螯合锌、氨基酸螯合铜加抗坏血酸饲喂小牛,可以治疗小牛沙门氏菌感染。试验表明,黄牛的日粮中每天添加 500 mg 蛋氨酸锌,增重比对照组提高 20.7%。

日粮中添加微量元素除了要考虑微量元素的化合物形式,还要考虑各种微量元素之间存在的拮抗和协同的关系。如日粮中锰的含量较低时会造成动物体内硒水平的下降;日粮中钴、硫的含量与动物体内硒的含量呈负相关。

(3) 氨基酸添加剂。蛋白质由 22 种氨基酸组成,对肉牛来说,最关键的 5 种限制性氨基酸是赖氨酸、蛋氨酸、色氨酸、精氨酸、胱氨酸。而赖氨酸和蛋氨酸是我国应用最多的氨基酸添加剂。

① 赖氨酸添加剂。常用的赖氨酸添加剂为 L-赖氨酸盐酸盐,化学名称为 L-2,6-二氨基己酸盐酸盐。本品为白色或淡褐色粉末,易溶于水,无味或稍有异味。

② 蛋氨酸添加剂。蛋氨酸的产品有 3 种,即 DL-蛋氨酸、羟基类蛋氨酸钙和 N-羟甲基蛋氨酸钙。羟基类蛋氨酸钙是 DL-蛋氨酸合成中其氨基由羟基所代替的一种产品,作用和功能与蛋氨酸相同,使用方便,同时适用于反刍动物。一般蛋氨酸在瘤胃微生物作用下会脱氨基而失效,而羟基类蛋氨酸钙只提供碳架,本身并不发生脱氨基作用;瘤胃中的氨能作为氨基的来源,使其转化为蛋氨酸。N-羟甲基蛋氨酸钙又称保护性蛋氨酸,具有过瘤胃的性能,适用于反刍动物。

(4) 小肽。小肽是指 10 个以下的氨基酸残基构成的短链的肽。大量的研究发现,某些肽和游离氨基酸一样也能够被吸收,而且与游离氨基酸相比,肽的吸收具有速度快、耗能低、吸收率大等优势,从而提高了动物对蛋白质的利用率。有些肽还可以作为生理活性物质直接被动物吸收,参与动物生理功能和代谢调节。

(5) 非蛋白氮。非蛋白氮是指工业化生产的非蛋白氮化合物,其中肉牛饲养中最常用的是尿素,为了减缓尿素在肉牛瘤胃内的分解速度,防止尿素饲喂不当引起中毒,国内外已研制一些安全型非蛋白氮产品,如异丁基二脲、磷酸脲、缩二脲等。

尿素喂牛的用量一般不得超过日粮干物质的 1%,或每 100 kg 体重喂 20～30 g,每头每日一般不能超过 100 g。喂尿素时需经过 10 d 以上适应期,喂量由少到多,逐渐达到规定的喂量。并与其他饲料充分混合,分多次饲喂。饲料忌用含脲酶较多的生豆饼、生豆类,日粮补充钴和硫效果更好。严禁把尿素溶于水中喂饮,以免中毒。喂尿素 1 h 后饮水为好。此外,尿素的使用只限于成年肉牛,犊牛(6 月龄以内)因瘤胃中微生物区系尚未正常,不能使用。

反刍家畜有利用非蛋白氮的特性,并在生产中应用了相当长的时间,在肉用肥育牛生产中也被广泛应用。但在优质肉牛肥育中,由于日粮中蛋白质水平较高,在 10% 以上,非蛋白氮利用没有明显的效果,另外非蛋白氮在被牛吃进后,在口腔、食道、胃和小肠随时都能被直接吸收而进入肥育牛肌肉和脂肪中,并且在较长时间内难以代谢分解,造成尿臊肉和尿臊脂肪而影响肉质,因此,生产优质牛肉不能饲喂非蛋白氮。

(6) 共轭亚油酸(CLA)。CLA 是食物中的天然成分,普遍存在于反刍动物性食品,如牛奶、牛羊肉及脂肪中。CLA 已成为营养研究的热点,大量的研究证明 CLA 对改善动物机体代谢,重新分配营养素,减少脂肪沉积,增加瘦肉率,改善肉品质,提高免疫系统功能有显著效果。CLA 在肉牛日粮中添加,可生产出具有保健功能的优质牛肉。

2. 非营养性添加剂　本类添加剂对动物没有营养作用,但是可以通过防治疫病、减少饲料储存期饲料变质、促进动物消化吸收等作用来达到促进动物生长,提高饲料报酬。本类添加剂包括饲料药物添加剂、缓冲剂、饲料保存剂、脲酶抑制剂、微生物制剂、酶类、寡糖类、调味剂和中草药添加剂。

(1) 饲料药物添加剂。饲料药物添加剂是一种抑制微生物生长或破坏微生物生命活动的物质。目前我国肉牛允许使用的饲料药物添加剂(NY5127 – 2002)有:盐霉素、莫能菌素钠、杆菌肽锌、硫酸黏杆菌素和黄霉素。

① 盐霉素。盐霉素对大多数革兰氏阳性菌和革兰氏阳性厌氧菌(棱菌等)有较强抑制作用。本品可扰乱细胞内离子浓度,致使线粒体出现收缩现象而产生抗球虫作用。一般使用量是每吨饲料10～30 g。

② 莫能菌素钠。又称瘤胃素,是由链霉素产生的一种聚醚类抗生素。最初,人们用它作抗球虫药,后来发现对肉牛、肉羊增重有益。瘤胃素的作用主要是通过减少甲烷气体能量损失和饲料蛋白质降解、脱氨损失、控制和提高瘤胃发酵效率,从而提高增重速度及饲料转化率。肉牛添加量每头每天200～360 mg。

③ 杆菌肽锌。由地衣型芽孢杆菌产生的多肽类抗生素,与金属离子生成的络合物,在干燥状态下稳定。杆菌肽锌毒性小,抗药性小。杆菌肽锌作为饲料添加剂具有如下功能:抑制病原菌的细胞壁形成,影响其蛋白质合成和某些有害的功能,从而杀灭病原菌;能使肠壁变薄,从而有利于营养吸收,动物采食含杆菌肽锌饲料后,氨和有毒胺的生成明显减少,有利于动物生长和改善饲料报酬;能够预防疾病并能将因病原菌引起碱性磷酸酶降低的浓度恢复到正常水平。牛每吨饲料添加10～100 g(3月龄以内),4～40 g(3～6月龄)。

④ 硫酸黏杆菌素。又称抗敌素。作为饲料添加剂使用时,可促进生长和提高饲料利用率,对沙门氏菌、大肠杆菌、绿脓杆菌等引起的菌痢具有良好的防治作用。但大量使用可导致肾中毒。犊牛每吨饲料添加5～40 g;停药期7 d。

⑤ 黄霉素。又名黄磷脂霉素。它干扰细胞壁结构物质肽聚

糖的生物合成而抑制细菌繁殖,为畜禽专用抗菌促长药物。作为饲料添加剂不仅可防治疾病,还可降低肠壁厚度、减轻肠壁重量的作用,从而促进营养物质在肠道的吸收,促进动物生长,提高饲料利用率。肉牛 30～50 mg/(头·d)。

(2)微生物饲料添加剂。微生物饲料添加剂是用来调整动物胃肠道生态失衡或保持微生态平衡,从而增进动物健康水平的微生物制品。微生物添加剂可以防止畜禽肠道致病菌的侵入,并且可以在消化道内产生多种杀菌物质,有些微生物还可以防止毒性胺的产生。

开食料中使用的微生态制剂主要为乳酸杆菌、肠球菌、双歧杆菌和酵母培养物,有的也添加米曲霉提取物,这些微生物能促进幼龄反刍动物瘤胃发育、调节胃肠道 pH 值和提早断奶。

反刍动物饲喂高精料日粮易引起瘤胃 pH 值降低,造成瘤胃机能障碍,添加微生态制剂可以提高乳酸的利用率,使瘤胃 pH 值升高。也有试验证实酵母培养物添加量在 5 g/L 时,乳酸的利用率提高 3.8 倍。

(3)脲酶抑制剂。尿素可以作为反刍动物的氮源。尿素进入瘤胃后,在脲酶的作用下分解为氨和二氧化碳。脲酶抑制剂能特异性地抑制脲酶活性,减慢氨的释放速度,使瘤胃微生物有平衡的氨氮供应,从而提高瘤胃微生物对氨氮的利用率,增加蛋白质的合成量。

(4)酶。酶是活体细胞产生的具有特殊催化功能的蛋白质,是促进生物化学反应的高效生物活性物质。

肉牛日粮一般是精饲料和粗饲料相搭配,我国常规的精料类型是玉米－豆粕型,消除其中抗营养因子的主要酶种为淀粉酶、蛋白酶、非淀粉多糖酶(纤维素酶、半纤维素酶、果胶酶)。

复合酶制剂由 1 种或几种单一酶制剂为主体,加上其他单一酶制剂混合而成,或由 1 种或几种微生物发酵获得。复合酶制剂可以同时降解饲粮中多种需要降解的抗营养因子和多种养分,可最大限度的提高饲料的营养价值。有试验表明单纯使用外源酶制剂,如淀粉酶、蛋白酶和脂肪酶,对动物的生产性能几乎没有正效应,如果利用非淀粉多糖酶与淀粉酶或蛋白酶合用,可以明显提高饲料的转化率。因此,国内外饲料酶制剂产品主要是复合酶制剂。

(5) 寡糖。寡糖亦称低聚糖,是指由 2～10 个单糖以糖苷键连接形成的具有直链或支链的低度聚合糖类的总称。寡糖能促进有益菌(如,双歧杆菌)的增殖,吸附肠道病原菌,提高动物免疫力。目前,研究、应用最多的是果寡糖(FOS)、反式半乳糖(TOS)和大豆寡糖。和酶制剂、微生物制剂相比,低聚糖结构稳定,不存在储藏、加工过程中的失活问题。

(6) 缓冲剂。缓冲剂是一类能增强溶液酸碱缓冲能力的化学物质,近年来,畜禽生产中利用其防止反刍动物酸中毒和提高反刍动物生产性能。研究最多和应用最广的是乙酸钠($NaAC$)、碳酸氢钠($NaHCO_3$)、丙酸钠(CH_3CH_2COONa)以及碳酸氢钠-氧化镁($NaHCO_3$-MgO)复合缓冲剂。

缓冲剂能够调节瘤胃 pH 值,有益于消化纤维细菌的生长,提高有机物消化率和细菌蛋白的合成。肉牛饲料中每天每头添加 $6gNaHCO_3$,平均日增重比对照组增加了 19.54%;另外,据报道在肉牛饲料中添加少量的 CH_3CH_2COONa 和 MgO,日增重和微生物蛋白的合成量都有所提高。

① 碳酸氢钠。主要作用是调节瘤胃酸碱度,增进食欲,提高牛体对饲料消化率以满足生产需要。用量一般占精料混合料 1%～1.5%,添加时可采用每周逐渐增加(0.5%、1%、1.5%)喂量的方法,以免造成初期突然添加使采食量下降。碳酸氢钠与氧化镁合用比例以 2:1～3:1较好。

② 氧化镁。主要作用是维持瘤胃适宜的酸度,增强食欲,增加日粮干物质采食量,有利于粗纤维和糖类消化。用量一般占精

料混合料的 0.75%～1% 或占整个日粮干物质的 0.3%～0.5%。氧化镁与碳酸氢钠混合比例及用法参照碳酸氢钠的用量用法。

添加碳酸氢钠,应相应减少食盐的喂量,以免钠食入过多,但应同时注意补氯。

(7) 抗氧化剂。抗氧化剂包括二丁基羟基甲苯(BHT)、丁羟基茴香醚(BHA)、乙氧喹、维生素 E。

① 二丁基羟基甲苯(BHT)。BHT 是饲料中常用的抗氧化剂,为白色粉末,用量一般为 60～120 mg/kg 饲料。

② 丁羟基茴香醚(BHA)。BHA 为白色或微黄色蜡样结晶性粉末,带有酚类臭气及刺激性气味,不溶于水。主要用于油脂的抗氧化剂。除抗氧化以外,还有很强的抗菌能力,用 250 mg/kg 可完全抑制黄曲霉的生长及饲料中青霉、黑曲霉等的孢子生长。

③ 乙氧喹。乙氧喹是黏滞的橘黄色液体,不溶于水,溶于植物油,常作为维生素 A 的稳定剂,最大用量为 150 mg/kg。因乙氧喹的黏滞性高,可制成 10%～70% 的粉状物混到饲料中。

④ 维生素 E。维生素 E 不仅在饲料内有抗氧化作用,而且还可以防止细胞内的过氧化,因而维生素 E 是饲料中必不可少的抗氧化添加剂。

(8) 防霉剂。防霉制剂主要是丙酸、丙酸钙和丙酸钠。丙酸钠和丙酸钙的使用量因 pH 值的不同而不同,当 pH 值为 5.5 时,抑霉浓度为 0.012 5%～1.25%;当 pH 值为 6.0 时,抑菌浓度为 1.6%～6.0%。其他防霉剂还有很多,如丙酸铵、甲酸、甲酸钙、富马酸、二甲酯、山梨酸、山梨酸钾、柠檬酸等。

(9) 调味剂。调味剂也叫增香剂。调味剂可改善饲料的适口性,增进动物食欲,提高采食量。

据报道,在反刍动物大部分适口性较好的饲料中,研究发现甘氨酸的含量较高。另外发现犊牛喜欢乳香和甜味。有研究表明,犊牛饲料中添加具有乳香味调味剂可提高采食量 8.1%。使用含有乳味调味剂的母乳代乳料可以提早开食,提前断乳。

(10) 中草药添加剂。中草药添加剂以其天然性、毒副作用小、无抗药性、多功能性越来越受到人们的重视。中草药添加剂的种类很多,包括免疫增强剂、激素样作用剂、抗应激剂、抗微生物剂、驱虫剂、增食剂、催肥剂、催乳剂等。中草药中的主要活性成分是多糖、甙类、生物碱、挥发油、蒽类和有机酸,它们起着调节动物机体免疫功能的作用。有试验表明,肉牛每日每头添加 100 g 中草药添加剂(由神曲、麦芽、莱菔子、使君子、贯众、苍术、当归甘草等组成),肉牛每头日增重 1.5 kg。

第三节　配 合 饲 料

配合饲料是根据动物不同品种、生理阶段和生理水平对各种营养成分的需要量,把多种饲料原料和添加成分按规定的加工工艺配制成均匀一致、营养价值完全的饲料产品。

一、饲料的分类

配合饲料产品多种多样,按其营养成分可分为 4 大类,即添加剂预混料、浓缩饲料、全价配合饲料和精料混合料。

(一) 添加剂预混料　添加剂预混料是 1 种或多种饲料添加剂与载体或稀释剂按一定比例配制的均匀混合物。添加剂预混料可分为单项预混料和综合预混料 2 类:单项预混料即同类添加剂预混料,它是由同一种类的多种饲料添加剂配制而成的匀质混合物,如维生素预混料、微量元素预混料等;综合性预混料是由不同种类的多种饲料添加剂配制而成的匀质混合物,如维生素、微量元素及其他成分混合在一起的预混料。添加剂预混料是全价配合饲料的组成部分,属于半成品饲料,不能单独饲喂动物。

(二) 浓缩饲料　又称平衡用配合饲料,是指以蛋白质饲料为主,由蛋白质饲料、矿物质饲料和添加剂预混料按一定比例配合而成,相当于全价配合饲料减去能量饲料的剩余部分,它一般占全价配合饲料的 20%～30%。

（三）全价配合饲料　典型的浓缩饲料再与能量饲料配合,便可制成全价配合饲料。全价配合饲料是配合饲料的最终产品,用于完全舍饲的非草食单胃动物,在营养上能全面满足某种动物的需要,是全日粮型配合饲料。可直接饲喂相应动物,不需外加任何其他饲料。

典型的浓缩饲料与能量饲料配合后,也可制成精料混合料。精料混合料同样是配合饲料的最终产品,但它是用于草食动物的,且在营养上不能完全满足动物的需要,属于半日粮型配合饲料。饲喂时还应搭配一定量的青绿多汁饲料和粗饲料。

肉牛的全价配合饲料由粗饲料(如秸秆、干草、青贮等)、精饲料(能量饲料、蛋白质饲料)、矿物质饲料以及各种饲料添加剂,按营养需要搭配均匀,加工成适口性好的散碎料或块料或饼料。

二、配合饲料的优点

（一）营养全面,饲养效果好　根据畜禽等动物的营养需要、消化特点和饲料标准配制成营养全面的饲料,使各种营养成分之间比例适当,从而最大限度的发挥动物的生产潜力,加速肉牛生长,提高牛肉品质,节省饲料,降低成本,最终提高饲料转化效率,增加生产效益。配合饲料中选用了各种功能的饲料添加剂,使之具有预防疾病,保健促生长的作用。

（二）提高劳动生产率　由于配合饲料采用了先进的技术和工艺,加上科学化的饲料配方、质量管理体系,使配合饲料便于工业化生产,节省劳力,大大提高了劳动生产率。

（三）降低成本　可经济合理的利用饲料资源和当地资源,也可较多的利用粗饲料资源,缓解了人畜争粮,降低了饲养成本,具有重要的社会和经济效益。生产配合饲料可充分利用当地的各种农副产品、牧草和林业资源、屠宰和食品工业下脚料以及发酵、酿造、榨油等多种行业的剩余废物,经济合理的利用各种饲料资源。

(四) 使用方便　饲用安全,储藏、运输、饲喂方便,可满足规模化、集约化养殖业的需要,有利于养殖场采用半机械化、机械化与自动化的饲养方式。

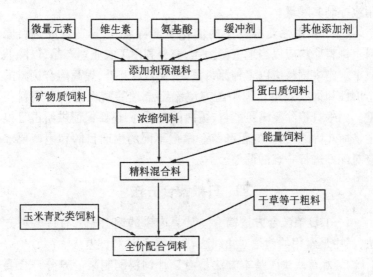

图 8-4　牛配合饲料组分模式图

三、日粮配合的原则

饲料配合的基本原则是,要保证配合饲料产品的营养性、安全性和实用性。

(一) 满足营养需要　饲养标准列出了正常条件下动物对各种营养素的需要量,肉牛的配合饲料设计要以肉牛饲养标准和饲料营养价值表为依据,并结合当地的生产实际和养牛经验做必要的调整。配合饲料的营养性表现在,不仅能保证动物对各单一养分的需要量,而且要通过平衡各营养素之间的比例,调整各饲料间的配比关系,保证产品的营养全价性。

(二) 保证安全 制作配方选用的饲料原料,包括添加剂在内,必须保证其安全性。对其品质、等级、营养素含量进行检测。因发霉、污染、毒素含量等而失去饲喂价值的原料及其他不合规定的原料不能使用。对某些含有毒有害物质的饲料,应在脱毒后使用或控制其喂量。

(三) 实用性 根据牛的消化生理特点,选择适宜的饲料原料。饲料原料应以当地资源为主,充分利用工农业副产品,以降低成本。肉牛饲料应以多种原料搭配,使营养互补,提高配合饲料的全价性和饲喂效果。肉牛配方应制定合理的精粗比例和饲料用量。肉牛日粮除要满足能量、蛋白质需要外,还要保证供给占日粮干物质 14%～20% 的粗纤维。根据不同的生产目的和生产要求应对配方进行一定的调整。

四、日粮配合方法

(一) 日粮配合方法简介 计算肉牛的饲料配方有许多种方法,其中最常用的就是对角线法、联立方程法和试差法。

1. 对角线法 基本方法是由 2 种饲料配制某一养分符合要求的混合饲料。通过连续多次运算,也可由多种饲料配合 2 种以上养分符合要求的混合饲料。

如用粗蛋白含量为 8% 和 44% 的谷实饲料和豆饼配制粗蛋白为 16% 的精料混合料。将 2 种饲料的粗蛋白含量分别放于正方形的左边上下 2 角,要求的粗蛋白含量放于正方形的中间,按对角线方向分别相减,所得结果为 2 种饲料在精料混合料中占有的份数。即谷实饲料 28 份,豆饼 8 份混合,得到粗蛋白为 16% 的混合料。折合成百分数为:谷实饲料 77.8% [28/(28＋8)],豆饼 22.2%[8/(28＋8)]。

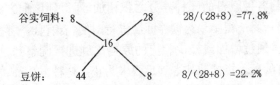

2. **联立方程法** 此法是利用数学上联立方程求解法计算饲料配方。优点是条理清晰,方法简单。缺点是当饲料种类多时,计算比较复杂。

例:某牛场要配制含 16% 粗蛋白质的配合饲料,现有含粗蛋白 8% 的能量饲料(其中玉米占 65%,小麦麸占 35%)和含粗蛋白 44% 的蛋白质补充料,其计算方法如下:

(1) 设配合饲料中能量饲料占 x%,蛋白质补充料占 y%。

得:$x + y = 100$

(2) 能量混合料的粗蛋白含量为 8%,补充饲料含蛋白质 44%,要求配合饲料含粗蛋白 16%。

得:$0.08x + 0.44y = 16$

(3) 联立方程式。

$x + y = 100$

$0.08x + 0.44y = 16$

(4) 得出 $x = 77.8\%$。

$y = 22.2\%$

(5) 求能量饲料中玉米、小麦麸在配合饲料中所占的比例:

玉米占:$77.8\% \times 65\% = 50.57\%$

小麦麸占:$77.8\% \times 35\% = 27.23\%$

因此配合饲料中玉米、小麦麸、蛋白质补充料各占 50.57%、27.23% 和 22.2%。

3. **试差法** 具体做法是首先根据经验初步拟出各种饲料原料的大致比例,然后用各自的比例去乘该原料所含的各种养分的百分含量,再将各种原料的同种养分之积相加,即得到该配方的每种养分的总量。将所得结果与饲养标准进行对照,若有任一养分超过或不足时,可通过增加或减少相应的原料比例进行调整和重新计算,直至所有的营养指标都基本满足要求为止。这种方法简单易学,但计算量大,盲目性较大,不易筛选出最佳配方,成本可能较高。

4. 用电子计算机配合日粮　以上实例中均未考虑各种配料的价格。为了使养牛业获得最大利润,配制日粮时必须考虑各种饲料原料及牧草等粗料的价格。按配方配制一个能满足牛的营养需要的日粮且要求成本最低,也就是一个最低成本日粮用笔计算是比较困难的。当考虑到大量的饲料原料和营养需要时,这种方法需要惊人的计算量。而计算机程序几秒钟就可以计算出适宜的日粮。

用计算机编制线性程序模型计算,当计算机配制肉牛日粮时,既要考虑可用配料饲料的价格又要考虑它们含有的营养成分。一个最低成本计算机程序能检验所有的可用饲料配料的组合并选择满足营养需要的最低成本的混合料。

目前国内外较大型肉牛场和饲料加工厂都广泛使用计算机进行饲料配合的计算,它有计算方便、快速、准确的特点,能充分利用各种饲料资源,降低配方成本。

（二）肉牛全价日粮配方设计实例　对体重 200 kg 日增重 0.7 kg 的育肥牛配制一个平衡日粮。

第 1 步,首先根据肉牛的营养价值表查出 200 kg 日增重 0.7 kg 肉牛的营养需要。

表 8-6　200 kg 日增重 0.7 kg 肉牛的营养需要

干物质(kg)	综合净能(MJ)	粗蛋白(g)	钙(g)	磷(g)
4.89	22.47	593	26	13

第 2 步,确定饲料原料种类,查出相应饲料原料的营养价值。这些需要量可用许多不同的饲料组合完成。为简化这个实

例,饲料原料将限制在苜蓿干草、玉米青贮、玉米、麸皮和豆饼,以及商品矿物质(补充20%钙和20%磷)。在生产实践中一般根据当地的实际情况决定实际应用的配料组成成分。

表8-7　饲料原料营养价值

饲料	干物质(%)	综合净能(MJ/kg)	粗蛋白(%)	钙(%)	磷(%)
麸皮	89.3	5.66	15	0.14	0.54
玉米	88	8.50	8.5	0.02	0.21
豆饼	89	6.97	46	0.32	0.67
苜蓿干草	92.4	4.51	16.8	1.95	0.28
玉米青贮	25	0.61	1.4	0.1	0.02

第3步,确定粗饲料的用量,计算其所含的营养成分的数量。

根据经验粗饲料一般提供60%左右的干物质,玉米青贮和苜蓿干草的干物质按2:1供给,这样则玉米青贮饲喂8 kg,苜蓿干草饲喂1 kg,二者可提供营养物质如表8-8所示:

表8-8　粗饲料提供的营养成分含量

饲料	干物质(%)	综合净能(MJ/kg)	粗蛋白(%)	钙(%)	磷(%)
苜蓿干草1 kg	0.924	4.51	168	19.5	2.8
玉米青贮8 kg	2	4.88	112	8	1.6
合计	2.924	9.39	280	27.5	4.4
与标准比	-1.966	-13.08	-313	+1.5	-8.6

第4步,计算精料中能量饲料和蛋白质饲料的用量,以满足能量和蛋白质的需要量。

以豆饼和麸皮各50%作为蛋白质补充料,经计算每千克蛋白质补充料中含干物质0.891 5 kg、综合净能6.31 5 MJ[(5.66+6.97)/2]、粗蛋白305 g[(150+460)/2]、钙2.3 g、磷6.05 g。

以玉米作为能量饲料,每千克玉米含干物质0.88 kg、综合净能8.50 MJ、粗蛋白85 g、钙0.2 g、磷2.1 g。

设需要能量饲料 x kg,蛋白质补充料 y kg,则:

$8.5x + 6.315y = 13.08$

$85x + 305y = 313$

解得 $x = 0.98 \text{ kg}, y = 0.753 \text{ kg}$

精料中麸皮与豆饼用量均为 $0.753 \times 50\% = 0.376 (\text{kg})$，玉米用量为 0.98 kg。

第 5 步，计算精料中钙、磷含量及需补量。

由于粗饲料已满足了钙的需要，所以只需计算磷的含量。

表 8-9　精料中含磷量及补加量

饲料	磷(g)
麸皮	$0.376 \times 5.4 = 2.03$
豆饼	$0.376 \times 6.7 = 2.52$
玉米	$0.98 \times 2.1 = 2.06$
合计	6.6
补加量	2.0

磷尚需要 2.0 g，用含磷 20% 的矿物质补加 0.01 kg。

另外，食盐和添加剂预混料一般在肉牛精料中各补加 1.5%，以满足牛的营养需要。

表 8-10　200 kg 日增重 0.7 kg 肉牛的饲料配方

名称	用量
苜蓿干草	1 kg
玉米青贮	8 kg
玉米	0.98 kg
豆饼	0.376 kg
麸皮	0.376 kg
食盐	30g
添加剂预混料	30g

（三）肉牛浓缩料的配制　先设计出全价饲料配方，然后算出浓缩料配方。上例中能量饲料即玉米占精料混合料的比例为

56.5%,精料混合料中其他原料配比除以 43.5%(1-56.5%)即为浓缩料配方。在使用时,将此浓缩饲料 43.5 kg 加上 56.5 kg 的玉米混合均匀再加上相应的粗饲料即为肉牛的全价配合饲料。

(四)尿素的有效添加问题　非蛋白态的含氮物——非蛋白氮(NPN)已广泛应用于肉牛育肥中,可部分代替饲料中的天然蛋白质,缓解蛋白饲料资源不足的问题。非蛋白氮的种类繁多,但考虑到价格、来源、副作用和饲喂等诸多因素,实际上应用于肉牛饲养中的非蛋白化合物只有少数几种,下面主要讨论一下尿素氮与能量的平衡关系及尿素的有效添加剂量。

日粮提供的能量与进入瘤胃的氮素之间的关系即瘤胃能氮平衡,当日粮能量与瘤胃氮素的比例适当时可使它们的利用效率达到最大水平。如果日粮的瘤胃能氮平衡为 0,则表明平衡良好;如为正值,则说明瘤胃能量有富余,应添加尿素;如为负值,则表明应增加瘤胃中的能量。

表 8 - 11　肉牛日粮的瘤胃能氮平衡举例

饲料	喂量(kg)	RND	粗蛋白质(g)	蛋白质降解率(%)	降解蛋白质(g)	FOM(kg)	瘤胃能氮平衡(g)		
							FOM·MCP	RDP·MCP	平衡
玉米青贮(干物质25%)	25	2.0	350	50	175	2.5	340	158	182
玉米	1	1.0	86	45	39	0.39	53	35	18
棉子饼	1	0.82	325	50	163	0.38	52	147	-95
总计		3.82	761		377	3.27	445	340	105

注:1. FOM·MCP 为根据可发酵有机质(FOM)测算的瘤胃微生物蛋白质(MCP)。
　　2. RDP·MCP 为根据降解蛋白质(RDP)测算的瘤胃微生物蛋白质(MCP)。单个饲料和日粮的 RDP 转化为 MCP 的效率均按 90% 计算,即 MCP = RDP×0.9
　　3. 能氮平衡= FOM·MCP - RDP·MCP。

表8-11中的举例表明,该日粮的瘤胃能氮平衡为正105 g,说明对合成瘤胃微生物蛋白质而言,瘤胃的可发酵有机物质有富余,但降解蛋白质不足,为了使该日粮达到瘤胃微生物蛋白质合成的最佳效率,就应增加瘤胃降解蛋白质,或按尿素有效用量的方法计算出尿素的添加量,以补充瘤胃所需的降解氮。

由于非蛋白氮在瘤胃能氮为正平衡的条件下才能被瘤胃微生物有效利用,根据以上瘤胃平衡原理,提出了尿素有效用量的计算模式:

尿素用量=瘤胃能氮平衡/(2.8×0.65)

式中:2.8为尿素的粗蛋白质当量;0.65为尿素被瘤胃微生物利用的平均效率;如添加糊化淀粉缓解尿素等氨释放缓慢的尿素,则尿素氮转化为瘤胃微生物氮的效率可采用0.8。

表8-11的例中该日粮的瘤胃能氮平衡为105 gMCP,如果采用添加尿素达到平衡,按尿素有效用量计算为58 g。

尿素用量=105/(2.8×0.65)=58(g)。

如果能氮平衡为零或负值,则表明无需再添加尿素。

第四节　饲料加工机械

一、粗饲料加工机械

(一)割草机　割草机是饲草生产机械化作业中不可缺少的机具。割草机具有多种类型和型号,但不管其类型和型号如何,均应满足以下要求:首先割幅要合适;其次对地面的仿形性好,割茬高度适宜;第三操纵方便,安全装置齐全;第四技术经济指标良好,工作效率高。

割草机具有多种类型,生产中广泛使用的是往复式和圆盘式。

往复式割草机由动刀片和定刀片，或由双动刀片组成切割器，按照剪切原理，靠刀片的相对运动将饲草切断。圆盘式割草机则主要由刀盘和安装于其上的割刀组成切割器，每个割草机包括数个刀盘。

往复式割草机正常的工作速度为 8～10 kg/km，具有能量消耗低，制造成本低等优点。圆盘式割草机具的优点是作业速度快，维护保养少，特别适合于高产的人工草地等。不同类型的割草机技术参数如表 8‐12 所示。

表 8‐12　不同类型割草机的技术参数

产品型号	配套动力（马力）	切割辐宽（mm）	割茬高度（mm）	生产效率（亩/h）	工作速度（km/h）
SCE2200A	55～60	2 200	40		
HW300	87	3 734			17.7
92GZX-1.7	≥15	1 700		15～25	
9GY-3.0	≥40	3 000		30～35	10
9GB-2.1	15～18	2 100		15～20	6～7
Haybine472		2 210	32～108		13

注：1 马力＝735.499W

（二）捡拾压捆机　当刈割的饲草在田间干燥之后，就需要用捡拾压捆机顺着草条将干草捡拾起来并压成草捆。根据压制的草捆形状，可将捡拾压捆机分为方捆捡拾压捆机和圆草捆捡拾压捆机。不管是哪种类型，均须满足以下要求：首先是捡拾干净，遗漏率低；其次是密度适宜，不发生霉烂；第三是捆结可靠，装卸和运输过程不散捆；第四是工作效率高，安全性能好。

方捆机中的小型压捆机适合我国多数地区使用。其特点是对配套动力无特殊要求，压制的草捆重为 10～45 kg，通常可手动搬动，后续作业不一定需要配套机械；草捆储存方便，适合于长途运输。缺点是工作效率低于大型草捆机,对捆绳的质量要求高,且消耗的捆绳较多。大型草捆机的特点是工作效率高(每小时可生产10~20 t),节约捆绳。但要求配套动力大,机器价格高;装卸和运输后续作业需要有配套机械来完成。不同类型压捆机的技术参数见表8-13。

表8-13　不同类型压捆机的技术参数

产品型号	产品名称	生产效率	配套动力(马力)
9DK-1.9	方捆机	10~15 亩/h;4~7 t/h	55
9YFQ-1.9	方捆机	20~25 亩/h;10~12 t/h	≥40
9KYQ-7050	圆捆机	5~10 亩/h	18~45
92YG-0.5	圆捆机	20~40 捆/h	18~30

(三)压块机　压块机与压捆机的作用类似,也是将蓬松的饲草进行压制,使其密度增大,体积变小,以便于储存和运输。但和压捆机相比,压块机压制成的草块密度大于草捆,因而可以节省运输空间和储存空间;其次,草块可直接饲喂,在饲喂过程中浪费少,使牲畜能均匀摄取养分,因而生产性能高;在装卸过程中不需要特殊的装卸设备;压制的草块密度大,不易引火,储存安全。

压块机主要分3种类型(表8-14),一是田间捡拾压块机,直接在田间捡拾风干的草条,压成草块,直接运往储存地点或饲喂场所。二是固定式压块机,其作业方式是先将饲草运往压块机工作地点,然后进行压块作业。三是移动式烘干压块机,它与有关机具配套作业,以青草为原料,在机内烘干压制,调制草块。和前两种压块机相比,移动式烘干压块机能使饲草的养分损失降低到最低限度,因而草块质量好。

草块的密度为 600~850 kg/m³,大小约为 3 cm×3 cm×15 cm,包括肉牛在内的大牲畜可一口吞食,因而可减少浪费,并避免挑食。

表 8-14　不同类型压块机技术参数

产品型号	工作效率(t/h)	配套动力(kW)
MYYK560	3～5	45×2
MYYK800	5～8	75×2
9YK-0.4D	0.3～0.5	15.75
CYK500	0.15～0.45	29.3
SKYH510	2～6	90

（四）饲草切碎机　饲草切碎机主要用于切碎秸秆饲料如谷草、玉米秸、高粱秸、干草和各种青饲料。按机型大小饲草切碎机可分为大、中、小 3 种;按切碎器型式不同分为轮刀式和滚刀式 2 种。

铡草机属于中小型切碎机,体积小,机动灵活,适合广大农村铡切谷草、玉米秸、麦秸、稻草及各种青饲料。青饲料切碎机为大中型切碎机,生产效率高,适于养牛场铡切青贮饲料,是饲料青贮、青饲加工中重要的机械。

对切碎机的技术要求是:切碎长度要符合饲养要求,如喂牛时要求秸秆的切碎长度为 5～20 mm,青饲料为 30 mm;切碎质量要好,切碎长度要均匀,切口平整,茎节被压碎;工作效率高,能耗低;通用性好,能铡切各种植物秸秆饲料;安全性好,使用方便。

表 8-15　不同类型切碎机的技术参数

产品型号	工作效率(kg/h)	配套动力(kW)
93EF-1.0	1 000	11
9DF53×13	250(牧草);800(秸秆)	7.5
9QS-1300	2 300～9 000(青贮)	11
东方-800	8 000(鲜草);2 000(秸秆)	11

（五）粉碎机　粉碎机是生产草粉和配合饲料的主要设备之一,用来粉碎各种干草如苜蓿干草等;粒状饲料如玉米、高粱等;茎

秆饲料如玉米秸、谷草等;饼类饲料如豆饼、花生饼等。粉碎机主要分为垂片式、爪式和对辊式3种,以垂片式应用最广。通过粉碎机的破碎,可以增加饲料与消化液的接触面积,从而提高肉牛对饲料的消化率。

对粉碎机的要求有以下几点:通用性能好,既能粉碎粒状饲料,又能粉碎块状和茎秆饲料;成品粒度能按要求进行调节,粒度大小要均匀,不产生高热;生产效率高,能耗低;使用操作方便,噪声低,密闭性好,安全性好。

表 8-16　不同类型粉碎机的技术参数

产品型号	工作效率(kg/h)	配套动力(kW)
9FQ-40B	800	7.5
MFCP×200	8 000~14 000(牧草)	110
MFCP66×100	3 000~6 000(牧草)	55
93F-40	450(秸草)、1500(玉米)	7.5

二、配合饲料加工设备

(一) 小型配合饲料加工成套设备　我国农村饲料资源分散,养殖集约化程度还比较低,因此各地因地制宜的建设一些中小型饲料厂,利用当地资源调整配方,针对养殖户的要求提供适销对路的饲料可取得良好的社会和经济效益。

1. 人工配料时产 3~5 t 饲料加工成套设备(图 8-5)

(1) 工艺流程。采用人工投配料。需粉碎的如玉米、豆粕等经斗式提升机 1 提升,经过永磁筒 6 除铁,进入粉碎仓,然后进入锤片式粉碎机7进行粉碎,并经过螺旋输送机8和斗式提升机2输送至中间仓,不需要粉碎的粉料如麸皮等经斗式提升机 2 直接输送至中间仓,根据混合机的容积确定每批料的重量。待混合粉料进入混合机后,按要求时间进行混合以达到规定的均匀度。预混混合机上的投料口直接投入;根据工艺要求可增加油脂及糖

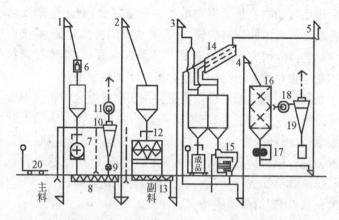

1.2.3.4.5.斗式提升机 6.永磁筒 7.粉碎机 8.13.螺旋输送机 9.关风器
10.19.离心集尘器 11.18.风机 12.混合机 14.分级筛 15.制粒机

16.冷却器 17.粉碎机 20.磅秤

图 8-5　时产 3～5 t 饲料加工成套设备工艺流程

蜜添加设备,在物料混合过程中添加所需油脂和糖蜜。混合均匀的粉料成品卸入缓冲仓,经过螺旋输送机 13 和斗式提升机 3,进入粉料成品仓。从制粒机 15 排出的颗粒饲料经斗式提升机 4 进入冷却器 16,冷却后的颗粒饲料,经过斗式提升机 5 和分级筛 14 进入颗粒饲料成品仓。产品采用人工称量,装袋。为提高锤片式粉碎机的效率采用辅助吸风,并在投料口设置吸尘罩以减少粉尘,改善劳动条件。

2. 小型饲料加工成套设备的主要特点

(1)结构简单,机组主要由粉碎机、混合机及输送设备等组成。对生产场地无特殊要求,利用一般房舍或仓库即可作为生产厂房。

(2)设备性能可靠,安装、操作、维修方便。

(3)投资少、见效快、效益高。购回设备后,安装在适当位置,接通电源,便可投入生产。

(二)预混合饲料加工成套设备　反刍动物添加剂预混料含

有促进反刍动物生长所需要的各种微量成分,它是生产反刍动物精料混合料和浓缩饲料的核心,具有很高的科技含量,是推广应用反刍动物营养研究成果的重要产品形式。因此,养殖及饲料产业化的龙头企业首先应组织生产和推广添加剂预混料。

添加剂顶混料的混合设备主要用于微量组分的稀释混合及载体承载活性成分的混合,应根据不同的原料和场合选用不同形式的混合机,稀释混合多采用性能好、体积小、残留少、混合均匀度高的星型混合机;具有炸弹仓式大开门结构的卧式带状混合机多用于载体承载活性成分的混合,它具有制造成本低、生产率高、卸料速度快、物质残留量小的特点。

1. 预混料生产工艺   预混料的生产工艺主要由载体粉碎、载体微量组分的配料、混合、输送、除尘、包装、储存等工艺组成。

(1) 粉碎工艺。载体使用粒度在 30～80 目之间。稀释剂的粒度通常在 30～200 目之间。推荐稀释剂的粒度和容重是其稀释的活性成分的 2 倍,这样能减少活性成分的分离。

微量元素组分的粉碎工艺直接影响产品质量。某些原料容易结块,为此,可在辅料间配置 1 台小型粉碎机,以备粉碎易结块物料。

(2) 配料工艺。预混料是由多品种、配量小、价格高的微量组分和载体所组成。因此,预混料的配料准确性要求高。为了保证配料精度,大称量用大秤,并根据物料和称量条件,采用人工配料、微量配料、秤配料和自动配料等配料方式。

(3) 混合工艺。对预混料厂来说,混合是其最重要的工序之一,也是保证产品质量的关键所在。预混料混合时的变异系数(CV)不得超过 5%。要求预混料在机内的残留量小,一般不大于 100 g/t,以减少微量元素的污染。为了减少粉尘,保证预混料的均匀一致,要求混合过程中一般添加油脂。

(4) 原料的投料顺序。各种原料的投料顺序对混合均匀度的影响较大,必须严格按照操作顺序进行。如先加载体,后加微量组分。如载体用量较大,可分 2 次加入,先加 1/2,在加入全部微量组分之后再加另一半载体。油脂的添加主要是为了减少粉尘和提高载体的承载能力,添加量一般为混合总量的 1%～3%。其添加顺序为油脂先与载体充分混合后再加入微量元素混合或载体先与微量元素混合后再与油脂混合,主要是为了防止油脂与微量元素混合造成微量元素分布不均。

(5) 设备清洗。更换预混料品种时,需及时对药物和微量元素经过的设备进行清洗。

(6) 成品包装。包装材料主要取决于包装物料的性质。被包装物料的稳定性差、含微量组分浓度高时,应采用纤维纸板箱包装(内衬塑料袋)。对于含维生素的预混料采用 3 层牛皮纸和 1 层塑料薄膜组成 4 层组合包装袋。

(7) 储藏保管。预混料成品的储藏要求低温、通风、仓库温度最高不超过 30 ℃,相对湿度不超过 75%。保持干燥、阴凉、避光。储藏时间不超过 3 个月。

2. 几种预混料生产工艺简介

(1) 人工配料加工工艺简介(图 8 - 6)。

预处理:利用台秤、天平、混合机、球磨机将亚硒酸钠、氯化钴制成浓度为 1% 的预混料。

载体处理:载体经接收、粉碎后进入载体料仓,根据需要进行计量。

维生素预混料生产:按配方比例称取各种维生素,其中维生素 B_{12} 以 1% 预混料进行配料,以每批配制 200 kg 预混料计算所需的各种维生素,载体分 2 次加入,第 1 次人工加入混合机 12,经混合 10 min 后进入预盛有载体的混合机 9 继续混合,再混合 10 min,即为维生素预混料成品。

微量元素预混料生产:以每批生产 200 kg 微量元素预混料计

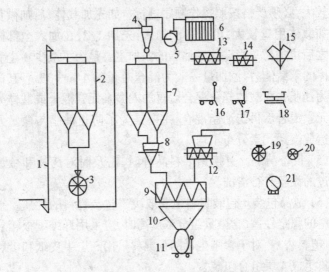

1.载体提升机　2.待粉碎载体仓　3.粉碎机　4.气力输送卸料器　5.风机
6.集尘器　7.载体仓　8.计量秤　9.每批250 kg混合机　10.成品仓
11.成品包装　12.每批50 kg混合机　13.每批150 kg混合机
14.每批5 kg混合机　15.每批1 kg混合机　16.50 kg台秤
17.5 kg台秤　18.1 kg天平秤　19.200 kg/h粉碎机
20.20 kg/h粉碎机　21.球磨机

图8-6　人工配料预混料加工工艺流程

算,按配方比例称取铁、铜、锰、锌及防结块剂后,混合在一起倒入粉碎机19粉碎。粉碎后的物料进入预盛有载体的混合机12,同样称取1%含量的硒、钴、碘预盛有载体的混合机9再次进行混合,制成微量元素预混料饲料。

　　复合预混料的生产,利用混合机13、14将维生素与微量元素制成一定含量的维生素预混料与微量元素预混料直接加入预盛有适量载体的混合机9,然后按配方比例取其他添加剂如氨基酸、抗生素、药物、抗氧化剂等,分别加入混合机9,经充分混合均匀后,即可得复合预混料。

　　(2)罗氏公司维生素添加剂预混料生产加工工艺流程图

（图8-7）。

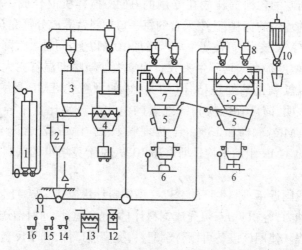

1.载体仓　2.计量秤　3.给料机　4.混合机　5.震动器　6.计量打包　7. 453.59 kg混合机
8.离心卸料器　9. 1814.36 kg混合机　10.脉冲除尘器　11.压送风机
12.粉碎机　13.　混合机　14. 453.89 kg计量台秤
15. 45.36 kg计量台秤　16. 2.268 kg计量台秤

图8-7　罗氏公司维生素预混合饲料厂工艺流程图

（三）全日粮饲料计量搅拌车　所谓全混合日粮（TMR）就是根据反刍动物营养需要的粗蛋白、能量、粗纤维、矿物质和维生素等,把揉碎的粗、精料和各种添加剂进行充分混合而得到的营养平衡的混合日粮。肉牛传统饲喂程序为:青贮料→精料（加水拌和）→副料（糟渣类）→青绿料→干草,由于几种料分开饲喂,造成先吃进的料在瘤胃先发酵,后吃进的料在瘤胃后发酵（前后采食时间差2～3 h）。由于不同的饲料在瘤胃内发酵产生的 pH 值不同,易造成瘤胃 pH 值较大的波动;蛋白质饲料和碳水化合物饲料发酵不同步,因此降低瘤胃微生物同时利用氮和碳合成菌体蛋白的效率;由于不同饲料适口性不同,易造成挑食精料现象,为克服传统饲喂方法不足之处,国外许多牧场纷纷采用全混合日粮(TMR),它是一种较为先进的饲养技术。该法将牛每餐所吃的各种饲料放在专用的 TMR 搅拌机混合成一定大小粒度的均匀的饲料,让牛采食的每一口饲料营养成分都完全一样。使用 TMR 技术,可使奶牛单产增加 10% 以上,同时大大降低发病率,大幅度提高人均养牛头数。加拿大沙斯喀彻温省立大学用含 40% 以氢氧化钠处理秸秆(50 kg/t)的颗粒化 TMR 肥育公牛,结果表明,饲料有机物和纤维素的消化率分别比含未经处理秸秆的 TMR 高 4% 和 13%,含处理秸秆的 TMR 较含未经处理秸秆的 TMR 组的平均日增重高 10%,每千克增重的饲料消耗降低 5%。

我国近年研制生产的 9SC-7 型饲料计量搅拌车以 41 kw 拖拉机为动力,容积 7 m³,可完成饲料计量,混合搅拌,向料槽送料等作业过程。使用该设备可以科学配料,提高适口性,利于反刍动物的生理调节。我国研制的 9YSJ-300 型移动式饲草料加工机组以 15 或 18 马力带动力输出轴的小四轮拖拉机配套。该机组装有对辊式粉碎机、锤片式粉碎机和立式螺旋搅拌机,可以粉碎干草、秸秆和谷物,并进行搅拌。生产含粗饲料 40%～70% 的奶牛、肉牛日粮,每小时产量可达 300 kg,混合均匀度不大于 10%。

全混合日粮适应了当前畜牧业向集约化、规模化经营发展的需要,有利于缓解饲料资源供需不平衡的矛盾,缩短我国与世界反刍动物养殖业发达国家的差距。因此,这方面的研究对我国反刍动物生产潜能的最大发挥、规模化经营效益的提高及"节粮型"畜牧业的发展均具有重要意义。全日粮饲料计量搅拌设备也将成为发展草食型、节粮型畜牧业的重要技术装备之一。

第五节　饲料的质量管理

由于肉牛饲料,直接影响牛肉的质量,和人类健康息息相关。

因此肉牛的饲料应符合中华人民共和国国家标准——饲料卫生标准(GB 13078),并执行中华人民共和国农业行业标准——无公害食品肉牛饲养饲料使用准则(NY 5127－2002)。

一、粗饲料质量管理

各种原料青贮和干草等,分不同的刈割期调制后或购进时分别采样进行常规营养成分测定,以便根据不同的粗饲料质量,调整精料配方和喂量。

1. 青贮饲料　青贮饲料的加工调制严格按本章中青贮的调制技术进行,青贮饲料的质量按农业部颁布的青贮饲料质量评定标准(试行)进行。青贮的等级应良好以上,严禁劣质青贮饲喂肉牛。

青贮开窖时应剔除边角漏气处的腐烂块,垂直或稍倾斜面向前清底拉运,为了防止二次发酵,每天的挖进不少于15 cm,分上下午2次拉运牛舍。冬季冰冻的青贮应先解冻后,再喂肉牛。

2. 青干草　青干草饲料的加工调制严格按本章中青干草的调制技术进行,调制或购买的青干草应按质量检验标准在二级以上,并严格管理,杜绝雨淋,防止发霉变质。杜绝劣质青干草饲喂肉牛。

干草饲喂时铡短10 cm长,剔除霉烂草,铡草机装入磁铁吸取铁钉、铁丝等,拾净掉叶,防止浪费。

3. 秸秆类　秸秆类饲料首先应去掉根部泥土部分,妥善保存,防止发霉变质,尽量减少风、雨、阳光等带来的损失,饲喂前应适当加工处理如氨化、微贮等,按本章秸秆加工处理技术进行,提高消化率。

二、精料补充料质量管理

1. 饲料原料

(1) 感官要求。应具有一定的新鲜度,并具有该品种应有的色、嗅、味和组织形态特征,无发霉、结块、变质、异味及异臭。

(2) 禁止购入不符合饲料卫生标准和质量标准的饲料,禁止购入高水分料。不使用抗生素菌渣作肉牛饲料原料。

(3) 营养成分测定。各种精饲料原料,受产地、品种及加工工艺的影响,质量差异很大。因此,每次购料应分别采样进行常规营养成分测定,根据不同的质量,调整精料配方。

2. 饲料添加剂

(1) 使用的营养性饲料添加剂和一般性饲料添加剂产品应是中华人民共和国农业部《允许使用的饲料添加剂品种目录》(见附录)所规定的品种,或取得试生产产品批准文号的新饲料添加剂品种。不使用违禁的药物和添加剂。

(2) 感观要求。应具有该品种应有的色、嗅、味和组织形态特征,无发霉、结块、变质、异味及异臭。

(3) 禁止购入不符合饲料卫生标准和质量标准的添加剂。

(4) 肉牛饲料不得使用任何药物。不使用激素、类激素产品。合理使用添加剂,减少环境污染和肉中残留。严格执行《饲料和饲料添加剂管理条例》有关规定。

3. 配合精料

(1) 定期对计量设备进行检验和正常维修,以确保精确性和稳定性。

(2) 配合精料时应按配方比例称量正确无误,微量和极微量组分应进行预稀释。配好的饲料每月抽样,进行常规成分测定。

(3) 应经常检查饲料库,及时清除墙角、墙根、仓底处的霉变饲料。

(4) 粉碎机和混合搅拌机都要安装磁铁吸取铁钉、铁丝等异物,粉碎机以压扁锤碎为目的,肉牛料不宜过细。

(5) 禁止在肉牛饲料中添加和使用任何动物源性饲料(肉骨

粉、骨粉、血粉、血浆粉、动物下脚料、动物脂肪、干血浆及其他血液制品、脱水蛋白、蹄粉、角粉、鸡杂碎粉、羽毛粉、油渣、鱼粉、骨胶等)。

第九章　种牛的饲养管理

第一节　犊牛的饲养管理技术

犊牛一般指初生至断奶阶段的小牛,由于过去犊牛的哺乳期为6个月,故也有人将6月龄前的幼牛称为犊牛。此阶段是牛生长发育的重要阶段,对其培育的好坏,直接影响体型的形成、采食粗饲料的能力以及成年后的生产及繁殖性能。在幼牛(犊牛和育成牛)阶段,牛在快速生长的同时,也具有最大的可塑性。犊牛培育的主要任务就是提高成活率,给育成期的生长发育打下良好基础。犊牛阶段又可分为初生期(出生至7日龄)和哺乳期(8日龄至断奶)2阶段。

一、犊牛的生理特点

(一) 犊牛的生活能力较差　犊牛阶段的抗病力、对外界不良环境的抵抗力、适应性和调节体温的能力等均较差。出生之后,犊牛必须自我调节体温来应付外界变温的环境;用自己的消化器官取得营养,用肺的活动来进行气体交换,用自己的抵抗系统来应付微生物的侵袭。新生期犊牛瘤胃容积很小,机能不发达;网胃只有雏形而无功能;真胃及肠壁虽初具消化功能,但消化道黏膜易受细菌入侵,皮肤的保护机能很差,神经系统的反应迟缓。所以,初生犊牛阶段是最容易受各种病菌的侵袭而引起疾病,甚至死亡的时期。这一时期的重要任务是预防疾病和促进机体防御机制的发育,必须细心护理,提高成活率。

(二) 在正常的饲养条件下,犊牛体重增长迅速　犊牛初生重占成年母牛体重的 7%～8%,3 月龄时达成牛体重 20%,6 月龄达 30%,12 月龄达 50%,18 月龄达 75%,5 岁时生长结束。

(三) 犊牛的消化特点与成年牛有明显不同 初生犊牛真胃相对容积较大,约占 4 个胃总容积的 70%;瘤胃、网胃和瓣胃的容积都很小,仅占 30%,并且它们的机能也不发达。3 周龄以后的犊牛,开始反刍,瘤胃发育迅速。至 12 月龄时育成牛瘤胃与全胃容积之比,已基本上接近成年母牛。

二、犊牛的饲养管理技术

(一) 初生犊牛护理

1. **防止窒息,剪断脐带** 犊牛应该生在预先准备好的清洁干燥柔软的垫草上,用清洁的软布擦净口鼻腔及其周围的黏液。若是倒生,犊牛出生后不能马上呼吸,则应 2 人合作,抓住犊牛后肢把其倒提起来,手拍其背脊,以便把吸到气管的胎水咳出,恢复正常呼吸。如发生窒息,应及时进行人工呼吸,同时可配合使用刺激呼吸中枢的药物。

通常情况下,犊牛的脐带自然扯断。未扯断时,在离开腹部 10～15 cm 处握紧脐带,用两手大拇指用力揉搓 1～2 min,然后用消过毒的剪刀,在经揉搓部位的外侧(远离腹部的那端)把脐带剪断。将脐带中的血液和黏液挤净,用 5%～10% 的碘酒浸泡脐带断口 1～2 min。切记不要将药液灌入脐带内,以免因脐孔周围组织充血、肿胀而继发脐炎。断脐不要结扎,以自然脱落为好。产双犊时第一个犊牛的脐带应结扎两道绳,然后从中间剪断。让母牛舔舐犊牛 3～10 min(夏季时间长些,冬季短些),有利于胎衣的排出。

对犊牛被毛上的黏液要用干草(也可用干草粉、锯末、新糠等)清除干净,并剥去蹄黄,以利于犊牛站立。当犊牛想站立时,应帮助其站稳,严禁直接在地面上拖拉犊牛。

2. 尽早哺喂初乳,增强初生犊牛的抵抗力 初乳黏度高,含有丰富的营养物质(高于常乳10多倍的维生素A,4～5倍的蛋白质和2～3倍的干物质),是初生犊牛最理想的食物。在初乳中有3种免疫球蛋白,即免疫球蛋白M、免疫球蛋白G、免疫球蛋白A,三者的含量比为1:10:1。免疫球蛋白M可预防3日龄以前的初生犊败血症,免疫球蛋白G对全身及肠道内有免疫力,免疫球蛋白A对黏膜免疫有效。

初乳中还含有溶菌酶,能杀死多种细菌;含有K抗原凝集素,能颉颃特殊品系的大肠杆菌,起到保护犊牛不受侵袭的作用;可使胃液与肠道内容物变成酸性,形成不利于细菌生存的环境,甚至可杀死有害细菌;还能促进犊牛第4胃分泌盐酸和凝乳酶,有利于对初乳的消化吸收;初乳中含有较多的盐类,故有轻泻作用,有利于犊牛胎便的排出。从犊牛本身来讲,初生犊牛胃肠道对母体原型抗体的通透性在生后很快开始下降,约在18 h就几乎丧失殆尽。在此期间如不能吃到足够的初乳,对犊牛的健康就会造成严重的威胁。所以犊牛出生后必须在30～60 min(最晚不超过2 h)吃上初乳,方法是在犊牛能够自行站立时,让其接近母牛后躯,采食母乳。对个别体弱的可人工辅助,挤几滴母乳于洁净手指上,让犊牛吸吮其手指,而后引导到乳头助其吮奶。

人工哺喂初乳时,第1天可不定量,日喂4～5次,尽量让犊牛多吃。其后6 d内,初乳的日喂量以犊牛体重的8%为宜,每日3～4次。每次哺喂初乳后1～3 h应饮温水1次。为了防止犊牛腹泻,可补喂抗生素,如每天给予250 mg的金霉素,供给时间可以从生后的第3天开始,直至生后30 d为止;金霉素要溶于乳中供给。

如果母牛产犊后因故死亡而无初乳时,可用同期其他母牛的初乳代替。无同期初乳时,可配制人造初乳。每千克鲜牛奶中加入鱼肝油3～5 mL或维生素A 4 000～5 000 IU,鸡蛋2～3个,土霉素40～45 mg,充分搅拌,加热饲喂。最初1～2 d每天每头犊牛喂

30~50 mL液体石蜡或蓖麻油,促其排清胎粪。胎粪排清后停喂。从第5天起土霉素减半,直至犊牛生长发育正常或2周龄停用。

3. 初生犊牛的管理要点　要认真细心,做到"三勤"——勤打扫、勤换垫草、勤观察。保持犊牛舍干燥卫生。随时观察犊牛的精神状况、粪便状态以及脐带变化,发现异常,及时治疗。防止舔癖发生(互相吸吮),吸吮嘴巴易传染疾病;吸吮耳朵在寒冷情况下易造成冻疮;吸吮脐带易发生脐带炎,吸吮乳头易造成成年后瞎乳头;吸吮毛易在瘤胃中形成圆形毛球,堵塞食道沟或幽门而致命。对犊牛这种恶习应予以重视和防止。首先犊牛与母牛要分栏饲养,定时放出哺乳,犊牛最好单栏饲养;其次犊牛每次喂奶完毕,应将口鼻部残奶擦净。

犊牛初生时应进行称重,同时进行编号,编号标记应以易于识别和结实牢固为标准。生产上应用比较广泛的是耳标法——耳标最常用的是塑料的,先在耳标上用不褪色的色笔写上号码,然后固定在牛的耳朵上。

(二)哺乳期　哺乳期是犊牛体尺体重增长及胃肠道发育最快的时期,尤以瘤胃和网胃的发育最为迅速,此阶段犊牛的可塑性很大,直接影响成年后的生产性能。

1. 哺乳期犊牛的饲养　为了增进犊牛体质,促进胃肠发育,应尽早补饲草料并加强运动,保证饲料、饮水、食具及环境的干净卫生。

(1)哺乳。自然哺乳即犊牛随母吮乳,在杂交和纯种肉用牛较普遍。一般是在母牛分娩后,犊牛直接哺食母乳,同时进行必要的补饲。一般在生后至3个月以前,母牛的泌乳量可满足犊牛生长发育的营养需要,3个月以后母牛的泌乳量逐渐下降,而犊牛的营养需要却逐渐增加,如犊牛在这个年龄的生长受阻以后则很难得到补偿。自然哺乳时应注意母牛是否有乳汁不足的情况。如果母牛乳房整天不充盈,犊牛吸吮次数增多或犊牛去吮乳时母牛跑开,犊牛营养不良、被毛凌乱无光泽、生长发育差,说明母牛泌乳不足。这时一方面应对母牛进行催乳,补给含能量、蛋白质高的饲料,另一方面对犊牛应加大补饲量。

如果母乳充足,当犊牛吸吮一段时间后,口角出现白色泡沫时,说明已经吃饱,应将犊牛拉开,否则容易造成犊牛哺乳过量而引起消化不良。一般而言,大型肉牛的犊牛平均日增重700～800 g,小型肉牛的犊牛平均日增重 600～700 g,若增重达不到上述水平,应增加母牛的补饲量,或对犊牛直接增加补料量。哺乳期以5～6个月为宜。不留作后备牛的牛犊,可实行 4 月龄断奶或早期断奶,但必须加强营养。

对于产奶量高的兼用牛,如西门塔尔牛,通常用于产奶,因此犊牛采取人工哺乳。人工哺乳包括用桶喂和带乳头的哺乳壶喂饲两种。用桶喂时应将桶固定好,防止撞翻,通常采用一手持桶,另一手中指及食指浸入乳中使犊牛吸吮。当犊牛吸吮指头时,慢慢将桶提高使犊牛口紧贴牛乳而吮饮,习惯后则可将指头从口拔出,并放于犊牛鼻镜上,如此反复几次,犊牛便会自行哺饮初乳。用奶壶喂时要求奶嘴光滑牢固,以防犊牛将其拉下或撕破。在奶嘴顶部用剪子剪一个"十"字开口,这样会使犊牛用力吮吸,避免强灌。

犊牛喂奶多采用"前高后低"的方式,即前期足量喂奶,后期少喂奶,多喂精粗饲料。下面介绍两种哺乳方案。

方案一:哺乳期 90 d,用 510 kg 全乳。1～10 日龄,5 kg/d;11～20日龄,7 kg/d;21～40 日龄,8 kg/d;41～50 日龄,7 kg/d;51～60 日龄,5 kg/d;61～80 日龄,4 kg/d;81～90 日龄,3 kg/d。

方案二:哺乳期45～60d,用200～250 kg 全乳。1～20 日龄,6 kg/d;21～30 日龄,4～5 kg/d;31～45 日龄,3～4 kg/d;46～60日龄,0～2 kg/d。

(2)补饲。犊牛的提早补饲至关重要。犊牛大约在 2 月龄开始反刍,为促使瘤胃的迅速发育降低培育成本,有利于以后产肉潜力的发挥,补饲应循序渐进,可采用以下方法。

犊牛1周龄时开始训练饮用温水,并在牛栏的草架内添入优质干草(如豆科青干草等)或青草,训练其自由采食。

生后10~15 d开始训练犊牛采食精料,初喂时可将少许牛奶洒在精料上,或与调味品一起做成粥状,或制成糖化料,涂擦犊牛口鼻,诱其舔食。开始时日喂干粉料10~20 g,到1月龄时,每天可采食150~300 g;2月龄时可采食到500~700 g;3月龄时可采食到750~1 000 g。犊牛料的营养成分对犊牛生长发育非常重要,可结合本地条件,确定配方和喂量。常用的犊牛料配方举例如下:

配方1:玉米30%,燕麦20%,小麦麸10%,豆饼20%,亚麻子饼10%,酵母粉10%,维生素矿物质3%。

配方2:玉米50%,豆饼30%,小麦麸12%,酵母粉5%,碳酸钙1%,食盐1%,磷酸氢钙1%。(对于0~90日龄犊牛每吨料内加50 g多种维生素)。

配方3:玉米50%,小麦麸15%,豆饼15%,棉粕13%,酵母粉3%,磷酸氢钙2%,食盐1%,微量元素、维生素、氨基酸复合添加剂1%。

青绿多汁饲料如胡萝卜、甜菜等,犊牛在20日龄时开始补喂,以促进消化器官的发育。每天先喂20 g,到2月龄时可增加到1~1.5 kg,3月龄为2~3 kg。

青贮料可在2月龄开始饲喂,每天100~150 g,3月龄时1.5~2.0 kg,4~6月龄时4~5 kg。应保证青贮料品质优良,防止用酸败、变质及冰冻的青贮料喂犊牛,以防下痢。

(3) 犊牛断奶。当犊牛在3~4月龄时,能采食0.5~0.75 kg精料,即可断奶。若犊牛体质较弱,可适当延长哺乳时间,增加哺乳量。犊牛随母哺育时,传统断奶时间为6~7月龄。哺乳的母牛在断奶前1周应停喂精料,只给粗料和干草、稻草等,使其泌乳量减少。然后把母、犊分离到各自牛舍,不再哺乳。哺乳后期犊牛可饲喂大量优质青干草、青贮饲料,任其自由采食。根据青粗饲料品质的好坏,精料用量占日粮的 20%～40%,应供给充足的钙、磷、微量元素和维生素 A 及维生素 E。断奶后第 1 周,母、犊可能互相呼叫,应进行舍饲或拴饲,不让互相接触。

人工哺育犊牛的断奶应采用循序渐进的办法,在预定断奶前15 d,要开始逐渐增加精、粗饲料喂量,减少牛奶喂量。日喂奶次数由 3 次改为 2 次,2 次再改为 1 次,然后隔日 1 次。断奶时还可喂给 1:1 的掺水牛奶,并逐渐增加掺水量,最后几天全部由温开水代替牛奶。

在肉用犊牛培育过程中,也可采用早期断奶方式。据试验,犊牛于出生后 2 周补喂开食料,3 月龄断奶,整个培育过程中用奶150 kg,断奶后日粮组成为稻草加精料。结果是 6 月龄时 8 头平均体重 147 kg;19 月龄时体重 420 kg。

应尽量减少断奶应激。断奶期由于犊牛在生理上和饲养环境上发生很大变化,必须精心管理,以使其尽快适应以精粗饲料为主的饲养管理方式。

2. 哺乳期的管理

(1) 勤观察。除按初生犊牛的管理要点做到“三勤”和防止舔癖外,还要做到“喂奶时观察食欲、运动时观察精神、扫地时观察粪便”。健康犊牛一般表现为机灵、眼睛明亮,耳朵竖立、被毛闪光,否则就有生病的可能。特别是患肠炎的犊牛常常表现为眼睛下陷、耳朵垂下、皮肤包紧、腹部蜷缩、后躯粪便污染;患肺炎的犊牛常表现为耳朵垂下、伸颈张口、眼中有异样分泌物。其次注意观察粪便的颜色和黏稠度及肛门周围和后躯有无脱毛现象,脱毛可能是营养失调而导致腹泻。另外还应观察脐带,如果脐带发热肿胀,可能患有急性脐带感染,还可能引起败血症。对于已形成舔癖的犊牛,可在鼻梁前套一小木板来纠正。

(2) 做到“三净”,即饲料净、畜体净和工具净。饲料净是指牛饲料不能有发霉变质和冻结冰块现象,不能含有铁丝、铁钉、牛毛、粪便等杂质。商品配合料超过保存期禁用,自制混合料要现喂现配。夏天气温高时,饲料拌水后放置时间不宜过长。畜体净就是保证犊牛不被污泥浊水和粪便污染,减少疾病发生。应坚持每天1~2次刷拭牛体,促进牛体健康和皮肤发育,减少体内外寄生虫病。刷拭时可用软毛刷,必要时辅以硬质刷子,但用劲宜轻,以免损伤皮肤。冬天牛床和运动场上要铺放麦秸、稻(麦)(壳)或锯末等褥草垫物。夏季运动场宜干燥、遮阴,并且通风良好。工具净是指喂奶和喂料工具要讲究卫生。如果用具脏,极易引起犊牛下痢、消化不良、臌气等病症。所以每次用完的奶具、补料槽、饮水槽等一定要清洗干净,保持清洁。

(3) 做好定期消毒。冬季每月至少进行一次,夏季 10 d 一次,用苛性钠、石灰水或来苏儿对地面、墙壁、栏杆、饲槽、草架全面彻底消毒。如发生传染病或有死畜现象,必须对其所接触的环境及用具作临时突击消毒。

(4) 预防疾病。饲喂抗生素和维生素 A、维生素 D、维生素 E;每天喂 250 mg 金霉素,连续 1 周。这样可预防消化道和呼吸道疾病以及营养不良,减少肺炎和下痢的发生率。犊牛要有适度的运动,随母牛在牛舍附近牧场放牧,放牧时适当放慢行进速度,保证休息时间,有利于健康。

(5) 去角。无论将来是作为种用还是育肥用,犊牛都应在生后 5~15 日龄内去角。去角可防止牛只互相顶斗造成的损伤,便于日常管理。有两种方法可供选择。

① 腐蚀法。首先将犊牛保定,剪去角基周围的毛,在角根周围涂上一圈凡士林,以防药液流出伤及头及眼部。然后用棒状苛性钾或苛性钠稍湿水,涂角基部(面积约 1.6 cm^2),至表皮有微量血渗出为止。该法可以破坏成角细胞的生长,应用效果较好。

②电烙法。去角用的电烙铁是特制的,功率 100~200 W,其

顶端做成杯状,大小与犊牛角的底部一致,通电加热后,烙铁的温度各部分一致,不出现过热和过冷的现象。使用时将烙铁顶部放在犊牛角基部,烙15~20 s,或者烙到犊牛角四周的组织变为古铜色为止。烙烫后可涂以青霉素软膏或硼酸粉,如有液体流出,要用棉花吸去。用此法去角不出血,在全年任何季节都可用。

去角后的犊牛要单独饲养,以免别的犊牛去舔。去角后要经常检查,防雨淋、化脓。新去角的牛应避免苍蝇干扰。

第二节　育成牛的饲养管理技术

育成牛指断奶后到配种前的公、母牛。计划留作种用的后备母犊牛应在4~6月龄时选出,要求生长发育好、性情温顺、增重快。但留种用的牛不得过胖,应该具备结实的体质。此阶段发病率较低,比较容易饲养管理。但如果饲养管理不善,营养不良造成中躯和体高生长发育受阻,到成年时在体重和体型方面无法完全得到补偿,会影响其生产性能潜力的充分发挥。

(一) 育成牛的生长发育特点　育成牛随着年龄的增长,瘤胃功能日趋完善,12月龄左右接近成年水平,正确的饲养方法有助于瘤胃功能的完善。此阶段是牛的骨骼、肌肉发育最快时期,体型变化大。7~12月龄期间是增长强度最快阶段,生产实践中必须利用好这一特点。如前期生长受阻,在这一阶段加强饲养,可以得到部分补偿。6~9月龄时,卵巢上出现成熟卵泡,开始发情排卵,一般在18月龄左右,体重达到成年体重的70%时配种。

(二) 育成牛的饲养　为了增加消化器官的容量,促进其充分发育,育成牛的饲料应以粗饲料和青贮料为主,适当补充精料。

1. 舍饲育成牛的饲养

(1)断奶以后的育成牛采食量逐渐增加,对于种用者来说,应特别注意控制精料饲喂量,每头每日不应超过2 kg;同时要尽量多喂优质青粗饲料,以更好地促使其向适于繁殖的体型发展。3～6月龄可参考的日粮配方:精料 2 kg,干草 1.4～2.1 kg 或青贮 5～10 kg。

(2) 7～12 月龄的育成牛利用青粗饲料能力明显增强。该阶段日粮必须以优质青粗饲料为主,每天的采食量可达体重的 7%～9%,占日粮总营养价值的 65%～75%。此阶段结束,体重可达 250 kg。混合精料配方参考如下:玉米 46%,麸皮 31%,高粱 5%,大麦 5%,酵母粉 4%,叶粉 3%,食盐 2%,磷酸氢钙 4%。日喂量:混合料 2～2.5 kg,青干草 0.5～2 kg,玉米青贮 11 kg。

(3) 13～18 月龄,为了促进性器官的发育,其日粮要尽量增加青贮、块根、块茎饲料。其比例可占到日粮总量的 85%～90%。但青粗饲料品质较差时,要减少其喂量,适当增加精料喂量。

此阶段正是育成牛进入体成熟的时期,生殖器官和卵巢的内分泌功能更趋健全,若发育正常在 16～18 月龄时体重可达成年牛的 70%～75%。这样的育成母牛即可进行第一次配种,但发育不好或体重达不到这个标准的育成牛,不要过早配种,否则对牛本身和胎儿的发育均有不良影响。此阶段消化器官的发育已接近成熟,要保持营养适中,不能过于丰富也不能营养不良,否则过肥不易受孕或造成难产,过瘦使发育受阻,体躯狭浅,延迟其发情和配种。

混合料可采用如下配方:①玉米 40%,豆饼 26%,麸皮 28%,尿素 2%,食盐 1%,预混料 3%。②玉米 33.7%,葵花饼 25.3%,麸皮 26%,高粱 7.5%,碳酸钙 3%,磷酸氢钙 2.5%,食盐 2%。日喂量:混合料 2.5 kg,玉米青贮 13～20 kg,羊草 2.5～3.5 kg,甜菜(粉)渣 2～4 kg。

(4)18～24 月龄,一般母牛已配种怀孕。育成牛生长速度减小,体躯显著向深宽方向发展。初孕到分娩前 2～3 个月,胎儿日益长大,胃受压,从而使瘤胃容积变小,采食量减少,这时应多喂一些易于消化和营养含量高的粗饲料。日粮应以优质干草、青草、青贮料和多汁饲料及氨化秸秆作基本饲料，少喂或不喂精料。根据初孕牛的体况，每日可补喂含维生素、钙磷丰富的配合饲料 $1 \sim 2 \, kg$。这个时期的初孕牛体况不得过肥，以看不到肋骨较为理想。发育受阻及妊娠后期的初孕牛，混合料喂量可增加到 $3 \sim 4 \, kg$。

2. 放牧　采用放牧饲养时，要严格把公牛分出单放，以避免偷配而影响牛群质量。对周岁内的小牛宜近牧或放牧于较好的草地上。冬、春季应采用舍饲。

对于育成母牛，如有放牧条件，应以放牧为主。放牧青草能吃饱时，非良种黄牛每天平均增重可达 $400 \, g$，良种牛及其改良牛可达到 $500 \, g$，通常不必回圈补饲。青草返青后开始放牧时，嫩草含水分过多，能量及镁缺乏，必须每天在圈内补饲干草或精料，补饲时机最好在牛回圈休息后，夜间进行。夜间补饲不会降低白天放牧采食量，也免除了回圈立即补饲而使牛群回圈路上奔跑所带来的损失。补饲量应根据牧草生长情况而定。冬末春初每头育成牛每天应补 $1 \, kg$ 左右配合料，每天喂给 $1 \, kg$ 胡萝卜或青干草，或者 $0.5 \, kg$ 苜蓿干草，或每千克料配入 1 万 IU 维生素 A。

(三) 育成牛的管理

1. 分群　犊牛断奶后根据性别和年龄情况进行分群。首先是公母牛分开饲养，因为公母牛的发育和对饲养管理条件的要求不同；分群时同性别内年龄和体格大小应该相近，月龄差异一般不应超过 2 个月，体重差异不高于 $30 \, kg$。

2. 穿鼻　对留作种用的育成公牛，在 $7 \sim 12$ 月龄时应根据饲养的需要适时进行穿鼻，并带上鼻环。鼻环应以不易生锈且坚固耐用的金属制成，穿鼻时应胆大心细，先将一长 $50 \sim 60 \, cm$ 的粗铁丝的一端磨尖，将牛保定好，一只手的两个手指摸在鼻中隔的最薄处，另一只手持铁丝用力穿透即可。

3. 加强运动 在舍饲条件下,青年母牛每天应至少有 2 h 以上的运动,一般采取自由运动。在放牧的条件下,运动时间一般足够。加强育成牛的户外运动,可使其体壮胸阔,心肺发达,食欲旺盛。如果精料过多而运动不足,容易发胖,体短肉厚个子小,早熟早衰,利用年限短。

4. 刷拭和调教 为了保持牛体清洁,促进皮肤代谢和养成温驯的气质,育成牛每天应刷拭 1~2 次,每次 5~10 min,尤其对青年公牛的刷拭,有助于培育其性情。对青年公牛的调教,包括与人的接近、牵引训练,配种前还要进行采精前的爬跨训练。

第三节 繁殖母牛的饲养管理

肉用成年母牛的饲养目的在于维持正常的繁殖机能,使其胎间距为 1 年或稍长一点时间。母牛的繁殖性能受饲料、饲养管理等条件的影响,生产中应按各阶段不同的生理特点和营养需要进行饲养。

一、妊娠母牛的饲养管理

怀孕期母牛的营养需要和胎儿的生长有直接关系。妊娠前期胎儿各组织器官处于分化形成阶段,营养上不必增加需要量,但要保证饲养的全价性,尤其是矿物元素和维生素 A、维生素 D 和维生素 E 的供给。对于没有带犊的母牛,饲养上只考虑母牛维持和运动的营养需要量;对于带犊母牛,饲养上应考虑母牛维持、运动、泌乳的营养需要量。一般而言,以优质青粗饲料为主,精料为辅。胎儿的增重主要在妊娠的最后 3 个月,此期的增重占犊牛初生重的 70%~80%,需要从母体供给大量营养,饲养上要注意增加精料量,多给蛋白质含量高的饲料。一般在母牛分娩前,至少要增重 45~70 kg,才足以保证产犊后的正常泌乳与发情。

（一）舍饲 舍饲时可1头母牛1个牛床，单设犊牛室；也可在母牛床侧建犊牛岛，各牛床间用隔栏分开。前一种方式设施利用率高，犊牛易于管理，但耗工；后一种方式设施利用率低，简便省事，节约劳动力。舍饲的牛舍要设运动场，以保证繁殖母牛有充足的光照和运动。

1. 日粮 按以青粗饲料为主适当搭配精饲料的原则，参照饲养标准配合日粮。粗料如以玉米秸为主，由于蛋白质含量低，可搭配1/3～1/2优质豆科牧草，再补饲饼粕类，也可以用尿素代替部分饲料蛋白。粗料以麦秸为主时，则须搭配豆科牧草，根据膘情补加混合精料1～2 kg，精料配方：玉米52%，饼类20%，麸皮25%，石粉1%，食盐1%，微量元素、维生素1%。另每头牛每天添加1 200～1 600 IU维生素A。怀孕母牛应禁喂棉子饼、菜子饼、酒糟等饲料。

2. 管理 精料量较多时，可按先精后粗的顺序饲喂。精料和多汁饲料较少（占日粮干物质10%以下）时，可采用先粗后精的顺序饲喂，即先喂粗料，待牛吃半饱后，在粗料中拌入部分精料或多汁料碎块，引诱牛多采食，最后把余下的精料全部投饲，吃净后下槽。不能喂冰冻、发霉饲料。饮水温度要求不低于10 ℃。怀孕后期应做好保胎工作，无论放牧或舍饲，都要防止挤撞、猛跑。在饲料条件较好时，要避免过肥和运动不足。充足的运动可增强母牛体质，促进胎儿生长发育，并可防止难产。

（二）放牧 以放牧为主的肉牛业，青草季节应尽量延长放牧时间，一般可不补饲。枯草季节，根据牧草质量和牛的营养需要确定补饲草料的种类和数量；特别是在怀孕最后的2～3个月，如遇枯草期，应进行重点补饲，另外枯草期维生素A缺乏，注意补饲胡萝卜，每头每天0.5～1 kg，或添加维生素A添加剂；另外应补足蛋白质、能量饲料及矿物质的需要。精料补量每头每天1 kg左右。精料配方：玉米50%，麦麸10%，豆饼30%，高粱7%，石粉2%，食盐1%。

二、母牛围产期的饲养管理

围产期是指母牛分娩前后各15 d。这一阶段对母牛、胎犊和新生犊牛的健康都非常重要。围产期母牛发病率高,死亡率也高,因此必须加强护理。围产期是母牛经历妊娠至产犊至泌乳的生理变化过程,在饲养管理上有其特殊性。

(一) 产前准备 母牛应在预产期前1~2周进入产房。产房要求宽敞、清洁、保暖、环境安静,并在母牛进入产房前用10%石灰水粉刷消毒,干后在地面铺以清洁干燥、卫生(日光晒过)的柔软垫草。在产房临产母牛应单栏饲养并可自由运动,喂易消化的饲草饲料,如优质青干草、苜蓿干草和少量精料;饮水要清洁卫生,冬天最好饮温水。

在产前要准备好用于接产和助产的用具、器具和药品,在母牛分娩时,要细心照顾,合理助产,严禁粗暴。为保证安全接产,必须安排有经验的饲养人员昼夜值班,注意观察母牛的临产症状,保证安全分娩。纯种肉用牛难产率较高,尤其初产母牛,必须做好助产工作。

母牛在分娩前1~3 d,食欲低下,消化机能较弱,此时要精心调配饲料,精料最好调制成粥状,特别要保证充足的饮水。

(二) 临产征兆 随着胎儿的逐步发育成熟和产期的临近,母牛在临产前发生一系列变化。主要有:

1. 乳房 产前约半个月乳房开始膨大,一般在产前几天可以从乳头挤出黏稠、淡黄色液体,当能挤出乳白色初乳时,分娩可在1~2 d内发生。

2. 阴门分泌物 妊娠后期阴唇肿胀,封闭子宫颈口的黏液塞溶化,如发现透明索状物从阴门流出,则1~2 d内将分娩。

3. "塌沿" 妊娠末期,骨盆部韧带软化,臀部有塌陷现象。

在分娩前一两天,骨盆韧带充分软化,尾部两侧肌肉明显塌陷,俗称"塌沿",这是临产的主要症状。

4. 宫缩　临产前,子宫肌肉开始扩张,继而出现宫缩,母牛卧立不安,频频排出粪尿,不时回头,说明产期将近。

观察到以上情况后,应立即做好接产准备。

(三) 接产　一般胎膜小泡露出后 10～20 min,母牛多卧下(要使它向左侧卧)。当胎儿前蹄将胎膜顶破时,要用桶将羊水(胎水)接住,产后给母牛灌服 3.5～4 kg,可预防胎衣不下。正常情况下,是两前脚夹着头先出来;倘发生难产,应先将胎儿顺势推回子宫,矫正胎位,不可硬拉。倒生时,当两腿产出后,应及早拉出胎儿,防止胎儿腹部进入产道后脐带被压在骨盆底下,造成胎儿窒息死亡。若母牛阵缩、努责微弱,应进行助产。用消毒绳缚住胎儿两前肢系部,助产者双手伸入产道,大拇指插入胎儿口角,然后捏住下颚,乘母牛努责时,一起用力拉,用力方向应稍向母牛臀部后上方。但拉的动作要缓慢,以免发生子宫内翻或脱出。当胎儿腹部通过阴门时,用手捂住胎儿脐孔部,防止脐带断在脐孔内,并延长断脐时间,使胎儿获得更多的血液。母牛分娩后应尽早将其驱起,以免流血过多,也有利于生殖器官的复位。为防子宫脱出,可牵引母牛缓行 15 min 左右,以后逐渐增加运动量。

(四) 产后护理　母牛分娩后,由于大量失水,要立即喂母牛以温热、足量的麸皮盐水(麸皮 1～2 kg,盐 100～150 g,碳酸钙 50～100 g,温水 15～20 kg),可起到暖腹、充饥、增腹压的作用。同时喂给母牛优质、嫩软的干草 1～2 kg。为促进子宫恢复和恶露排出,还可补给益母草温热红糖水(益母草 250 g,水 1500 g,煎成水剂后,再加红糖 1 000 g,水 3 000 g),每日 1 次,连服 2～3 d。

胎衣一般在产后 5～8 h 排出,最长不应超过 12 h。如果超过 12 h,尤其是夏天,应进行药物治疗,投放防腐剂或及早进行剥离手术,否则易继发子宫内膜炎,影响今后的繁殖。可在子宫内投入

5%～10%的氯化钠溶液 300～500 mL 或用生理盐水200～300 mL溶解金霉素、土霉素或氯霉素 2～5 g,注入子宫内膜和胎衣间。胎衣排出后应检查是否排出完全及有无病理变化,并密切注意恶露排出的颜色、气味和数量,以防子宫弛缓引起恶露滞留,导致疾病。要防止母牛自食胎衣,以免引起消化不良。如胎衣在阴门外太长,最好打一个结,不让后蹄踩踏;严禁拴系重物,以防子宫脱出。对于挤奶的母牛,产后 5 d内不要挤净初乳,可逐步增加挤奶量。母牛产后一般康复期为 2～3 周。

　　母牛经过产犊,气血亏损,抵抗力减弱,消化机能及产道的恢复需要一段时间,而乳腺的分泌机能却在逐渐加强,泌乳量逐日上升,形成了体质与产乳的矛盾。此时在饲养上要以恢复母牛体质为目的。在饲料的调配上要加强其适口性,刺激牛的食欲。粗饲料则以优质干草为主。精料不可太多,但要全价,优质,适口性好,最好能调制成粥状,并可适当添加一定的增味饲料,如糖类等。对体弱母牛,在产犊 3 d 后喂给优质干草,3～4 d 后可喂多汁饲料和精饲料。当乳房水肿完全消失时,饲料即可增至正常。如果母牛产后乳房没有水肿,体质健康粪便正常,在产犊后第 1 天就可喂给多汁饲料,到 6～7 d 时,便可增加到足够喂量。要保持充足、清洁、适温的饮水。一般产后 1～5 d 应饮给温水,水温 37～40 ℃,以后逐渐降至常温。

　　产犊的最初几天,母牛乳房内血液循环及乳腺细胞活动的控制与调节均未正常,如乳房水肿严重,要加强乳房的热敷和按摩,每次挤奶热敷按摩 5～10 min,促进乳房消肿。

　　分娩后阴门松弛,躺卧时黏膜外翻易接触地面,为避免感染,地面应保持清洁,垫草要勤换。母牛的后躯阴门及尾部应用消毒液清洗,以保持清洁。加强监护,随时观察恶露排出情况,观察阴门、乳房、乳头等部位是否有损伤。每日测 1～2 次体温,若有升高及时查明原因进行处理。

三、哺乳母牛的饲养管理

哺乳母牛的主要任务是多产奶,以供犊牛需要。母牛在哺乳期所消耗的营养比妊娠后期要多;每产 1 kg 含脂率 4% 的奶,约相当消耗 0.3~0.4 kg 配合饲料的营养物质。1 头大型肉用母牛,在自然哺乳时,平均日产奶量可达 6~7 kg,产后 2~3 个月到达泌乳高峰;本地黄牛产后平均日产奶 2~4 kg,泌乳高峰多在产后 1 个月出现。西门塔尔等兼用牛平均日产奶量可达 10 kg 以上,此时母牛如果营养不足,不仅产乳量下降,还会损害健康。

母牛分娩 3 周后,泌乳量迅速上升,母牛身体已恢复正常,应增加精料用量,日粮中粗蛋白含量以 10% ~11% 为宜,应供给优质粗饲料。饲料要多样化,一般精、粗饲料各由 3~4 种组成,并大量饲喂青绿、多汁饲料,以保证泌乳需要和母牛发情。舍饲饲养时,在饲喂青贮玉米或氨化秸秆保证维持需要的基础上,补喂混合精料 2~3 kg,并补充矿物质及维生素添加剂。放牧饲养时,因为早春产犊母牛正处于牧地青草供应不足的时期,为保证母牛产奶量,要特别注意泌乳早期的补饲。除补饲秸秆、青干草、青贮料等,每天补喂混合精料 2 kg 左右,同时注意补充矿物质及维生素。头胎泌乳的青年母牛除泌乳需要外,还需要继续生长,营养不足对繁殖力影响明显,所以一定要饲喂优良的禾本科及豆科牧草,精料搭配多样化。在此期间,应加强乳房按摩,经常刷拭牛体,促使母牛加强运动,充足饮水。

分娩 3 个月后,产奶量逐渐下降,母牛处于妊娠早期,饲养上可适当减少精料喂量,并通过加强运动、梳刮牛体、给足饮水等措施,加强乳房按摩及精细的管理,可以延缓泌乳量下降;要保证饲料质量,注意蛋白质品质,供给充足的钙磷、微量元素和维生素。这个时期,牛的采食量有较大增长,如饲喂过量的精料,极易造成母牛过肥,影响泌乳和繁殖。因此,应根据体况和粗饲料供应情况确定精料喂量,多供青绿多汁饲料。

现列出两个哺乳期母牛的精料配方,供参考。

配方1:玉米50%,熟豆饼(粕)10%,棉仁饼(或棉粕)5%,胡麻饼5%,花生饼3%,葵子饼4%,麸皮20%,磷酸氢钙1.5%,碳酸钙0.5%,食盐0.9%,微量元素和维生素添加剂0.1%。

配方2:玉米50%,熟豆饼(粕)20%,麸皮12%,玉米蛋白10%,酵母饲料5%,磷酸氢钙1.6%,碳酸钙0.4%,食盐0.9%,强化微量元素与维生素添加剂0.1%。

四、干乳母牛和空怀母牛的饲养管理

干乳期是指母牛停止产奶到分娩前15 d的一段时间,是母牛饲养管理过程中的一个重要环节。肉用母牛的产奶量较低,泌乳期也较短,一般情况下泌乳几个月后可自然干乳。但产奶量高的母牛在分娩前2个月仍不干乳时,应强制干乳,保证有50~60 d的干乳期。可采用快速干乳法,即从干乳期的第1天开始,适当减少精料,停喂青绿多汁饲料,控制饮水,加强运动,减少挤奶次数或犊牛哺乳次数。母牛在生活规律突然发生巨大变化时,产奶量显著下降,一般经过5~7 d,就可停止挤奶。最后挤奶时要完全挤净,用杀菌液将乳头消毒后注入青霉素软膏,以后再对乳头表面进行消毒。母牛在干乳10 d后,乳房乳汁已被组织吸收,乳房已萎缩。这时可增加精料和多汁饲料,5~7 d达到妊娠母牛的饲养标准。

干乳期的意义在于为母牛提供一个休整的机会,促进胎儿的生长发育,蓄积营养,使乳腺组织得到更新,为下一个繁殖周期的泌乳活动打下基础。干乳期的管理应注意不喂劣质的粗饲料和多汁饲料。冬季不饮冰冻的水和饲喂冰冻的块根饲料及青贮料,少喂菜子饼和棉子饼,以免引起难产、流产及胎衣滞留等疾患。要注意观察乳房停奶后的变化,保证乳房的健康。保证母牛有适当的运动,以减少蹄病和难产的发生。有条件的地方,应将干奶牛集中单圈、单群饲养,防止相互拥挤。此外,牛舍应保持干燥、清洁。

对各阶段的繁殖母牛均禁忌饲喂过肥,保持中等体况(最后两肋显现)或中等偏上体况。投喂饲料以青粗饲料和青贮料为主。饲草中应含有丰富的维生素和矿物元素。秸秆、秕壳类需经氨化或碱化处理,以提高消化率和采食量。秸秆和较老的牧草切成3~5 cm长饲喂,让其自由采食。块根块茎类饲料应切碎,防止食道阻塞。配合饲料最好傍晚单独拌湿饲喂,若量大则早晚供给,量小傍晚1次供给。舍饲牛供应粗饲料应少给勤添,槽中不断料,每日给料4~5次。放牧饲养时,尽量让母牛吃饱,若牧草质量差、数量有限,母牛体况较差,应对母牛补饲。根据母牛膘情,确定夜间补饲粗饲料和精料的数量,或者仅补饲粗饲料,或仅补饲精饲料。整个饲养过程中,供给充足的矿物饲料(尤其是钙和磷,并注意钙和磷的比例平衡)、微量元素(尤其是锰、锌、硒、铜、碘)和维生素A,保证充分供应饮水。

第四节　种公牛的饲养管理

种公牛对提高牛群质量,改良品种极为重要。我国由于肉牛种公牛资源较少,所以充分利用种公牛的精液在我国具有特殊意义。一般本交时1头公牛每年可配几十头母牛,采用人工授精和冷冻精液则可配几千甚至几万头。冷冻精液的输精不受地理条件的限制,而且可保存10~20年,这就为充分利用优良种公牛创造了条件。种公牛饲养管理的目标是保持其体质健壮、精力充沛、生殖机能正常、性欲旺盛、精液量多,密度大、品质好,而且使用年限长。

一、肉用种公牛的饲养

种公牛所需的营养与母牛相比,蛋白质稍少,干物质、能量、矿物质、维生素大致相同。种公牛如过肥,性欲、爬跨能力低下,在饲养上要考虑供给矿物质、维生素比例协调的优良饲料。在种公牛的日粮配制时要注意饲料的多样性和适口性,日粮应由精料、优质青干草和少量的块根类饲料组成。按 100 kg 体重计算,每天喂给 1～1.5 kg 青干草或 3～4 kg 青草,1～1.5 kg 块根饲料,0.8～1 kg 青贮料,0.5～0.7 kg 混合精料。

种公牛在舍饲期的混合精料配方参考如下:①玉米 60%,麸皮 15%,豆饼 20%,磷酸氢钙 2.5%,食盐 1.5%,微量元素和维生素 1%;②豆饼 30%,玉米 25%,大麦 25%,高粱 8%,麸皮 12%。日喂 3 次,定时定量,先精后粗,防止过饱。每日饮水 3 次,夏季增加 4～5 次。采精或配种前暂禁喂水。

应注意的是种公牛如果腹部过大、四肢弱则不能很好采精,所以要适当控制青草、青贮等多汁饲料的给量,粗饲料以干草为主,青草每日 15 kg,青贮每日 10 kg 为最大限度。夏季喂青刈作物和青草,适当搭配干草,冬季以干草为主,补喂青贮玉米和胡萝卜。

二、肉用种公牛的管理要点

(一) 注意安全　种公牛具有记忆力强、防御反射和性反射强的特点,所以饲养人员在管理公牛时,要处处留心注意安全,并有耐心,熟悉每头公牛的性情,如遇公牛惊恐时要用温和声音安抚。对公牛不要粗暴对待,不得随意逗弄、鞭打或虐待。

(二) 拴系和牵引　种公牛必须拴系饲养,防止伤人。一般公牛在 10～12 月龄时穿鼻戴环,经常牵引训导,鼻环须用皮带吊起,系在缠角带上。绕角上拴两条系链,通过鼻环,左右分开,拴在两侧立柱上。鼻环要常检查,有损坏要更换。

种公牛的牵引要用双绳牵,2 人分左右两侧,人和牛保持一定距离。对烈性公牛,用钩棒牵引,由一人牵住缰绳,另一人用钩棒钩住鼻环来控制。

（三）**按摩睾丸** 每日按摩睾丸 1 次,每次 5～10 min。增加按摩睾丸次数和延长按摩时间,可改善精液品质。

（四）**刷拭和洗浴** 种公牛皮肤的护理很重要,每天应刷拭1～2次,注意经常刷净后颈、头部和前额上的污垢,以免公牛因头痒而引起顶人。夏季可用冷水边洗浴边刷拭。要经常保持阴囊和包皮的清洁。

（五）**护蹄** 要经常检查蹄趾有无异常,保持蹄壁和蹄叉清洁,当发现蹄病应及时治疗。每年春秋修蹄 1 次,保持正常蹄形。蹄的损坏,会影响运动和采精,严重者应予以淘汰。

（六）**运动** 公牛采精时要用四肢支撑 1 000 kg 左右体重,采精的重量主要负担在后肢。因此四肢坚实非常重要。加强运动有利于保证四肢坚实,还能增强体质,提高性欲,改善精液品质。肉用种公牛容易肥胖,每天最好保持 4～6 h 的自由运动,有条件的可在伞形运动架上每天运动 2 次,每次 1.5～2 h,行程 4 km。

（七）**合理利用** 种公牛一般 1.5 岁开始采精,每周采精 1次,2 岁每周采精 2～3 次;3 岁以上公牛可每周 2 次,每次采精 2回或每周采精 3～4 次。交配或采精的时间,应在饲喂后 2～3 h 进行。要根据公牛的特点,由固定采精员采精,可采取控制起跳、空跳不采以及更换台牛等措施,来提高性欲,保证采精迅速,射精充分。

（八）**牛舍环境** 种公牛舍应干净、卫生,地面平坦、坚硬、不漏,且远离母牛舍。牛舍温度应在 10～30 ℃之内,夏季注意防暑,冬季注意防寒。

第十章　肉牛的育肥

肉牛育肥的目的是为了使牛的生长发育遗传潜力尽量发挥完全,增加屠宰牛的肉和脂肪,改善肉的品质,屠宰后能得到尽量多的优质牛肉,而投入的生产成本又比较适宜。

肉牛的育肥方法根据肉牛不同的生理阶段和生产目的而定。采取哪种方法育肥,应根据本场自己的生产情况和市场需求,确定自己的育肥方式。但无论采用哪种方法育肥,肉牛所用的饮水应符合无公害食品畜禽饮用水水质标准(NY 5027—2001),所用的饲料符合饲料卫生标准(GB 13078),并严格遵循《饲料和饲料添加剂管理条例》有关规定。只有肉牛实行规范化、标准化生产,牛肉产品质量才能达到标准。

第一节　育　肥　体　系

一、6 月龄犊牛育肥体系

6 月龄犊牛育肥体系是将春季产的公犊牛,随母牛群哺乳至当年 11~12 月份(即 6 月龄)时断奶,断奶后马上转移到精料条件较好(或气候较暖和)的地区越冬。越冬期精料占日粮 30% 左右,舍饲,在 12 月龄时,开始加强饲养,最后强度肥育 100~120 d,18 月龄体重可达 450 kg 以上,出售或屠宰。

二、12~14 月龄犊牛育肥体系

犊牛在草原过 1 个冬季,在 12~14 月龄时转移到饲料条件较好的育肥场,经 4 个月的一般饲养后,强度肥育 4 个月,至 20~22

月龄,体重可达 450 kg 以上。

　　以上 2 种肥育制度,生产的肉牛屠宰率高,胴体品质好,高档部位肉块重,为高档优质肉牛国产化提供了技术数据。

三、异地育肥体系

　　易地育肥牛,从年龄上看,小的刚断奶(即 6 月龄),大的有 7~8 岁甚至有更大的;从性别上看,绝大多数为犍牛,也有少数公牛;体重 150 kg 以上不等。如体重 300~350 kg 的架子牛易地育肥,这种体重的架子牛,由产犊区转移到另一地区(主要是农区),经过 10~15 d 的过渡饲养,强度肥育,体重达到 450~500 kg 出售或屠宰。

　　易地育肥牛饲养方法主要有 2 种:①围栏肥育。采用自由采食、自由饮水的饲养方式。牛只被围在每牛只有 4~5 m² 的围栏里。食槽昼夜有饲料,水槽内始终有清洁饮水,肥育牛随时可吃料饮水。②拴系舍饲肥育。牛只拴系在木桩上,木桩与绳的长度以仅能让牛起卧为准。定时采食(2~3 次/d)和饮水(2~3 次/d),在牛舍内采食,拴在舍外休息。群众称之为"站牛"、"槽牛"。

第二节　　育肥牛饲养管理制度

一、饲 养 制 度

(一) 总则

　　(1) 饲料配方由技术人员根据牛的育肥阶段、体重和当地饲料情况统一制定。

　　(2) 肉牛按体重大小、强弱等分群饲养,喂料量按要求定量给予。

　　(3) 饲料加工人员要认真负责,按要求肉牛的各类饲料,特别是添加剂等必须充分搅拌、混匀后才能喂牛。

（4）自由采食时，24 h食槽有饲料，自由饮水，24 h水槽有水；定顿饲喂肉牛时，要制定饲喂计划，按时饲喂，杜绝忽早忽晚。

（5）一次添饲料不能太多（不喂懒槽）；注意饲料卫生，饲料中不能混有异物（如铁丝、铁钉等），不能用霉烂变质的饲料喂牛。

（6）饲养员报酬实行基本工资加奖金制度，基本工资根据当地工资情况定；奖励工资以育肥牛每日增重量计算。奖励工资的内容还可以增加饲料消耗量（饲料报酬）、劳动纪律、兽药费用（每头牛）、出勤率等等，每一项都细化为可衡量的等级，让饲养员体会到奖励制度经过努力可以达到，努力越多，奖励越高。

（二）新购买架子牛的饲养

（1）新购入架子牛进场后应在隔离区，隔离饲养15 d以上。防止随牛引入疫病。

（2）饮水。由于运输途中饮水困难，架子牛往往会发生严重缺水，因此架子牛进入围栏后要掌握好饮水。第1次饮水量以10~15 kg为宜，可加人工盐（每头100 g）；第2次饮水在第1次饮水后的3~4 h，饮水时，水中可加些麸皮。

（3）粗饲料饲喂方法。首先饲喂优质青干草、秸秆、青贮饲料，第1次喂量应限制，每头4~5 kg；第2、3天以后可以逐渐增加喂量，每头每天8~10 kg；第5、6天以后可以自由采食。

（4）饲喂精饲料方法。架子牛进场以后4~5 d可以饲喂混合精饲料，混合精饲料的量由少到多，逐渐添加，10 d后可喂给正常供给量。

（5）分群饲养。按大小强弱分群饲养，每群牛数量以10~15头较好；傍晚时分群容易成功；分群的当天应有专人值班观察，发现格斗，应及时处理。牛围栏要干燥，分群前围栏内铺垫草。每头

牛占围栏面积 $4\sim5\,m^2$。

(6) 驱虫。体外寄生虫可使牛采食量减少,抑制增重,育肥期增长。体内寄生虫会吸收肠道食糜中的营养物质,影响育肥牛的生长和育肥效果。一般可选用阿维菌素,1 次用药同时驱杀体内外多种寄生虫。驱虫可从牛入场的第 $5\sim6\,d$ 进行,驱虫 3 d 后,每头牛口服"健胃散"$350\sim400\,g$ 健胃。驱虫可每隔 $2\sim3$ 个月进行 1次。如购牛是秋天,还应注射倍硫磷,以防治牛皮蝇。

(7) 其他。根据当地疫病流行情况,进行疫苗注射。阉割(去势);勤观察架子牛的采食、反刍、粪尿、精神状态。

(三) 肉牛一般育肥期和强度育肥(催肥)期的饲养

(1) 分阶段编制肉牛配合饲料配方,配合饲料中精饲料和粗饲料的比例,一般育肥前期,精饲料占 30%～40%,粗饲料 60%～70%;育肥中期,精饲料占 45%～55%,粗饲料 45%～55%;育肥后期,精饲料占 60%～80%,粗饲料 20%～35%。

(2) 生产高档牛肉时,育肥牛体重达 450 kg,饲料中增加大麦,每头每日 $1\sim2\,kg$。

(3) 饲料加工。玉米不可粉得太细(大于 1.0 mm),否则影响适口性和采食量,使消化率降低。高粱必须粉细至 1.0 mm,才能达到较高的利用率。粗饲料不应粉得细,应为 30 mm 左右。不要呈面粉状,以免沉积瘤胃内,影响反刍和饲料消化率,容易引起瘤胃积食等疾病。

(4) 肉牛肥育要尽早出栏,因为随着体重超过 500 kg,日增重下降,每千克增重的耗料量增加,肥育成本增加,利润下降。

(5) 肉牛达到出栏标准时及时出栏,不要等待一批全部肥育好再出栏。要充分体现肥育架子牛周转快,见效快的特点。

(6) 定期秤重。尽快淘汰不增重或有病的牛。

(7) 草料净。饲草、饲料不含砂石、泥土、铁钉、铁丝、塑料布等异物,不发霉不变质,没有有毒有害物质污染。

二、管理制度

肉牛管理的目的是创造一个安静的条件,让肉牛健康、快速生长。

(1) 保持牛舍清洁卫生、干燥、安静。

(2) 露天育肥牛场(每个围栏养牛 100 头以上)2~3 个月清除牛粪 1 次;有牛棚牛舍围栏育肥牛场(每个围栏养牛 10~20 头)每天清除牛粪 2 次。

(3) 雨天时,做好运动场排水工作。

(4) 饲养员喂料、消毒、清粪等要按操作规程进行,动作要轻,保持环境的安静。

(5) 肉牛夏季要防暑,冬季防冻保温。减少应激。

(6) 搞好环境卫生,减少蚊蝇干扰牛,影响育肥牛增重。

(7) 贯彻防重于治的方针,定期做好疫苗注射、防疫保健工作。

(8) 饲养员对牛随时观察,看采食、看饮水、看粪尿、看反刍、看精神状态是否正常。

(9) 每天上、下午定时给牛体刷拭 1 次,以促进血液循环,增进食欲。

(10) 牛下槽后及时清扫饲槽,防止草料残渣在槽内发霉变质,注意饮水卫生,避免有毒有害物质污染饮水和饲料。

(11) 牛舍及设备常检修。缰绳、围栏等易损品,要经常检修、更换。

三、育肥记录

肉牛肥育场从开始建场就必须建立详细的记录档案,不仅便于日常管理,而且能尽快积累经验,获得最高的效益。记录表设计见表 10-1 至表 10-3。

表 10 - 1　架子牛采购记录表

牛号	采购地	进场日期	品种	性别	年龄	进场体重(kg)

表 10 - 2　育肥牛月秤重记录表　　　　kg

牛号	进场体重	1个月后体重	2个月后体重	3个月后体重	4个月后体重	出栏体重

表 10 - 3　肉牛育肥日常管理表

牛舍号	精饲料用量		粗饲料		疾病记录(头)	死亡记录(头)
	总重(kg)	平均每天每头(kg)	青贮总量(kg)	干草总量(kg)		

第三节　小白牛肉生产技术

小白牛肉是指犊牛生后 14～16 周龄内,完全用全乳、脱脂乳或代用乳饲喂,使其体重达到 95～125 kg 屠宰后所产之肉。由于生产白牛肉犊牛不喂其他任何饲料,甚至连垫草也不能让采食,因此白牛肉生产不仅饲喂成本高,牛肉售价也高,其价格是一般牛肉价格的 8～10 倍。

一、犊牛的选择

犊牛要选择优良的肉用品种,乳用品种、兼用品种或杂交种牛犊。要求初生重在 38～45 kg,生长发育快;3 月龄前的平均日增重必须达到 0.7 kg 以上。身体要健康,消化吸收机能强。性别最好选择公牛犊。

二、饲 养 管 理

犊牛生后 1 周内,一定要吃足初乳;至少出生 3 d 后应与其母亲牛分开,实行人工哺乳,每日哺喂 3 次。应控制犊牛不要接触泥土。所以育肥牛栏多采用漏粪地板。育肥期内,每日喂料 2～3次,自由饮水。冬季应饮 20 ℃左右的温水,夏季可饮凉水。犊牛发生软便时,不必减食,可以给于温开水,但给水量不能太多,以免造成"水腹"。若出现消化不良,可酌情减喂奶量,并用药物治疗。如下痢不止、有顽固性症状时,则应进行绝食,并注射抗生素类药物和补液。

生产小白牛肉每增重 1 kg 牛肉约需消耗 10 kg 奶,很不经济,因此,近年来采用代乳料加人工乳喂养越来越普遍。用代乳料或人工乳平均每生产 1 kg 小白牛肉约消耗 13 kg。管理上应严格控制乳液中的含铁量,强迫犊牛在缺铁条件下生长,这是小白牛肉生产的关键技术。生产方案见表 10 - 4。

表 10 - 4　小白牛肉生产方案

日龄	期末体重 (kg)	日给乳量 (kg)	日增重 (kg)	需乳总量 (kg)
1～30	40.0	6.40	0.80	192.0
31～45	56.1	8.30	1.07	133.0
46～100	103.0	9.50	0.84	513.0

第四节　犊牛育肥技术

犊牛育肥是以生产小牛肉为目的。小牛肉是犊牛出生后饲养至7～8月龄或12月龄以前，以乳为主，辅以少量精料培育，体重达到300～400 kg所产的肉，称为"小牛肉"。小牛肉分大胴体和小胴体。犊牛育肥至6～8月龄，体重达到250～300 kg，屠宰率58%～62%，胴体重130～150 kg称小胴体。如果育肥至8～12月龄屠宰活重达到350 kg以上，胴体重200 kg以上，则称为大胴体。西方国家目前的市场动向，大胴体较小胴体的销路好。牛肉品质要求多汁，肉质呈淡粉红色，胴体表面均匀覆盖一层白色脂肪。为了使小牛肉肉色发红，许多育肥场在全乳或代用乳中补加铁和铜，并还可以提高肉质和减少犊牛疾病的发生。犊牛肉蛋白质比一般牛肉高27.2%～63.8%，而脂肪却低95%左右，并且人体所需的氨基酸和维生素齐全，是理想的高档牛肉，发展前景十分广阔。

一、犊牛品种的选择

生产小牛肉应尽量选择早期生长发育速度快的牛品种，因此，肉用牛的公犊和淘汰母犊是生产小牛肉的最好选材。在国外，奶牛公犊也是被广泛利用生产小牛肉的原材料之一。目前在我国还没有专门化肉牛品种的条件下，应以选择黑白花奶牛公犊和肉用牛与本地牛杂种犊牛为主。

二、犊牛性别和体重的选择

生产小牛肉，犊牛以选择公犊牛为佳，因为公犊牛生长快，可以提高牛肉生产率和经济效益。体重一般要求初生重在35 kg以上，健康无病，无缺损。

三、育肥技术

小牛肉生产实际是育肥与犊牛的生长同期。犊牛出生后 3 d 内可以采用随母哺乳，也可采用人工哺乳，但出生 3 d 后必须改由人工哺乳，1 月龄内按体重的 8%～9% 喂给牛奶。精料量从 7～10 d 龄开始习食后逐渐增加到 0.5～0.6 kg，青干草或青草任其自由采食。1 月龄后喂奶量保持不变，精料和青干草则继续增加，直至育肥到 6 月龄为止。可以在此阶段出售，也可继续育肥至 7～8 月龄或 1 岁出栏。出栏时期的选择，根据消费者对小牛肉口味喜好的要求而定，不同国家之间并不相同。

在国外，为了节省牛奶，更广泛采用代乳料。表 10 - 5 给出了 3 例犊牛 1 月龄内的代乳品配方。

表 10 - 5　犊牛初生至 1 月龄的代乳品配方

序号	类别	代乳品配方	采用国家
1	代乳品	脱脂奶粉 60%～70%，玉米粉 1%～10%，猪油 15%～20%，乳清 15%～20%，矿物质＋维生素 2%	丹麦
2	代乳品	脱脂奶粉 10%，优质鱼粉 5%，大豆粉 12%，动物性脂肪 71%，维生素＋矿物质 2%	日本
	前期人工乳	玉米 55%，优质鱼粉 5%，大豆饼 38%，维生素＋矿物质 2%	
	后期人工乳	玉米 42%，高粱 10%，优质鱼粉 4%，大豆饼 20%，麦麸 12%，苜蓿粉 5%，糖蜜 4%，维生素＋矿物质 3%	
3	人工乳	玉米＋高粱 40%～50%，鱼粉 5%～10%，麦麸＋米糠 5%～10%，亚麻饼 20%～30%，油脂 5%～10%	日本

在采用全乳还是代用乳饲喂时，国内可根据综合的支出成本高低来决定采用哪种类型。因为代乳品或人工乳如果不采用工厂化批量生产，其成本反而会高于全乳。所以在小规模生产中，使用

全乳喂养可能效益更好。

全乳喂养方案一:见表10-6。

表10-6　小牛肉生产方案

周龄	始重(kg)	日增重(kg)	日喂乳量(kg)	配合料喂量(kg)	青干草(kg)
0~4	50	0.95	8.5	自由采食	自由采食
5~7	76	1.20	10.5	自由采食	自由采食
8~10	102	1.30	13	自由采食	自由采食
11~13	129	1.30	14	自由采食	自由采食
14~16	156	1.30	10	1.5	自由采食
17~21	183	1.35	8	2.0	自由采食
22~27	232	1.35	6	2.5	自由采食
合计			1 088	300	300

犊牛在4周龄前要严格控制喂奶速度、奶温及奶的卫生等,以防消化不良或腹泻,特别是要吃足初乳。5周龄以后可拴系饲养,减少运动,每日晒太阳3~4 h。夏季要防暑降温,冬季宜在室内饲养(室温在0℃以上)。每日应刷拭牛体,保持牛体卫生。犊牛在育肥期内每天喂2~3次,自由饮水,夏季饮凉水,冬季饮20℃左右温水。犊牛用混合料可采用如下配方:玉米60%、豆饼12%、大麦13%、酵母粉3%、油脂10%、磷酸氢钙1.5%、食盐0.5%。每千克饲料中加入22 g土霉素,维生素A 1万~2万IU。

全乳喂养方案二:犊牛出生至8月龄出栏,将犊牛在特殊饲养条件下饲养7~8个月,使体重达到250 kg以上时屠宰。选用西门塔尔等杂交公犊,初生重不小于35 kg。从2月龄开始补料,具体饲养方案见表10-7。犊牛育肥期配合料配方见表10-8。

表10-7　犊牛育肥饲养方案

周龄	体重(kg)	日增重(kg)	喂全乳量(kg)或随母哺乳	喂配合料量(kg)	青草或青干草(kg)
1			5		
2	40~59	0.6~0.8	5.5	0.05	—
3			6	0.1	
4			6.5	0.15	

续表 10-7

周龄	体重 (kg)	日增重 (kg)	喂全乳量(kg) 或随母哺乳	喂配合料量 (kg)	青草或青 干草(kg)
5			7	0.25	
6	60~79	0.9~1.0	7.5	0.4	—
7			7.9	0.55	
8				0.7	
9	80~99	0.9~1.1	8	0.85	自由采食
10				1.0	
11				1.2	
12	100~124	1.0~1.2	7	1.4	自由采食
13				1.6	
14				2.0	
15	125~149	1~1.3	断奶	2.2	自由采食
16				2.4	
17				2.7	
18				3.0	
19	150~199	1~1.4		3.3	自由采食
20				3.6	
21				3.9	
22				4.2	
23				4.5	
24				4.8	
25	200~250	1.1~1.3		5.1	自由采食
26				5.4	
27				5.7	
28				6.0	
29				6.3	
30				6.6	
31	250~310	1~1.3		6.9	自由采食
32				7.2	
33				7.5	
34				7.8	

表 10-8 犊牛育肥期配合料配方

玉米 (%)	大麦 (%)	膨化大豆 (%)	豆粕 (%)	饲用酵母 (%)	磷酸氢钙 (%)	食盐 (%)
60	13	10	12	3	1.5	0.5

注:另加复合添加剂(微量元素、维生素、抗菌素等)。

　　饲养管理技术的关键:①初生犊牛一定要保证出生后0.5~1 h内充分地吃到初乳,初乳期4~7 d,这样可以降低犊牛死亡率。给4周龄以内犊牛喂奶,要严格做到定时、定量、定温。保证奶及奶具卫生,以预防消化不良和腹泻病的发生。夏季奶温控制在37~38℃,冬季控制在39~42℃。天气晴朗时,让犊牛于室外晒太阳,但运动量不宜过大。②一般5周龄以后,拴系饲养,减少运动,但每天应晒太阳3~4h。夏季要注意防暑。冬季室温应保持在0℃以上。最适温度为18~20℃,相对湿度80%以下。③犊牛育肥全期内每天饲喂2次,上午6:00,下午6:00。自由饮水,夏季可饮凉水,冬季饮20℃左右的温水。犊牛若出现消化不良

第五节　持续育肥技术

持续育肥是指犊牛断奶后,立即转入育肥阶段进行育肥,直到出栏。持续育肥由于在饲料利用率较高的生长阶段保持较高的增重,缩短了生产周期,较好地提高了出栏率,故总效率高,生产的牛肉肉质鲜嫩,改善了肉质,满足市场高档牛肉的需求。是值得推广的一种方法。

一、舍饲持续育肥技术

持续育肥应选择肉用良种牛或其改良牛,在犊牛阶段采取较合理的饲养,使其平均日增重达到0.8~0.9kg,180日龄体重达到200kg进入育肥期,按日增重大于1.2kg配制日粮,到12月龄时体重达到450kg。可充分利用随母哺乳或人工哺乳:0~30日龄,每日每头全乳喂量6~7kg;31~60日龄,8kg;61~90日龄,7kg;91~120日龄,4kg。在0~90日龄,犊牛自由采食配合料(玉米63%、豆饼24%、麸皮10%、磷酸氢钙1.5%、食盐1%、小苏打0.5%)。此外,每千克精料中加维生素A 0.5万~1万IU。91~180日龄,每日每头喂配合料1.2~2.0kg。181日龄进入育肥期,按体重的1.5%喂配合料,粗饲料自由采食。

7月龄体重150kg开始育肥至18月龄出栏,体重达到500kg以上,平均日增重1kg。

1.育肥期日粮　粗饲料为青贮玉米秸、谷草;精料为玉米、麦麸、豆

粕、棉粕、石粉、食盐、碳酸氢钠、微量元素和维生素预混剂(表10-9)。

7～10月龄育肥阶段，其中7～8月龄目标日增重0.8 kg;9～10月龄目标日增1 kg。11～14月龄育肥阶段，目标日增重1 kg。15～18月龄育肥阶段，其中15～16月龄目标日增重1.0 kg;17～18月龄目标日增重1.2 kg。

表10-9 青贮＋谷草类型日粮配方及喂量

月龄	精料配方(%)							采食量[kg/(d·头)]		
	玉米	麸皮	豆粕	棉粕	石粉	食盐	碳酸氢钠	精料	青贮玉米秸	谷草
7～8	32.5	24	7	33	1.5	1		2.2	6	1.5
9～10								2.8	8	1.5
11～12	52	14	5	26		1	1	3.3	10	1.8
13～14								3.6	12	2
15～16	67	4		26	0.5	1	1	4.1	14	2
17～18								5.5	14	2

2.管理技术

(1) 育肥舍消毒。育肥牛转入育肥舍前，对育肥舍地面、墙壁用2%火碱溶液喷洒,器具用1%的新洁尔灭溶液或0.1%的高锰酸钾溶液消毒。饲养用具也要经常洗刷消毒。

(2) 育肥舍可采用规范化育肥舍或塑膜暖棚舍,舍温以保持在6～25℃为宜,确保冬暖夏凉。

当气温高于30℃以上时,应采取防暑降温措施。

① 防止太阳辐射。该措施主要集中于牛舍的屋顶隔热和遮荫,包括加厚隔热层,选用保温隔热材料,瓦面刷白反射辐射和淋水等。虽然有一定作用,但在环境温度较高情况下,则作用有限。

② 增加散热。舍内管理措施包括吹风、牛体淋水、饮冰水、喷雾、洒水以及蒸发垫降温。牛舍内安装电扇,加强通风能加快空气对流和蒸发散热。在饲槽上方安装淋浴系统,采用距牛背1 m高处喷雾形式,提高蒸发和传导散热。据报道,电扇和喷雾结合使用较任何一种单独使用效果好。

当气温低于4℃以下时冬季扣上双层塑膜,要注意通风换气,及时排除氨气、一氧化碳等有害气体。

(3)按牛体由大到小的顺序拴系、定槽、定位,缰绳以 40~60 cm 为宜。

(4)犊牛断奶后驱虫 1 次,10~12 月龄再驱虫 1 次。驱虫药可用虫克星或左旋咪唑或阿维菌素。

(5)日常每日刷拭牛体 1~2 次,以促进血液循环,增进食欲,保持牛体卫生,育肥牛要按时搞好疫病防治,经常观察牛采食、饮水和反刍情况,发现病情及时治疗。

强度育肥,周岁左右出栏日粮配方(表 10-10)。

选择良种牛或其改良牛,在犊牛阶段采取较合理的饲养,使日增重达 0.8~0.9 kg,180 日龄体重超过 200 kg 后,按日增重大于 1.2 kg 设制日粮,12 月龄体重达 450 kg 左右,上等膘时出栏。

表 10-10　强度育肥周岁左右出栏日粮

日龄	0~30	31~60	61~90	91~120	121~180	181~240	241~300	301~360
始重	30~50	62~66	88~91	110~114	136~139	209~221	287~299	365~377
日增重	0.8	0.7~0.8	0.7~0.8	0.8~0.9	0.8~0.9	1.2~1.4	1.2~1.4	1.2~1.4
全乳喂量	6~7	8	7	4	0	0	0	0
精料补充料量(kg)	自由	自由	自由	1.2~1.3	1.8~2.5	3~3.5	4~5	5.6~6.5
精料补充料配方(%):	10 周龄前用			10 周龄后~180 日龄				
玉米	60			60		67		
高粱	10			10		10		
饼粕类 *	15			24		30		
饲用酵母	3			0		0		
植物油脂	10			3		0		
磷酸氢钙	1.5			1.5		1		
日龄	0~30	31~60	61~90	91~120	121~180	181~240	241~300	301~360
食盐	0.5			1		1		
小苏打	0			0.5		1		
土霉素(mg/kg另加)	22			0		0		
维生素 A(万 IU/kg另加)	干草期加 1~2			干草期加 0.5~1		干草期加 0.5		

* 也可用糊化淀粉尿素等替代。

育肥始重 250 kg,育肥天数 250 d,体重 500 kg 左右出栏;平均日增重 1.0 kg。日粮分 5 个体重阶段,50 d 更换 1 次日粮配方与饲喂量。粗饲料采用青贮玉米秸,自由采食。各期精料喂量和配方见表 10-11。

表 10-11　精料喂量和组成

| 期别(kg) | 精料喂量 (kg) | 精料配比(%) | | | | | |
		玉米	麦麸	棉粕	石粉	食盐	碳酸氢钠
250~300	3.0	43.7	28.5	24.7	1.1	1.0	1.0
300~350	3.7	55.5	22.0	19.5	1.0	1.0	1.0
350~400	4.2	64.5	17.4	15.5	0.6	1.0	1.0
400~450	4.7	71.2	14.0	12.3	0.5	1.0	1.0
450~500	5.3	75.2	12.0	10.5	0.3	1.0	1.0

育肥牛采用拴系饲养,每天舍外拴系,上槽饲喂及晚间入舍,日喂 2 次,上午 6 时,下午 6 时,每次喂后及中午饮水。

二、放牧舍饲持续育肥技术

夏季水草茂盛,也是放牧的最好季节,充分利用野生青草的营养价值高、适口性好和消化率高的优点,采用放牧育肥方式。当温度超过 30 ℃,注意防暑降温,可采取夜间放牧的方式,提高采食量,增加经济效益。春、秋季应白天放牧,夜间补饲一定量青贮、氨化、微贮秸秆等粗饲料和少量精料。冬季要补充一定的精料,适当增加能量饲料,提高肉牛的防寒能力,降低能量在基础代谢上的比例。

1.放牧加补饲持续肥育技术　在牧草条件较好的牧区,犊牛断奶后,以放牧为主,根据草场情况,适当补充精料或干草,使其在 18 日龄体重达 400 kg。要实现这一目标,犊牛在哺乳阶段,平均日增重应达到 0.9~1 kg,冬季日增重保持 0.4~0.6 kg,第 2 个夏季日增重在 0.9 kg。在枯草季节,对育肥牛每天每头补喂精料 1~2 kg。放牧时应做到合理分群,每群 50 头左右,分群轮牧。我国1头体重120~150 kg 牛需 1.5~2 hm² 草场,放牧肥育时间一般在 5~11 月份,放牧时要注意牛的休息、饮水和补盐。夏季防暑,狠抓秋膘。

2.放牧—舍饲—放牧持续肥育技术 此法适应于 9~11 月份出生的秋犊。犊牛出生后随母牛哺乳或人工哺乳,哺乳期日增重 0.6 kg,断奶时体重达到 70 kg。断奶后以喂粗饲料为主,进行冬季舍饲,自由采食青贮料或干草,日喂精料不超过 2 kg,平均日增重0.9 kg。到 6 月龄体重达到 180 kg。然后在优良牧草地放牧(此时正值 4~10 月份),要求平均日增重保持 0.8 kg。到 12 月龄可达到 325 kg。转入舍饲,自由采食青贮料或青干草,日喂精料 2~5 kg,平均日增重 0.9 kg,到 18 月龄,体重达 490 kg。

第六节 架子牛育肥技术

一、严格选择架子牛

(一) 架子牛品种选择 架子牛品种选择总的原则是基于我国目前的市场条件,以生产产品的类型、可利用饲料资源状况和饲养技术水平为出发点。

架子牛应选择生产性能高的肉用型品种牛,不同的品种,增重速度不一样,供作育肥的牛以专门肉牛品种最好。由于目前我国还没有专门化肉牛品种,因此,目前架子牛育肥应选择肉用杂交改良牛,即用国外优良肉牛作父本与我国黄牛杂交繁殖的后代。生产性能较好的杂交组合有:利木赞牛与本地牛杂交后代,夏洛来牛与本地牛杂交后代,皮埃蒙特牛与本地牛杂交后代,西门塔尔牛与本地牛杂交改良后代,安格斯牛与本地牛杂交改良后代等。其特点是体型大,增重快,成熟早,肉质好。在相同的饲养管理条件下,杂种牛的增重、饲料转化效率和产肉性能都要优于我国地方黄牛。

以引进品种为父本与本地母牛杂交所生后代,多数为一代,是大型架子牛。其中特大型架子牛有西门塔尔杂种、夏洛来杂种、利木赞杂种等;大型架子牛有海福特杂种、安格斯杂种、短角牛杂种、皮埃蒙特杂种、丹麦红杂种、瑞士褐杂种、小荷兰杂种。此外,中国荷斯坦青年公牛也为特大型架子牛。

引进品种与本地牛杂交一代的外貌特征较易辨别,现介绍如下:

西门塔尔杂一代:体格高大,肌肉丰满,骨粗,红白花或黄白花,头面部为红白花或黄色花,有角。体躯深宽高大,结构匀称,体质结实,肌肉发达;乳房发育良好,体型向乳肉兼用型方面发展。

夏洛来杂一代:毛色为灰白色,毛色为草白或灰白,有的呈黄色(或奶油白色),有角。体格高大,肌肉丰满,背腰宽平,臀、股、胸肌发达,四肢粗壮,体质结实,呈肉用型。

海福特杂一代:体格较高大,肉肥满,红白花,红色为主,面部为全白,体下部、尾梢有时为白色,角大。

安格斯杂一代:体格不太高大,肉肥满,毛色黑色者居多,无角者居多。

利木赞杂一代:毛色多为红色,有时腹下、四肢内侧带点白色,有角。体格较高大,肌肉肥满,体躯较长,背腰平直,后躯发育良好,肌肉发达,四肢稍短,呈肉用型。

短角牛杂一代:体躯宽阔多肉,较高,乳房发育好,毛色以红色或红白色最多,黑色及杂色较少,角短。

丹麦红杂一代:体格大,毛色为全红色,乳房较大。

荷斯坦杂一代:体格高大,肌肉欠丰满,乳房大,毛色为黑色,有时腹下、四蹄上部、尾梢为白色,角尖多为浅色或黑色,纯种为黑色。

瑞士褐杂一代:体躯较高而粗,乳房好,毛色多为褐色,角上下一般粗,舌有时为暗色。

属于中型牛的有华北山区牛、华东、华中、华西牛种。

属于小型架子牛品种的有长江以南山地牛和亚热带的小型

牛。架子小的牛可引进辛地红、圣他格楚狄斯、抗旱王给予改良，以提高其体重和框架。实际上，架子小的牛也不是缺点，它在亚热带抗焦虫病、抗蜱能力强，由于体躯小，散热面积相对大，因而耐热，且又耐粗饲。架子小的牛可以提高肌肉厚度和丰满度来改进胴体品质。

如以生产高档牛肉为目的除选择国外优良肉牛品种与我国黄牛的一、二代杂交种，或三元、四元杂交种外，也应选择我国的优良黄牛品种如秦川牛、鲁西牛、南阳牛、晋南牛等，而不用回交牛和非优良的地方品种。国内优良品种的特点是体型较大，肉质好，但增重速度慢，育肥期较长。用于生产高档优质牛肉的牛一般要求是阉牛。因为阉牛的胴体等级高于公牛，而阉牛又比母牛的生长速度快。

（二）架子牛年龄的选择　根据肉牛的生长规律，目前牛的育肥大多选择在牛 2 岁以内，最迟也不超过 36 月龄，即能适合不同的饲养管理，易于生产出高档和优质牛肉，在市场出售时较老年牛有利。从经济角度出发，购买犊牛的费用较一二岁牛低，但犊牛育肥期较长，对饲料质量要求较高。饲养犊牛的设备也较大牛条件高，投资大。综合计算，购买犊牛不如购一二岁牛经济效益高。

到底购买哪种年龄的育肥牛主要应根据生产条件、投资能力和产品销售渠道考虑。

以短期育肥为目的，计划饲养 3～6 个月，而应选择 1.5～3 岁育成架子牛和成年牛，不宜选购犊牛、生长牛。对于架子牛年龄和体重的选择，应根据生产计划和架子牛来源而定。目前，在我国广大农牧区较粗放的饲养管理条件下，1.5～2 岁肉用杂种牛体重多在 250～300 kg，2～3 岁牛多在 300～400 kg，3～5 岁牛多在 350～400 kg。如果 3 个月短期快速育肥最好选体重 350～400 kg 架子牛。而采用 6 个月育肥期，则以选购年龄 1.5～2.5 岁、体重 300 kg 左右架子牛为佳。需要注意的是，能满足高档牛肉生产条件的是 12~24 月龄架子牛,一般牛年龄超过 3 岁,就不能生产出高档牛肉,优质牛肉块的比例也会降低。

在秋天收购架子牛育肥,第 2 年出栏,应选购 1 岁左右牛,而不宜购大牛,因为大牛冬季用于维持饲料多,不经济。

(三) 架子牛性别的选择 性别影响牛的育肥速度,在同样的饲养条件下,以公牛生长最快,阉牛次之,母牛最慢,在肥育条件下,公牛比阉牛的增重速度高 10%,阉牛比母牛的增重速度高 10%。这是因为公牛体内性激素——睾酮含量高的缘故。因此如果在 24 月龄以内肥育出栏的公牛,以不去势为好。牛的性别影响肉的质量。一般地说,母牛肌纤维细,结缔组织较少,肉味亦好,容易育肥;公牛比阉牛、母牛具有较多的瘦肉,肉色鲜艳,风味醇厚,较高的屠宰率和较大的眼肌面积,经济效益高;而阉牛胴体则有较多的脂肪。

(四) 架子牛体形外貌选择 体型外貌是体躯结构的外部表现,在一定程度上反映牛的生产性能。选择的育肥牛要符合肉用牛的一般体型外貌特征。外貌的一般要求:

从整体上看,体躯深长,体型大,脊背宽,背部宽平,胸部、臀部成一条线;顺肋、生长发育好、健康无病。不论侧望、上望、前望和后望,体躯应呈"长矩形",体躯低垂,皮薄骨细,紧凑而匀称,皮肤松软、有弹性,被毛密而有光亮。

从局部来看,头部重而方形;嘴巴宽大,前额部宽大;颈短,鼻镜宽,眼明亮。前躯要求头较宽而颈粗短。十字部的高度要超过肩顶,胸宽而丰满,突出于两前肢之间,肋骨弯曲度大而肋间隙较窄;鬐甲宜宽厚,与背腰在一直线上。背腰平直、宽广,臀部丰满且深,肌肉发达,较平坦;四肢端正、粗壮,两腿宽而深厚,坐骨端距离宽。牛蹄子大而结实,管围较粗;尾巴根粗壮。皮肤宽松而有弹性;身体各部位发育良好,匀称,符合品种要求;身体各部位齐全,无伤疤。

应避免选择有如下缺点的肉用牛:头粗而平,颈细长,胸窄,前胸松弛,背线凹,斜尻,后腿不丰满,中腹下垂,后腹上收,四肢弯曲无力,"O"形腿和"X"形腿,站立不正。

（五）根据肥育目标与市场进行选择　架子牛的选择应主要考虑市场供求,即考虑架子牛价与肥育牛(或牛肉)价之间差价,精饲料的价格、粗饲料的价格,乃至牛和饲料供求问题,以及供求的季节性、地区性、市场展望、发展趋势等。

如果肥育是为了出口,是要生产高档牛肉,就应选择年幼的引进品种杂交种,如利木赞杂种、西门塔尔杂种等。还应选择年龄、架子大小、肌肉厚度、体重、毛色比较一致,都较理想的架子牛,且健壮并需检疫,来源最好也相同,原来饲养管理好,以便为肥育打好基础。

从本地的中小型架子牛进行选择,选择的目标是为国内市场提供肉牛。所以选择的机会多,到处都有架子牛。牛价便宜,随时随地在市场上收购,可以不搞易地肥育,运输距离近、成本(含人员差旅费)低,牛很快就能恢复正常,进入肥育期,利用其年幼生长快、饲料报酬高的特点,强化其饲养管理,以期在比较短时期内完成肥育,降低饲养成本,获得较高肉质与净肉量,增加经济效益。但本地牛生长较慢。

二、架子牛的运输

架子牛运输环节是影响育肥牛生长发育十分重要的因素,因为在架子牛的运输过程中造成的外伤易医治,而造成的内伤不易被发觉,常常贻误治疗,造成直接经济损失。因此,要重视架子牛的运输工作。架子牛的运输有汽车运输和火车运输。采用的运输工具有汽车、火车2种,按照我国有关部门对活畜运输的规定有所不同,因此架子牛、育肥牛收购程序也有所不同。

（一）运输前准备

（1）合理分群编号,对购买的架子牛按品种、年龄、体重、性别等进行分群编号,以便于管理。

(2) 了解当地疫病流行情况和疫苗注射情况,便于以后的卫生防疫。

(3) 办理以下各种证件:准运证、税收证据和防疫证、检疫证、非疫区证明、车辆消毒等兽医卫生健康证。

(二) 运输管理

运输及装卸时,忌对牛粗暴或鞭打。装运前 3～4 h 停喂具有轻泻性的青贮饲料、麸皮、鲜草等;运前 2～3 h 不能过量采食和饮水。为了缓解运输应激,短途运输时,运输前 2～3 d 每头每日口服或注射维生素 A 25 万～100 万 IU,装车前半小时肌肉注射 2.5% 氯丙嗪(1.7 mL/100 kg 活重),或每千克日粮中添加 200 mg 氯丙嗪;长途运输时,每千克日粮中添加溴化钠 3.5 g 或在运输前 4～5 d 在每千克日粮中添加利血平 5～10 mg。运输前 2 h 及运输后进食前 2 h 饮口服补液盐溶液(氯化钠 3.5 g,氯化钾 1.5 g,碳酸氢钠 2.5 g,葡萄糖 20 g,加凉开水至 1 000 mL),每头 2～3 L。运牛到达目的地后,切勿暴饮暴食,先给干草等粗料,2 h 后再饮水。

1. 在场地或短距离驱赶

(1) 按牛群驱赶,尽量不单独驱赶牛只。

(2) 人工赶运时,赶运速度以 3.5～4 km/h,日行 30 km 左右为宜,途中要有充足的饮水,喂草至 7～8 成饱,晚间要休息好。架子牛的赶运是一件十分辛苦的事,为使赶运成功,少受损失,赶运人员必须注意以下各点:①合群工作。来自各家各户的架子牛在赶运前要让它们互相认识,减少赶运途中格斗现象。合群的方法是在一个结实的院墙内,让牛在一起活动几个小时。②确定赶运路线。赶运途中尽量少走村庄街道。③联络员的确定。在牛只赶运前,必须指定联络员,先于 11 d 到达计划赶运休息的地方联系宿营地,在宿营地需要为牛准备牛圈、干草、饮水、守夜工以及为赶运人员准备食宿、马匹的饲喂等工作。④赶运速度。赶运之初速度要快一些,并有辅助人员协助送一阵,这样做,牛群不会四处乱跑,行走5～6 km后,牛只已经走离它所熟悉的地区,并已有些累,牛只就不会零星偷跑,赶运工作就顺利。每日赶运以25～30 km为宜。⑤防止跨越深沟。牛只害怕深沟,一旦掉进去,死多活少,因此要避免跨越深沟。⑥防止"爬蛋"。尤其对较肥胖的架子牛,在赶运途中一定要倍加小心,发生"爬蛋"时,只能雇车装运。

(3)夏季应避开中午炎热,多在早晚进行。

2. 火车运输管理　行车过程中应防止车厢间的猛烈碰撞和急刹车。

(1)准备工作。①饲草饲料的准备。粗饲料以干草、秸秆为主,混合精料以玉米、麸皮为主。每头每日准备5～6 kg饲料。②饮水的准备。在车厢内准备塑料桶等,行车前把塑料桶盛满水,并备有手提小水桶。③木棍或绳子的准备。每个车厢分为3个隔段,中间为堆放饲料、盛水器、押运员休息处;两边为牛只站卧处;需用木棍或绳子将车厢分隔为3间。④铁锤和铁钉、铁丝。⑤押运员的准备。押运员在押运途中的饮食、饮水,押运员证件,牛只税收,兽医卫生证件等应随身携带。⑥车厢准备。装牛前应仔细检查车厢内壁上有无尖锐铁钉、铁丝一类的物品,车辆地板是否完好,地板上有没有尖硬物品、块状物;车厢内有无异味,尤其是装载过有毒有害物品;检查后无问题时,清扫干净后铺干草,铺垫干草既可以诱导牛只进车厢,还能防止牛只滑倒。打开车厢的小窗,不管冬、夏季都应把车厢的小窗全部打开通风。

(2)装牛。不可太拥挤,载运量一般60 t车厢装架子牛20头左右,装犊牛40～50头;或大体每头成年牛按体重占1.1～1.4 m²,每头牛占有车厢面积见表10-12。并留出押运人员休息的地方。装车时间要求避开火车往返高峰,防止鸣叫声惊动牛。①用诱导法装车。在通往车厢的路上,和车厢内都铺以牛爱吃的干草,这样牛只一面吃草,一面就进了车厢。②利用引导栏装车。引导栏一端是一个面积达 15～20 m²的围栏,用高 1.5 m,宽1 m的引导通道和车厢门连接,这样装牛简便省力。③装车过程切忌鞭打。④大小强弱分开装车。⑤装车完毕,及时关闭车门。

表 10 - 12　每头牛占车厢面积

架子牛体重(kg)	占有车厢面积(m²)
180	0.70～0.75
230	0.85～0.90
270	1.00～1.10
320	1.10～1.20
360	1.20～1.30

　(3) 运押员上车前及在押运途中注意事项。用火车运输时,每个车厢要由专人押运,途中喂草饮水。①接受车站货运处工作人员对押运注意事项的指导;并了解有关规定和注意事项。②在押运中,行车时严禁吸烟,严禁使用明火。③在行车途中严禁手、头伸出车厢门外,以防挤压致残。④押运途中精心看护好牛。⑤经常与守车员联系,本车在何时何地停靠以及停靠时间。以便喂牛饮水,以及解决自身饮食。⑥防止丢车,一旦发生,要及时和当地车站联系,想方设法追赶牛车。⑦押运到目的地,立即和接收牛的单位联系,尽快把牛卸下。⑧如发生牛死亡,应和前一个停靠站联系,要妥善处理。

　3. 汽车运输管理

　(1) 卡车护栏必须在 1.3 m 以上,必要时用加高护栏以防牛受惊时跳出去,检查车厢车况,车厢内不可有钉子、铁器或尖锐物,地上铺上木板、铺草,夏天可铺沙子,不能钉上铁皮,以防牛滑倒。车厢防滑设施;车厢内用来做隔离的材料是否完好能用。

　(2) 装车时应注意事项。①车架绑捆必须非常牢固。②4 m 长的车厢分隔成 2 段;8 m 长的车厢分隔成 3 段;10 m 长的车厢应分隔成 4 段,分段装置结实牛固。③装车时牛头牛尾间隔装车。④车厢底必须垫草或垫土、垫沙子。⑤装车当初每头牛用一根绳子拴系于车架上,行车20~30 km之后,可以放开绳子(将绳子卸下或盘系在牛角上)。⑥装车不宜饱喂足饮,防止运输途中排泄太多,污染公路。利用装运牛专用设备时,有配套的装运牛通道与车后踏板紧相连,使牛顺着踏板进入车厢;装车时切忌鞭打牛;装运牛完毕,紧锁车后门。利用国产车装运牛时,制备装运台,牛装运台宽度2.4 m,装运台高1.5 m,并和活动的装运牛通道相连,通道宽0.8~0.9 m,上宽下狭;装运牛时切忌粗暴、鞭打;装运牛完毕,关好车后门,紧锁。

（3）每头成年牛按体重占1.1~1.4 m²,不可太拥挤。牛横立在车内,头尾插开。为安全,小车上可一组牛头朝车头,另一组牛尾朝车头(表10-13)。

表10-13　车厢面积、装运架子牛牛数量参考表

牛体重(kg)	车厢面积(m²)	装牛数(头)	车厢面积(m²)	装牛数(头)
300	25	30	30	37
350	25	25	30	30
400	25	20	30	25
450	25	17	30	20

（4）运牛一般宜白天行车,夜晚在车上喂饮,休息。在夏季可以夜间行进,利用中午休息。押车员应随时观察牛动静表现,注意多饮水,尽量减少各种应激。防止牛受伤、踩伤等。

（5）行车时速要慢,不可急刹车。汽车在起步,停车时以及转弯时放慢速度。中速行驶,遇大雨、大雪天气,停运。防止牛倒下,被其他牛踩伤、压伤。

(三)掉重

牛在运输过程中,由于生活环境及规律的变化导致生理活动的改变,使其处于应激状态。为了减少运输过程中的损失,必须努力降低运输应激反应的程度。

1. 汽车和火车运输架子牛掉重的比较

（1）汽车和火车运输的优缺点。汽车运输灵活,易调动,速度快;风险性大,运输量小;运输成本高。火车运输量大,运输成本低,安全性好;车皮不易安排(车皮紧张),申请车皮的手续烦杂,运输时间长,运输掉重多。

(2) 运输期间体重损失。牛只在装到运输工具上时的体重和运输结束离开运输工具时的体重之差,称为运输掉重。运输掉重包括牛的排泄物(粪、尿)和体组织损失2部分。据研究证实,这2部分损失约各占1/2。这种运输途中体重的损失包括:粪尿、呼吸水分;代谢活动中牛体组织的损失;运输时间长,途中得不到营养补充;肌肉组织及脂肪等的损失;粪尿等胃肠内容物的损失。一旦饲料补充,饮水充足,便能很快恢复至运输前的体重。如属于肌肉、脂肪的损失,恢复就较慢,所需时间长。运输后体重的恢复所需的平均时间,犊牛为13 d,1岁牛为16 d。

2.影响运输掉重的因素 影响运输掉重的因素很多,例如,运输前饲喂过饱,饮水过多;运输时间过长;在距离相同时,用汽车运输时,运输掉重小于铁路运输。在温度适宜时(7～16 ℃),运输掉重少,在炎热条件下运输较在寒冷条件下运辅时掉重多。装运超载或装运不足;汽车运输时驾驶员技术不良或道路路面欠佳;大小强弱混载也会造成较高的运输掉重。火车运输时急刹车多或编组时碰撞过多,运输前未采取预防措施等,均可增加运输掉重。

三、快速育肥

(一) 架子牛快速育肥阶段划分 一般架子牛快速肥育需120 d左右,可以分为3个阶段,即过渡驱虫期,约15 d;肥育前期,约45 d(16～60 d);肥育后期,约60 d(61～120 d)。

1.过渡驱虫期 这一时期主要是让牛熟悉新的环境,适应新的草料条件,消除运输过程中造成的应激反应,恢复牛的体力和体重,观察牛只健康、健胃、驱虫、决定公牛去势与否等。驱虫一般可选用阿维菌素,一次用药同时驱杀体内外多种寄生虫。日粮开始以品质较好的粗料为主,不喂或少喂精料。随着牛只体力的恢复,逐渐增加精料,精粗料的比例为30:70,日粮蛋白质水平12%。如果购买的架子牛膘情较差,此时可以出现补偿生长,日增重可以达到800~1 000 g。

2.肥育前期　日粮中精料比例由30:70逐渐增加到60:40。精料喂量可按每100 kg体重喂精料1 kg;粗料自由采食。这一时期的主要任务是让牛逐步适应精料型日粮,防止发生臌胀病、拉稀和酸中毒等疾病,又不要把时间拖得太长,一般过渡期10~15 d。这一时期日增重可以达1 000 g以上。

3.肥育后期　日粮中精粗料比例可进一步增加到70~80:20~30,生产中可按牛只的实际体重每100 kg喂给精料1.1~1.5 kg。粗料自由采食,日增重可达到1 200~1 500 g;这一时期的育肥常称为强度育肥。为了让牛能够把大量精料吃掉,这一时期可以增加饲喂次数,原来喂2次的可以增加到3次,保证充足饮水。

(二)架子牛育肥的科学管理

1.牛舍消毒　架子牛入舍前应用2%火碱溶液对牛舍消毒、器具用0.1%高锰酸钾溶液洗刷,然后再用清水冲洗。

2.减少活动　对于架子牛育肥应减少活动,对于放牧育肥架子牛尽量减少运动量,对于舍饲育肥架子牛,每次喂完后应每头单拴系木桩或休息栏内,缰绳的长度以牛能卧下为宜,这样可以减少营养物质的消耗,提高育肥效果。

3.坚持"五定"、"五看"、"五净"的原则

(1)"五定"。

定时:每天上午7~9时,下午5~7时各喂1次,间隔8 h,不能忽早忽晚。上、中、下午定时饮水3次。

定量:每天的喂量,特别是精料量按饲养制度执行,不能随意增减。

定人:每个牛的饲喂等日常管理要固定专人,以便及时了解每头牛的采食情况和健康,并可避免产生应激。

定刷拭:每天上、下午定时给牛体刷拭 1 次,以促进血液循环,增进食欲。

定期称重:为了及时了解育肥效果,定期称重很必要。首先牛进场时应先称重,按体重大小分群,便于饲养管理。在育肥期也要定期称重。由于牛采食量大,为了避免称量误差,应在早晨空腹称重,最好连续称 2 d 取平均数。

(2)"五看"。指看采食、看饮水、看粪尿、看反刍、看精神状态是否正常。

(3)"五净"。

草料净:饲草、饲料不含砂石、泥土、铁钉、铁丝、塑料布等异物,不发霉不变质,没有有毒有害物质污染。

饲槽净:牛下槽后及时清扫饲槽,防止草料残渣在槽内发霉变质。

饮水净:注意饮水卫生,避免有毒有害物质污染饮水。

牛体净:经常刷拭牛体,保持体表卫生,防止体外寄生虫的发生。

圈舍净:圈舍要勤打扫、勤除粪,牛床要干燥,保持舍内空气清洁、冬暖夏凉。

4.搞好防疫和灭病 搞好定期消毒和传染病疫苗注射工作。做到无病早防。

5.不同季节应采用不同的饲养方法

(1)夏季饲养。在环境温度 8~20 ℃,牛的增重速度较快。气候过高,肉牛食欲下降,增重缓慢。因此夏季育肥时应注意适当提高日粮的营养浓度,延长饲喂时间,气温 30 ℃以上时,应采取防暑降温措施,保持通风良好,并搭凉棚。

(2)冬季饲养。在冬季应给牛加喂热能量饲料,提高肉牛防寒能力。防止饲喂带冰的饲料和饮用冰冷的水。冬季使舍内温度保持 5 ℃以上。

6.及时出栏或屠宰 肉牛超过 500 kg 后,虽然采食量增加,但增重速度明显减慢,继续饲养不会增加收益,要及时出栏。将引进育肥的架子牛饲养在固定的牛舍内。

（三）架子牛育肥日粮配方实例

1.氨化稻草类型日粮配方（表10-14）

表10-14　不同阶段各饲料日喂量(kg/(d·天))

阶段(天数)	玉米面	豆饼	磷酸氢钙	矿物微量元素	食盐	碳酸氢钠	氨化稻草
前期(30 d)	2.5	0.25	0.060	0.030	0.050	0.050	20
中期(30 d)	4.0	1.0	0.070	0.030	0.050	0.050	17
后期(45 d)	5.0	1.5	0.070	0.035	0.050	0.080	15

2.青贮玉米秸类型日粮典型配方（表10-15）

表10-15　青贮玉米秸类型日粮配方和营养水平

体重阶段 (kg)	精料配方(%)						采食量(kg/(d·天))		营养水平(数量/(d·天))			
	玉米	麸皮	棉粕	尿素	食盐	石粉	精料	青贮玉米秸	RND(个)	XDCP(g)	Ca(g)	P(g)
300~350	71.8	3.3	21.0	1.4	1.5	1.0	5.2	15	6.7	747.8	39	21
350~400	76.8	4.0	15.6	1.4	1.5	0.7	6.1	15	7.2	713.5	36	22
400~450	77.6	0.7	18.0	1.7	1.2	0.8	5.6	15	7.0	782.6	37	21
450~500	84.5	—	11.6	1.9	1.2	0.8	8.0	15	8.8	776.4	45	25

注:精料中另加0.2%的添加剂预混料。

3.酒糟类型典型日粮配方（表10-16）

表10-16　酒糟类型日粮配方和营养水平

体重阶段 (kg)	精料配方(%)						采食量(kg/(d·天))			营养水平(数量/(d·天))			
	玉米	麸皮	棉粕	尿素	食盐	石粉	精料	酒糟	玉米秸	RND(个)	XDCP(g)	Ca(g)	P(g)
300~350	58.9	20.3	17.7	0.4	1.5	1.2	4.1	11.0	1.5	7.4	787.8	46	30
350~400	75.1	11.1	9.7	1.6	1.5	1.0	7.6	11.3	1.7	11.8	1272.3	57	39
400~450	80.8	7.8	7.0	2.1	1.5	0.8	7.5	12.0	1.8	12.3	1306.6	52	37
450~500	85.2	5.9	4.5	2.3	1.5	0.6	8.2	13.1	1.8	13.2	1385.6	51	39

注:精料中另加0.2%的添加剂预混料。

4.干玉米秸类型日粮配方（表10-17）

表10-17　干玉米秸类型日粮配方和营养水平

体重阶段 (kg)	精料配方(%)						采食量(kg/(d·天))			营养水平(数量/(d·天))			
	玉米	麸皮	棉粕	尿素	食盐	石粉	精料	干玉米秸	酒糟	RND(个)	XDCP(g)	Ca(g)	P(g)
300~350	66.2	2.5	27.9	0.9	1.5	1	4.8	3.6	0.5	6.1	660	38	27
350~400	70.5	1.9	24.1	1.2	1.5	0.8	5.4	4.0	0.3	6.8	691	38	28
400~450	72.7	6.6	16.8	1.43	1.5	1	6.0	4.2	1.1	7.6	722	37	31
450~500	78.3	1.6	16.3	1.77	1.5	0.5	6.7	4.6	0.3	8.4	754	36	32

注:精料中另加0.2%的添加剂预混料。

5. 玉米秸微贮类型配方(表 10-18)

表 10-18　玉米秸微贮类型日粮配方和营养水平

体重阶段 (kg)	精料配方(%)					采食量(kg/(d·天))		营养水平(数量/(d·天))			
	玉米	麸皮	棉饼	尿素	石粉	精料	处理 玉米秸	RND (个)	XDCP (g)	Ca (g)	P (g)
300~350	64.6	—	33.9	0.59	0.91	4.35	12	6.1	660	660	38
350~400	55.6	23.1	20.5	0.05	0.70	4.20	15	6.8	691	38	21
400~450	63.5	18.7	16.7	0.73	0.37	4.4	18	7.6	722	37	22
450~500	68.6	16.2	14.1	1.06	0.13	4.7	20	8.4	7.54	36	23

注:由于处理玉米秸中已加入了食盐,故日粮中不再添加。精料中另加 0.2% 的添加剂预混料。

第七节　高档牛肉生产技术

一、高档牛肉的基本要求

高档牛肉占牛胴体的比例最高可达 12%,高档和优质牛肉合计占牛胴体的比例可达到 45%~50%。高档优质牛肉售价高,因此提高高档优质牛肉的出产率可大大提高养肉牛的生产效率。由于各国传统饮食习惯不同,高档牛肉的标准各异。通常高档牛肉是指优质牛肉中的精选部分,国外称特级牛肉或精选级牛肉,也称一级或二级牛肉。美国、加拿大等美洲国家希望高档牛肉中含有适度脂肪。英国、德国、法国等欧洲国家则希望少含或不含脂肪。但日本、韩国及东南亚各国均希望含较丰富的脂肪。目前我国肉牛和牛肉等级标准尚未统一规定,综合国内外研究结果,高档牛肉至少应具备以下指标,供国内生产高档牛肉参考。

(一) 活牛　健康无病的各类杂交牛或良种黄牛。年龄 30 月龄以内,宰前活重 550 kg 以上。膘情满膘(看不到骨头突出点);尾根下平坦无沟、背平宽;手触摸肩部、胸垂部、背腰部、上腹部、臀部,有较厚的脂肪层。

（二）**胴体评估**　胴体外观完整，无损伤；胴体体表脂肪色泽洁白而有光泽，质地坚硬；胴体体表脂肪覆盖率 80% 以上，12～13 肋骨处脂肪厚度 10～20 mm，净肉率 52% 以上。

（三）**肉质评估**　大理石花纹符合我国牛肉分级标准（试行）一级或二级（大理石花纹丰富）；牛肉嫩度，肌肉剪切力值 3.62 kg 以下，出现次数应在 65% 以上；易咀嚼，不留残渣，不塞牙；完全解冻的肉块，用手触摸时，手指易进入肉块深部。牛肉质地松软、多汁。每条牛柳 2.0 kg 以上，每条西冷重 5.0 kg 以上，每块眼肉重 6.0 kg 以上。

二、品 种 选 择

据试验表明，在我国目前应选择夏洛来牛、利木赞牛、皮埃蒙特牛、西门塔尔牛等肉用或乳肉兼用公牛与本地黄牛母牛杂交的后代来生产高档牛肉。也可以利用我国地方黄牛良种，如晋南黄牛、秦川牛、鲁西黄牛等。

三、年 龄 与 性 别

生产高档牛肉以阉牛育肥最好。因为阉牛的胴体等级高于公牛，而阉牛又比母牛的生长速度快。根据美国标准，阉牛、未生育母牛的胴体等级分为 8 个等级；青年公牛胴体分为 5 个等级；而普通公牛胴体没有质量等级，只有产量等级；奶牛胴体无优质等级。最佳开始育肥年龄为 12～16 月龄，终止育肥年龄为 24～27 月龄。30 月龄以上牛只不宜肥育生产高档牛肉。

四、饲 养 与 饲 料

生产高档牛肉的牛，6 月龄体重不低于 140 kg，以后按照日增重 1 kg 日粮饲喂，到 22～26 月龄体重达到 650 kg 左右。也可选择 12 月龄、体重 300 kg 牛进行育肥，同样按日增重 1 kg 日粮饲喂,到 22 月龄时,体重达到 600 kg。此时,膘情为满膘,脂肪已充分沉积到肌肉纤维之间,使眼肌切面上呈现理想的大理石花纹。育肥到 18 月龄以后,日增重稍低,应酌情增加日料量 10% 左右。最后 2 个月要调整日粮,不喂含各种能加重脂肪组织颜色的草料,例如大豆饼粕、黄玉米、南瓜、红胡萝卜、青草等。改喂使脂肪白而坚硬的饲料,例如麦类、麸皮、麦糠、马铃薯和淀粉渣等,粗料最好用含叶绿素、叶黄素较少的饲草,例如玉米秸、谷草、干草等。在日粮成分变动时,要注意做到逐渐过渡。最后 2 个月最好提高营养水平,使日增重达到 1.3 kg 以上。高精料育肥时应防止发生酸中毒。下面列举典型日粮配方,供读者参考:

配方 1(适应于体重 300 kg)——精料 4～5 kg/(d·头)(玉米50.8%、麸皮 24.7%、棉粕 22.0%、磷酸氢钙 0.3%、石粉 0.2%、食盐 1%、小苏打 0.5%,预混料适量);谷草或玉米秸3～4 kg/(d·头)。

配方 2(适应于体重 400 kg)——精料 5～7 kg/(d·头)(玉米51.3%、大麦 21.3%、麸皮 14.7%、棉粕 10.3%、磷酸氢钙0.14%、石粉 0.26%、食盐 1.5%、小苏打 0.5%,预混料适量);谷草或玉米秸 5～6 kg/(d·头)。

配方 3(适应于体重 450 kg)——精料 6～8 kg/(d·头)(玉米56.6%、大麦 20.7%、麸皮 14.2%、棉粕 6.3%、石粉 0.2%、食盐1.5%、小苏打 0.5%,预混料适量),谷草或玉米秸 5～6 kg/(d·头)。

肥育牛的管理:实施卫生防疫措施;夏季防暑,冬季防寒;天天刷拭牛体,清洗牛床、牛槽和水槽;保证充足干净饮水,每日 3～4次。育肥后期,每日喂料 3～4 次;安全运输,防止牛只损伤。

五、屠　　宰

高档牛肉的生产加工工艺流程:

膘情评定→检疫→称重→淋浴→倒吊→击昏→放血→剥皮

(去头、蹄和尾巴)→去内脏→胴体劈半→冲洗→修整→称重→冷却→排酸成熟→剔骨分割、修整→包装。

(一)宰前准备

(1)膘情评定　牛宰前需进行膘情评定。膘情达到一等以上标准。

(2)检疫　膘情评定合格的肉牛必须经过宰前检验,兽医卫检人员对所宰牛的种类、头数、有无疫情、病情签发检疫证明书,经屠宰场初步视检,认定合格后才允许屠宰,以防带有各种传染病。

(3)宰牛单独拴系,宰前24 h停止饲喂和放牧,但供给充足的饮水。宰前8 h停止饮水。宰前的牛要保持在安静的环境中。

(二)屠宰

1. **宰前活重**　将待宰的健康牛由人沿着专用通道牵到地磅上进行个体称重。

2. **淋浴**　称重后的肉牛沿通道牵至指定地点,用温度为30℃左右的洁净水对牛冲洗,以去掉牛体表面的污染物和细菌等,减少胴体加工过程中的细菌污染。

3. **倒吊**　将淋浴后的牛牵到屠宰地点,用铁链将牛的一条后腿套牢,并挂在电动葫芦的吊钩上。启动电动葫芦将牛吊起,然后将2条前腿用铁链捆绑好并固定在拴腿架上。

4. **击晕**　在眼睛与对侧牛角2条连线的交叉点处将牛电麻或击晕。

5. **放血**　吊挂宰杀在颈下缘咽喉部切开放血(即俗称"大抹脖")。放血时间一般8~10 min。

6. **剥皮**　放血完毕后,通过电动葫芦将牛背部朝下放到剥皮架上剥皮。剥皮有人工和机械剥皮2种形式。无论采用什么方法剥皮,都要注意卫生,以免污染。并依此工序去除前后蹄、尾巴和头。

7. **内脏剥离**　沿腹侧正中线切开,纵向锯断胸骨和盆腔骨,切除肛门和外阴部,分出连结体壁的横膈膜,去除消化、呼吸、排泄、生殖及循环等内脏器官,去除肾脏、肾脏脂肪和盆腔脂肪。

8.胴体劈半　沿脊椎骨中央分割为左右各半片胴体(称为二分体)。无电锯时,可沿椎体左侧椎骨端由前向后劈开,分软、硬两半(左侧为软半,右侧为硬半)。

9.冲洗　用30～40℃、具有一定压力的清洁水冲洗胴体,以除掉肉体上的血污和污物及骨渣,来改善胴体外观。然后,用预先配制好的有机酸液进行胴体表面喷淋消毒,降低 pH,延长货架期。

10.修整　除掉胴体上损坏的或污染的部分,在称重前使胴体标准化。

11.称重　启动电动葫芦,用吊钩将半胴体从高轨上取下,同时用低轨滑轮钩住胴体后腿将其转至低轨,并经过低轨上的电子秤测量半胴体重量,储存于电脑中并打印。

屠宰率＝胴体重/宰前活重×100%

六、排酸与嫩化

(一)肉的成熟　牛经屠宰后,肉质内部发生一系列变化。结果使肉柔软、多汁,并产生特殊的滋味和气味。这一过程称为肉的成熟。成熟的肉,表面形成一层透明的干燥膜,富有弹性,可阻碍微生物侵入。肉的切面湿润多汁,有光泽,呈酸性反应。一般成熟过程可分为如下 2 个阶段。

1.尸僵过程　牛屠宰后,经一段时间,肌肉组织由原来的松弛柔软状态逐渐变为僵硬,关节失去活动性。这一过程称为尸僵。造成尸僵的原因是:宰后血液流尽,氧的供应停止,肌肉中糖元分解形成乳酸,肌球蛋白和肌动蛋白结合成刚性的肌动球蛋白。尸僵使肌肉增厚,长度缩短。牛胴体尸僵于宰后 10 h 开始,约持续15～24 h。低温使尸僵过程变慢和持续时间延长,有利于保持肉的新鲜度。

2.自溶过程　当肉到尸僵终点并保持一定时间后,又逐渐开始变软、多汁,并获得细致的结构和美好的滋味。这一过程称为自溶过程。造成自溶的原因是,由于肉本身固有的酶的作用,使部分蛋白质分解,肉的酸度提高等所致。蛋白质分解及成熟过程中形成的肌苷酸,使肉具有特殊的香味。

从糖原分解至肉的尸僵而自溶,这一整个过程就是肉的成熟过程。肉成熟所需时间与温度有关。0℃和80%～85%的相对湿度条件下,牛肉约14 d可达成熟的最佳状态。10℃时4～5 d;15℃时2～3 d;29℃约几小时。但温度过高,会造成微生物活动而使肉变质。在工业生产条件下,通常是把胴体放在2～4℃的冷藏库内,保持2～3昼夜使其适当成熟。

3.加快肉成熟的方法　可通过以下途径进行。

(1)阻止屠宰后僵直的发展。屠宰前给牛注射肾上腺素等,使牛在活体时加快糖的代谢,宰后肌肉中糖原和乳酸含量少,肉的pH值较高(pH6.4～6.9),肉始终保持柔软状态。同时使肌球蛋白的碎片增加,不能形成肌动球蛋白,死后僵直便不会出现。

(2)电刺激加快死后僵直的发展。电刺激可以促进肌肉生化反应过程以及pH值的下降速度,促进肌肉转化成肉的成熟过程。电刺激的频率和刺激时间长短对肌肉的pH值下降有直接影响。通常100～300 V,12.5 Hz的电流,对热鲜肉处理2 min,能使肌肉的pH值迅速降低,并可加速溶酶体膜的破裂,大量的组织蛋白酶释放出来并被激活,从而加速肉的成熟。

(3)加快解僵过程。解僵越快,肉的成熟越快。提高环境温度,同时采用紫外光照射,以帮助促进解僵过程,并可抑制微生物生长。另外,可采用屠宰前2～3 h内肌肉注射或在肉表面喷洒抗生素的方法来防止细菌的繁殖,以利于高温下的解僵过程。

(二)牛肉的人工嫩化技术　在肌肉向食肉的转化过程中,为了提高肉品的嫩度,常采用以下方式。

1.机械处理法　包括击打、切碎、针刺、翻滚等,使肌肉内部结构发生改变,有助于肌纤维的断裂和结缔组织的韧性降低,从而提高肉品的嫩度。

（1）滚筒嫩化器嫩化法。这种嫩化器由2个平行滚筒组成,滚筒上装有齿片或利刀。嫩化处理时,2个滚筒反向运转,肉被拉入滚筒之间,肉通过时,表面产生一些切口,肉因此致嫩。用滚筒嫩化器嫩化的肌肉,主要用于快速腌制。

（2）针头嫩化器法。包括固定针头嫩化器(由变速输送器和一组凿形或枪头形利针组成)和斜形弹性针头嫩化器2种。后者最大的优点是,不仅可用于去骨肌肉,而且也可用于带骨肌肉的嫩化。此种嫩化法主要用于那些既要求轻度嫩化,同时又要求保证处理后具有良好的结构和外观的肉品。如市售鲜肉的嫩化即可采用此法。

（3）拉伸嫩化法。利用悬挂牛的重量来拉伸肌肉,可以使嫩度增加,特别是圆腿肉、腰肉和肋条肉。传统的吊挂方式是后腿吊挂。实验证明,骨盆吊挂时对肉的嫩化效果更好。

2.电刺激法　牛屠宰后应用电刺激法可以显著改善肌肉的嫩度。通过电刺激可防止宰后肌肉冷缩,提高肌肉中溶酶体组织蛋白酶的活性及增加肌原纤维的裂解,从而使肉品的嫩度、色泽和香味等食用品质也得到相应的改善。

动物屠宰死亡之后,肌肉中的糖原酵解、ATP的消耗和pH值的下降都是在一段时间内逐渐进行的,并且当ATP全部用尽时,尸僵过程也就完成了。在这一过程完成之前,如果处理不当(迅速冷却)就会导致肉品老化。用电流脉冲经由电极通过胴体对屠宰后不久的胴体进行电刺激,则可以引起肌肉收缩,加速糖原酵解、ATP的消耗和pH值下降,缩短尸僵的时间。胴体经电刺激后,一般经5 h左右可达尸僵,这时把肉剔下,即使迅速冷却,也不会发生冷缩;迅速冻结后再解冻时,也不会发生融僵,电刺激可大大缩短常规的冷却时间。

电刺激法简单易行,只需保持良好的电接触。使用安装时,一个电极是活动的(接另一个电极通过高架传送接地即可,两极间的电压必须是可以产生可通过胴体的脉冲电流。实际运用中,牛的胴体宜在宰后 45 min 内,用电压为 500 V、频率为 14.3 Hz、脉冲时间为 10 ms 的电流作用 2 min;也可采用低电压刺激法,即对牛胴体使用 90 V 电压作用 1 min,每秒钟可有 14 个电流脉冲通过胴体。

3. 化学物质处理法 酶处理法是用外源酶类的添加或宰前、宰后注射使肉品嫩化。在肉品嫩化上使用的酶包括 3 类,第 1 类是来自细菌和霉菌的酶类,如蛋白酶 15、Rhozyme、枯草杆菌蛋白酶、链霉蛋白酶、水解酶 D;第 2 类是来自植物的酶类,如木瓜蛋白酶、菠萝蛋白酶和无花果蛋白酶;第 3 类是来自动物的酶类,如胰蛋白酶等。目前在生产中使用最广泛的是第 2 类。各类酶对肉品作用的活性大小依次为无花果蛋白酶、菠萝蛋白酶、胰蛋白酶、木瓜蛋白酶和 Rhozyme。

不同来源的酶类对肉品的作用机制不同。细菌或霉菌的酶类作用于肌纤维蛋白;来自动物的酶类除主要作用于肌纤维蛋白外,同时对结缔组织蛋白也有一定作用;而植物的酶类则是在作用于肌纤维蛋白的同时,主要作用于结缔组织蛋白。其作用方式是,首先分裂结缔组织基质物中的黏多糖,然后逐渐将结缔组织纤维降解成为无定形的团块,使肉品得到嫩化。

酶处理人工嫩化通常是在肉品的表面喷洒粉状酶制剂或将肉品浸在酶溶液中;宰前静脉注射氧化了的酶制剂;宰后胴体僵硬前用多个针头肌肉注射酶制剂。喷洒、浸泡或肌肉注射法由于酶制剂在肉组织中分布不好,常使肉块嫩化的程度不均匀,但对老嫩不同的肉品可更严格地控制酶类和注射位置。目前生产上使用最广泛也最有效的酶处理法是宰前静脉注射。在屠宰前约 30 min,按动物活体重量 3.3 mg/kg 的剂量注入氧化木瓜蛋白酶。动物按常规屠宰后,肌肉开始缺氧,使氧化木瓜蛋白酶在还原性的环境中被还原到活性状态,当烹调至 50~82℃时,木瓜蛋白酶发挥作用,使各部位的肉都能均匀致嫩。

此外,宰后注射黄油、植物油、磷酸盐、食盐等均可增加嫩度。

4.传统嫩化方法。通常是在 0~4℃陈化 10~14 d,肉中的酶从溶酶体中释放出来,使肉品嫩度增加。

七、分　割

（一）分割工艺流程　排酸后的半胴体→四分体→剔骨→7 个部位肉(臀腿肉、腹部肉、腰部肉、胸部肉、肋部肉、肩颈肉、前腿肉)→13 块分割肉块

（二）四分体的产生　由腰部第 12~13 肋骨间将半胴体截开即为四分体。

（三）分割要求　完成成熟的胴体,在分割间剔骨分割,按照部位的不同分割完整并作必要修整。分割加工间的温度不能高于 9~11℃;分割牛肉中心冷却终温须在 24 h 内下降至 7℃以下;分割牛肉中心冻结终温须在 24 h 内至少下降至 -18~-19℃。

半胴体分割牛肉共分为 13 块,其中高档部位的牛肉有 3 块:①牛柳,又叫里脊。②西冷,又叫外脊。③眼肉,一端与西冷相连,另一端在第 5~6 胸椎处。

1.里脊(tenderloin)　也称牛柳里脊肉,解剖学名为腰大肌,从腰内侧割下的带里脊头的完整净肉。分割时先剥去肾脂肪,再沿耻骨前下方把里脊剔除,然后由里脊头向里脊尾,逐个剥离腰椎横突,取下完整的里脊。

2.外脊(striploin)　亦称西冷或腰部肉。外脊主要为背最长肌,从第 5~6 腰椎处切断,沿腰背侧肌下端割下的净肉。分割时沿最后腰椎切下,再沿眼肌腹侧壁(离眼肌 5~8 cm)切下,在第 12~13 胸肋处切断胸椎。逐个剥离胸、腰椎。

3. 眼肉(ribeye) 为背部肉的后半部,包括颈背棘肌、半棘肌和背最长肌,沿脊椎骨背两侧5~6胸椎后部割下的净肉。分割时先剥离胸椎,抽出筋腱,在眼肌腹侧距离为8~10cm处切下。

4. 上脑(highrib) 为背部肉的前半部,主要包括背最长肌,斜方肌等,为沿脊椎骨背两侧5~6胸椎前部割下的净肉。分割时剥离胸椎,去除筋腱,在眼肌腹侧距离为6~8cm处切下。

5. 胸肉(brisket) 亦称胸部肉或牛胸(chestmeatchuck),主要包括胸升肌和胸横肌,为从胸骨、剑状软骨处剥下的净肉。分割时在剑状软骨处,随胸肉的自然走向剥离,修去部分脂肪即成完整的胸肉。

6. 嫩肩肉(chunktender) 主要是三角肌。分割时循眼肉横切面的前端继续向前分割,得一圆锥形肉块。即为嫩肩肉。

7. 腰肉(rump) 主要包括臀中肌、臀深肌、股阔筋膜张肌。取出臀肉、大米龙、小米龙、膝圆后,剩下的一块肉便是腰肉。

8. 臀肉(topside) 亦称臀部肉,主要包括半膜肌、内收肌和股薄肌等。分割时把大米龙、小米龙剥离后便可见到一块肉,沿其边缘分割即可得到臀肉。也可沿着被切开的盆骨外缘,再沿本肉块边缘分割。

9. 膝圆(knuckle) 亦称和尚头、琳肉,主要为股四头肌,沿股四头肌与半腱肌连接处割下的股四头肌净肉。当大米龙、小米龙、臀肉取下后,见到一长方形肉块,沿此肉块周边的自然走向分割,即可得到一块完整的膝圆肉。

10. 大米龙(qutsideplat) 主要是股二头肌。分割时剥离小米龙后,即可完全暴露大米龙,顺肉块自然走向剥离,便可得到一块完整的四方形肉块。

11. 小米龙(eyeround) 主要是半腱肌。分割时取下牛后腱子,小米龙肉块处于明显位置,按自然走向剥离。

12. 腹肉(flank) 亦称肋排、肋条肉,主要包括肋间内肌、肋间外肌等。可分为无骨肋排和带骨肋排,一般包括 4~7 根肋骨。

13. 腱子肉(shin)　亦称牛展,主要是前肢肉和后肢肉,分前牛腱和后牛腱 2 部分。前牛腱从尺骨端下刀,剥离骨头;后牛腱从胫骨上端下刀。剥离骨头取下肉 。

(四) 主要产肉指标的计算公式

净肉率=净肉重/宰前活重×100%

胴体产肉率= 净肉重/胴体重×100%

肉骨比=净肉重/骨重×100%

第十一章 肉牛场标准化设计

第一节 肉牛场环境控制标准化

一、环境条件对肉牛的影响

肉牛生产性能的高低,不仅取决于其本身的遗传因素,还受到外界环境条件的制约。环境因素对肉牛生产性能的影响很大,如温度、湿度、光照、气体和饲养密度等,更直接地对牛体产生着明显的作用。环境恶劣,不仅使肉牛生长缓慢,饲养成本增高,甚至会使机体抵抗力下降,诱发各种疾病。这是肉牛生产上不可忽视的重要因素。

(一)温度 牛适宜的环境温度是 5~21℃,最适温度是 10~15℃,此温度,肉牛生长发育和增重速度最快,饲料利用率最高,饲养成本较低。

温度过高,食欲下降,肉牛增重缓慢,高温持续时间越长,影响越大,使牛的心脏和呼吸器官负担过重,又因尿液浓度增大,肾脏受到损害,胃酸减少。当体温升高后,产热量大大增多,许多氧化不全的物质积累在体内,引起机能紊乱,发生热射病,甚至会引起心脏和呼吸中枢麻痹而死亡。

温度过低,饲料转化率降低,同时用于维持体温的能量增加,同样影响牛体健康及其生产力的发挥,如气温继续下降,就会影响牛的健康,引起冻伤、局部坏死。气温太低时,即使供给丰富的饲料,由于牛的采食量和消化能力有限,吃进的能量不足以弥补散失的热量。因此,不得不动用体内的储备,致使牛迅速消瘦,体质减弱,抗病力低,易患各种疾病。如果饲料不足,情况就更严重。在我国寒冷地区每逢冬季常有一部分牛被冻死,造成巨大的经济损失。

因此,夏季要做好防暑降温工作,牛舍安装电扇或喷淋设备,运动场栽树或搭凉棚,以使高温对肉牛育肥所造成的影响降到最低程度。冬季要注意防寒保暖,提供适宜的环境温度(幼牛育肥6~8℃;成年牛育肥5~6℃;哺乳犊牛不低于15℃)。

(二)空气湿度 肉牛适宜的空气湿度为55%~80%。一般来说,当气温适宜时,湿度对肉牛育肥效果影响不大。但湿度过大会加剧高温或低温对肉牛的影响。

长期处于高湿环境,影响肉牛食欲,对饲料中营养物质消化和吸收的能力降低,生长发育和生产力降低。潮湿空气有利于病原微生物和寄生虫的繁殖、生长和发育,易使肉牛发生各种皮肤病、寄生虫病,饲料垫草易腐败变质,使肉牛中毒。另外,高湿阻碍机体散热,引起体内热量积累,使物质代谢率降低,机体的生理机能遭到破坏。湿度低,空气比较干燥,减少肉牛体热的散发。高温低湿能促进水分蒸发,提高牛体热散发。空气过分干燥,使肉牛的皮肤和外露黏膜严重干裂,减弱皮肤和外露的黏膜对微生物的防御能力,空气中的灰尘迅速增多。在此情况下,有必要在牛舍中洒水,以提高舍内的湿度。

一般是湿度越大,体温调节范围越小。高温高湿会导致牛的体表水分蒸发受阻,体热散发受阻,体温很快上升,机体机能失调,呼吸困难,最后致死,形成"热害"。低温高湿会增加牛体热散发,使体温下降,生长发育受阻,饲料报酬率降低,增加生产成本。另外,高湿环境还为各类病原微生物及各种寄生虫的繁殖发育提供了良好条件,使肉牛患病率上升。

(三)气流 封闭牛舍中的气流,主要是由于牛舍内的空气温度不一致而引起的,热空气比重小而上升,留下的空间由周围的冷空气来填充,这就产生了气流。其他因素,如门窗的开关,通风管道的作用,外界气流的侵入,机械运转的影响,人和牛的走动等都有助于气流的形成。

气流有利于肉牛体的散热。在炎热的条件下,气温低于皮温时,气流有利于对流散热和蒸发散热,牛体周围的冷热空气不断对流,带走牛体所散发的热量,起到降温作用。一般来说,风速越大,降温效果越明显。炎热季节,加强通风换气,有助于防暑降温,并排出牛舍中的有害气体,改善牛舍环境卫生状况,有利于肉牛增重和提高饲料转化率。因而对肉牛有良好的作用。冬季,气流会增强肉牛的散热,加剧寒冷的有害作用。寒冷季节,若受大风侵袭,会加重低温效应,使肉牛的抗病力减弱,尤其对于犊牛,易患呼吸道、消化道疾病,如肺炎、肠炎等,因而对肉牛的生长发育有不利影响。气流能保持舍内空气组成均匀。即使在寒冷的条件下,舍内保持适当的气流,不仅可以使空气的温度,湿度和化学组成保持均匀一致,而且有利于将污浊的气体排出舍外。但要防止气流形成贼风,以免牛体局部受冷,引起关节炎、神经炎、冻伤、感冒等疾病。

(四) 光照(日照、光辐射)　冬季牛体受日光照射有利于防寒,对牛健康有好处;夏季高温下受日光照射会使牛体体温升高,导致热射病(中暑)。因此,夏季应采取遮阴措施,加强防暑。阳光中的紫外线在太阳辐射中占 $1\% \sim 2\%$,没有热效应,但它具有强大的生物学效应。照射紫外线可使牛体皮肤中的 7-脱氢胆固醇转化为维生素 D_3,促进牛体对钙的吸收。紫外线还具有强力杀菌作用,从而具有消毒效应。紫外线还使畜体血液中的红、白血球数量增加,可提高机体的抗病能力。但紫外线的过强照射也有害于牛的健康,会导致日射病(也称中暑)。光照对肉牛繁殖有显著作用,并对肉牛生长发育也有一定影响。在舍饲和集约化生产条件下,采用 16 h 光照 8 h 黑暗制度,育肥肉牛采食量增加,日增重得到明显改善。

(五) 尘埃　新鲜的空气是促进肉牛新陈代谢的必需条件,并可减少疾病的传播。空气中浮游的灰尘和水滴是微生物附着和生存的地方。因此，为防止疾病的传播，牛舍一定要避免粉尘飞扬，保持圈舍通风换气良好，尽量减少空气中的灰尘。

(六) 有害气体 在敞棚、开放式或半开放式牛舍中，空气流动性大，所以牛舍中的空气成分与大气差异很小。封闭式牛舍，如设计不当或使用管理不善，会由于牛的呼吸、排泄物的腐败分解，使空气中的氨气、硫化氢、二氧化碳等增多，影响肉牛生产力。所以应加强牛舍的通风换气，保证牛舍空气新鲜。牛舍中二氧化碳含量不超过 0.25%，硫化氢不超过 0.001%，氨气不超过 0.002 6 mg/L。

(七) 噪声 噪声污染已被列入主要国际公害，噪声对人体有严重的危害。据研究，噪声性耳聋发病率达 50% ~ 60%，甚至 90% 以上。噪声可引起高血压、溃疡、脑胀、失眠、记忆力衰退，严重时引起性机能紊乱，孕妇流产，甚至休克死亡。我国规定噪声限量在 85 dB 以下。

牛舍内的噪声可由外界传入，如飞机、汽车、拖拉机、雷鸣及附近施工或工厂机械产生等；舍内机械产生如风机、真空泵、除粪机、喂料机等；牛本身产生，如鸣叫、走动、采食、争斗等。

牛场选址远离噪声源。噪声对牛的生长发育和繁殖性能产生不利影响。肉牛在较强噪声环境中生长发育缓慢，繁殖性能不良。一般要求牛舍的噪音水平白天不超过 90 dB，夜间不超过 50 dB。

(八) 饲养密度的影响 牛的饲养密度是指每头牛占牛床或栏的面积，指舍内肉牛的密集程度。饲养密度大，则单位面积内饲养肉牛的头数多。

肉牛的饲养密度会直接影响牛舍的环境卫生。如牛舍的产热量、水汽、CO_2 的产量、灰尘、微生物和有害气体以及噪声等均受饲养密度的影响。舍内肉牛头数多，产热量高，产生的水汽和 CO_2 也多，灰尘、微生物和有害气体含量高，噪声多而大。

另外,饲养密度对肉牛生产力也有影响。饲养密度大,争斗次数多,采食时间延长,躺卧时间缩短,强弱分明,槽头争斗剧烈;同时对肉牛的增重、饲料报酬都有影响。

二、环境安全控制技术

(一)牛舍的防暑降温 牛一般都是较耐寒而怕热。为了消除或缓和高温对牛健康和生产力所产生的有害影响,牛舍的防暑、降温工作在近年来已越来越引起人们的重视,并采取了许多相应的措施。

1. **牛舍设计隔热的屋顶,加强通风** 为了减少屋顶向舍内的传热,在夏季炎热而冬季不冷的地区,可以采用通风的屋顶,其隔热效果很好。通风屋顶是将屋顶做成2层,层间内的空气可以流动,进风口在夏季宜正对主风。由于通风屋顶减少了传入舍内的热量,降低了屋顶内表面温度,所以,可以获得很好的隔热防暑效果。在寒冷地区,则不宜设通风屋顶,这是因为在冬季这种屋顶会促进屋顶散热。墙壁具有一定厚度,采用开放式或凉棚式牛舍。另外,牛舍场址应选在开阔、通风良好的地方,位于夏季主风口,各牛舍间应有足够距离以利通风。

另一方面,牛舍可设地脚窗、屋顶设天窗、通风管等方法来加强通风。在舍外有风时,地脚窗可加强对流通风、形成"穿堂风"和"扫地风",可对牛起到有效的防暑作用。为了适应季节和气候的不同,在屋顶风管中应设翻板调节阀,可调节其开启大小或完全关闭,而地脚窗则应做成保温窗,在寒冷季节时可以把它关闭。此外,必要时还可以在屋顶风管中或山墙上加设风机排风,可使空气流通加快,带走热量。

牛舍通风不但可以改善牛舍的小气候,而且还有排除牛舍中水汽、降低牛舍中的空气湿度、排除牛舍空气中的尘埃、降低微生物和有害气体含量等作用。

2. 遮阳　一切可以遮断太阳辐射的设施和措施,统称为"遮阳"(也称"遮阴")。强烈的太阳辐射是造成牛舍夏季过热的重要原因。一般"遮阳",在不同方向减少传入舍内的热量可达 17%～35%。

牛舍的"遮阳",可采用水平或垂直的遮阳板,或采用简易活动的遮阳设施:如遮阳棚、竹帘或苇帘等。同时,也可栽种植物进行绿化遮阳。牛舍的遮阳应注意以下几点:①牛舍朝向对防止夏季太阳辐射有很大作用,为了防止太阳辐射热侵入舍内,牛舍的朝向应以长轴东西向配置为宜;②要避免牛舍窗户面积过大;③可采用加宽挑檐,挂竹帘,搭凉棚以及植树等遮阳措施来达到遮阳的目的。

3. 增强牛舍围护结构对太阳辐射热的反射能力　牛舍围护结构外表面的颜色深浅和光滑程度对太阳辐射热吸收能力各有不同,色浅而光滑的表面对辐射热反射多而吸收少,反之则相反。例如对太阳辐射的吸收系数,深黑色、粗糙的油毡屋面为 0.86,红色屋面和浅灰色的水泥粉刷光平墙面均为 0.56,白色石膏粉光平表面为 0.26。由此可见,牛舍的围护结构采用浅色光平的表面是经济有效的防暑方法之一。

4. 运动场搭凉棚　对于母牛,大部分时间是在运动场上活动和休息;而对于育肥牛原则是尽量减少其活动时间促使其增重。因此在运动场上搭凉棚遮阴显得尤为重要。凉棚一般要求东西走向,东西两端应比棚长各长出 3～4 m,南北两侧应比棚宽出1～1.5 m。凉棚的高度约为 3.5 m,湿多雨的地区可低些,干燥地区则要求高一些。目前市场上出售的一种不同透光度的遮阳膜,作为运动场凉棚的棚顶材料,较经济实惠,可根据情况选用。

5. 加强日常管理　日常管理中应考虑肉牛饲养密度和加大通风量以提高牛散热的速度。另外给牛体喷水,向牛舍空间喷雾等,能起到良好的效果。如在环境温度为 40 ℃左右时,牛的皮肤温度亦可升至 40 ℃以上,严重热应激,用凉水进行淋浴,每小时 1

次,可使皮肤温度降至 36 ℃左右,大大缓和炎热的不良影响,见表 11-1。

表 11-1 炎热时牛进行淋浴的效果

项　目		不喷水组	喷水组
每日采食量(kg)		6.19	7.27
日增重(kg)		1.08	1.39
每千克增重消耗饲料(kg)		5.68	5.23
每分钟呼吸次数	上午 6:30	79	58
	下午 2:30	109	90
体温(℃)	上午 6:30	39.2	38.6
	下午 2:30	40.2	39.4

(二)牛舍的防寒保暖 我国北方地区冬季气候寒冷,应通过对牛舍的外围结构合理设计,解决防寒保暖问题。牛舍失热最多的是屋顶、天棚、墙壁、地面。

1. **墙和屋顶保温** 墙的功能除具有承重,防潮等功能外,主要的作用是保温。墙的保温能力主要取决于材料、结构的选择与厚度。在畜牧业发达的国家多采用一种畜舍建筑保温隔板,其外侧为波形铝合金板,里侧为防水胶合板,其总厚度不到 120 mm,具有良好的防水汽和防冷气渗透能力。而目前我国比较常用的是黏土空心砖或混凝土空心砖。这两种空心砖的保温能力比普通黏土砖高 1 倍,而重量轻 20%～40%。牛舍朝向上长轴呈东西方向配置,北墙不设门,墙上设双层窗,冬季加塑料薄膜、草帘等。

屋顶保温是牛舍保温的关键。用作屋顶的保温材料有炉灰、锯末、膨胀珍珠岩、石棉、玻璃棉、聚氨酯板等。此外,封闭的空气夹层可起到良好的保温作用。天气寒冷地区可降低牛舍净高,采用的高度通常为 2～2.4 m。

2. **地面** 石板、水泥地面坚固耐用,防水,但冷、硬,寒冷地区做牛床时应铺垫草、厩草、木板。规模化养牛场可采用 3 层地面,首先将地面自然土层夯实,上面铺混凝土,最上层再铺空心砖,既防潮又保温。

3. 其他综合措施　寒冷季节适当加大牛的饲养密度,依靠牛体散发热量相互取暖。在地面上铺木板或垫料等,增大地面热阻,减少肉牛机体失热。

4. 加强管理　寒冷季节适当加大牛的饲养密度,依靠牛体散发热量相互取暖。勤换垫草,是一种简单易行的防寒措施,既保温又防潮。及时清除牛舍内的粪便。冬季来临时修缮牛舍,防止贼风。

(三) 防潮排水　在现在养牛生产中,防潮很重要。在夏季多雨季节,牛的乳房炎和蹄叶炎等发病率明显增加。而保持牛舍干燥对于预防这些疾病的发生至关重要。牛每天排出大量粪、尿,冲洗牛舍产生大量的污水,因此应合理设置牛舍排水系统。

1. 排尿沟　为了及时将尿和污水排出牛舍,应在牛床后设置排尿沟。排尿沟向出口方向呈 1%~1.5% 的坡度,保证尿和污水顺利排走。

2. 漏缝地板清粪、尿系统　规模化养牛场的排污系统采用漏缝地板,地板下设粪尿沟。漏缝地板采用混凝土较好,耐用,清洗和消毒方便。牛排出的粪尿落入粪尿沟,残留在地板上的牛粪用水冲洗,可提高劳动效率,降低工人劳动强度。定期清除粪尿,可采用机械刮板或水冲洗。

3. 日常管理　妥善选择场地,牛舍要建筑在高燥的地方,墙基、地面要设防潮层,加强舍内保温,舍内温度保持在露点温度以上,防止水汽凝结;尽量减少舍内用水。保证通风性能良好,将舍内多余水汽排出去,冬季通风和保温是很矛盾的,不容易处理好,应引起高度重视。铺垫草可以有效地防止舍内潮湿,如稻草吸水率324%,麦秸吸水率230%。但必须及时更换。使用垫草对犊牛培育特别重要。

(四) 牛场的绿化　绿化不仅可以改善场区小气候,净化空气,美化环境,而且还可起到防疫和防火等良好作用。因此绿化也应进行统一的规划和布局。当然牛场的绿化也必须根据当地的自然条件,因地制宜,如在寒冷干旱地区,应根据主风向和风沙的大小确定牛场防护林的宽度、密度和位置,并选种适应当地条件的耐寒抗旱树种。

在牛场场界周边可设置场界林带,种植乔木和灌木的混合林带(如属于乔木的各种杨树、旱柳、榆树等,灌木有河柳、紫穗槐等),尤其是场界的北、西侧,为起到防风固沙作用,该林带应加宽(宽10 m以上,至少种树5行)。为分隔场内各区及防火,可设置场区隔林带,如生产区、住宅区和行政管理区等都可用林带隔离,树种以北京杨、柳、榆树等为宜。

在场内外的道路两旁,绿化时一般种树1～2行,常用树冠整齐的乔木或亚乔木(如槐树、杏树等),树种的高矮应根据道路的宽窄来选择。靠近建筑物时,种植的树木应以不影响采光为原则。另外在道路两旁的树下还可设置花池,种植花草、四季青等,可以美化环境。在运动场的南侧及西侧,可设置1～2行遮阳林,一般选用枝叶开阔,生长势强,落叶后枝条稀少的树种,如各种杨、槐和枫树等。有时为了兼顾遮荫、观赏及经济价值,在运动场内种植枝条开阔的果树类,但应注意采取保护措施,防止牛只啃咬毁坏树木。

第二节　肉牛场建设

一、肉牛场的选址

1. **地势及地形**　建肉牛场要选在地势高燥、平坦、背风向阳、有适当坡度(1%～3%)、排水良好、地下水位低(应在2 m以下)的场所。低洼潮湿的场地不宜作肉牛场场址。地形应宽阔。

2. **土壤与水源**　应选择土质干燥、透水性强、保温性能良好的沙壤土地。被有害物质及病原微生物污染的土壤不宜建牛场。肉牛场场址的水量应充足,水质良好,以保证生活、生产及牛等的正常饮水。通常以井水、泉水等地下水为好，而河、溪、湖、塘等水应尽可能经净化处理后再用。水质应符合中华人民共和国农业行业标准——无公害食品畜禽饮用水水质（NY 5027—2001）标准（表 11-2）。

表 11-2　无公害食品畜禽饮用水水质（NY 5027—2001）标准

项目			标准值	
			畜	禽
感官性状及一般化学指标	色（°）	≤	色度不超过 30°	
	混浊度（°）	≤	不超过 20°	
	臭和味	≤	不得有异臭、异味	
	肉眼可见物	≤	不得含有	
	总硬度（以 CaCO$_3$ 计）（mg/L）	≤	1 500	
	pH		5.5～9	6.4～8.0
	溶解性总固体（mg/L）	≤	4 000	2 000
	氯化物（以 Cl$^-$ 计）（mg/L）	≤	1 000	250
	硫酸盐（以 SO$_4^{2-}$ 计）（mg/L）	≤	500	250
细菌学指标	总大肠菌群（个/100 mL）	≤	成年畜 10，幼畜和禽 1	
毒理学指标	氟化物（以 F$^-$ 计）（mg/L）	≤	2.0	2.0
	氰化物（mg/L）	≤	0.2	0.05
	总砷 L（mg/L）	≤	0.2	0.2
	总汞（mg/L）	≤	0.01	0.001
	铅（mg/L）	≤	0.1	0.1
	铬（六价）（mg/L）	≤	0.1	0.05
	镉（mg/L）	≤	0.05	0.01
	硝酸盐（以 N 计）（mg/L）	≤	30	30

3. 饲料条件　选择场址时，还要考虑当地饲料饲草的资源能否满足牛群的需要，尽可能做到就近解决。有条件的地方，也可自己征一定数量的饲料地，确保饲料的供应。

4. 周围环境　场址应远离沼泽地和易生蚊蝇的地方，也不宜选在化工厂、屠宰厂、制革厂及其他排污点的附近。牛场应位于居民区的下风处，并保持 300 m 以上的间隔距离。选择场地还应考虑交通便利、电力供应充足，以保证奶产品的及时运输、市场供应和正常生产。

二、肉牛场的布局与规划

根据肉牛的饲养工艺,科学地划分牛场各功能区,合理地配置场区各类建筑设施,可以达到节约土地、节约资金、提高劳动效率和有利于兽医卫生防疫的目的。通常牛场的占地面积,依据牛群大小,按每头牛所需面积($10.0\sim15.0\ m^2$),结合长远规划来计算,牛舍及房舍的面积一般约占场地总面积的 15% ~ 20%。根据生产需求,牛场内部可划分为行政管理及职工生活区、生产区和病牛隔离区(图 11 - 1)。

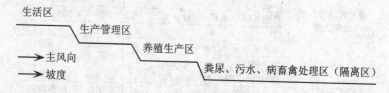

图 11 - 1　肉牛场分区布局

（一）**行政管理、职工生活区**　应与生产区分开,安排在全场的上风处,也可设在场外。行政管理区,要尽可能靠近大门口,以便对外联系和防疫隔离。

（二）**肉牛生产区**　生产区是肉牛场主体部分,包括育肥牛舍、饲草饲料库、饲料加工间、青贮及氨化池。如果采取自繁自育形式,还应有母牛舍、犊牛舍、青年牛舍、育成牛舍、产房等。

牛舍应建在牛场中心。修建数栋牛舍时,应采取长轴平行放置,两牛舍间距 10~15 m,这样既便于饲养管理,又利于采光和防风。

各类牛舍的建造应按下列顺序:犊牛舍建在牛场的上风区,之后依次为青年牛舍、育成牛舍、母牛舍、产房、育肥牛舍。育肥牛舍离场门应较近,以便出场运输方便。

饲料饲草加工间及饲料库,要设在下风向,也可设在生产区外,自成体系。饲草饲料库应尽可能靠近饲料加工间,草垛与周围建筑场至少保持 50 m 以上距离,要注意防火安全。

青贮窑、氨化池应设在牛舍两侧或牛场附近便于运送和取用的地方,但必须防止舍内或运动场及其他地方的污水渗入。

(三) 兽医诊疗室及病畜隔离区　为了防止疾病传播与蔓延,这个区应建在下风向和地势低处,特别是病牛隔离室,至少与牛场保持 50 m 以上的距离。

此外,牛场内要搞好绿化工作,改善小气候状况,如在道路两旁和运动场周围种植生长快、遮阳大的树种,在空闲地种植牧草、花卉、灌木等。

三、牛舍的建筑

建造肉牛舍应力求就地取材,经济实用,还要符合兽医卫生要求,科学合理。有条件的可建造质量好的,经久耐用的牛舍。

(一) 建筑牛舍的要求

1.选址与朝向　选择干燥向阳、地势高的地方建舍便于采光保暖。牛舍要坐北朝南,并以南偏东 15°角为好,这在寒冷地区尤为重要。

2.屋顶　屋顶应隔热保温性能好,结构简单,经久耐用。样式可采用单坡式、双坡式、平顶式等。为了在夏季加强牛舍通风,可将双坡式房顶建筑成"人"字形,"人"字形左侧房顶朝向夏季主风向,双坡式房顶接触处留 10~15 cm 的空隙。

3.墙壁　要求坚固耐用和保温性能良好。在寒冷地区还可适当降低墙的高度。砌砖墙的厚度为 24~37 cm。双坡式牛舍前后墙高 2.5~3 m,脊高 4.5~5 m。单坡式牛舍前墙高 3 m,后墙高 2 m。平顶式牛舍前后墙高 2.2~2.5 m。从地面算起,牛舍内壁应抹 1~1.2 m 的水泥墙裙。

4.门与窗　大型双列式牛舍,一般设有正门和侧门,门向外开或建成铁制左右拉动门,正门宽2.2~2.5m,侧门宽1.5~1.8m,高2m。南窗1m×1.2m,北窗0.8m×1m。窗台距地面高度1.2~1.4m。要求窗的面积与牛舍面积的比例为1:10~1:16设计。

5.地面 可采用砖地面或用水泥抹成的粗糙地面。这种地面坚固耐用防滑,便于清扫与消毒。

6.牛床 一般牛床的长度为1.8~1.9m,宽度为1.1~1.2m,床面用水泥抹成粗糙地面,向后倾斜坡度为1.5%,寒冷地区可采用3层地面,首先将地面自然土层夯实,上面铺混凝土,最上层再铺空心砖,既防潮又保温。

7.饲槽 设在牛床前面,有固定式和活动式2种,一般为固定式水泥饲槽,其规格尺寸因牛大小而异(表11-3)。一般槽底都呈弧形,在槽的一端留排水孔,另外在槽的内缘应建造有拴牛缰绳的铁环。每头牛占饲槽的长度为0.8~1m。

表11-3 肉牛饲槽尺寸

牛别	槽上宽(cm)	槽底宽(cm)	槽内缘高(cm)	槽外缘高(cm)
成年牛	60	40	30~35	60~80
青年牛	50~60	30~40	25	60~80
犊牛	40~50	30~35	15	35

8.通道 一般来说通道宽度应以送料车能通过为原则。如采用对头式饲养的双列式牛舍,中间通道宽1~1.5m。如采用对尾式饲养的双列式牛舍,中间通道宽1.3~1.5m,二侧饲料通道1~1.1m。

9.粪尿沟和污水池 一般可采用明沟(有条件的也可采用暗沟)。原则上应易于清除粪尿,并不损伤牛蹄,不致使牛跌倒。宽度以能放入平板铁锨为度,32~35cm,深5~18cm。沟底向出粪口(或尿漏)有0.6%~1%的倾斜度,以利于排水。也可以沟宽30cm,深3~7cm。并在最低处放入铁箅子,以清除杂草和其他垃圾。出粪口要以暗沟通入污水池,污水池要远离牛舍6~8m,其容积根据牛的数量而定。舍内粪便必须天天清除,运到远离牛舍50m远的粪堆处。

10.运动场　运动场大小根据牛数量而定,每头牛占用面积8~15 m²。育肥牛一般限制运动,饲喂后拴系在运动场上休息。

(二) 肉牛育肥场的类型

1.舍饲式育肥场　一般按屋顶的样式分为单坡式、双坡式。按牛舍墙壁分为敞棚式、开敞式、半开敞式、封闭式。按牛床在牛舍内的排列分为单列式、双列式。

(1) 单坡式牛舍。一般多为单列开敞式牛舍,由3面围墙组成,设有饲槽和走廊,在北面墙上开有小窗。多利用牛舍南面空地做运动场。这种牛舍采光好、空气流通、造价低。缺点是舍内温、湿度不易控制,常随舍外气温和湿度的变化而变化,但由于3面有墙,冬季可减轻寒风的侵袭。

(2) 双坡式牛舍。牛舍内牛床排列为双列式或多列式,牛体排列为对头式或对尾式。可以是4面无墙的敞棚式,也可以是开敞式、半开敞式或封闭式。食槽均设在舍内。

敞棚式牛舍适合于气候较温和的地区。开敞式牛舍在北、东、西3面垒墙和设门窗,以防冬季寒风侵袭,如果在南面垒半墙即为半开敞式牛舍。封闭式牛舍适合于较寒冷的地区,所建牛舍4边均有墙,以利于冬季防寒,但应注意夏季通风、防暑。

(3) 塑料暖棚。在我国北方冬季寒冷、无霜期短的地区,可将敞棚式或半开敞式牛舍用塑料薄膜封闭敞开部分,利用阳光热能和牛自身体温散发的热量提高舍内温度,实现暖棚养牛。

①塑料暖棚的建造。暖棚应建在背风向阳、地势高燥处。若在庭院要靠北墙,使其坐北朝南,以增加采光时间和光照强度,有利于提高舍温,切不可建在南墙根。所用塑料薄膜要选用白色透明的农用膜,厚0.02~0.05 mm。棚架材料要因地制宜,可用木杆、竹竿、铅丝、钢筋等。防寒材料用草帘、棉帘、麻袋等均可。

暖棚舍顶类型可采用平顶式、单坡式或平拱式。据群众反映，以联合式（基本为双坡式、但北墙高于南墙，故舍顶不对称）暖棚为好，优点是扣棚面积小，光照充足，不积水，易保温，省工省料，易于推广。塑料薄膜的扣棚面积占棚面积的 1/3 为佳。

现以联合式塑料暖棚为例介绍扣棚方法。首先确定扣棚角度。扣棚角度是指暖棚棚面与地面的夹角，只有合适的扣棚角度才能最有效地发挥暖棚的保暖作用。它可根据太阳高度角(h)来计算：

扣棚角度 $= 90° - h$

式中 h 为太阳高度角，可由下式求出：

$h = 90° - \varphi + \delta$

式中：φ 为当地地理纬度，δ 为赤道纬度（在冬至节气时，太阳直射南回归线，$\delta = -23.5°$；夏至时太阳直射北回归线，$\delta = 23.5°$；春分和秋分时，太阳直射赤道，$\delta = 0$）。

例如，承德市位于北纬 41°，那么该市冬至时的太阳高度角 $h = 90° - 41° - 23.5° = 25.5°$，扣棚角度 $= 90° - 25.5° = 64.5°$；春分节气时 $h = 90° - 41° = 49°$，扣棚角度 $= 90° - 49° = 41°$。

可见，承德市冬季联合式塑料暖棚的扣棚角度可掌握在 41°～64.5°之间。这样，中午太阳光线在棚面上基本直射，光照强度大，辐射热量多，能最大限度地提高塑料暖棚牛舍内的温度。

②塑料暖棚的使用。塑料暖棚建造后，必须合理使用才能达到预期目的。使用时，首先应确定适宜的扣棚时间。根据无霜期的长短，我国北方寒冷地区一般的适宜扣棚时间是从 11 月上旬至翌年的 3 月中旬。扣棚时，塑料薄膜应绷紧拉平，四边封严，不透风；夜间和阴雪天要用草帘、棉帘或麻袋片将棚盖严以保温；及时清理棚面的积霜或积雪，以保证光照效果良好和防止损伤棚面薄膜；舍内的粪尿每天要定时清除。

　　为保证棚舍内空气新鲜,暖棚必须设置换气孔或换气窗,有条件时要装上换气扇,以排除过多水分,维持舍内适宜温、湿度,清除有害气体并可防止水气在墙壁和塑料薄膜上凝结。一般进气孔设在暖棚南墙1/2处的下部,排气孔设在1/2处的上部或塑料棚面上。每天应通风换气2次,每次10~20 min。育肥肉牛在棚内的饲养密度,以每头牛占有4 m²左右为宜。

　　据河北省承德市畜牧局在丰宁满族自治县所进行的试验,塑料暖棚内的温度比一般牛舍高10℃左右,在喂相同饲料的情况下,通过90 d的肥育,始重254 kg的16头育肥牛,在暖棚内的平均日增重为1 175 g;而在一般牛舍始重为226.2 kg的5头育肥牛,因气温过低,非但没增重,反而减重(每天平均减重125 g)。河北省沽源牧场的试验表明,隆冬在外界气温－30℃左右时,塑料暖棚内的温度很少低于0℃。可见,在冬季,寒冷地区使用塑料暖棚育肥肉牛,经济效益十分显著,值得推广。

　　2.露天式育肥场　露天式肉牛育肥场可分为3种形式:一是无任何挡风屏障或牛棚的全露天式育肥场;二是仅有挡风屏障的全露天式育肥场;三是有简易棚的露天式育肥场。根据饲养方式还可分为散放式露天育肥场和拴系式露天育肥场。露天育肥场,每头牛占地8~10 m²。据在美国中西部气候条件下试验,饲养在露天育肥场的肉牛比有棚的增重慢12%,饲料成本高14%,这种育肥场适宜机械化喂料,食槽设在育肥场任意一侧,中心部位设凉棚。

　　河北固安潘兴集团的肉牛场采用的是散放式露天育肥场,并设计了可提高劳动效率20倍的规模化牛场大型精、粗料混合加工机组及混合日粮运输喂料车,日加工处理、喂料40~50 t。

四、养 牛 设 备

(一) 附属设施

1.运动场与围栏　犊牛、育成牛和繁殖母牛应设运动场,运动场设在牛舍南面,离牛舍 5 m 左右,以利于通行和植树绿化。运动场地面,以砖铺地和土地各 1/2 为宜,并有 1%~1.5% 的坡度,靠近牛舍处稍高,东西南面稍低并设排水沟。每头牛需运动场面积:成年牛 20 m²、育成牛和青年牛 15 m²、犊牛 8 m²。

运动场四周设围栏,栏高 1.5 m,栏柱间距 2 m。围栏可用废钢管焊接,也可用水泥柱作栏柱,再用钢筋棍串联在一起。围栏门宽 2 m。

肉牛育肥可在牛舍南面,用水泥注桩,把牛拴起来限制其运动,每头牛所需面积 3~4 m²。

2. 补饲槽与饮水槽 补饲槽设在运动场北侧靠近牛舍门口,便于把牛吃剩下的草料收起来放到补饲槽内。饮水槽设在运动场的东侧或西侧,水槽宽 0.5 m,深度 0.4 m,水槽的高度不宜超过 0.7 m,水槽周围应铺设 3 m 宽的水泥地面,以利于排水。

3. 地磅 对于规模较大的肉牛场,应设地磅,以便对运料车等进行称重。

4. 粪尿污水池和贮粪场 牛舍和污水池、贮粪场应保持 200~300 m 的卫生间距。粪尿污水池的大小应根据每头牛每天平均排出粪尿和冲污污水量多少而定:成年牛 70~80 kg、育成牛 50~60 kg、犊牛 30~50 kg。

5. 凉棚 一般建在运动场中间,常为四面敞开的棚舍建筑,建筑面积按每头牛 3~5 m² 即可。凉棚高度以 3.5 m 为宜,棚柱可采用钢管、水泥柱、水泥电杆等,顶棚支架可用角铁、或木架等。棚顶面可用石棉瓦、油毡材料。凉棚一般采用东西走向。

6. 赶牛入圈和装卸牛的场地 运动场宽阔的散放式牛舍,人少赶牛很难。圈出 1 块场地用 2 层围栅围好,赶牛、圈牛就方便得多。运动场狭小时,可以用梯架将牛赶至角落再牵捉。用 1 m 长的 8 号铁丝顶端围一圆圈,钩住牛的鼻环后再捉就容易了。

使用卡车装运牛时需要装卸场地。在靠近卡车的一侧堆土坡便于往车上赶牛。运送牛多时,应制一个高 1.2 m、长 2 m 左右的围栅,把牛装入栅内向别处运送很方便,这种围栅亦可放在运动场出入口处,将一端封堵,将牛赶入其中即可抓住牛,这种形式适用于大规模饲养。

7. 消毒池　一般在牛场或生产区入口处,便于人员和车辆通过时消毒。消毒池常用钢筋水泥浇筑,供车辆通行的消毒池,长4 m、宽3 m、深0.1 m;供人员通行的消毒池,长2.5 m、宽1.5 m、深0.05 m。消毒液应维持经常有效。人员往来在场门两侧应设紫外线消毒走道。

(二) 管理器具　无论规模大小,管理器具必须备齐,管理用具种类很多,主要的有以下几项:

牛刷拭用的铁挠、毛刷,拴牛的鼻环、缰绳、旧轮胎制的颈圈(特别是拴系式牛舍),清扫畜舍用的叉子、三齿叉、翻土机、扫帚,测体重的磅秤、耳标、削蹄用的短削刀、镰、无血去势器、体尺测量器械等等。

(三) 牛舍通风及防暑降温设备　牛舍通风设备有电动风机和电风扇。轴流式风机是牛舍常见的通风换气设备,这种风机既可排风,又可送风,而且风量大。电风扇也常用于牛舍通风,一般以吊扇多见。

牛舍防暑降温可采用喷雾设备,即在舍内每隔6 m装1个喷头,每1喷头的有效水量为每分钟1.4～2 L,降温效果良好。目前,有一种进口的喷头喷射角度是90°和180°喷射成淋雾状态,喷射半径1.8 m左右,安装操作方便,并能有效合理的利用水资源。喷淋降温设备包括:PVC、PE工程塑料管、球阀、连接件、进口喷头、进口过滤器、水泵等。安装一个80头肉牛舍需投资1 300元(不包括水泵),生产厂家有北京嘉源易润工程技术有限公司等。一般常用深井水作为降温水源。

第三节　牛粪处理

牛的粪尿排泄量很大,每头成年牛每天排出的粪尿量达到30~52 kg,如不及时处理,产生的异味对牛场的环境造成不利影响。牛的粪便综合治理,采取"资源化、减量化、生态化"的原则。资源化就是坚持农牧结合,把粪便全部收集起来,通过处理形成固体、液体有机肥,改善土壤,增加肥力。开发牛粪加工成为固态复合有机肥料项目,通过技术加工,把牛粪制成无臭无害的商品复合有机肥料,并施用于农作物生产绿色食品;减量化是通过固液分离、雨污分离,减少污染物的处理量;生态化是经治理的牛粪和污水全部进入农田,实现综合利用。

（一）**用做肥料**　随着化肥对土壤的板结作用越来越严重,以及人们对无公害产品的需求的增加,农家肥的使用将会重新受到重视。因此,把牛粪作成有机复合肥,有着非常广阔的应用前景。牛粪便的还田使用,既可以有效地处理牛粪等废弃物,又可将其中有用的营养成分循环利用于土壤——植物态系统。但不合理的使用方式或连续使用过量会导致硝酸盐、磷及重金属的沉积,从而对地表水和地下水构成污染。在降解过程中,氨及硫化氢等有害气体的释放会对大气构成威胁,所以应经适当处理后再应用于农田。

1.**堆肥法**　传统的堆肥方法采用厌氧的野外堆积法,这种方法占地大、时间长。现代化的堆肥生产一般采用好气堆肥工艺。方法有静态堆肥或装置堆肥。一般由前处理、主发酵(一次发酵)、后发酵(二次发酵)、后处理、脱臭和储藏等工艺组成。静态堆肥不需特殊设备,可在室内进行,也可在室外进行,所需时间一般60~70 d;装置堆肥需有专门的堆肥设施,以控制堆肥的温度和空气,所需时间30~40 d。

前处理:调整水分和氮碳比。要求牛粪等物料氮碳比应在

1:30～1:35,碳比过大,分解效率低,需时间长,过低则使过剩的氮转化为氨而逸散损失,一般牛粪的氮碳比为 1:21.5,制作时适量可加入杂草、秸秆等,以提高碳比,也可添加菌种(高温嗜粪菌等)和酶;物料的含水量以 45%～60% 为宜。

主发酵(一次发酵):在露天或发酵装置内进行。为提高堆肥质量和加速腐熟过程,通过翻堆或强制通风保持堆积层或发酵装置的好氧环境,以利于好气腐生菌的活动,一般将温度升高到开始降低为止的阶段称主发酵阶段,需 3～10 d。

后发酵(二次发酵):将主发酵的半成品送到后发酵工艺,将未分解的有机物进一步分解,一般物料堆积 1～2 m,要有防雨措施,通常不进行通风,而是每周进行 1 次翻堆。后发酵时间一般20～30 d。

后处理:除去杂物等。

脱臭:部分堆肥工艺在堆制过程,会产生臭味,必须进行脱臭处理。方法主要有化学除臭剂除臭,碱和水溶液过滤,熟堆肥或活性炭、沸石等吸附剂过滤等。在露天堆肥时,可在堆肥表面覆盖熟堆肥,以防止臭气散发。常用的除臭装置有堆肥过滤器等。

储藏:储存方法可直接堆存在发酵池中或袋装,要求干燥、透气。

日本富士开拓农业协会开发出"牛粪连续堆肥处理技术"——利用微生物菌种生产有机肥。该技术是利用发酵射线菌 Biodeana和 Snowex 作为菌种,培养和繁殖其他多种有效细菌,从而生成优良菌种肥源,然后再将菌种与作为堆肥原料的生牛粪混合,最终形成全熟化有机肥。该循环堆肥流程分为 2 部分:第一,菌种培养。将发酵放射线菌与固液分离后的牛粪混合发酵,约 1 周后,即可生成菌种肥源。第二,混合发酵。将优良菌种肥与生牛粪再混合,高温发酵,大约 40 d,即可生成全熟化有机肥。此种肥料与锯末混合后,可用于牛舍的铺垫材料,能够达到抑制牛乳房炎发生和预防有害细菌繁殖的效果。利用该优质全熟化有机肥栽培生产的蔬菜亦被当地居民赞誉为"安全蔬菜"。

2. 制成颗粒有机复合肥　其工艺流程见图 11-2。

在本工艺中,较关键的是发酵和造粒技术。

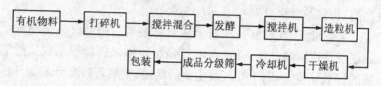

图 11-2　用牛粪生产有机肥的工艺流程图

发酵技术:发酵的方法有多种,常用的方法是将分离后的牛粪与稻草、木屑等发酵填充料混合,调节到合适的碳氮比和湿度后,放置于发酵槽中(发酵槽可设计为长方形)。槽的上盖密封,并设有自动循环通风系统,臭气通过通风系统中的生物过滤器除尘除臭。发酵槽内还设有自动翻堆装置,使发酵的物料能够得到充分的供氧,同时翻堆机在翻抛物料时,还装有自动喷液系统,以调节物料的湿度,保证发酵质量。本系统还在发酵槽底部,设计有防堵塞的强制供氧系统。

造粒技术:目前制作粪便有机复合肥的主要有下列几种方法。第一,挤压式造粒机。将搅拌均匀的粉状物料喂入压粒机,物料在强压力作用下通过压膜孔被挤压成一定直径的圆柱状颗粒,成品颗粒直径在 2~8 mm,长度为 2~5 mm。此工艺在造粒前要控制好水分并进行磁选,此法操作简单,投资较少,并且节省能源,但圆柱形颗粒外观不好看,流动性差,运输过程中易产生粉尘,不便施用。第二,团粒法生产球状有机肥。此法造粒工艺中,以圆盘造粒为主,对原料的细度要求较高,因此发酵后的牛粪,必须烘干到小于 8% 的水分,经超微磨粉机粉碎到 50 目以上,再采用圆盘造粒机造粒,并注意添加一定的黏结剂。此法缺点是设备投资大,生产中必须对原料烘干、微粉碎,同时要添加一定量的黏结剂,影响肥效,增加成本。第三,新型有积肥专用造粒机。此新型造粒机对原料不需干燥、不需粉碎、不需加黏结剂,可直接造出具有一定硬度的外形美观的球形颗粒。

(二) 用做饲料　牛是反刍动物,吃进去的饲料经牛瘤胃微生物的发酵分解,一部分营养物质被吸收利用,另一部分营养物质可被单胃动物利用的蛋白氮、微生物及瘤胃液被排出体外。据测定,干牛粪中含有粗蛋白 10%～20%,粗脂肪 1%～3%,无氮浸出物 20%～30%,粗纤维 15%～30%,因此具有一定的饲用价值。饲用前最好先与其他饲料混合后密封发酵,这样适口性较好。用牛粪喂猪、鸡,发酵方法为:将牛粪与谷糠、麸皮和其他饲料混合后,装入窖、缸或塑料袋中压实封严进行发酵;种猪、子猪一般不宜用牛粪饲料,育肥猪日粮中的添加量以 10%～15% 为宜,鸡日粮中添加牛粪的量,可用牛粪完全替代苜蓿草粉,其饲喂效果与等量苜蓿粉相同。用牛粪喂牛、羊,发酵方法为:将牛粪与其他牧草混合后,装入窖、缸或塑料袋中压实封严进行发酵,发酵牛粪可在牛羊的日粮中添加 20%～40%。

(三) 利用蚯蚓处理牛粪　目前国内处理牛粪方法多以堆肥等方法为主,不仅占地大,用工多高,而且不能有效地利用生物有机能源和营养物质生产高质量的有机肥,有时容易产生二次污染。利用蚯蚓的生命活动来处理牛粪是,经过发酵的牛粪,通过蚯蚓的消化系统,在蛋白酶、脂肪分解酶、纤维酶、淀粉酶的作用下,能迅速分解、转化,成为自身或其他生物易于利用的营养物质,即利用蚯蚓处理利用牛粪,既可生产优良的动物蛋白,又可生产肥沃的复合有机肥。这项工艺简便、费用低廉,不与动植物争食、争场地,能获得优质有机肥料和高级蛋白饲料,对环境不产生二次污染。

(四) 生产沼气　沼气是利用厌氧菌(主要是甲烷细菌)对牛粪尿和其他有机废弃物进行厌氧发酵产生一种混合气体,其主要成分为甲烷(占 60%～70%),其次为二氧化碳(占 25%～40%),

此外还有少量的氧、氢、一氧化碳和硫化氢。沼气燃烧后可产生大量的热能(每立方米的发热量为 20.9～271.7 MJ),可作为生活、生产用燃料,也可用于发电。在沼气生产过程中,因厌氧发酵可杀灭病原微生物和寄生虫,发酵后的沼渣和沼液又是很好的肥料,这样种植业和养殖业有机的结合起来,形成一个多次利用、多次增值的生态系统(图 11‑3)。

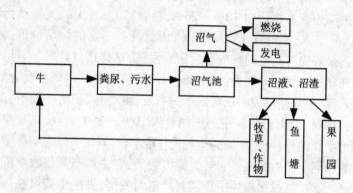

图 11‑3　牛粪尿厌氧发酵利用生态系统

　　由于禽畜养殖场沼气工程的发酵原料以粪便为主,而粪便悬浮物多,固形物浓度较高,常见的处理工艺:一为全混合式沼气发酵装置,常温发酵,物料滞留期 40 d 左右,产气率低,平均为 0.13～0.3 $m^3/(m^3 \cdot d)$;二是塞流式发酵工艺,并有搅拌、污泥回流和保温装置,发酵温度为 15～32 ℃,产气率为 1.2～2.0 $m^3/(m^3 \cdot d)$;三是上流式污泥床反应器(UASB)或厌氧过滤器(AF),或两者结合的工艺,其优点是能够使厌氧微生物很好地附着,进一步提高反应速度和产气量。

　　我国禽畜场沼气工程技术从 20 世纪 80 年代以来日益完善,已形成较为完善的高效的且具有多种功能的工程技术系统。目前常规工艺包括:前处理装置、厌氧消化器、沼气收集储存及输配系统、沼液后处理装置以及沼渣处理系统。以上各个工艺环节的完善,对于产气率的提高、系统的稳定运行、减少污染与排放达标以及确保用户使用到高效稳定的燃气均已具备了较为先进的技术条件。

一般地,大型沼气工程规模的产气量为 $1\,000 \sim 2\,000\ m^3/d$,其工程总投资在 300 万~1 000 万元;中型沼气工程的产气量为 50万~1 000 m^3/d,其工程总投资 80 万~300 万元。今后的发展方向是向大型集约化养殖发展,因此,21 世纪以后重点是发展大型沼气工程。

第十二章 肉牛疾病防制技术标准化

第一节 肉牛的卫生防疫

一、牛场卫生防疫措施

(一)建立卫生消毒制度 卫生消毒是切断疫病传播的重要措施,牛场应建立卫生消毒制度,尽力减少疾病的发生。

1. 消毒剂 应选择对人、肉牛和环境安全、无残留,对设备无破坏和在牛体内不产生有害累积的消毒剂。如次氯酸盐、有机碘、过氧乙酸、生石灰、氢氧化钠、高锰酸钾、硫酸铜、新洁尔灭、酒精等。

2. 消毒方法 对清洗完毕的牛舍、带牛环境、牛场道路及进入场区的车辆可采用喷雾消毒;人员的手臂、工作服、胶靴等可浸液消毒;出入人员必须经过消毒间,进行紫外线消毒;牛舍周围、人口、产床等可喷洒消毒。

(1)机械性清除。用机械的方法如清扫、洗刷、通风等清除病原体,畜舍地面和畜体被毛经常清洗,可使污物清除,病原体同时也被清除;通风也具有消毒的意义,它可在短期内使舍内空气交换,减少病原体的数量。

(2)物理消毒法。主要有高温和阳光、紫外线和干燥的方法。在实际消毒过程中,分别加以应用,如墙壁可喷火消毒;粪便残渣、垫草、垃圾等价值不大的物品,以及倒毙病畜的尸体,可用火焰加以焚烧;金属制品可用火焰烧灼和烘烤进行消毒;牧场、草地、畜栏、用具和某些物品主要是阳光的反复暴晒进行消毒。加热消毒主要用于防疫器械、工作服等,用高压锅 15 磅 20 min 效果最好,无条件的也可以用沸水煮 20 min 以上。

(3) 化学消毒法。在兽医防疫实践中,常用化学药品的溶液来进行消毒。化学消毒剂种类很多,分为很多大类,它们各有特点,可按具体情况加以选用。在选择化学消毒剂时应考虑对该病原体的消毒力强、对人畜的毒性小、不损害被消毒的物品、易溶于水、在消毒环境中比较稳定、不易失去消毒作用、价廉易得和使用方便等。

①10% ～ 20% 生石灰乳剂、1% ～ 10% 的漂白粉澄清液,1% ～ 4% 氢氧化钠(火碱)水,适于牛舍、场地消毒,一般每平方米面积用药量为 1L。

②2% 的氢氧化钠溶液用于消毒池的药液,2% 热氢氧化钠溶液用于牛舍、车船、粪便等消毒,消毒后用清水冲洗干净。

③3% ～ 5% 煤酚皂溶液用于牛舍、用具、污物消毒。

(4) 生物热消毒。生物热消毒法主要用于污染的粪便的无害处理。在粪便堆沤过程中,利用粪便中的微生物发酵产热,可使温度高达 70 ℃ 以上。经过一段时间,可以杀死病毒、病菌(芽孢除外)、寄生虫卵等病原体而达到消毒的目的。

3. 消毒制度

(1) 环境消毒。牛舍周围环境及运动场每周用 2% 氢氧化钠或撒生石灰消毒 1 次;场周围、场内污水池、下水道等每月用漂白粉消毒 1 次;在大门和牛舍入口设消毒池,车辆、人员都要从消毒池经过,使用 2% 氢氧化钠消毒,消毒池内的药液要经常更换。

(2) 人员消毒。外来人员严禁进入生产区,必须进入时应彻底消毒,更换场区工作服和工作靴,且必须遵守牛场卫生防疫制度;工作人员进入生产区应更衣、手臂消毒和紫外线消毒,禁止将工作服穿出场外。

(3) 牛舍消毒。牛舍卫生要保持干净,经常清扫,每季度用生石灰或来苏儿消毒 1 次,每年用火碱消毒 1 次,饲槽及用具要勤清洗、勤消毒。牛只下槽后应进行彻底清扫,定期用高压水枪冲洗牛舍并进行喷雾消毒或熏蒸消毒。

(4)用具消毒。定期对饲喂用具、料槽、饲料车等进行消毒,可用 0.1% 新洁尔灭或 0.2%~0.5% 过氧乙酸;日常用具,如兽医用具、助产用具、配种用具等在使用前后均应进行彻底清洗和消毒。

(5)带牛环境消毒。定期进行带牛环境消毒,有利于减少环境中的病原微生物,减少疾病的发生。可用 0.1% 新洁尔灭、0.3% 过氧乙酸、0.1% 次氯酸钠等。

(6)牛体消毒。助产、配种、注射及其他任何对牛接触操作前,应先将有关部位进行消毒擦拭,以减少病原体的污染,保证牛体健康。

(二)建立系统的防疫、驱虫制度

1. 疾病报告制度　发现异常牛后,饲养人员应立即报告兽医人员,兽医人员接到报告后应立即对病牛进行诊断和治疗;在发现传染病和病情严重时,应立即报告相关部门,并提出相应的治疗方案或处理方案。

2. 新引入肉牛和病牛隔离制度　肉牛场应建立隔离圈,其位置应在牛场主风向的下方,与健康牛圈有一定的距离或有墙隔离。新引入肉牛应在隔离圈内隔离饲养 2 个月,确认健康后才能与健康牛合群饲养。病牛进入隔离圈后应有专人饲喂,严禁隔离圈的设备用具进入健康牛圈;饲养病牛的饲养员严禁进入健康牛圈;病牛的排泄物应经专门处理后再用作肥料;兽医进出隔离圈要及时消毒;病牛痊愈后经消毒方可进入健康牛圈;不能治愈而淘汰的病牛和病死牛尸体应合理处理,对于淘汰的病牛应及时送往指定的地点,在兽医监督下加工处理;死亡病牛、粪便和垫料等送往指定地点销毁或深埋,然后彻底消毒。

3. 引进牛时要检疫 禁止从疫区购牛;引进种牛前,须经当地兽医部门对口蹄疫、结核病、布氏杆菌病、蓝舌病、地方流行型牛白血病、副结核病、牛传染性胸膜肺炎、牛传染性鼻气管炎和黏膜病进行检疫,签发检疫证明书;引进育肥牛时,必须对口蹄疫、结核病、布氏杆菌病、副结核病和牛传染性胸膜肺炎进行检疫。

4. 严格消毒制度 谢绝无关人员进入牛场,工作人员进入生产区更换工作服;消毒池的消毒药水要定期更换;车辆与人员进出门口时,必须从消毒池上通过。

5. 杀虫、蝇、蟀、蚊等节肢动物 杀灭这些媒介昆虫和防止它们的出现,有利于预防和扑灭肉牛疫病。所以,肉牛场应做好杀虫工作。杀虫的方法很多,可根据不同的目的、条件,分别采用物理杀虫、生物杀虫、或药物杀虫的方法。

6. 灭鼠 鼠类是很多种肉牛传染病的传播媒介和传染源,它们可以传播的肉牛传染病有炭疽、布鲁氏菌病、结核、口蹄疫、牛巴氏杆菌病等。灭鼠应从2方面进行,一是应从畜舍建筑和卫生措施方面着手,如经常保持畜舍及周围地区的整洁,使老鼠得不到食物;墙基、地面、门窗等方面都应力求坚固,发现有洞及时堵塞。另一方面,采用直接杀灭老鼠的方法,即器械灭鼠和药物灭鼠。

7. 定期进行预防接种 牛场应根据《中华人民共和国动物防疫法》及其配套法规的要求,结合当地的实际情况,有选择地进行疫病的预防接种工作,且应注意选择适宜的疫苗、免疫程序和免疫方法。

(1) 配合畜牧兽医行政部门定期监测口蹄疫、结核病和布鲁氏菌病,出现疫情时,采取相应净化措施。

(2) 新引入肉牛隔离饲养期内采用免疫学方法,2次检疫结核病和布鲁氏菌病,结果全部阴性者,方能与健康牛合群饲养。

(3) 犊牛生后6月龄使用布鲁氏菌19号菌苗第1次接种,18月龄再次接种。在防疫工作中,注意有关人员的自身防护。对受威胁人员用 104 M 菌苗接种。

(4) 每年春、秋两季各用同型的口蹄疫弱毒疫苗接种 1 次,肌肉或皮下注射,1～2 岁牛 1 mL,2 岁以上牛 2 mL。注射后,14 d 产生免疫力,免疫期 4～6 个月。

(5) 在狂犬病多发地区,皮下注射狂犬病疫苗 25～30 mL,每年春、秋各 1 次。

(6) 魏氏梭菌病免疫。皮下注射 5 mL 魏氏梭菌灭活苗,免疫期 6 个月。

(7) 犊牛副伤寒病免疫。母牛分娩前 4 周,根据疫苗生产说明,注射犊牛副伤寒菌苗。

(8) 犊牛大肠杆菌病免疫。母牛分娩前 2～4 周,根据疫苗生产说明,注射犊牛大肠杆菌菌苗。

(9) 坚持定期驱虫,驱虫对于增强牛群体质,预防或减少寄生虫病和传染病的发生,具有重要意义,一般每年春、秋两季各进行 1 次全群驱虫。犊牛在 1 月龄和 6 月龄各驱虫 1 次。依据牛群内寄生虫的种类和当地寄生虫病发生情况选择驱虫药。驱虫后排出的粪便应集中处理,防止散布病原。

(10) 药物预防。对于细菌性传染病、寄生虫性疾病,除加强消毒、用疫苗防疫外,还应注重平时的药物预防,在一定条件下采取药物预防是预防肉牛疫病的有效措施之一。一般用于某些疫病流行季节之前或流行初期。

①药物的使用方法。用于牛的药物种类很多,各种药物由于其性质和应用目的不同,有不同的使用方法。

混于饲料:这种方法方便、简单、不浪费药物。它适合于长期用药、不溶于水的药物及加入饮水中适口性差的药物,如犊牛断奶前后预防用药。

溶于饮水:把药物溶于饮水中,更方便使用。这种方法适合于短期用药、紧急用药。只适合能溶于水的且经肠道易吸收的药物。

经口投服：直接把药物的粉剂、片剂或胶囊投入牛口腔。这种方法适合于牛的个体治疗。

体内注射：对于难被肠道吸收的药物，为了获得最佳的疗效，常用注射法。常用的注射法是静脉注射、皮下注射和肌肉注射。用这种方法可使药物吸收完全、剂量准确，可避免消化道的破坏。

体表用药：如牛患有虱、螨、蜱等外寄生虫，可在体表涂抹或喷洒药物。

环境用药：环境中季节性定期喷洒杀虫剂，以控制外寄生虫及蚊、蝇等。必要时喷洒消毒剂，以杀灭环境中存在的病原微生物。

②药物预防的注意事项。根据不同牛群的饲养特点和不同疾病，选用药物的种类和使用方法。最好使用经药敏试验测定的敏感药物、毒副作用小、价格较低的药物，注意合理配伍用药，且忌使用过期变质的药物，本着高效、方便、经济的原则建立科学的药物预防措施。混饲或混水给药时，必须将药物与饲料充分混匀，或使药物完全溶于水中，防止造成药物中毒或药量不足。多数病原微生物和原虫易形成抗药性，所以用药时间不可过长，且应与其他药物交替使用，预防形成抗药性。肉牛出栏前按规定停药期停药。

二、养牛常用的药物

（一）药物的分类　一般分为特异性药物、抗生素和化学药物等。

1. **特异性药物**　应用针对某种传染病的高度免疫血清、痊愈血清（或全血）等特异性生物制品进行治疗，这些制品只对某种特定的传染病有效，而对其他病无效，所以称为特异性药物。例如破伤风抗毒素血清只能治破伤风对其他病无效。高度免疫血清主要用于某些急性传染病的治疗，如牛的巴氏杆菌病、炭疽病、破伤风等。一般在诊断确实的基础上，在病的早期注射足够剂量的高免血清，常能取得良好的疗效。血清如果是不同种动物血清应特别注意防止过敏反应。

2. 抗生素　抗生素为细菌性急性传染病的主要治疗药物,近年来在兽医临床中的应用广泛,效果显著。合理地应用抗生素,是发挥抗生素疗效的重要前提。不合理的应用或滥用抗生素往往引起不良后果。一方面可使敏感病原体对药物产生耐药性,另一方面可能对机体引起不良反应,甚至引起中毒。抗生素的种类、性质和药理作用等各不相同,使用时可参考使用说明书。

(1) 掌握抗生素的适应症。抗生素各有其主要适应症,可根据临诊诊断,估计致病菌种,选用适当药物。最好以分离的病原菌进行药物敏感性实验,选择对此菌敏感的药物用于治疗。

(2) 要考虑到用量、疗程、给药途径、不良反应和价值等问题。开始剂量宜大,以便集中优势药力给病原体以决定性打击,以后再根据病情酌减用量;疗程应根据疾病的类型、病畜的具体情况决定,一般急性感染的疗程不必过长,可于感染控制后 3 d 左右停药。

(3) 不要滥用。滥用抗生素不仅对病畜无益,反而会产生种种危害。抗生素一般对病毒不起作用,但有时为了控制继发感染可以应用。

(4) 抗生素的联合应用应结合临诊经验控制使用。注意抗生素的配伍,根据抗生素的作用和疗效,可分为 3 类:第一类为繁殖期杀菌药,如青霉素类、杆菌肽等;第二类为静止期杀菌药,如氨基糖苷类、多粘菌素(B 和 E)等;第三类为快效抑菌药,如四环素类、氯霉素和红霉素等。第一类与第二类合用可获得协同作用;第三类与第二类合用可获得累加作用。有配伍禁忌的抗生素不能联合应用。对虽未被列入配伍禁忌,但配伍作用不明确的药物应慎用。

3. 化学药物　包括磺胺类药物、抗菌增效剂、硝基呋喃类药,还有黄连素、痢菌净、喹乙醇等。

(二) 药物的选择及用药注意事项

1. **药物的选择**　中华人民共和国农业部对无公害肉牛生产中允许使用的兽药种类和使用准则作出了规定。

(1) 允许使用的兽药。允许使用符合《中华人民共和国兽用生物制品质量标准》规定的疫苗预防肉牛疾病;允许使用消毒防腐剂对饲养环境、厩舍和器具进行消毒,但不能使用酚类消毒剂;允许使用《中华人民共和国兽药典》二部和《中华人民共和国兽药规范》二部规定的用于肉牛疾病预防和治疗的中药材和中成药;允许使用《中华人民共和国兽药典》、《中华人民共和国兽药规范》、《兽药质量标准》和《进口兽药质量标准》规定的钙、磷、硒、钾等补充药,酸碱平衡药,体液补充药,电解质补充药,血容量补充药,抗贫血药,维生素类药,吸附药,泻药,润滑剂,酸化剂,局部止血药,收敛药和助消化药;允许使用国家兽药管理部门批准的微生态制剂;抗菌药、抗寄生虫药和生殖激素类药,按无公害食品——肉牛饲养兽药使用准则(NY5125—2002)执行,应严格掌握用法、用量和休药期,未规定休药期的品种应遵循不少于 28 d。治疗某种疾病,常有数种药物可以选用。但究竟选用哪一种最为恰当,可根据以下几个方面考虑决定。①疗效好。为了尽快治愈疾病,应选择疗效好的药物。②不良反应小。有的药物疗效虽好,但毒副作用较大,选药时不得不放弃,而改用疗效稍差,但毒副作用较小的药物。③价廉易得。为了减少药费支出,必须精打细算,选择那些疗效确实,又价廉易得的药物。如用磺胺治疗全身感染,多选用磺胺嘧啶,而少用磺胺甲基异噁唑。

(2) 慎用药物。作用于神经系统、循环系统、呼吸系统、泌尿系统的兽药及其他兽药。

(3) 禁用药物。禁止使用有致畸、致癌和致突变作用的兽药;禁止添加未经国家畜牧兽医行政管理部门批准的《饲料药物添加剂使用规范》以外的兽药品种,禁用未经国家畜牧兽医行政管理部门批准作为兽药使用的药物;禁止使用未经国家畜牧兽医行政管理部门批准的用基因工程方法生产的兽药。

2. 用药注意事项

(1)对症下药。每一种药物都有它的适应症,在用药时一定要对症下药,切忌滥用,以免造成不良后果。

(2)注意剂量、给药次数和疗程。为了达到预期的治疗效果,减少不良反应,用药剂量应当准确,并按规定时间和次数给药。为了维持药物在体内的有效浓度,获得疗效,而同时又不致出现毒性反应,大多数药物,每天给药2~3次,直至达到治疗目的。抗菌药物必须在一定期限内连续给药,这个期限称为疗程。疗程一般为3~5 d。驱虫药等少数药物1次用药即可达到治疗目的。

(3)注意配伍禁忌。为了提高药效,常将两种以上的药物配伍使用,产生协同作用。但配伍不当,则可能出现疗效减弱即拮抗作用或毒性增加的毒性反应,这种配伍变化,称为配伍禁忌,必须避免。

(4)选择最佳给药方法。同一个药物,同一个剂量,给药途径不同,产生的药效也不尽相同。因此,在用药时必须根据病情的轻重缓急、用药目的及药物本身的性质来确定最佳给药方法。如危重病例宜采用静注或肌肉注射;治疗肠道感染或驱虫时,宜口服给药。

(5)休药期。食品动物从停止给药到许可屠宰或它们的产品(乳、肉)许可上市的间隔时间,出栏前按规定停药。

第二节 肉牛疾病防制

一、传 染 病

(一)口蹄疫 口蹄疫俗称"口疮"、"蹄癀",是由口蹄疫病毒引起的偶蹄动物的一种急性、热性、高度接触性传染病。其特征是在口腔黏膜、蹄部、乳房皮肤发生水泡和溃疡。

1. 病原特征　口蹄疫病毒属于微核糖核酸病毒科中的口蹄疫病毒属,分 O、A、C、南非$_1$、南非$_2$、南非$_3$ 和亚洲型等 7 个主型。该病毒对酸、碱敏感,pH 值为 5.5 时,90% 被灭活。1%～2% 的氢氧化钠溶液可将其杀死,但对乙醇、氯仿及其他脂溶性化学药品抵抗力强。在自然条件下,于牛毛上可存活 24 d。

2. 流行特点　在自然情况下牛最易感染,其他偶蹄兽也可感染,人也有易感性。

被感染的动物可长期带毒,是主要传染源。可通过唾液、乳汁、粪、尿、病畜的毛、皮、肉及内脏将病毒散播,被污染的地方成为主要的疫源地。病毒可通过接触、饮水和空气等途径进行传播。鸟、狗、猫、鼠、昆虫均可传播本病。以冬、春季节发病率高,其他季节也可发生。

3. 临床症状　潜伏期平均为 2～4 d。病牛体温升高 40～41 ℃,精神沉郁,流涎,于唇内面、齿龈、舌面及颊黏膜出现蚕豆至核桃大的水泡,水泡破溃后露出鲜红色的糜烂面。食欲减退、脉搏和呼吸均加快。蹄冠皮肤上出现水泡时,表现跛行,如继发感染则出现化脓、坏死,严重时造成蹄匣脱落。

4. 防制措施　平时应严格执行卫生防疫制度,保持清洁卫生。定期用 2% 的氢氧化钠对用具进行消毒,加强检疫制度。不从疫区引购牛只。每年于 3、6、9、12 月份定期接种口蹄疫 O 型疫苗,1 岁以下的牛 2 mL,成年牛 3 mL。一旦发生口蹄疫,要及时向有关部门报告疫情,严格扑杀患病牛只,对尸体要进行无害化处理,封锁疫区,场地和用具全面消毒,直至 1 周后再无新病例出现,方能解除封锁。

(二) 蓝舌病　蓝舌病是由蓝舌病病毒引起的一种非接触性传染病。以高热,口腔、鼻腔和消化道黏膜发生水肿、溃疡性炎症变化为特征。本病发病率较高、传播迅速。一旦发生,不易被消灭,经济损失巨大。

1. **病原特征** 病原体为呼肠病毒科环状病毒属的蓝舌病病毒,血清型复杂,已发现24个血清型,且不能交互免疫。本病毒对干燥和腐败有较强的抵抗力,但对酸较敏感,在 pH3.0 的环境中能迅速被灭活。

2. **流行特点** 病毒存在于病畜的血液和脏器中,以发热期含量最高,库蠓是主要的传播媒介。因此,本病多见于吸血昆虫活动频繁的夏末秋初,河流、池塘较多的低洼潮湿地区。

3. **临床症状** 牛感染后通常缺乏症状,仅5%有轻微表现。潜伏期5~7 d,病牛口唇肿胀,硬腭、唇、舌、颊、鼻镜糜烂,舌色蓝紫,呼吸浅表,蹄冠、趾间皮肤充血。同时体温升高,厌食,白细胞减少,病程数日至2周。剖检变化主要见消化道黏膜糜烂、溃疡,伴有出血点。肌肉出血、变性,肌间胶样浸润。妊娠牛可见流产或畸形胎。确诊需要作病原鉴定、血清学和生物学检验。

4. **防制措施** 无本病发生的地区严禁从疫区购入易感动物,阻止传染源和传播媒介的入侵。加强检疫,避免来自使用疫区的精液。一旦发生本病,应立即封锁,迅速上报疫情,并采取严格的消毒和杀虫措施。本病无特效疗法,流行地区最有效的防制方法是每年发病前1个月接种疫苗,但由于蓝舌病病毒血清型较多及不能交互免疫等特点,必须使用含有当地发病毒株型别的疫苗,才能具有可靠的保护作用。

(三) 结核病 结核病是由结核杆菌引起的人、畜共患的一种慢性传染病。其特征是病牛逐渐消瘦,在组织器官内形成结核结节和干酪样坏死。

1. **病原特征** 结核分枝杆菌分为3个类型,即人型、牛型和禽型,其中以牛型对牛的致病作用最强,牛型结核杆菌是一种细长杆菌,呈单一或链状排列,革兰氏染色阳性,无芽孢和荚膜,无鞭毛,不运动。

结核杆菌对干燥抵抗力强,但对潮湿抵抗力弱,对碱比较敏感,可用2%~3%的氢氧化钠消毒牛舍。

2. **流行特点** 病牛是主要的传染源,致病菌可随呼出的气体、痰、粪便、尿、分泌物及乳汁排出体外,可通过呼吸道、消化道、生殖道感染,有时也可通过皮肤感染。本病一年四季均可发生,如饲养管理不良,牛群拥挤,牛舍阴暗,营养缺乏,环境卫生条件差等均可促进本病的发生与传播。

3. **临床症状** 潜伏期长短不一,短者十几天,长者数月甚至数年。牛结核病主要经呼吸道感染,特别是经飞沫,小牛多经消化道感染。病初食欲、反刍无变化,但易疲劳,常发短而干的咳嗽,尤其当起立运动,吸入冷空气或含尘埃的空气时易发咳,随后咳嗽加重,频繁且表现痛苦。呼吸次数增多或发气喘。病畜日渐消瘦、贫血、有的牛体表淋巴结肿大,常见于肩前、股前、腹股沟、颌下、咽及颈淋巴结等。当纵隔淋巴结受侵害肿大压迫食道,则有慢性臌气症状。病势恶化可发生全身性结核,及粟粒性结核。胸膜腹膜发生结核病灶即所谓的"珍珠病",胸部听诊可听到摩擦音。肠道结核多见于犊牛,表现消化不良,食欲不振,顽固性下痢,迅速消瘦。生殖器官结核,可见性机能紊乱;发情频繁,性欲亢进,慕雄狂与不孕。孕畜流产,公畜附睾丸肿大,阴茎前部可发生结节,糜烂等。

本病仅凭临床症状难以作出诊断,故常用结核菌素试验和细菌学检查等进行诊断。结核菌素试验于每年春、秋各检1次。其方法是:于牛的左侧颈中部剪毛,面积为50 mm×50 mm,在剪毛的中央以拇指和食指将皮肤捏起,用卡尺量取厚度并记录,然后用酒精消毒,皮内注射结核菌素液0.1~0.15 mL,成年牛可注0.2 mL,注射72 h后,观察反应,如果局部发热,有疼痛反应,肿胀面积35 mm×45 mm以上,皮肤比原来增厚8 mm以上者定为阳性反应,如果肿胀面积在35 mm×45 mm以下,皮肤比原来增厚5~8 mm之间可判为可疑,否则为阴性。

对可疑的病例进行确诊,则有赖于细菌学检查,可用病料直接涂片(如肺结核取痰液为病料,乳房结核取乳汁,肠结核取粪便等为病料),用抗酸法染色镜检,发现病原菌即可确诊。

4. **防制措施** 定期检疫,于春、秋进行 2 次检疫,对开放型的病牛和症状不明显的阳性牛要及时淘汰,被病牛污染的场所和用具都用 20％的新鲜石灰乳进行消毒。培养健康犊牛,对受威胁的犊牛可进行卡介苗接种,每年 1 次。

(四) 布鲁氏菌病 布鲁氏菌病是由布鲁氏菌引起的人、畜共患的一种慢性传染病。以侵害子宫、胎膜、关节和母牛发生流产为特征。

1. **病原特征** 布氏杆菌属于细小,似球形的杆菌,无芽孢和荚膜,不运动,革兰氏染色阴性。不耐热,抗干燥,一般的消毒剂均能将其杀死。

2. **流行特点** 病牛是主要的传染源,含有病原体的阴道分泌物、乳汁、粪便、流产胎儿、胎水等通过直接接触或消化道而广泛传播。无季节性,一年四季均可发生。

3. **临床症状** 潜伏期长短不一,多数病例为隐性传染,症状不明显,部分病例发生关节炎、滑液囊炎及腱鞘炎,呈现跛行,严重时关节变形。母牛流产是本病的主要特征,且流产多发生在怀孕后 5～7 个月间,流产前表现精神沉郁,食欲减退,起卧不安,阴唇和乳房肿胀,自阴道流出灰红褐色的黏液或黏液脓性分泌物,流产胎儿多死胎或弱胎,流产后伴发胎衣不下,胎膜水肿,表面附有纤维素块。

对本病的诊断,临床表现只能作为参考,因为大多数病例属于隐性传染,故确诊需要细菌学、血清学和变态反应诊断。细菌学检查可取流产胎儿的肝、脾组织作为病料、直接涂片、用沙黄美蓝鉴别染色法染色,油镜下检查,即可查出病原菌。血清学诊断一般用凝集试验。在 1:100 或更高稀释度以上完全发生凝集者为阳性,1:50 为可疑,否则为阴性。

4. **防制措施**　加强检疫制度,特别是对新购入的牛群,隔离观察 1 个月和检疫 2 次,确认健康方能合群。定期预防接种,目前市场上的疫苗很多,有猪 2 号弱毒菌苗,羊 5 号弱毒菌苗,19 号弱毒菌苗等,每年注射 1 次。严格消毒,特别是被病牛污染的牛舍、运动场、用具等用 10% ～20% 的石灰乳或 2% 的氢氧化钠等进行消毒,对流产胎儿、胎膜、胎水等应妥善消毒处理。对患病的病牛要进行淘汰,坚决控制和消灭传染源。

(五) 传染性胸膜肺炎　传染性胸膜肺炎又称牛肺疫,是由丝状支原体引起的牛的一种高度接触性传染病。主要侵害肺组织,以纤维素性肺炎和胸膜肺炎为特征。

1. **病原特征**　本病的病原体是丝状支原体丝状亚种,属于支原体属的成员。对外界环境的抵抗力较差,在直射阳光下的空气中几个小时则失去毒力。37℃能存活 1 周,在干燥条件下迅速死亡,对一般消毒药抵抗力不强,多在几分钟内被杀死。

2. **流行特点**　病牛和带菌牛是主要的传染源,直接接触是本病的主要传播方式,经呼吸道传染,病牛呼出的气体或咳嗽出的飞沫借助空气被健康牛吸入而感染。常发地区呈慢性或隐性经过,新发地区呈流行性或地方流行性,可造成大批病牛死亡。

3. **临床症状**　本病的潜伏期一般为 2～4 周,最短的为 1 周,长的可达数月。病初症状轻微,易被忽视。随时间的推移,症状逐渐明显,出现急性、亚急性或慢性型症状。

急性型主要呈急性胸膜肺炎症状,体温升高达 40～42℃,高热稽留。鼻孔扩大,前肢开张,腹部扇动,呼吸困难。按压肋间有疼痛表现。肺部听诊出现湿性啰音,支气管呼吸音,有时见摩擦音。叩诊呈现浊音。有浆液性鼻液流出,泌乳、反刍停止,食欲废绝。可视黏膜发绀,被毛粗乱。后期心脏衰弱,脉搏细弱且加快,胸腔、胸前积水,便秘腹泻交替发生,体况极度衰弱,常因窒息而死亡。整个病程为 15～30 d。

亚急性型症状与急性型相似,但较为缓和,病程稍长。

慢性型多由急性、亚急性型转来,体温时高时低,体况瘦弱,时有干咳,消化机能紊乱。可临床治愈而成为带菌牛,当机体抵抗力降低时又可能发病,多预后不良。

本病依确诊需要血清学、病原学和生物学诊断。

4. 防制措施　常发地区应坚持每年定期预防接种疫苗。

临床治愈的病牛因长期带菌而成为危险的传染源,从长远利益考虑,扑杀病牛比治疗更为有益。本病传播缓慢,不易消灭,危害严重。因此,一旦发生本病,应立即上报疫情,严格执行封锁、检疫、扑杀病牛、消毒等措施,同时对未发病的牛普遍接种牛肺疫弱毒疫苗。

(六) 流行热　牛流行热又叫三日热或暂时热,是由流行热病毒引起的一种急性热性传染病。其特征是突然高热、呼吸迫促、伴有消化道机能和四肢机能障碍。

1. **病原特征**　牛流行热病毒属于弹状病毒科流行热病毒属,病毒主要存活于病牛的血液中,用高热期病牛的血液 2 mL 给健康牛静脉注射,经 3～5 d 即可发病。本病毒 −20 ℃ 以下可长期存活,56 ℃ 10 min 灭活。

2. **流行特点**　本病的发生,不分品种、年龄和性别。多发季节是夏季和秋季,通过蚊蝇传。病牛是主要的传染源,其高热期血液中含病毒,吸血昆虫通过吸血进行传播。

3. **临床症状**　潜伏期 3～7 d,突然高热,持续 2～3 d,故名三日热。病牛精神沉郁,鼻镜干燥,反刍停止,泌乳下降。病牛活动减少,喜卧,后肢抬举困难。呼吸迫促,呼吸次数明显增加,胸部听诊,肺泡音高亢。结膜充血、浮肿、流泪、流涎,便秘或腹泻,尿量减少,褐色混浊。流泡沫样鼻汁。本病确诊需要作病原及血清学诊断。应注意与蓝舌病、牛传染性鼻气管炎和副流感等疾病的鉴别诊断。

4. 防治措施　预防本病应注意卫生消毒,消灭蚊蝇,做好防暑降温。加强营养,以提高机体的抗病能力。做好免疫接种,用弱毒疫苗进行接种,第 1 次注射后,间隔 1 个月再注 1 次,免疫期可达半年以上。

对本病的治疗目前尚无特效药物,主要是进行对症治疗。高热阶段静脉注射糖盐水 3 000 mL,肌肉注射安乃近 30~50 mL,以解热。呼吸困难者,可注射 25% 的安茶碱 20~40 mL 或尼克刹米,以便缓解呼吸困难。对兴奋不安者,可肌肉注射氯丙嗪,每千克体重 0.5~1 mL,以镇静。对瘫痪者,可用 20% 的葡萄糖酸钙 1 000 mL,10% 的安钠咖 20 mL,25% 的葡萄糖 500 mL,40% 的乌洛托品 50 mL,10% 的水杨酸钠 200 mL,进行缓慢静脉注射,或以 0.2% 的硝酸士的宁 10 mL,肌肉注射,以兴奋神经和肌肉。

(七) 牛海绵状脑病　牛海绵状脑病俗称"疯牛病"。它是一种类似脑病毒感染的传染病。以潜伏期长、病情逐渐加重、终归死亡为特征。

1. 病原特征　本病的病原可能与痒病相关纤维有关,与痒病的病原类似。

2. 流行特点　本病的流行无明显的季节性,患痒病的绵羊、种牛及带毒牛可能是本病的传染源。动物是由于摄入被本病病毒污染的饲料而感染。本病多发于 3~11 岁的母牛,以 3~5 岁的居多,公牛绵羊也易感。据报道该病可传染给人。

3. 临床症状　本病的潜伏期长达 4~6 年。临诊表现各异,多数病例均有步态不稳、行为反常、运动失调,全身麻痹,体重锐减;骚痒,烦躁不安等症状,最后死亡,病程为 14 d 至 6 个月。本病既无任何炎症,也无免疫应答反应。至今尚不能进行血清学诊断,病牛的血液生化指标也无显著异常。本病的诊断主要依据病理组织学,观察脑灰质海面状水肿和神经元空泡形成变化,除此,尚无他法。

4. 防制措施　为了控制本病,应扑杀和销毁患牛;禁止在饲料中添加动物性饲料;严禁病牛屠宰后供食用,禁止销售病牛肉。

二、寄生虫病

(一)牛螨病　牛螨病是由疥螨和痒螨引起的皮肤疾病,以剧痒、湿疹性皮炎、脱毛和具有高度传染性为特征。

1. 病原特点　本病的病原是疥螨和痒螨,它们寄生于牛的皮肤,吸食组织和淋巴液。其全部发育过程均在牛体上进行,健康牛通过接触病牛和螨虫污染的栏、圈、用具等而感染发病。

2. 流行特点　犊牛最易感染,本病多发于秋冬季节,此时阳光不足,皮肤非常适合螨虫的生长发育。

3. 临床症状　疥螨和痒螨多混合感染。初期在头、颈部发生不规则的丘疹样病变,病牛剧痒,用力磨蹭患部,使患部脱毛,皮肤增厚,结痂,失去弹性。病变部位逐渐扩大,严重时可蔓延全身。病牛可因消瘦或恶病质而死亡。根据临床症状,结合镜检,检出虫体确诊。

4. 防治措施　预防本病应采取综合措施特别应注意畜舍卫生,保持通风干燥。控制饲养密度,避免过度拥挤,对发病牛要严格隔离。治疗可用阿维菌素 0.2 mg/kg 体重,间隔 5～7 d 用药 2次,疗效极佳,休药期 35 d。也可用伊维菌素皮渗剂防治。其他常用的药物主要有蝇毒磷、亚胺硫磷、二嗪农等,使用方法有药浴和涂抹等。治疗时所用的工具及患畜体表脱落的痂皮、毛发等均用彻底消毒,防止散布病原。

(二)牛皮蝇蛆病　牛皮蝇蛆病是由狂蝇科皮蝇属的牛皮蝇和纹皮蝇的幼虫寄生于牛的背部皮下组织所引起的一种慢性寄生虫病。

1. 病原特点　皮蝇发育史约 1 年,由卵孵出的幼虫钻入牛体内寄生 9～11 个月,并进行 3 个发育阶段,成熟的幼虫从皮肤中爬出落在外界环境里变成蛹。再经1～2个月,蛹变成为蝇爬出,不久即会飞翔。成蝇不食不蛰,只生活5～6 d,在牛被毛上产卵后即死亡。

2. 临床症状　雌蝇向牛体产卵时,牛表现高度不安,呈现喷鼻、蹶踢、奔跑。幼虫钻进皮肤和皮下组织移行时,引起牛只瘙痒、疼痛和不安。病牛背部局部皮下发生硬肿,随后皮肤穿孔,流出血液和脓汁。病牛被长期感染时而出现贫血、消瘦,生长缓慢。

3. 防治措施　预防时,可在每年5～7月份每隔半个月向牛体喷洒1次1%敌百虫溶液,防止皮蝇产卵。患部杀虫,可通过检查牛背,发现成熟的肿块,用针刺死其内的幼虫,或用手从皮肤穿孔处挤出幼虫,随即踩死,伤口涂于碘酒。或在病牛背部肌肉注射倍硫磷(4～7 mg/kg 体重);或内服皮蝇磷(100 mg/kg 体重);或1次皮下注射阿维菌素(0.2 mg/kg 体重)。在此病流行区,每年10月中下旬进行1次驱虫。

(三)**肝片形吸虫病**　牛肝片形吸虫病也叫肝蛭病,以急性或慢性肝炎、胆管炎为特征。

1. **病原特点**　新鲜虫体呈红棕色,柳叶状,雌雄同体,寄生于肝胆管中。成虫产卵,随粪便排出,在水及椎实螺体内中孵育,形成尾蚴,离开螺体后脱去尾部,形成囊蚴。牛吞食囊蚴后感染发病。

2. **流行特点**　本病的发生受中间宿主椎实螺的限制而有地区性,易在低洼、潮湿、沼泽地带流行,多雨年份流行严重,夏季是主要感染季节。

3. **临床症状**　症状的轻重取决于牛体的营养状况和寄生虫体的多少。急性病例以犊牛多见,表现精神沉郁,体温升高,食欲减退,步态蹒跚。腹泻、贫血,肝区敏感、半浊音区扩大。临床上以慢性病例多见,表现消瘦、贫血,前胸、腹下水肿,消化机能障碍,呈现前胃弛缓,卡他性肠炎。病死牛胆管内可发现肝片形吸虫。本病确诊需检查到肝片形吸虫虫卵。

4. 防治措施　定期驱虫,在发病地区每年春秋两季各驱虫1次,可选用碘醚柳胺内服,1次剂量为每千克体重7~12 mg,休药期为60 d。三氯苯唑内服,1次剂量为每千克体重6~12 mg,休药期为28 d,泌乳期禁用。或用中药肝蛭散250~300 g内服。及时收集粪便,堆积发酵。消灭中间宿主,避免到低洼潮湿地区放牧,以减少感染的机会。

(四)牛的消化道圆线虫病　由寄生于牛的真胃、小肠和大肠内的毛圆科、毛线科,钩口科和圆形科的许多线虫以混合感染的方式引起的一种寄生虫病。

1. 病原特点　消化道圆线虫,寄生于牛真胃或肠道。雌虫排卵随粪便排出体外,在适宜条件下,孵出幼虫,经一周左右蜕皮2次,发育成感染性幼虫。牛吃草和饮水时吞食幼虫,然后在真胃发育成成虫。

2. 临床症状　临床上最多见的症状为显著的贫血,体重降低,食欲缺乏,一般有拉稀现象。严重的病例可能有持续性腹泻,粪便呈暗绿色,带有黏液,有时附有血液。慢性病例则便秘和腹泻交替发生,下颌间可能出现水肿。

3. 防治措施

(1)预防。①定期驱虫。放牧牛每年秋末冬初和夏季各驱虫1次,秋末驱虫目的是为了消除寄生虫对牛体的危害、春季驱虫在放牧前进行,以驱除秋季驱虫后的残留虫体,减少牧场受寄生虫的污染。对肉牛养殖场新引入的牛,先行驱虫处理,隔离饲养数日后,再混群饲养。②粪便处理。将饲养场内的牛粪便清扫收集起来,利用堆肥发酵等生物热处理的方法消灭虫卵和幼虫。

(2)治疗。常选药物:丙硫咪唑(5~10 mg/kg体重),混于饲料中喂服。左咪唑(5~6 mg/kg体重),内服。苯硫咪唑(5 mg/kg体重),1次口服。奥吩咪唑(5 mg/kg体重),1次口服。1%阿维菌素或伊维菌素注射液,按 1 mL/50 kg 体重(0.2 mg/kg 体重)剂量皮下注射。也可采用经皮给药的 0.5%阿维菌素透皮吸收剂——浇注剂"阿维必淋"按 6~10 mL/100 kg 体重(0.3~0.5 mg/kg 体重)剂量,用带 16 号针头的注射器吸取药液沿牛背部中线皮肤从前向后浇注给药。

(五) 牛肺线虫病　牛肺线虫病又叫网尾线虫病,寄生于牛支气管和气管内所引起的疾病。临床上以咳嗽、气喘和肺炎为主要症状。

1. 病原特点　网尾线虫雌虫在气管、支气管内产含有幼虫的卵,随黏液咳到口腔,再进入消化道,随粪便排到外界,在适宜条件下 7 d 发育为感染性幼虫,牛吞食后,幼虫进入肠系膜淋巴结,随淋巴液和血液到达肺,约经 18 d 变为成虫。多发生于潮湿多雨地区。对犊牛危害严重,常呈暴发性流行,造成大批死亡。

2. 临床症状　轻度感染一般症状不明显。严重感染时患牛逐渐消瘦、贫血,精神不振,食欲减退,被毛粗乱,长期躺卧。初期出现轻咳、干咳,特别是开始放牧时、起卧时和夜间比较明显,随病情发展,变为湿咳、频咳,有时发生气喘和阵发性咳嗽;发生肺炎时,体温升高到 40.5~42 ℃,流黏液性鼻汁,听诊肺部有干啰音或湿啰音及气管呼吸音;可因高度营养不良虚弱死亡,也可继发细菌性感染面死亡。剖检时在肺支气管和气管内发现虫体。

3. 防治措施

(1) 定期驱虫。在本病流行区,每年春秋两季有计划地进行 2~3 次驱虫,常用驱虫药有丙硫咪唑,每千克体重 5~10 mg 内服;左咪唑,每千克体重 8~10 mg 内服

(2) 加强饲养管理。避免在潮湿低洼地区放牧,饲料饮水卫生,粪便堆积发酵,消灭幼虫。合理轮牧,犊牛和成年牛分群放牧,减少感染。

(六) 牛眼虫病　牛眼虫病又叫吸吮线虫病,是由吸吮线虫寄

生于牛的眼睛内所引起的一种眼病。其特征是呈现结膜炎、角膜炎。

1. **病原特点**　吸吮线虫,虫体较小。雌虫在牛眼内产出幼虫,当蝇类吸吮牛眼分泌物时,幼虫被吸入,随后在蝇体内发育为感染性幼虫,当蝇类吸吮其他牛眼分泌物时,又将感染性幼虫传给其他牛,经15~20 d发育为成虫。成虫可在牛眼内生存1年左右。各种年龄的牛都可感染,以犊牛和放牧牛多见。有明显的季节性,5~6月份开始发病,8~9月份达到高峰。

2. **临床症状**　患牛常将眼部在其他物体上摩擦,摇头不安,食欲减退。病初结膜潮红,羞明流泪,眼睑肿胀,随后症状加重,从眼内流出黏液脓性分泌物,角膜混浊,出现圆形或椭圆形的溃疡,严重时可一眼或双眼失明。仔细观察眼部,有时可发现虫体。

3. **防治措施**　在流行季节,大力灭蝇。在6月份和7月份上旬,以1%敌百虫或2%噻苯唑溶液滴眼,进行全群性驱虫。

治疗本病可用左旋咪唑,每千克体重8mg,口服,连服2 d;1%敌百虫滴眼杀虫,2%~3%硼酸、0.067%的碘溶液、0.2%海群生、0.5%来苏儿强力冲洗结膜囊,以杀死或冲出虫体;2%可卡因滴眼,虫体受刺激后由眼角爬出,然后用镊子将虫体取出;当并发结膜炎和角膜炎时应同时使用抗生素或磺胺类眼膏治疗。

(七) 焦虫病　焦虫病是由焦虫科焦虫属中的双芽焦虫和巴贝斯焦虫引起的一种急性过程的季节性疾病。临诊上尿液呈红色,故又称血尿病。

1. **病原特点**　双芽焦虫寄生于红细胞内,是血孢子虫中较大的一种。虫体呈梨子形、环形、椭圆形等,多位于红细胞中央。红细胞感染率一般为10%~15%。本病由突尾方头蜱及有距方头蜱传播。多发生于春、夏、秋三季。成年牛发病率低,但发病后病情重、死亡率高。巴贝斯焦虫寄生于红细胞内,呈环形、椭圆形或不规则形,大部分位于红细胞边缘。红细胞感染率一般为7%~

15%,病情严重时可达30%~50%。犊牛多发,8月龄以上的牛少发,成年牛多为带虫者,耐过或治愈的牛可产生带虫免疫。

2. **临床症状** 潜伏期为8~15 d。成年牛多为急性经过,病初体温可上升到40~42 ℃,呈稽留热。食欲减退,反刍停止,呼吸及心跳加快。肌肉震颤,精神沉郁。发病后3~4 d出现血红蛋白尿为本病特征,尿色由浅红至深红,尿蛋白含量增高。随病程进展,贫血逐渐加重,红细胞数可减少到200万个/mm^{3}以下,血红蛋白降低,红细胞大小不均匀,出现黄疸及水肿。消化功能紊乱,便秘或腹泻交替发生,粪内含有黏液及血液。迅速消瘦,起卧艰难。妊娠牛多数流产。严重的病牛多在发病后4~6 d死亡。

若早期能确诊并予治疗,则病情会减轻,体温下降,尿色变浅。食欲逐渐好转,但消瘦、贫血及黄疸等症状需较长时间方能逐渐恢复。

3. **防治措施**

(1) 预防。疫区每年要定期检查血液和实施灭蜱计划。牛体如发现有蜱时,每半个月向牛体喷洒1次2%敌百虫溶液,病牛应隔离饲养及治疗。坚决不从疫区引进牛。新引进的牛要加强检疫,确认安全后,方可并群饲养。

(2) 治疗可选用下列药物:

贝尼尔:预防和治疗均有效果。剂量为6 mg/kg,临用时以注射用水配成7%溶液分点深臀部肌肉注射,轻症者1次即可,必要时每天1次,连用2~3次。

硫酸喹啉脲:疗效较好。剂量为1 mg/kg,用生理盐水配成1%~2%溶液作皮下注射。注射后部分牛可出现不安,呼吸、心跳加快,肌肉震颤,流涎,放屁,大小便失禁等,严重的甚至死亡。但多数可在1~4 h内恢复。若配合注射硫酸阿托品,可预防或减轻副作用。

黄色素:按3~4 mg/kg用生理盐水或5%葡萄糖溶液1 000 mL溶解后静注,必要时可隔1~2 d后再注射1次。用药后病牛对阳光敏感,故数天之内应避免日光直接照射。

除针对病原进行特异治疗外,还应辅以补糖、强心、健胃等其他药物治疗。良好的饲养及护理,特别是环境安静十分重要。

(八)瑟氏泰勒虫病 瑟氏泰勒虫病是由泰勒科、泰勒属的瑟氏泰勒虫寄生于牛的巨噬细胞、淋巴细胞和红细胞内所引起的一种血液原虫病。

1. 病原特点 寄生于红细胞内的虫体称为血液型虫体(配子体),形态以杆形和梨籽形为主,其他形态多样。瑟氏泰勒虫的传播者是血蜱属的蜱,我国主要是长角血蜱。当血蜱吸血时,子孢子被接种到牛体。

2. 临床症状 患牛局部淋巴结肿胀,同时虫体随淋巴和血液散播全身各器官的巨噬细胞和淋巴细胞中进行同样增殖。在淋巴结、脾、肝、肾和皱胃等器官也出现相应病变。引起体温升高。继之由于大量组织细胞坏死和出血所产生的崩解产物及虫体代谢产物进入血液而导致严重的毒血症。临床上呈现高热稽留、精神高度沉郁、贫血、出血等变化,病牛常迅速消瘦、血液稀薄、红细胞减少,大小不均,出现异形红细胞。病牛后期食欲、反刍停止、溢血点增大增多,重要器官进一步紊乱和全身代谢严重障碍,濒死前体温常降至常温以下,卧地不起衰弱而死。

3. 防治措施

(1)预防。消灭传播者长角血蜱。在蜱的活动季节可分别使用双甲脒或拟除虫菊酯类杀虫剂有计划对野外(荒山草坡)、畜舍、牛体进行药物和人工灭蜱。对调入、调出的牛只,都要作灭蜱处理。新调入的牛只要隔离观察一段时间,确认无病后方可混群饲养,以免传播病原。发病季节药物预防可用三氮脒(3 mg/kg)、咪唑苯脲(2 mg/kg)肌肉注射,每日1次,连用3 d。

(2)治疗。至今对瑟氏泰勒虫病的治疗尚无较理想的特效药物,但如能在早期应用比较有效的杀虫药物,再配合对症治疗,特别是输血疗法以及加强护理可大大降低死亡率。

磷酸伯氨喹啉剂量为 $0.75 \sim 1.5$ mg/kg 体重,每日灌服 1 剂,连服 3 剂,该药具有强大的杀灭泰勒虫配子体作用。病牛在治疗后数日内应避免烈日照射。为了促使临床症状缓解,可配合强心、补液、止血、缓泻、舒肝利胆等中、西药物,以及抗菌素类药物进行对症治疗。对红细胞数、血红蛋白量显著下降的病牛可结合输血疗法。

三、内 科 病

(一) 前胃弛缓 前胃弛缓是指瘤胃的兴奋性降低、收缩力减弱、消化功能紊乱的一种疾病,多见于舍饲的肉牛。

1. **发病原因** 前胃弛缓病因比较复杂。一般为原发性和继发性 2 种。原发性病因包括长期饲料过于单纯,饲料质量低劣,饲料变质,饲养管理不当,应激反应等。继发性病因包括由胃肠疾病、营养代谢病及某些传染病继发而成的。

2. **临床症状** 按照病程可分急性和慢性 2 种类型。急性时,病牛表现精神委顿,食欲、反刍减少或消失,瘤胃收缩力降低,蠕动次数减少。嗳气且带酸臭味,瘤胃蠕动音低沉,触诊瘤胃松软,初期粪便干硬色深,继而发生腹泻。体温、脉搏、呼吸一般无明显变化。随病程的发展,到瘤胃酸中毒时,病牛呻吟,食欲、反刍停止,排出棕褐色糊状粪便、恶臭。精神高度沉郁、鼻镜干燥、眼球下陷、黏膜发绀,脱水,体温下降等。听诊蠕动音微弱。瘤胃内纤毛虫的数量减少。

由急性发展为慢性时,病牛表现食欲不定,有异嗜现象,反刍减弱,便秘,粪便干硬,表面附着黏液,或便秘与腹泻交替发生,脱水,眼球下陷,逐渐消瘦。

3. **防治措施** 本病要重视预防,改进饲养管理,注意运动,合理调制饲料,不饲喂霉败、冰冻等品质不良的饲料,防止突然更换饲料,喂饲要定时定量。

治疗以提高前胃的兴奋性,增强前胃运动机能,制止瘤胃内异常发酵过程,防止酸中毒,恢复牛正常的反刍,改变胃内微生物区系的环境,提高纤毛虫的活力。病初先停食 1～2 d,后改喂青草或优质干草。通常用人工盐 250 g、硫酸镁 500 g、小苏打 90 g,加水灌服;或一次静脉注射 10% 氯化钠 500 mL、10% 安钠咖 20 mL;为防止脱水和自体中毒,可静脉滴入等渗糖盐水 2 000～4 000 mL,5% 的碳酸氢钠 1 000 mL 和 10% 的安钠咖 20 mL。

可应用中药健胃散或消食平胃散 250 g,内服,每日 1 次或隔日 1 次。马钱子酊 10～30 mL,内服。针灸脾俞、后海、滴明、顺气等穴位。

(二) 瘤胃臌气 瘤胃臌气是指瘤胃内容物急剧发酵产气,对气体的吸收和排出障碍,致使胃壁急剧扩张的一种疾病。放牧的肉牛多发。

1. 发病原因 原发性病因常见采食了大量易发酵的青绿饲料,特别是以饲喂干草为主转化为喂青草为主的季节或大量采食新鲜多汁的豆科牧草或青草,如新鲜苜蓿、三叶草等,最易导致本病发生。此外,食入腐败变质、冰冻、品质不良的饲料也可引起臌气。继发性瘤胃臌胀常见前胃弛缓、瓣胃阻塞、膈疝等可引起排气障碍,致使瘤胃扩张而发生膨胀,本病还可继发于食道梗塞,创伤性网胃炎等疾病过程中。

2. 临床症状 按病程可分为急性和慢性臌胀 2 种。急性多于采食后不久或采食中突然发作,出现瘤胃臌胀。病牛腹围急剧增大,尤其是以左肷部明显,叩诊瘤胃紧张而呈鼓音,患牛腹痛不安,不断回头顾腹,或以后肢踢腹,频频起卧。食欲、反刍、嗳气停止,瘤胃蠕动减弱或消失。呼吸高度困难,颈、部伸直,前肢开张,张口伸舌,呼吸加快。黏膜发绀,脉搏快而弱。严重时,眼球向外突出。最后运动失调,站立不稳而卧倒于地。继发性臌胀症状时好时坏,反复发作。

3. **防治措施** 本病以预防为主,改善饲养管理。防止贪食过多幼嫩多汁的豆科牧草,尤其由舍饲转为放牧时,应先喂些干草或粗饲料。不喂发酵霉败、冰冻或霜雪、露水浸湿的饲料。变换饲料要有过渡适应阶段。

治疗时,首先排气减压,对一般轻症者,可使病牛取前高后低站立姿势,同时将涂有松馏油或大酱的小木棒横衔于口中,用绳拴在角上固定,使牛张口,不断咀嚼,促进嗳气。对于重症者,要立即将胃管从口腔插入胃,用力推压左侧腹壁,使气体排出。或使用套管针穿刺法,左膁凹陷部剪毛,用5%碘酒消毒,将套管针垂直刺入瘤胃,缓慢放气。最后拔出套管针,穿刺部位用碘酒彻底消毒。对于泡沫性瘤胃臌胀,可用植物油(如豆油、花生油、棉子油等)或液状石蜡250～500 mL,1次内服。此外可酌情使用缓泻制酵剂,如硫酸镁500～800 g,福尔马林20～30 mL,加水5～6L,1次内服;或液状石蜡1～2 L,鱼石脂10～20 g,温水1～2 L,1次内服。在饲养管理上。

(三) 瘤胃积食 瘤胃积食是以瘤胃内积滞过量食物,导致体积增大,胃壁扩张、运动机能紊乱为特征的一种疾病。本病以舍饲肉牛多见。

1. **发病原因** 本病是由于瘤胃内积滞过量干固的饲料,引起瘤胃壁扩张,从而导致瘤胃运动及消化机能紊乱。长期大量喂精料及糟粕类饲料,粗料喂量过低;牛偷吃大量精料;长期采食大量粗硬劣质难消化的饲料(豆秸、麦秸等)或采食大量适口易膨胀的饲料,均可促使本病的发生。突然变换饲料和饮水不足等也可诱发本病。此外,还可继发于瘤胃弛缓、瓣胃阻塞、创伤性网胃炎、真胃积食等疾病的病程中。

2. **临床症状** 食欲、反刍、嗳气减少或废绝,病牛表现呻吟、努责、腹痛不安、腹围显著增大,尤其是左肷部明显。触诊瘤胃充满而坚实并有痛感,叩诊呈浊音。排软便或腹泻,尿少或无尿,鼻镜干燥,呼吸困难,结膜发绀,脉搏快而弱,体温正常。到后期出现严重的脱水和酸中毒,眼球下陷,红细胞压积由 30％增加到 60％,瘤胃内 pH 值明显下降。最后出现步态不稳,站立困难,昏迷倒地等症状。

3. **防治措施**　预防的关键是防止过食。严格执行饲喂制度,饲料按时按量供给,加固牛栏,防止跑牛偷食饲料。避免突然更换饲料,粗饲料应适当加工软化。

治疗时,可采取绝食 1～2 d 后给予优质干草。取硫酸镁 500～1 000 g,配成 8～10％水溶液灌服,或用蓖麻油 500～1 000 mL,石蜡油 1 000～1 500 mL 灌服,以加快胃内容物排出,另外,可用 4％碳酸氢钠溶液洗胃,尽量将瘤胃内容物导出,对于虚弱脱水的病牛,可用 5％葡萄糖生理盐水 1 500～3 000 mL、5％碳酸氢钠 500～1 000 mL、25％葡萄糖溶液 500 mL,一次静脉注射。以排除瘤胃内容物,制止发酵,防止自体中毒和提高瘤胃的兴奋性为治疗原则。

应用中药消积散或曲麦散 250～500 g,内服,每日 1 次或隔日 1 次。针灸脾俞、后海、滴明、顺气等穴位。

在上述保守疗法无效时,则应立即行瘤胃切开术,取出大部分内容物以后,放入适量的健康牛的瘤胃液。

(四)瘤胃酸中毒　瘤胃酸中毒是由于采食大量精料或长期饲喂酸度过高的青贮饲料,在瘤胃内产生大量乳酸等有机酸而引起的一种代谢性酸中毒。该病的特征是消化功能紊乱,瘫痪、休克和死亡率高。

1. **发病原因**　过食或偷食大量谷物饲料,如玉米、小麦、红薯干、特别是粉碎过细的谷物,由于淀粉充分暴露,在瘤胃内高度发酵产生大量乳酸或长期饲喂酸度过高的青贮饲料而引起中毒。气候突变等应激情况下,肉牛消化机能紊乱,容易导致本病。

2. **临床症状** 本病多急性经过,初期,食欲、反刍减少或废绝,瘤胃蠕动减弱,胀满,腹泻,粪便酸臭、脱水、少尿或无尿,呆立,不愿行走,步态蹒跚,眼窝凹陷,严重时,瘫痪卧地,头向背侧弯曲,呈角弓反张样,呻吟,磨牙,视力障碍,体温偏低,心率加快,呼吸浅而快。

3. **防治措施** 预防应注意生长肥育期肉牛饲料的选择和调配,注意精粗比例,不可随意加料或补料,适当添加矿物质、微量元素和维生素添加剂。对含碳水化合物较高或粗饲料以青贮为主的日粮,适当添加碳酸氢钠。

治疗对发病牛在去除病因的同时抑制酸中毒,解除脱水和强心。禁食 $1\sim2$ d,限制饮水。为缓解酸中毒,可静脉注射 5%的碳酸氢钠 $1\,000\sim5\,000$ mL,每日 $1\sim2$ 次。为促进乳酸代谢,可肌肉注射维生素 B_1 0.3 g,同时内服酵母片。为补充体液和电解质,促进血液循环和毒素的排出,常采用糖盐水、复方生理盐水,低分子的右旋糖酐各 $1\,000$ mL,混合静脉注射,同时加入适量的强心剂。适当应用瘤胃兴奋剂,皮下注射新斯的明、毛果云香碱和氨甲酰胆碱等。

(五) 创伤性网胃炎 创伤性网胃炎是指尖锐异物随饲料被牛采食后刺伤网胃壁,引起穿孔处及其周围组织发生炎症。常伴发腹膜炎,消化机能障碍,胸壁疼痛和间歇性膨胀等特征。本病多发于舍饲的奶牛。

1. **发病原因** 主要是饲养管理不当,饲料加工粗放,金属异物混杂在饲料内,被采食吞咽落入网胃,导致急慢性前胃弛缓,瘤胃反复膨胀,消化不良,并因穿透网胃刺伤膈和腹膜,引起急性弥漫性或慢性局限性腹膜炎,或继发创伤性心包炎。

2. **临床症状** 在病的初期,呈现前胃弛缓,食欲减退,瘤胃收缩力减弱,反刍减少,胃蠕动音减弱,呈现间歇性瘤胃膨胀。泌乳量减少。常采取前高后低的站立姿势,头颈伸展,肘突外展、弓背、行走缓慢,不愿下坡或急转,肘部肌肉震颤,卧下、起立时谨慎,有时呻吟、磨牙。触压网胃区有疼痛反应,呈现不安、躲避或抵抗。应用金属异物探测检查阳性。应用 X 射线透视或摄影,可获得正确诊断。

3. **防治措施**　预防应加强饲养管理,禁止金属异物在牛舍内外堆放,饲草应过筛除去金属异物,定期投放牛胃取铁器,取出网胃内铁质异物。

对本病治疗,最根本的方法就是手术,且越早越好,一般多采用瘤胃切开术,通过瘤网口,将金属异物等拔下取出。对较轻的病例,可将病牛置前高后低的床垫上,以减轻腹腔脏器对网胃的压力和促使异物退出网胃壁,应用特制的磁铁,经口投入到网胃中,吸取胃中金属异物,同时肌肉注射青霉素 300 万 U,链霉素 3 g,每日 2 次,连用 3～5 d。

四、中　毒　病

(一)尿素中毒　现代养牛业常将其作为蛋白质补充饲料,当大量误食、喂量过多或饲喂方式不当即引起中毒。

1. **发病原因**　主要由牛食入过多尿素或尿素蛋白质补充料或饲喂方式不当,突然大量饲喂或将尿素溶解成水溶液喂牛,以及食后立即饮水所致而引起中毒。

2. **临床症状**　多在采食后 20～30 min 发病,呈现混合性呼吸困难,呼出气有氨味,呻吟、肌肉震颤,步态踉跄,后期全身出汗,瞳孔散大倒地死亡。急性中毒,全病程 1～2 h 即可窒息死亡。病程稍长者,表现后肢不全麻痹,卧地不起。剖检可见,胃肠黏膜充血、出血、脱落,瘤胃内发出强烈氨臭味。肺充血、水肿,脑膜充血。瘤胃 pH>8.0(活牛或染病新死后剖检),血液含氨>1 mg/100 mL,据此可作出诊断。

3. **防治措施**　预防主要在肉牛日粮中合理的使用尿素,严格控制用量,一般添加量控制在全部饲料总干物质量的 1% 以下或精料的 3% 以下,成年牛 1 d 用量以 100 g 为度,饲喂时应逐日添加至限量,同时搅拌均匀。不得饮水服喂或单喂,喂后 0.5 h 内不能饮水。犊牛不喂尿素,日粮蛋白质足够时,不宜加喂尿素。平时加强尿素管理,严防肉牛误食或偷食大量尿素。

治疗可用食醋 500~1 000 mL 加水 2 倍灌服,静脉注射 25% 葡萄糖 2 000 mL、10% 安钠咖 30 mL 及维生素 C 3 g、维生素 B_1 1 000 mg。

(二) 棉子饼中毒

1. 发病病因　棉子饼含有一定的棉酚毒素,长期大量饲喂棉子饼,棉酚在体内特别是在肝脏蓄积,所引起的一种慢性中毒性疾病。饲草料单一、蛋白水平低、维生素 A 缺乏或不足可促进中毒发生,犊牛因瘤胃发育不全更容易发生中毒。

2. 临床症状　病牛精神沉郁,食欲减退或废绝,腹泻,粪中带血,心跳加快,眼睑浮肿。严重者,视觉障碍,甚至失明,站立不稳,最终心力衰竭而死。孕牛常发生流产或死胎。

3. 防治措施

(1) 预防。棉子饼在饲喂前可用 0.1% 硫酸亚铁溶液浸泡 24 h 去毒后再喂;饲喂时采用间歇饲喂法,即喂 2 周停 1 周;注意日量搭配,最好按牛的营养需要制定合理的饲料配方,配合成全价日粮。怀孕牛、哺乳牛及犊牛不喂或少喂未经脱毒的棉子饼。

(2) 治疗。立即禁饲棉子饼 2~3 d。可用 5% 碳酸氢钠溶液洗胃灌肠,口服硫酸镁 500 g。然后用磺胺脒 60 g,鞣酸蛋白 25 g,活性炭 100 g,加水 500~1 000 mL,1 次内服,以利消炎。预防时,应限量限期饲喂棉子饼,防止一次过量或长期饲喂。或用 0.1% 硫酸亚铁液或 2% 熟石灰水浸泡棉子饼 24 h,然后用清水洗后再喂。也可在棉子饼中加入 1% 硫酸亚铁饲喂。

(三) 有机磷农药中毒　有机磷农药是我国目前使用较为广泛的杀虫剂,其种类繁多,因毒性不同可分为剧毒类如对硫磷

(1605)、内吸磷(1059)、甲拌磷(3911)等;强毒类如敌敌畏、乐果等;低毒类如敌百虫。若使用不当,污染饲料和饮水,或到刚施过农药的场地放牧等均可引起肉牛中毒。

1. 发病原因 本病主要由牛误食喷洒有机磷农药的青草,误饮被农药污染的水,或将盛农药的器具用作饲槽等引起。用有机磷农药驱除肉牛体内、外寄生虫时剂量过大、浓度过高也易引起中毒。另外,人为投毒而造成中毒。

2. 临床症状 误食有机磷农药,几小时内出现症状,皮肤接触1~7 d或更长时间出现症状,症状随特定毒素和各种不同的毒碱或烟碱样作用而变化。常见症状为流涎,瞳孔缩小,震颤,虚弱,呼吸困难,脱水,典型症状是腹泻。呼吸困难,气喘,重者很快昏迷死亡。剖检可见,胃肠黏膜充血、出血,胃内容物蒜臭味明显。肺淤血、水肿,支气管中大量泡沫状液体。肝、肾、脑有淤血。

3. 防治措施 预防应加强对有机磷农药的管理,严格按照"剧毒药物安全使用规程"进行操作和使用,避免污染饲料和饮水。施过农药的场地应做好标记,禁止肉牛到刚施过农药的草场或其附近放牧采食。最好不用有机磷制剂驱除肉牛体内、外寄生虫。一旦出现中毒病例,立即更换可疑的饲料、饮水和场地。经皮肤吸收中毒者,用肥皂水清洗体表。同时,尽快使用特效解毒剂。可用解磷定,每千克体重15~30 mg,用生理盐水配成2.5%~5%溶液,缓慢静脉注射,以后每隔2~3 h注射1次,剂量减半。配合使用硫酸阿托品(0.25 mg/kg 体重),皮下或肌肉注射,中毒严重者可用其1/3量混入糖盐水内缓慢静脉注射,2/3量皮下或肌肉注射。

五、产 科 疾 病

(一)卵巢囊肿 卵泡囊肿是指卵泡细胞增大变性,形成囊肿。

1. 发病原因 与内分泌失调有关。主要由于垂体前叶分泌的促卵泡素过多,促黄体素不足,使卵泡过度生长且不能正常排卵和形成黄体;运动不足、饲料中缺乏维生素 A 和酸度过高;长期大剂量注射孕马血清和雌激素引起卵泡滞留;卵巢炎、子宫内膜炎、胎衣不下、流产、气温突变等都可以引起卵泡囊肿。

2. 临床症状　多见膘满肥胖者。患卵泡囊肿的牛发情周期变短,发情期延长,严重时表现持续强烈的发情行为,甚至成为慕雄狂,呈现极度不安,大声哞叫、咆哮、拒食,频繁排尿排粪,经常追逐和爬跨其他母牛。对外界刺激敏感,荐坐韧带松弛下陷,外阴部充血肿胀,卧地时阴门开张,阴道经常流出大量透明黏稠的分泌物。直肠检查发现一侧或双侧的卵巢体积增大,卵巢上有较大的囊肿卵泡,一般超过 2 cm,甚至可达 5 cm。为了正确鉴别,可隔2～3 d再检查 1 次,正常卵泡届时均会消失。

3. 防治措施　加强饲养管理,适当增加运动,饲料中补给维生素 A 和防止酸度过高。

(1) 激素疗法。用绒毛膜促性腺激素,静脉注射 2 500～5 000 U,或肌肉注射 5 000～10 000 U,一般在用药后 1～3 d,外表症状逐渐消失。观察 1 周,显效不佳者可重复应用,但不能多次反复使用,以防形成持久黄体。也可用孕马血清。经绒毛膜促性腺激素治疗无效者,可用黄体酮 50～100 mg,肌肉注射,每天 1 次,连用5～7 d。或地塞米松 10～20 mg,肌肉注射,隔日 1 次,连用 3 次。或促黄体生成素 100～200 u,肌肉或皮下注射。

(2) 手术疗法。即将手伸入直肠,用食指和中指夹住卵巢系膜,将卵巢固定,再用拇指向食指方向按压,将肿大的卵泡挤破并持续压迫使局部形成深的凹陷为止。

(3) 激光和电针疗法。用氦氖激光照射牛交巢穴对该病有很好的治疗效果。电针肾俞、百会、腰胯、卵巢俞、雁翅等穴也有一定效果。卵巢囊肿如伴有子宫等疾病,应同时加以治疗,否则容易复发。

（二）卵巢静止或机能不全　卵巢静止或机能不全,是卵巢机能暂时受到扰乱,处于静止状态,不出现周期性活动。又称为卵巢静止。若卵巢机能长久衰退则引起卵巢组织萎缩和硬化。卵巢机能不全则是动物有发情的外部表现,但排卵延迟或不排卵,或有排卵而无发情的外部表现。是肉牛最常见的疾病性不育之一。

1. 发病原因　主要是由于饲养管理不当,营养缺乏,以致机体虚弱;过肥或过瘦,年老多胎,环境恶劣、气候不适等均可引起卵巢机能紊乱如卵巢的机能减退、不全,甚至萎缩等。此外,近亲繁殖、子宫、卵巢疾患者及全身性严重疾病也可继发本病。

2. 临床症状　主要表现为性周期紊乱、发情周期延长或长期不发情,或发情的外部征象不明显,或发情征象明显但不排卵。直肠检查时,卵巢上摸不到发育和成熟卵泡。若卵巢的大小、形状、质地无明显改变时则为卵巢机能减退或不全;若卵巢体积缩小,质地变硬,呈豌豆样,甚至几次检查均无变化时则为卵巢萎缩或硬化,隔1~2周再查,卵巢仍无变化。子宫体积往往也随之缩小。

3. 防治措施　加强饲养管理,改善饲料质量,增加维生素、蛋白质、矿物质和微量元素的含量,饲喂优质饲草,适当增加日照时间,给予足够的运动。对由于生殖器官或其他方面的疾病所引起的卵巢机能障碍,应及时采取适当措施,积极治疗原发病。

（1）公牛催情法。对于是母、公分开饲养母牛,利用公牛催情通常可获得良好的效果。利用试情公牛混放于母牛群中,给予性刺激,以诱发发情和排卵。

（2）激素疗法。促卵泡激素,每次100~150 U,肌肉注射,隔日1次,一般连用2~3次,直至出现发情为止。当出现发情后,再肌肉注射黄体生成素效果更好。或应用孕马血清,一般用怀孕40~90 d的孕马血清或血液,颈部皮下注射20~30 mL,每日1次,连用2次,第2次注射时可增加到30~40 mL。或应用绒毛膜促性腺激素,肌肉注射,2 500~5 000 U,必要时,隔1~2 d重复1次。

或苯甲酸雌二醇 5～20 mg,肌肉注射。或肌肉注射牛胎盘组织液
30～50 mL,隔日 1 次,连用 3 次。

(3) 冲洗子宫。用 38 ℃温生理盐水或 1∶1 000 的碘甘油水溶
液 1 000 mL 冲洗子宫,隔日 1 次,连用 3 次,可促进发情。

(4) 激光疗法。用氦氖激光照射交巢穴,每次 10 min,距离
70～80 cm,连照 7 d,对该病及持久黄体、卵巢囊肿、卵泡交替发
育、排卵延迟等均有疗效。

(三) 持久黄体 持久黄体是性周期黄体或妊娠黄体持续存
在,超过 25～30 d 而不消退。

1. 发病原因 由于垂体前叶分泌的卵泡刺激素不足,促黄体
生成激素和催乳素过多,使黄体持续时间超过正常时间范围,卵泡
发育抑制;或饲料营养不全,缺乏维生素和矿物质,运动不足等;高
产奶牛营养消耗过大而引起卵巢机能减退;或继发于子宫内膜炎、
子宫积脓。

2. 临床症状 性周期停止,不发情,外阴部皱缩,阴道壁苍
白,阴道无分泌物。直肠检查可发现一侧或两侧卵巢体积增大。
卵巢表面呈现绿豆至黄豆大小的一至数个突出表面的黄体,其质
地较卵巢实质硬。间隔一定时间(10～15 d)再检查,其结果和上
次检查的结果相同时,即可诊断为持久黄体。为了和怀孕黄体区
别,须仔细触诊子宫是否有怀孕的相应变化。持久黄体时,子宫可
能没有变化,但有时松软下垂,稍为粗大,触之没有收缩反应。或
者子宫有相应的某些疾病。

3. 防治措施 消除病因,改善饲养管理,增强运动,饲料当中
适当增加矿物质及维生素的含量,减少挤奶次数,促使黄体退化。
肌肉注射促卵泡素 100～150 U,隔 2 d 1 次,连用 2～3 次。待
黄体消失后,可注射小剂量的绒毛膜促性腺激素,以促使卵泡成熟
和排卵。或用胎盘组织液,皮下注射,每次 20 mL,隔 1～2 d 1 次,
一般注射 3 次即可发情。也可将黄体酮与雌激素配合使用,肌肉

注射黄体酮3次,每日1次,每次100 mg,于第2次和第3次注射时,同时注射己烯雌酚10~20 mg或促卵泡素150 U。或用前列腺素4 mg,加入10 mL生理盐水,注入到持久黄体一侧的子宫角内,一般于用药后1周左右即可出现发情。

（四）子宫内膜炎　子宫内膜炎是指子宫黏膜的浆液性、黏液性或化脓性炎症,是母牛常见的生殖器官疾病,也是导致母牛不孕的重要原因之一。

1. 发病原因　由于配种、人工授精及阴道检查等操作时消毒不严,难产、胎衣不下、子宫脱出及产道损伤等造成细菌侵入;阴道内存在的某些条件性致病菌,在机体抵抗力降低时导致本病发生。布氏杆菌病,结核病等传染病,也常并发子宫内膜炎。

2. 临床症状　急性子宫内膜炎时,病牛表现食欲不振,泌乳量降低,拱背努责,常做排尿姿势,从阴道排出浆液性、黏液性、脓性或污红色恶臭的分泌物。严重时体温升高,精神沉郁,食欲、反刍减少。直肠检查,可见一个或两个子宫角变大,收缩反应减弱,有时有波动。阴道检查可见子宫颈外口充血肿胀。

慢性子宫内膜炎时,全身症状不明显,从子宫流出透明的或带有絮状物的渗出物,直肠检查可见子宫松弛,宫壁变厚。子宫冲洗物静置后有沉淀,屡配不孕。

3. 防治措施　治疗原则是消除炎症,防止扩散和促进子宫机能的恢复。

（1）冲洗子宫。到目前为止,冲洗子宫仍然是对该病行之有效的治疗方法之一。如果子宫颈封闭,可先应用雌激素,促使子宫颈松弛开张后,再进行冲洗。用温生理盐水1 000~5 000 mL冲洗子宫,直至排出透明液体后,经直肠按摩子宫,排尽冲洗液。如为化脓性宫内膜炎,可用0.1%利凡诺或0.1%的高锰酸钾液进行冲洗。每天冲洗1次,连续冲洗2~4 d。为促进宫收缩,减少分泌物吸收,可用5%~10%的氯化钠冲洗,隔日1次,连用2~3次。

每次冲洗子宫后应向子宫内灌入药物,可用80万U青霉素和100万U链霉素溶于200 mL鱼肝油中,再加入垂体后叶素或催产素15 U注入子宫,每天1次,连用5 d后,改为隔日1次。

对慢性子宫内膜炎的治疗,可用5%的温盐水进行冲洗,再用1%的盐水冲洗;或用3%的过氧化氢液250~500 mL进行冲洗,经过1~1.5 h后再用1%的温盐水冲洗,然后向子宫内注入抗生素。

(2)硬膜外腔封闭疗法。在1、2尾椎间用2%的普鲁卡因溶液10 mL,硬膜外腔封闭,隔日1次,连用3次,配合子宫内灌注抗菌药物。间隔日肌肉注射己烯雌酚50 mg。停药5 d后再重复一疗程,对本病有较好的效果。

(3)激素疗法。常用的有前列腺素、催产素和雌激素。前列腺素可消除卵巢上的黄体,改善子宫机能;雌激素可促使子宫颈开张,提高子宫肌的张力;催产素能促进子宫的收缩。最后使子宫内的液体排出,以达治疗目的。但须与冲洗子宫和使用抗生素配合应用。

(4)中药疗法。据报道,宋大鲁教授研制的"促孕灌注液",兰州中兽医研究所的"清宫液"、江苏的"清宫消炎混悬液"、吉林的"宫炎康"、河北的"促孕一剂灵"、浙江的"宫炎净"等对慢性子宫内膜炎均有一定的疗效。严重时可用抗生素及磺胺类药物进行全身治疗并适当应用强心、利尿、解毒等治疗方法。

(五) 胎衣不下　胎衣不下是指分娩后一定时间内(12 h左右)不能将胎膜完全排出的疾病。

1. 发病原因　由于日粮中钙、磷、镁的比例不当,饲料单纯,缺乏矿物质,微量元素和维生素,特别是缺乏钙盐与维生素A,运动不足,过瘦或过胖,母牛虚弱,子宫弛缓;胎水过多,胎儿过大等使子宫高度扩张而继发子宫收缩无力;难产后的子宫肌过度疲劳及雌激素不足等;子宫或胎膜的炎症而致胎儿胎盘与母体胎盘黏连等原因可导致发生胎衣不下。也可继发于某些传染病过程中。

2. 临床症状　胎衣不下有全部停滞与部分胎衣不下。

(1) 全部胎衣不下：整个胎衣未排出，仅见一部分已分离的胎衣悬吊于阴门之外，呈土红色或灰红色或灰褐色的绳索状。牛露出的胎衣部分有大小不等的胎儿子叶，如子宫严重弛缓，胎衣则可能全部滞留于子宫内；有时悬吊的胎衣可能断离；在这些情况下，只有进行阴道或子宫触诊，才能发现。在牛，经过 1～2 d，滞留的胎衣就会腐败分解，从阴道内排出恶臭污红色液体，内含腐败的胎衣碎片，卧地时排出较多。由于感染和分解产物的刺激，发生急性子宫内膜炎。腐败分解产物被吸收后，出现体温升高，精神不振，食欲及反刍减少，弓背努责。胃肠机能扰乱时，可能出现腹泻、前胃弛缓、积食、臌气等症状。

(2) 部分胎衣不下：胎衣大部分已排出，只有一部分或个别胎儿胎盘残留在子宫内，从外部不易被发现。诊断的依据主要是恶露排出的时间延长，其中有胎衣碎片，恶臭。一般从阴门外可见下垂的呈带状的胎膜，有时母牛的胎膜全部滞留于子宫内，阴道内诊时可发现子宫内胎膜。病牛表现弓背，频频努责，滞留时间过长，发生腐败分解，胎衣碎片随恶露排出。如腐败分解产物被吸收，即可表现出食欲不振，反刍减少，泌乳量减少，体温升高等全身症状。

3. 防治措施　根据病情可选用药物疗法或手术疗法。阴门及其周围、露出的胎衣等彻底清洗消毒，术者手臂消毒后，保护性的涂抹碘甘油。剥离时以既不残存胎儿胎盘，又不损伤母体胎盘为原则。手术剥离牛的胎衣，必须在分娩 24 h 之后进行，否则剥离困难，并容易造成出血。

(1) 药物疗法。为促进子宫收缩和胎衣排出，取催产素 50～100 U，肌肉或皮下注射，2 h 后重复注 1 次。注射催产素的同时或稍前可注射雌激素 10～20 mg，以增强子宫对催产素的敏感性。此外，还可应用麦角新碱 1～2 mg 皮下注射。子宫内注入 10% 盐水 1 000～1 500 mL，可促使胎儿绒毛缩小，与母体胎盘分离，也有促进子宫收缩的作用。内服中药益母生化散 250～350 g，以促进胎衣脱落。

（2）手术疗法（剥离胎衣）。在产后 12 h 胎衣不下时应用，要注意保护母体子叶，如剥离困难时，不可强行剥离。

术前确实保定患畜，病牛取前高后底姿势站立。首先用消毒液对母体外阴和术者手臂清洗消毒，然后术者剪短指甲，并在手臂涂上软皂或石蜡油。向子宫内灌注 10% 高渗盐水 1 500～2 000 mL。术者左手拉住垂出的胎衣，稍用力外拉，右手顺胎衣伸入子宫，从后向前，从左到右进行剥离。通常用拇指或食指沿着母子胎盘相连的周围边缘，钝性向内剥离即可将胎儿胎盘分离出来。也可用食指和中指夹住胎儿胎盘根部周围的绒毛膜，然后用拇指钝性剥离胎儿胎盘，待剥离大部分后，手指夹住胎盘根部向手背侧翻即可分离。剥离操作过程中，左手配合右手的剥离，稍用力外拉剥出的胎衣，以便于右手操作。剥离完后，向子宫内塞入土霉素或四环素片剂 60～100 片，可有效防止子宫感染。手术剥离要注意防止对母体胎盘的损伤，更不能把母体胎盘子叶揪掉，否则会造成子宫出血或对产后子宫机能恢复有不良影响。

六、犊牛疾病

（一）脐带炎　脐带炎是指犊牛出生后，脐带断端感染细菌而发生的化脓性、坏疽性炎症。

1. 发病原因　接产时，脐带断端消毒不严或不消毒；产房或犊牛舍卫生不良，运动场泥泞潮湿；褥草不及时更换；粪便不及时清除，致使犊牛卧地后受到感染；另外犊牛相互吸吮脐带引起。

2. 临床症状　犊牛精神沉郁、消化不良、下痢。由于脐部化脓、坏死，患犊脐带局部增温，体温升高，呼吸、脉搏加快，精神沉郁，弓腰、瘦弱。由于脐带断端被腐败物质充塞，在脐带中央可触到索状物，脐带断端湿润、污红色，用手挤压可流出恶臭的脓汁，脐孔周围形成增生硬块或溃疡化脓。严重者可继发关节炎,肝脓肿等。

3. **防治措施**　加强产房消毒卫生工作。对临产母牛应单独置于清洁、干净的产床内。胎儿产出后,在距腹壁 5 cm 处,用剪刀将脐带剪断,随即将断端浸泡于 10%碘酊内 1 min。经常保持犊牛床、圈舍清洁,褥草要勤换;粪便及时清扫;运动场要干燥。定期用 1%～2%火碱液消毒。新生犊牛应采用单圈饲养,即 1 头犊牛 1 个圈舍,这可避免相互吸吮的机会,防止脐带炎和其他疾病的发生。

治疗方法:局部治疗时,病初可用 1%～2%高锰酸钾溶液清洗脐部,并用 10%碘酊涂擦。患部周围肿胀时,可用青霉素80 万 U 进行分点注射。对于严重的炎症,可先进行手术清创,并涂以碘仿醚(碘仿 1 份,乙醚 10 份)。如腹部有脓肿,可手术切开排脓,再用 3%过氧化氢溶液进行冲洗,内撒碘仿磺胺粉。

全身治疗可用 80 万 U 青霉素进行肌肉注射,每天 2 次,连用3～5 d。如有消化不良症状,可内服磺胺脒、苏打粉各 6 g,酵母片5～10 片,每天 2 次,连服 3 d。

(二)新生犊牛病毒性腹泻　新生犊牛病毒性腹泻是有多种病毒引起的急性腹泻综合症。以精神委靡、厌食、呕吐、腹泻、脱水和体重减轻为主要特征。

1. **病原特征**　病原主要是呼肠孤病毒科的轮状病毒和冠状病毒科的新生犊牛腹泻冠状病毒。此外,细小病毒、杯状病毒、星形病毒、腺病毒和肠道病毒也能引起犊牛腹泻,多于大肠杆菌或隐孢子虫混合感染致病。这些病毒对外界环境抵抗力弱,常用消毒药均能将其迅速杀死。

2. **流行特点**　1～7 d 龄的新生犊牛易发生轮状病毒腹泻,2～3 周龄的犊牛多发冠状病毒性腹泻。病牛和带毒牛是主要的传染源,经消化道和呼吸道传染。本病一旦发生,常成群暴发,发病率高,但死亡率低。初乳不足,气候寒冷,卫生不良等因素可诱发本病,使死亡率提高。本病多发生于冬季。

3. 临床症状　病犊精神委靡,厌食,体温不显变化或略有升高。排黄色或黄绿色液状稀便。有时带有黏液或血液。严重时,水样粪便呈喷射状排出,有轻度腹痛。脱水。由于急性脱水和酸中毒可导致犊牛急性死亡。剖检可见消化道内容物稀薄,大小肠黏膜出血,肠黏膜易脱落,肠系膜淋巴结肿大。确诊需要电镜观察病毒粒子或用荧光抗体染色检查。

4. 防治措施　母牛临产前要饲喂平衡饲料,犊牛出生后要及时喂给充足的初乳,同时可应用促菌生和乳康生等生物制剂,加强对犊牛管理,尽量减少感染机会,牛舍要注意卫生,加强环境消毒和保暖防寒。

对犊牛病毒性腹泻无特异性的药物进行治疗,停止 24～48 h 哺乳是有益的,停乳后可口服营养电解质溶液或输注葡萄糖盐水等,如果有细菌感染并发,可口服或注射抗生素或磺胺药物。没有并发症发生,病毒性腹泻可在 2～5 d 后恢复。3 周龄前的犊牛对病毒较敏感,因此,牛场发现病犊后应立即隔离,清除病牛粪便及污染的垫草,消毒环境和器物。

(三) 犊牛大肠杆菌病　犊牛大肠杆菌病是由致病性大肠杆菌引起的一种急性传染病。以排出灰白色稀便或呈急性败血症症状为临床特点。本病发生较为普遍,常于病毒性腹泻合并发生。

1. 流行特点　是由特定血清型的大肠杆菌所致。本病的感染主要通过消化道,其次是脐部和呼吸道感染。其感染源为污染的垫草、奶桶、腹泻犊牛。凡能引起犊牛抵抗力降低的各种因素,都促使本病的发生,如母牛的营养不良,初生幼犊未及时哺喂初乳,哺乳量不适当,气候骤变。牛舍潮湿阴冷,拥挤,通风不良等。本病主要危害未吃到初乳的 1 周龄以内的新生犊牛,2 周龄以上的犊牛很少发病。

2. 临床症状

(1) 败血型。常在出生后 4 d 内发病,呈急性经过。病犊表现精神不振、虚弱、发热和食欲废绝、常于发病后数小时或1~2 d死亡,死亡率达80%以上,有时不见腹泻。耐过败血时期的犊牛,1周后可能出现关节炎、脑膜炎或肺炎。

(2)肠毒血型。病程短促(2~6 h),很难见有症状而突然死亡。如病程稍长,则为典型的中毒性神经症状。先是兴奋不安,以后沉郁,直至昏迷而死亡。体温稍高、正常或稍低,脉搏和呼吸增数,腹泻通常不明显。

(3)肠型。此型临床上比较多见,以最先出现腹泻症状为特征。病初排出的粪便淡黄色、粥样和恶臭,继而呈水样,浅灰白色,混有凝血块、血丝和气泡。中期肛门失禁,粪水自由流出,污染后躯及腿部,常有腹痛,用后腿踢腹。后期高度脱水,衰竭及卧地不起,有时出现痉挛,如不及时治疗,一般经1~3 d死亡,个别病犊也可自愈,但常发育迟缓。犊牛大肠杆菌病很少单独发生一个病型,最常见的是由一个病型转变为另一个病型,呈现复杂化。

3. **防治措施** 对怀孕后期的母牛进行预防注射,从而使犊牛建立人工的肠道免疫,发挥特异性抗病作用。在血清型已鉴定的,可用单价菌苗预防注射,如血清型未鉴定,可用多价菌苗。犊牛在生后2 h内应喂给初乳,加强饲养管理,保持牛舍、乳房的清洁卫生,防止新生犊牛接触粪便是预防本病发生的主要措施。

本病的治疗主要是补液和抗细菌性药物的应用。补液是补偿丢失的体液和电解质,补液要及时足量。抗生素可用氯霉素,肌肉注射0.01~0.03 g/kg,每日2次,或0.05~0.01 g/kg口服,每日2~3次;新霉素肌肉注射0.02 g/kg,每日2次,口服0.01~0.03 g,每日2~3次;还可用庆大霉素、链霉素和磺胺类药物等。应用中药配合输液治疗,也有较好的治疗效果,中药处方为:马尾莲、黄柏、黄芩、猪苓、泽泻、车前子、枳壳、茯苓、白芍、地榆、神曲、麦芽、山楂、石榴皮、党参、当归、黄芪、熟地、甘草各10 g,水煎口服2~3次。

（四）犊牛下痢 也称为犊牛饮食性腹泻。由于下痢,致使犊牛营养不良,生长发育受阻。以1月龄犊牛多见。

1. 发病原因 本病多由饲养管理不当和外界环境的改变引起。喂乳量过多,或喂了变质、酸败乳,致使犊牛大批发病;也常见于犊牛食入精料过多后发病;突然变更饲养员及喂乳温度或数量不定而发病。卫生条件不良(如运动场泥泞、犊牛舍潮湿、喂奶用具(奶罐、奶桶)不清洗、犊牛喝进污水)、气候骤变、缺硒等均可引起犊牛腹泻。

2. 临床症状 发病犊牛排出灰白色、水样、腥臭、稀便为特征。有的粪内带有黏液或呈血汤样,肛门周围、尾根常被粪便污染;患牛表现精神沉郁,食欲减退或废绝,被毛逆立。若发生在冬天并伴有体温升高的,则浑身发抖。由于稀粪长期浸渍,见肛门附近及坐骨节处被毛脱落。如伴有沙门氏杆菌、大肠杆菌感染,腹泻更为严重,出现脱水、酸中毒和肺炎症状。缺硒的犊牛除腹泻外,还表现出白肌病、四肢僵硬、震颤、无力。

3. 防治措施 加强饲养管理,坚持犊牛饲喂操作规程,喂乳要定温、定时、定量,不喂发酵变质牛乳。

治疗可采用:减少1/2～1/3的奶量,增加饮水量;对有食欲而下痢者,乳酶生1g,磺胺脒、碳酸氢钠各4g,酵母片3g,1次内服,每日2次。对有膨胀者,磺胺脒、碳酸氢钠各5g,氧化镁2g,1次罐服,日服2次。伴有肺炎者,磺胺脒、碳酸氢钠5g,内服,青霉素60万U,1%氨基比林10mL 1次肌肉注射,每日2次。对下痢脱水者,葡萄糖生理盐水1000mL,25%葡萄糖溶液250mL,四环素75万U,1次静注。

（五）犊牛血尿 血尿即血红蛋白尿。是由于大量饮水,血液渗透压改变,致使红细胞溶解而从尿中排出,其特征是尿液呈红色。本病多见于3～5月龄的犊牛。

1. 发病原因 主要原因是犊牛口渴,突然暴饮而发生。冬季寒冷,常因饮水冻结而饮水量受到限制,当遇到温水时,即会造成一时性饮水过量。3~6月龄犊牛,对精料、干草采食增加,当饮水不足,口渴而遇到水时,也易发生暴饮。

2. 临床症状　犊牛突然发病,常见暴饮后不久即出现症状,患犊精神不安,伸腰踢腹,呼吸急促,从口内流出白色泡沫状唾液,或从鼻孔内流出红色液体,排尿次数增加,色呈淡红色或暗红色,透明,无沉淀。瘤胃臌胀,叩诊具鼓音,咳嗽,肺叩诊有啰音,体温正常,一般病犊多经5~6 h后症状消除。严重者,起卧不安,全身出汗,步态不稳,共济失调,痉挛、昏迷。

3. 防治措施　加强饲养管理,血尿是能预防的。为此,应充分做好供水工作,防止暴饮。

一般情况下,多数病犊可自愈,无需治疗。严重时可采用:20%葡萄糖溶液200~300 mL,40%乌洛托品20~30 mL,一次静脉注射,配合肌肉注射10%安钠咖3~5 mL。

(六) 犊牛肺炎　犊牛肺炎是肺泡和肺间质的炎症。它是由支气管炎症蔓延到肺泡或通过血源途径引起,临床上称为卡他性肺炎,支气管肺炎或小叶性肺炎。每年多发生在早春晚秋气候多变的季节。引起犊牛肺炎的细菌有巴氏杆菌、化脓性棒状杆菌、链球菌、葡萄球菌、坏死梭状杆菌和克雷伯氏菌等。犊牛地方流行性肺炎是由一些不同的病毒、衣原体和支原体引起,并有病原细菌继发感染。

1. 发病原因　饲养管理不良是导致发病的主要锈因,犊牛舍寒冷或过热、潮湿、拥挤、通风不良、天气突变或日光照射不足等,均易使犊牛诱发肺炎。

2. 临床症状　临床上以发热,呼吸次数增多,咳嗽,听诊肺部有异常呼吸音,大多数细菌性肺炎有毒血症。犊牛肺炎有急性和慢性两种。

急性肺炎时,患犊精神不振,食欲减少或废绝,中度发热(40~40.5 ℃)。咳嗽,起初干咳而痛苦,后变为湿咳。间质性肺炎常表现频频阵发性剧烈干咳。如果有上呼吸感染或支气管分泌物过多,将出现鼻液,初为浆液性,后将变为黏稠脓性。听诊在支气管炎和间质性肺炎的早期,肺泡呼吸音增强,当细支气管内渗出液增多时,出现湿性啰音,渗出液浓稠时出现干性啰音。形成肺炎时,在病灶部位呼吸音减弱或消失,可能出现捻发音,病灶周围代偿性呼吸音增强。

慢性肺炎多发生在 3～6 月龄犊牛,最明显的症状为一种间断性的咳嗽,尤其多见于夜间、早晨、起立和运动时。肺部听诊有干性或湿性啰音,胸壁叩诊多能诱发咳嗽。多数患犊精神尚好,有食欲,个别有中度发热。

用 X 射线检查犊牛肺炎,可看到心叶有许多大小不一的散在性病灶分布,很少散布在整个肺。血液检验,细菌性肺炎时,常见白细胞总数增多和核左移,但严重巴氏杆菌感染,白细胞总数减少。急性病毒性肺炎病例,一般白细胞总数和淋巴细胞减少。

3. 防治措施　犊牛肺炎的治疗原则为加强管理、抑菌消炎和对症治疗。患犊牛舍要保持清洁卫生,温暖及通风良好。若怀疑有传染性时,应隔离患犊,进行消毒,并对其观察和治疗。

采用抗生素和磺胺药物治疗。一般常用青霉素或青霉素和链霉素混合肌肉注射,每日 2 次。也可用磺胺二甲嘧啶,每千克重150 mg 注射或口服,都可产生良好的效果。鉴于可能细菌范围较广,可用广谱抗生素四环素,每千克体重 10 mg,氯霉素每千克体重 20 mg,每天 2 次注射,比较有效。用卡那霉素注射,每千克体重15 mg,每天 2 次。有些病例只经一次治疗就可能见效,但在最初见效后还会复发,因此,需要重复治疗 3～5 d。对症治疗是根据症状选用药物,如咳嗽频繁重剧时,用止咳祛痰药,另外,还可配强心、补液治疗等。

附　　录

附录一　中华人民共和国国家标准——牛冷冻精液

　　中华人民共和国国家标准——牛冷冻精液（GB 4143—84）全文如下：

　　本标准适用于奶牛、兼用牛、肉牛和黄牛的冷冻精液产品。

　　1. 规格与质量

　　1.1 剂型　细管、颗粒和安瓿。

　　1.2 剂量 a. 细管：中型 0.5 mL；微型 0.25 mL。b. 颗粒（0.1±0.01）mL。c. 安瓿 0.5 mL。

　　1.3 精子活力　解冻后的活力，指呈直线前进运动的精子百分率（下限）30%（即 0.3）；精子复苏率（下限）50%。

　　1.4 每一剂量解冻后呈直线前进运动的精子数

　　细管：每支（下限）1 000 万个。

　　颗粒：每粒（下限）1 200 万个。

　　安瓿：每支（下限）1 500 万个。

　　1.5 解冻后的精子畸形率（上限）20%。

　　1.6 解冻后的精子顶体完整率（下限）40%。

　　1.7 解冻后的精液无病原性微生物，每毫升中细菌菌落数（上限）1 000 个。

　　1.8 解冻后的精子存活时间。

　　在 5～8 ℃贮存时（下限）为 12 h；在 37 ℃贮存时（下限）4 h。

　　牛冷冻精液（以下简称"冻精"），必须符合上述各项指标。否则，不得使用。

2. 制作程序

2.1 采精

2.1.1 种公牛的质量 用于制作冻精的种公牛,其体型外貌和生产性能,均应合乎本品种的种用公牛特等、一等标准。在目前尚未建立国营种畜后裔测定站的地区,主力公牛必须经过种畜繁育场,进行后裔测定,由省、市、自治区级畜牧科研部门把关,未经后裔测定的种公牛的冻精,必须经上级主管部门审批,严格控制使用。

2.1.2 种公牛的体质 种公牛必须体质健壮,新引进的公牛,应在隔离场所经过检疫。种公牛须经正式兽医机构和兽医师证明,无下列传染病者,如牛肺疫、布鲁氏杆菌病、牛结核病、牛副结核病、牛白血病、钩端螺旋体病、传染性鼻气管炎、病毒性腹泻病、胎儿弧菌和阴道滴虫症等,才允许使用。

上述各种疫病的检查方法,可按中华人民共和国农牧渔业部颁布的有关规定执行。

2.1.3 成年种公牛每周采精 2 次;每次也可根据具体情况和需要,连续排精 2 回。采精前,应先用温水洗公牛阴筒和包皮,然后再用灭菌生理盐水冲洗干净。

2.1.4 种公牛的新鲜精液,应符合下列质量标准。不具备其中任何一项者,不得用于制作冻精。

a. 新鲜精液的色泽应呈乳白稍带黄色。

b. 直线前进运动精子(下限)60%。

c. 精子密度每毫升(下限)6.0 亿。

d. 精子畸形率(上限)15%。

2.2 精液的稀释

2.2.1 稀释保护剂的配制。

2.2.1.1 配制冻精用的稀释保护剂,必须用新鲜的双重蒸馏水和卵黄,二级品以上的化学试剂。

2.2.1.2 所用器具,必须达到牛冷冻精液人工授精技术操作规程的标准,保证清洁、无菌。

2.2.1.3 推荐下列配方,作为冻精用稀释保护剂。

a.细管用:

第1液　蒸馏水100 mL,柠檬酸钠2.97 g,卵黄10 mL。

第2液　取第1液41.75 mL,加入果糖2.5 g,甘油7 mL。

脱脂奶82 mL,卵黄10 mL,甘油8 mL。

b.颗粒用:

12%蔗糖液75 mL,卵黄20 mL,甘油5 mL。

12%乳糖液75 mL,卵黄20 mL,甘油5 mL。

2.9%柠檬酸钠液73 mL,卵黄20 mL,甘油7 mL。

c.安瓿用:

可参照以上各种配方酌情使用。

上述各类稀释保护剂,在每100 mL中,应加青霉素、链霉素各5万~10万U。

稀释保护剂要现配现用;亦可配后放入4~5℃冰箱中备用,但不应超过1周。

2.2.2 稀释比例。不做具体规定,但必须保证每一剂量(细管、颗粒、安瓿)中,解冻后所含直线前进运动精子数的规定。

2.3 降温和平衡(预冷)。稀释后的精液,采用逐渐降温法。在1~1.5 h内,使稀释精液的温度降到4~5℃;然后再在同温的恒温容器内平衡2~4 h。

2.4 冷冻

2.4.1 制备冻精的操作室,应符合牛人工授精技术操作规程。

2.4.2 冻精的器具

2.4.2.1 细管冻精,应采用与细管配套的器具进行。

2.4.2.2 颗粒冻精,采用聚四氟乙烯板(简称氟板)、铜纱网、尼龙网或铝板均可。

2.4.2.3 安瓿冻精,采用净容量为 0.5 mL 的硅酸盐中性玻璃安瓿。以上各种用具,在冻精时,精液容器与液氮面的距离,一般保持 1～1.5 cm,初冻温度 $-80 \sim -120 ℃$。

精液在冷冻前,应充分混匀,并检查精子活力。

细管精液,不论是用聚乙醇封口、钢珠封口,还是超声波塑料热合,都必须将口封严。

颗粒精液。每毫升稀释精液,滴冻 (10 ± 1) 粒,滴管应事先预冷。操作要准确、规整,每冻完 1 头公牛精液之后,必须更换滴管、氟板等用具。

安瓿精液,用酒精喷灯火焰封口。

在制作冻精时,不论是细管、颗粒和安瓿,均应始终注意防止精液温度回升。

每冻完 1 批(头)精液,应立即放入液氮中泡浸,然后计数,取样检查和包装。

3. 检查方法

3.1 精子活力检查

3.1.1 颗粒冻精,应先取 2.9% 二水柠檬酸钠 1～1.5 mL,加温到 $(38 \pm 2)℃$,投放冻精 1 粒,轻轻摇荡,使之迅速溶化,用压片法,立即在显微镜下检查。

3.1.2 细管、安瓿冻精,解冻后应混匀,用压片法在显微镜下检查。

3.1.3 评定精子活力的显微镜放大倍数,以 150～600 倍为宜。

3.1.4 精子死亡百分率检查,可采用染色法或升温血球计计算法。

3.1.5 检查用的显微镜载物台温度,应保持 38～40℃;也可用显微镜和闭路电视的连接装置,在荧光屏上检查。

3.1.6 每批冻精,应随机取样 2 份,分别解冻检查。每个样品应观察 3 个以上的视野,注意不同液层内的精子运动状态,进行全面评定。

3.1.7 检查次数,应在冷冻后当时 1 次(或间隔 24 h 再做 1 次),合格者储存。冻精发放前再抽样检查,合格者方准予发放。

3.2 精子密度检查

3.2.1 检查用具:以用血球计算器为准;用光电比色计或其他电子仪器检查,都必须用血球计算器做出可靠的校正值。

3.2.2 每批冻精应进行密度检查,以确定稀释比例。

3.3 精子畸形率定期抽样检查 取新鲜和解冻后的精液样品,放在载玻片上,按常规方法制成抹片,风干后在显微镜下检查畸形精子数,每个精液样品应观察精子总数 500 个,计算其中畸形精子百分率。不合格者,不得制作冷冻精液和储存使用。

3.4 解冻后精子顶体完整率的定期抽样检查 采用姬姆萨染色法镜检或用干扰相差(湿样品)镜检,每个样品观察精子总数 500 个。

3.5 冻精中细菌定期检查 取 0.2 mL 解冻后的精液样品,放入血清琼脂平面上,在 37 ℃ 恒温箱中培养 24 h,统计出现的菌落数。

3.6 解冻后的精子存活时间定期检查 细管、安瓿冻精解冻后不再稀释;颗粒冻精以 2.9% 二水柠檬酸钠液解冻,在 5~8 ℃ 或 37 ℃ 下储存,在 38~40 ℃ 下镜检。

上述定期抽样检查,每头公牛每月(下限)1 次。

4. 使用方法

4.1 解冻

4.1.1 细管、安瓿冻精,可用(38±2) ℃ 温水直接浸泡解冻。

4.1.2 颗粒冻精,应 1 次 1 粒,用(38±2) ℃ 1~1.5 mL 解冻液解冻;多于 2 粒时,应分别解冻。

4.1.3 解冻液配制

a. 配制 2.9% 二水柠檬酸钠液,用 2 mL 灭菌安瓿封装,解冻液净容量(下限)1.5 mL。

b. 蒸馏水 100 mL,葡萄糖 3.0 g,柠檬酸钠 1.4 g。

c.蒸馏水 100 g,柠檬酸钠 1.7 g,蔗糖 1.15 g,氨苯磺胺 0.3 g,磷酸二氢钾 0.325 g,碳酸氢钠 0.09 g,青霉素、链霉素各 10 万 U。

4.1.4 解冻后的使用时间

细管和安瓿精液(上限)为 1 h;颗粒精液(上限)为 2 h。

如解冻后的精液需要外运时,应采取低温(10～15 ℃)解冻,然后用脱脂棉或多层纱布包裹,外边用塑料袋包好,置 4～5 ℃下储存。其使用时间(上限)为 8 h。

4.2 输精

4.2.1 每头发情母牛,每次输精应用解冻精液 1 个剂量(细管、颗粒或安瓿)。输精之前,必须再进行 1 次精子活力评定,不够标准者不许使用。

4.2.2 应推行直肠把握子宫颈深部输精法

4.2.3 每一情期输精 1～2 次。要做到输精适时和输精器适深、慢插、轻注、缓出,防止精液逆流。

5. 包装、标记、储存和运输

5.1 包装

5.1.1 细管冻精应封闭良好

5.1.2 颗粒冻精必须用无菌容器包装。每一容器以装冻精 50～100粒为 1 个 V。

5.1.3 安瓿冻精可放在液氮生物容器的提筒中,应防止碰撞。

5.2 标记

5.2.1 细管、安瓿表面和盛装颗粒冻精的容器外面,均应有鲜明的标记。注明站代号[按国家统一规定的省、市、自治区的代号]、公牛品种、名号、精液制冻日期(年、月、日或批号)以及该批冻精的精子活力和份数。

5.2.2 不同品种公牛的冻精,可用不同颜色包装加以区别;其包装颜色和公牛品种、品种代号见表。

5.3 储存

5.3.1 用于冰储存时,应根据储存容器的大小,及时补充干冰,包装的精液不得外露。

5.3.2 用液氮生物容器储存时,容器内液氮必须浸没冻精。

5.3.3 应经常检查液氮生物容器的状况,如发现容器异常,应当将冻精转移到其他完好的容器内。

5.3.4 取放冻精之后,应及时盖好容器塞,防止液氮蒸发或异物浸入。

5.3.5 液氮生物容器,应在使用前后彻底检查和清洗。清理时,先用中性洗涤剂刷洗,再用 40~45℃温水冲洗干净,在室温下放置48 h 以上再充入液氮。长期储存冻精的容器,应定期清理和洗刷。

公牛品种		冻精包装容器颜色 (细管、颗粒、安瓿)	品种代号
奶牛	中国黑白花 沙西瓦	白 色	HB SX
兼用牛	西门塔尔 苏系 德系 奥系 瑞系 兼用短角 草原红牛 新疆褐牛 三河牛	粉红色	XM S—XM D—XM A—XM R—XM JD CH XH SH
肉牛	肉用短角 夏洛莱 海福特 安格斯 利木赞 莫累灰	草绿色	RD XL HF AG LM ML
	圣格特鲁迪斯 抗旱王 辛地红 婆罗门 婆拉福	草绿色	SG KH XD PM PL

续表

公牛品种		冻精包装容器颜色 (细管、颗粒、安瓿)	品种代号
黄牛	南阳牛 秦川牛 延边牛 鲁西黄牛 晋南牛 复州牛 朝鲜牛 蒙古牛	浅黄色	NY QC YB LX JN PZ CX MG

5.3.6 取放冻精时,提筒只许提到容器的颈下,严禁提到外边,停留时间(上限)10 s。如向另一容器转移冻精时,盛冻精的提筒离开液氮面的时间(上限)5 s。

5.3.7 大型液氮生物容器,应有冻精分类存放位置的详细图表,分别注册,登记清楚,并应备有足够的液氮生物容器,严防不同品种和不同个体公牛的冻精混淆。无继续储存价值的冻精,应及时报请上级主管部门批准,妥善销毁。

5.4 运输

5.4.1 移动液氮生物容器时,应把握其手柄,轻拿轻放,防止冲撞。

5.4.2 储精和储液氮的生物容器,均不可横放、叠放或倒置。装车运输时,应在车厢板上加防震胶垫、毡垫或泡沫塑料垫。容器加外套,并根据运输条件,用厚纸箱或木箱装好,牢固地系在车上,严防撞击倾倒。

5.4.3 运输冻精时,应有专人负责,办好交接手续(应附带精液运输、交接卡片)。途中应及时检查和补充冷源。

5.4.4 用于冰运输冻精时,液氮生物容器必须盖严,干冰必须敷过冻精。

附录二　中华人民共和国农业行业标准
——无公害食品肉牛饲养饲料使用准则

中华人民共和国农业行业标准——无公害食品肉牛饲养饲料使用准则(NY 5127—2002)全文如下:

1.范围

本标准规定了生产无公害肉牛所需的配合饲料、浓缩饲料、精料补充料、粗饲料、青绿饲料、添加剂预混合饲料、饲料原料和饲料添加剂的技术要求,以及饲料加工过程、试验方法、检验规则、标签、包装、储存和运输的基本准则。

本标准适用于生产无公害肉牛所需的商品配合饲料、浓缩饲料、精料补充料、粗饲料、青绿饲料、添加剂预混合饲料、饲料原料和饲料添加剂以及生产无公害食品牛肉的养殖场自配饲料。

出口产品的质量应按双方合同要求进行。

2.规范性引用文件

下列文件中的条款通过本标准的引用而成为本标准的条款。凡是注日期的引用文件,其随后所有的修改单(不包括勘误的内容)或修订版均不适用于本标准,然而,鼓励根据本标准达成协议的各方研究是否可使用这些文件的最新版本。凡是不注日期的引用文件,其最新版本适用于本标准。

GB/T 6432 饲料中粗蛋白测定方法

GB/T 6435 饲料水分的测定方法

GB/T 6436 饲料中钙的测定方法

GB/T 6437 饲料中总磷的测定方法 光度法

GB/T 10647 饲料工业通用术语

GB 10648 饲料标签

GB 13078 饲料卫生标准

GB/T 13079 饲料中总砷的测定

GB/T 13080 饲料中铅的测定方法

GB/T 13081 饲料中汞的测定方法

GB/T 13082 饲料中镉的测定方法

GB/T 13083 饲料中氟的测定方法

GB/T 13084 饲料中氰化物的测定方法

GB/T 13086 饲料中游离棉酚的测定方法

GB/T 13087 饲料中异硫氰酸酯的测定方法

GB/T 13090 饲料中六六六、滴滴涕的测定

GB/T 13091 饲料中沙门氏菌的检验方法

GB/T 13092 饲料中霉菌检验方法

GB/T 14699 饲料采样方法

GB/T 16764 配合饲料企业卫生规范

GB/T 17480 饲料中黄曲霉毒素 B_1 的测定 酶联免疫吸附法

NY 5125 无公害食品 肉牛饲养兽药使用准则

NY 5126 无公害食品 肉牛饲养兽医防疫准则

NY/T 5128 无公害食品 肉牛饲养管理准则

饲料和饲料添加剂管理条例

饲料药物添加剂使用规范(中华人民共和国农业部公告 [2001]第168号)

3. 术语和定义

GB/T 10647 中确立的以及下列术语和定义适用于本标准。

3.1 肉牛(beef cattle)

在经济或体形结构上用于生产牛肉的品种(系)。

3.2 饲料(feed)

经工业化加工、制作的供动物食用的饲料,包括单一饲料、添加剂预混合饲料、浓缩饲料、配合饲料、精料补充料、粗饲料。

3.3 饲料原料(单一饲料)(feedstuff,single feed)

以一种动物、植物、微生物或矿物质为来源的饲料。

3.4 粗饲料（roughage forage）

天然水分含量在 60% 以下，干物质中粗纤维含量等于或高于 18% 的饲料。

3.5 非蛋白氮（non-protein nitrogen）

非蛋白质形态的含氮化合物。包括游离氨基酸及其他蛋白质降解的含氮产物，以及氨、尿素、磷酸脲、铵盐等简单含氮化合物。是粗蛋白质中扣除真蛋白质以外的成分。

3.6 饲料添加剂（feed additive）

在饲料加工、制作、使用过程中添加的少量或者微量物质，包括营养性饲料添加剂和一般饲料添加剂。

3.7 营养性饲料添加剂（nutritive feed additive）

用于补充饲料营养成分的少量或者微量物质，包括饲料级氨基酸、维生素、矿物质微量元素、酶制剂、非蛋白氮等。

3.8 一般饲料添加剂（general feed additive）

为保证或者改善饲料品质、提高饲料利用率而掺入饲料中的少量或者微量物质。

3.9 药物饲料添加剂（medical feed additive）

为预防、治疗动物疾病而掺入载体或者稀释剂的兽药的预混物，包括抗球虫药、驱虫剂类、抑菌促生长类等。

3.10 添加剂预混合饲料（additive premix）

由一种或多种饲料添加剂与载体或稀释剂按一定比例配制的均匀混合物。

3.11 浓缩饲料（concentrate）

由蛋白质饲料、矿物质饲料和添加剂预混料按一定比例配制的均匀混合物。

3.12 配合饲料（formula feed）

根据饲养动物营养需要，将多种饲料原料按饲料配方经工业生产的饲料。

3.13 精料补充料（concentrate supplement）

为补充以粗饲料、青饲料、青贮饲料为基础的草食饲养动物的营养，而用多种饲料原料按一定比例配制的饲料。

4.要求

4.1 饲料原料

4.1.1 感官指标。具有该品种应有的色、嗅、味和形态特征，无发霉、变质、结块及异味、异嗅。

4.1.2 青绿饲料、干粗饲料不应发霉、变质。

4.1.3 有毒有害物质及微生物允许量应符合 GB 13078（见附录 A）及附录 B 的要求。

4.1.4 含有饲料添加剂的应做相应说明。

4.1.5 非蛋白氮类饲料的用量，非蛋白氮提供的总氮含量应低于饲料中总氮含量的 10%。

4.1.6 饲料如经发酵处理，所使用的微生物制剂应是农业部允许使用的饲料添加剂品种目录中所规定的微生物品种和经农业部批准的新饲料添加剂品种。

4.1.7 不应使用除蛋、乳制品外的动物源性饲料。

4.1.8 不应使用抗生素滤渣作肉牛饲料原料。

4.1.9 不应使用激素、类激素产品。

4.2 饲料添加剂

4.2.1 感官指标。应具有该品种应有的色、嗅，味和形态特征，无发霉、变质、结块。

4.2.2 有害物质及微生物允许量应符合附录 A 的要求。

4.2.3 饲料中使用的营养性饲料添加剂和一般饲料添加剂产品应是农业部允许使用的饲料添加剂品种目录中所规定的品种和取得产品批准文号的新饲料添加剂品种。

4.2.4 饲料中使用的饲料添加剂产品应是取得饲料添加剂产

品生产许可证的企业生产的、具有产品批准文号的产品或取得产品进口登记证的境外饲料添加剂。

4.2.5 药物饲料添加剂的使用应按照附录 C 执行。

4.2.6 使用药物饲料添加剂应严格执行休药期规定。

4.2.7 饲料添加剂产品的使用应遵照产品标签所规定的用法、用量使用。

4.3 粗饲料

应无发霉、变质、污染、冰冻及异味、异臭。

4.4 配合饲料、浓缩饲料、精料补充料和添加剂预混合饲料

4.4.1 感官指标。应色泽一致,无霉变、结块及异味、异嗅。

4.4.2 有毒有害物质及微生物允许量应符合附录 A 及附录 B 的要求。

4.4.3 产品成分分析值应符合标签中所规定的含量。

4.4.4 肉牛配合饲料、浓缩饲料、精料补充料和添加剂预混合饲料中不应使用违禁药物。

4.5 饲料加工过程

4.5.1 饲料企业的工厂设计与设施卫生、工厂卫生管理和生产过程的卫生应符合 GB/T 16764 的要求。

4.5.2 配料

4.5.2.1 定期对计量设备进行检验和正常维护,以确保其精确性和稳定性。

4.5.2.2 微量组分应进行预稀释,并且应在专门的配料室内进行。

4.5.2.3 配料室应有专人管理,保持卫生整洁。

4.5.3 混合

4.5.3.1 应按设备性能规定的时间进行混合。

4.5.3.2 混合工序投料应按先大量、后小量的原则进行。投入的微量组分应将其稀释到配料秤最大称量的 5% 以上。

4.5.3.3 生产含有药物饲料添加剂的饲料时,应根据药物类型,先生产药物含量低的饲料,再依次生产药物含量高的饲料。

4.5.3.4 同一班次应先生产不添加药物饲料添加剂的饲料,然后生产添加药物饲料添加剂的饲料。为防止加入药物饲料添加剂的饲料产品生产过程中的交叉污染,在生产加入不同药物添加剂的饲料产品时,应对所用的生产设备、工具、容器进行彻底清理。

4.5.4 留样

4.5.4.1 新接收的饲料原料和各个批次生产的饲料产品均应保留样品。样品密封后留置专用样品室或样品柜内保存。样品室和样品柜应保持阴凉、干燥。采样方法按 GB/T 14699 执行。

4.5.4.2 留样应设标签,标明饲料品种、生产日期、批次、生产负责人和采样人等事项,并建立档案由专人负责保管。

4.5.4.3 样品应保留至该批产品保质期满后 3 个月。

4.6 饲料的饲喂与使用

4.6.1 肉牛饲料的饲喂与使用应遵照 NYY/T 5128 执行。

4.6.2 饲喂过程中肉牛的疾病治疗与防疫应遵照 NY 5125 和 NY 5126 执行。

5. 试验方法

5.1 饲料采样方法:按 GB/T 14699 执行。

5.2 水分:按 GB/T 6435 执行。

5.3 粗蛋白:按 GB/T 6432 执行。

5.4 钙:按 GB/T 6436 执行。

5.5 总磷:按 GB/T6437 执行。

5.6 总砷:按 GB/T 13079 执行。

5.7 铅:按 GB/T 13080 执行。

5.8 汞:按 GB/T 13081 执行。

5.9 镉:按 GB/T 13082 执行。

5.10 氟:按 GB/T 13083 执行。

5.11 氰化物:按 GB/T 13084 执行。

5.12 游离棉酚:按 GB/T 13086 执行。

5.13 异硫氰酸酯:按 GB/T 13087 执行。

5.14 六六六、滴滴涕:按 GB/T13090 执行。

5.15 沙门氏菌:按 GB/T 13091 执行。

5.16 霉菌:按 GB/T 13092 执行。

5.17 黄曲霉毒素 B_1:按 GB/T 17480 执行。

6. 检验规则

6.1 感官要求,水分、粗蛋白、钙和总磷含量为出厂检验项目,其余为型式检验项目。

6.2 在保证产品质量的前提下,生产厂可根据工艺、设备、配方、原料等变化情况,自行确定出厂检验的批量。

6.3 试验测定值的双试验相对偏差按相应标准规定执行。

6.4 检测与仲裁判定各项指标合格与否时,应考虑允许误差。

6.5 卫生指标、限用药物和违禁药物等为判定指标。如检验中有一项指标不符合标准,应重新取样进行复验。

6.6 复检

复检应在原批量中抽取加倍的比例重新检验。结果中有一项不合格即判定为不合格。

7. 标签、包装、储存和运输

7.1 标签

商品饲料应在包装物上附有饲料标签,标签应符合 GB 10648 中的有关规定。

7.2 包装

7.2.1 饲料包装应完整,无污染、无异味。

7.2.2 包装材料应符合 GB/T 16764 的要求。

7.2.3 包装印刷油墨无毒,不应向内容物渗漏。

7.2.4 包装物不应重复使用。生产方和使用方另有约定的除外。

7.3 储存

7.3.1 饲料储存应符合 GB/T 16764 的要求。

7.3.2 不合格和变质饲料应做无害化处理,不应存放在饲料储存场所内。

7.3.3 干草类及秸秆类储存时,水分含量应低于 15%,防止日晒、雨淋、霉变。

7.3.4 青绿饲料与野草类、块根、块茎、瓜果类应堆放在棚内,防止日晒、雨淋、发芽霉变。

7.4 运输

7.4.1 运输工具应符合 GB/T16764 的要求。

7.4.2 运输作业应防止污染,保持包装的完整。

7.4.3 不应使用运输畜禽等动物的车辆运输饲料产品。

7.4.4 饲料运输工具和装卸场地应定期清洗和消毒。

附录三　规范性附录

表1　饲料及饲料添加剂的卫生指标

序号	安全卫生指标项目	产品名称	指标	试验方法	备注
1	砷(以总砷计)的允许量(每千克产品中)(mg)	石粉	≤2.0	GB/T 13079	不包括国家主管部门批准使用的有机砷制剂中的砷含量
		硫酸亚铁、硫酸镁	≤2.0		
		磷酸盐	≤20.0		
		沸石粉、膨润土、麦饭石	≤10.0		
		硫酸铜、硫酸锰、硫酸锌、碘化钾、碘酸钙、氯化钴	≤5.0		
		氧化锌	≤10.0		
		肉牛精料补充料	≤10.0		
2	铅(以Pb计)的允许量(每千克产品中)(mg)	肉牛精料补充料	≤8	GB/T 13080	
		石粉	≤10		
		磷酸盐	≤30		
3	氟(以F计)的允许量(每千克产品中)(mg)	石粉	≤2 000	GB/T 13083	氟饲料用HG 2636—1994中的4.4条
		磷酸盐	≤1 800	HG 2636	
		肉牛精料补充料	≤50	GB/T 13083	
4	汞(以Hg计)的允许量(每千克产品中)(mg)	石粉	≤0.1	GB/T 13081	
5	镉(以Cd计)的允许量(每千克产品中)(mg)	米糠	≤1.0	GB/T 13082	
		石粉	≤0.75		
6	氰化物(以HCN计)的允许量(每千克产品中)(mg)	木薯干	≤100	GB/T 13084	
		胡麻饼(粕)	≤350		
7	游离棉酚的允许量(每千克产品中)(mg)	棉子饼(粕)	≤1 200	GB/T 13086	

续表1

序号	安全卫生指标项目	产品名称	指标	试验方法	备注
8	异硫氰酸酯(以丙烯基异硫氰酸酯计)的允许量(每千克产品中)(mg)	菜子饼(粕)	≤4000	GB/T 13087	
9	六六六的允许量(每千克产品中)(mg)	米糠 小麦麸 大豆饼(粕)	≤0.05	GB/T 13090	
10	滴滴涕的允许量(每千克产品中)(mg)	米糠 小麦麸 大豆饼(粕)	≤0.02	GB/T 13090	
11	沙门氏杆菌	饲料	不得检出	GB/T 13091	
12	霉菌的允许量(每克产品中)霉菌总数×10^3个	玉米	<40	GB/T 13092	限量饲用:40~100 禁用:>100
		小麦麸、米糠			限量饲用:40~80 禁用:>80
		豆饼(粕)、棉子饼(粕)、菜子饼(粕)	<50		限量饲用:50~100 禁用:>100
		肉牛精料补充料	<45		
13	黄曲霉毒素 B_1 允许量(每千克产品中)(μg)	玉米、花生饼(粕)、棉子饼(粕)、菜子饼(粕)	≤50	GB/T 17480 或 GB/T 8381	
		豆粕	≤30		
		肉牛精料补充料	≤50		

注1:摘自 GB 13078 2001《饲料卫生标准》。
注2:所列允许量均为以干物质含量为88%的饲料为基础计算。

表 2　饲料原料及肉牛饲料安全卫生指标

序号	安全卫生指标项目	产品名称	指标	试验方法	备注
1	砷(以总砷计)的允许量(每千克产品中)(mg)	植物性饲料原料	≤5.0	GB/T 13079	不包括国家主管部门批准使用的有机砷制剂中的砷含量
		矿物性饲料原料	≤10.0		
		肉牛浓缩饲料、配合饲料	≤10.0		
2	铅(以 Pb 计)的允许量(每千克产品中)(mg)	植物性饲料原料	≤8.0	GB/T 13080	
		矿物性饲料原料	≤25.0		
		肉牛浓缩饲料、配合饲料	≤30.0		
3	氟(以 F 计)的允许量(每千克产品中)(mg)	植物性饲料原料	≤100	GB/T 13083	
		矿物性饲料原料	≤1 800		
		肉牛浓缩饲料、配合饲料	≤50		
4	氰化物(以 HCN 计)的允许量(每千克产品中)(mg)	饲料原料	≤50	GB/T 13084	
		肉牛浓缩饲料、配合饲料和精料补充料	≤60		
5	六六六的允许量(每千克产品中)(mg)	饲料原料	≤0.40	GB/T 13090	
		肉牛浓缩饲料、配合饲料和精料补充料	≤0.40		
6	霉菌的允许量(每克产品中)(霉菌总数×10^3个)	饲料原料	<40	GB/T 13092	限量饲用:40~100 禁用:>100
		肉牛浓缩饲料、配合饲料	<50		
7	黄曲霉毒素 B_1 允许量(每千克产品中)(μg)	饲料原料	≤30	GB/T 17480 或 GB/T 8381	
		肉牛浓缩饲料、配合饲料	≤80		

注1:表中各行中所列的饲料原料不包括 GB 13078 中已列出的饲料原料。
注2:所列允许量均以干物质含量为88%的饲料为基础计算。

表 3 肉牛饲料药物添加剂使用规范

品 名	用 量	休药期	其他注意事项
莫能菌素钠预混剂	每头每天 200～360 mg（以有效成分计）	5 d	禁止与泰妙菌素、竹桃霉素并用；搅拌配料时禁止与人的皮肤、眼睛接触
杆菌肽锌预混剂	每吨饲料添加犊牛 10～100 g（3 月龄以下）、4～40 g（6 月龄以下）（以有效成分计）	0 d	
黄霉素预混剂	肉牛每头每天 30～50 mg（以有效成分计）	0 d	
盐霉素钠预混剂	每吨饲料添加 10～30 g（以有效成分计）	5 d	禁止与泰妙菌素、竹桃霉素并用
硫酸粘杆菌素预混剂	犊牛每吨饲料添加 5～40 g（以有效成分计）	7 d	

注 1：摘自中华人民共和国农业部公布的《饲料药物添加剂使用规范》（中华人民共和国农业部公告第 168 号）。

注 2：出口肉牛产品中药物饲料添加剂的使用按双方签订的合同进行。

表4 肉牛饲养允许使用的抗寄生虫药、
抗菌药和饲料药物添加剂及使用规定

类别	药品名称	制剂	用法与用量 (用量以有效成分计)	休药期 (d)
抗寄生虫药	阿苯达唑 albendazole	片剂	内服,1次量(10~15) mg/kg 体重	27
	双甲脒 amltraz	溶液	药浴、喷洒、涂擦,配成 0.025%~0.05%的溶液	1
	青蒿琥酯 artesunate	片剂	内服,1次量5 mg/kg 体重,首次量加倍,2 次/d,连用(2~4) d	不少于28 d
	溴酚磷 bromphenophos	片剂、粉剂	内服,1次量12 mg/kg 体重	21
	氯氰碘柳胺钠 closantel sodium	片剂、混悬液	内服,1次量5 mg/kg 体重	28
		注射液	皮下或肌内注射,1次量(2.5~5) mg/kg体重	
	芬苯达唑 fenbendazole	片剂、粉剂	内服,1次量(5~7.5) mg/kg 体重	28
	氰戊菊酯 fenvalerate	溶液	喷雾,配成 0.05%~0.1%的溶液	1
	伊维菌素 Ivermectln	注射液	皮下注射,1次量 0.2 mg/kg 体重	35
	盐酸左旋咪唑 levamisole hydrochloride	片剂	内服,1次量7.5 mg/kg 体重	2
		注射液	皮下、肌内注射,1 次量 7.5 mg/kg体重	14
	奥芬达唑 oxfendazole	片剂	内服,1次量5 mg/kg 体重	11
	碘醚柳胺 rafoxanide	混悬液	内服,1次量(7~12) mg/kg 体重	60
	噻苯咪唑 thiabendazole	粉剂	内服,1次量(50~100) mg/kg 体重	3
	三氯苯唑 triclabendazole	混悬液	内服,1次量(6~12) mg/kg 体重	28

续表4

类别	药品名称	制剂	用法与用量 (用量以有效成分计)	休药期 (d)
抗菌药	氨苄西林钠 ampicillin sodium	注射用粉针	肌内、静脉注射,1 次量(10～20) mg/kg 体重,(2～3)次/d,连用(2～3) d	不少于 28 d
		注射液	皮下或肌内注射,1 次量(5～7) mg/kg 体重	21
	苄星青霉素 benzathine benzylpenicillin	注射用粉针	肌内注射,1 次量(2～3)万 U/kg 体重,必要时(3～4) d 重复 1 次	30
	青霉素钾(钠) benzylpenicillin potassium(sodium)	注射用粉针	肌内注射,1 次量(1～2)万 U/kg 体重,(2～3)次/d,连用(2～3) d	不少于 28 d
	硫酸小檗碱 berberine sulfate	注射液	肌内注射,1 次量 0.15 g～0.1 g	0
		粉剂	内服,1 次量 3 g～5 g	
	恩诺沙星 enrofloxacin	注射液	肌内注射,1 次量 2.5 mg/kg 体重,(1～2)次/d,连用(2～3) d	14
	乳糖酸红霉素 erythromycin lactobionate	注射用粉针	静脉注射,1 次量(3～5) mg/kg 体重,2 次/d,连用(2～3) d	21
	土霉素 oxytetracycline	注射液(长效)	肌内注射,1 次量(10～20) mg/kg 体重	28
	盐酸土霉素 oxytetracycline hydrochloride	注射用粉针	静脉注射,1 次量(5～10) mg/kg 体重,2 次/d,连用(2～3) d	19
	普鲁卡因青霉素 procaine benzylpenicillin	注射用粉针	肌内注射,1 次量(1～2)万 U/kg 体重,1 次/d,连用(2～3) d	10
	硫酸链霉素 streptomycin sulfate	注射用粉针	肌内注射,1 次量(10～15) mg/kg 体重,2 次/d,连用(2～3) d	14
	磺胺嘧啶 sulfadiazine	片剂	内服,1 次量,首次量(0.14～0.2)g/kg 体重,维持量(0.07～0.1)g/kg 体重,2 次/d,连用(3～5) d	8
	磺胺嘧啶钠 sulfadiazine sodium	注射液	静脉注射,1 次量(0.05～0.1) g/kg 体重,(1～2)次/d,连用(2～3) d	10

续表4

类别	药品名称	制剂	用法与用量 （用量以有效成分计）	休药期 (d)
饲料药物添加剂	复方磺胺嘧啶钠 compound sulfadiazine sodium	注射液	肌内注射，1次量(20～30) mg/kg体重(以磺胺嘧啶计)，(1～2)次/d，连用(2～3) d	28
	磺胺二甲嘧啶 sulfadimidine	片剂	内服，1次量，首次量(0.14～0.2)g/kg体重，维持量(0.07～0.1)g/kg体重，(1～2)次/d，连用(3～5) d	10
	磺胺二甲嘧啶钠 sulfadimidine sodium	注射液	静脉注射，1次量(0.05～0.1)g/kg体重，(1～2)次/d，连用(2～3) d	10
	莫能菌素钠 monensin sodium	预混剂	混饲，(200～360) mg(效价/(头·d))	5
	杆菌肽锌 bacitracin zinc	预混剂	混饲，每1 000 kg饲料，犊牛10～100 g(3月龄以下)、4～40 g(3～6月龄)	0
	黄霉素 flavomycin	预混剂	混饲，(30～50)mg/(头·d)	0
	硫酸黏菌素 colistin sulfate	预混剂	混饲，每1 000kg饲料，犊牛5～40 g	7

表5 肉牛饲养禁止使用的兽药及其他化合物

兽药及其他化合物名称	禁止用途
β-兴奋剂类：克仑特罗(clenbuterol)、沙丁胺醇(salbutamol)、西马特罗(cimaterol)及其盐、酯及制剂	所有用途
性激素类：己烯雌酚(diethylstilbestrol)及其盐、酯及制剂	所有用途
具有雌激素样作用的物质：玉米赤霉醇(zeranol)、去甲雄三烯醇酮(trenbolone)、醋酸甲孕酮(mengestrol acetate)及制剂	所有用途
氯霉素(chloramphenicol)及其盐、酯(包括：琥珀氯霉素 chloramphenicol succlnate)及制剂	所有用途
氨苯砜(dapsone)及制剂	所有用途
硝基呋喃类：呋喃唑酮(furazolidone)、呋喃它酮(furahadone)、呋喃苯烯酸钠(nifurstyrenate sodium)及制剂	所有用途
硝基化合物：硝基酚钠(sodiumnitrophenolate)、硝呋烯腙(nitrovin)及制剂	所有用途

续表5

催眠、镇静类;安眠酮(methaqualone)及制剂	所有用途
兽药及其他化合物名称	禁止用途
林丹(丙体六六六)(lindane)	杀虫剂
毒杀酚(氯化烯)(camahechlor)	杀虫剂
呋喃丹(克百威)(carbofuran)	杀虫剂
杀虫脒(克死螨)(chlordimeform)	杀虫剂
酒石酸锑钾(antimony potassium tartrate)	杀虫剂
锥虫胂胺(tryparsamide)	杀虫剂
五氯酚酸钠(pentachlorophenol sodium)	杀螺剂
各种汞制剂包括:氯化亚汞(甘汞)(calomel)、硝酸亚汞(mercurous nitrate)、醋酸汞(mercurous acetate)、吡啶基醋酸汞(pyridyl mercurous acetate)	杀虫剂
性激素类:甲基睾丸酮(methyltestosterone)、丙酸睾酮(testosterone propionate)、苯丙酸诺龙(nandrolone phenylpropionate)、苯甲酸雌二醇(estradiol benzoate)及其盐、酯及制剂	促生长
催眠、镇静类:氯丙嗪(chlorpromazine)、地西泮(安定)(diazepam)及其盐、酯及制剂	促生长
硝基咪唑类:甲硝唑(metronidazole)、地美硝唑(dimetronidazole)及其盐、酯及制剂	促生长

　　注:摘自中华人民共和国农业部公告第193号《食品动物禁用的兽药及其他化合物清单》。

附录四 中华人民共和国农业行业标准
——无公害食品肉牛饲养管理准则

中华人民共和国农业行业标准——无公害食品肉牛饲养管理准则(NY/T 5128—2002)全文如下:

1. 范围

本标准规定了无公害肉牛生产中环境、引种和购牛、饲养、防疫、管理、运输、废弃物处理等涉及到肉牛饲养管理的各环节应遵循的准则。

本标准适用于生产无公害牛肉的种牛场、种公牛站、胚胎移植中心、商品牛场、隔离场的饲养与管理。

2. 规范性引用文件

下列文件中条款通过本标准的引用而成为本标准的条款。凡是注日期的引用文件,其随后所有的修改单(不包括勘误的内容)或修订版均不适用于本标准,然而,鼓励根据本标准达成协议的各方研究是否可使用这些文件的最新版本。凡是不注日期的引用文件,其最新版本适用于本标准。

GB 16548 畜禽病害肉尸及其产品无害化处理规范

GB 16549 畜禽产地检疫规范

GB 16567 种畜禽调运检疫技术规范

GB/T 18407.3—2001 农产品安全质量 无公害畜禽产地环境要求

GB 18596 畜禽场污染物排放标准

NY/T 388 畜禽场环境质量标准

NY 5027 无公害食品 畜禽饮用水水质标准

NY 5125 无公害食品 肉牛饲养兽药使用准则

NY 5126 无公害食品 肉牛饲养兽医防疫准则

NY 5127 无公害食品 肉牛饲养饲料使用准则

种畜禽管理条例

饲料和饲料添加剂管理条例

3. 术语和定义

下列术语和定义适用于本标准。

3.1 肉牛 (beef cattle)

在经济或体形结构上用于生产牛肉的品种(系)。

3.2 投入品 (input)

饲养过程中投入的饲料、饲料添加剂、水、疫苗、兽药等物品。

3.3 净道 (non—pollution road)

牛群周转、场内工作人员行走、场内运送饲料的专用道路。

3.4 污道 (pollution road)

粪便等废弃物运送出场的道路。

3.5 牛场废弃物 (cattle farm waste)

主要包括牛粪、尿、尸体及相关组织、垫料、过期兽药、残余疫苗、一次性使用的畜牧兽医器械及包装物和污水。

4. 牛场环境与工艺

4.1 牛场环境应符合 GB/T 18407.3 要求。

4.2 场址用地应符合当地土地利用规划的要求,充分考虑牛场的放牧和饲草、饲料条件。

4.3 牛场的布局设计应选择避风和向阳,建在干燥、通风、排水良好、易于组织防疫的地点。牛场周围 1 000 m 内无大型化工厂、采矿场、皮革厂、肉品加工厂、屠宰厂、饲料厂、活畜交易市场和畜牧场污染源。牛场距离干线公路、铁路、城镇、居民区和公共场所 500 m 以上,牛场周围有围墙(围墙高>1.5 m)或防疫沟(防疫沟宽>2.0m),周围建立绿化隔离带。

4.4 饲养区内不应饲养其他经济用途的动物。饲养区外 1 000 m 内不应饲养偶蹄动物。

4.5 牛场管理区、生活区、生产区、粪便处理区应分开。牛场生产区要布置在管理区主风向的下风或侧风向,隔离牛舍、污水、粪便处理设施和病、死牛处理区设在生产区主风向的下风或侧风向。

4.6 场区内道路硬化,裸露地面绿化。净道和污道分开,互不交叉,并及时清扫和定期或不定期消毒。

4.7 实行按生长阶段进行牛舍结构设计,牛舍布局符合实行分阶段饲养方式的要求。

4.8 种牛舍设计应能保温隔热,地面和墙壁应便于清洗和消毒,有便于废弃物排放和处理的设施。

4.9 牛场应设有废弃物储存、处理设施,防止泄露、溢流、恶臭等对周围环境造成污染。

4.10 牛舍应通风良好,空气中有毒有害气体含量应符合 NY/T 388 的要求,温度、湿度、气流、光照符合肉牛不同生长阶段要求:

5. 引种和购牛

5.1 引进种牛要严格执行《种畜禽管理条例》第 7、8、9 条,并按照 GB 16567 进行检疫。

5.2 购入牛要在隔离场(区)观察不少于 15 d,经兽医检查确定为健康合格后,方可转入生产群。

6. 饲养投入品

6.1 饲料和饲料添加剂

6.1.1 饲料和饲料原料应符合 NY 5127。

6.1.2 定期对各种饲料和饲料原料进行采样和化验。各种原料和产品标志清楚,在洁净、干燥、无污染源的储存仓内储存。

6.1.3 不应在牛体内埋植或在饲料中添加镇静剂、激素类等违禁药物。

6.1.4 使用含抗生素的添加剂时,应按照《饲料和饲料添加剂管理条例》执行休药期。

6.2 饮水

6.2.1 水质应符合 NY 5027 的要求。

6.2.2 定期清洗消毒饮水设备。

6.3 疫苗和使用

6.3.1 牛群的防疫应符合 NY 5126 的要求。

6.3.2 防疫器械在防疫前后应彻底消毒。

6.4 兽药和使用

6.4.1 治疗使用药剂时,执行 NY 5125 的规定。

6.4.2 肉牛育肥后期使用药物时,应根据 NY 5125 执行休药期。

6.4.3 发生疾病的种公牛、种母牛及后备牛必须使用药物治疗时,在治疗期或达不到休药期的不应作为食用淘汰牛出售。

7.卫生消毒

7.1 消毒剂

选用的消毒剂应符合 NY 5125。

7.2 消毒方法

7.2.1 喷雾消毒

对清洗完毕后的牛舍、带牛环境、牛场道路和周围以及进入场区的车辆等用规定浓度的次氯酸盐、有机碘混合物、过氧乙酸、新洁尔灭、煤酚等进行喷雾消毒。

7.2.2 浸液消毒

用规定浓度的新洁尔灭、有机碘混合物或煤酚等的水溶液,洗手、洗工作服或胶靴。

7.2.3 紫外线消毒

人员入口处设紫外线灯照射至少 5 min。

7.2.4 喷洒消毒

在牛舍周围、入口、产床和牛床下面撒生石灰、火碱等进行消毒。

7.2.5 火焰消毒

在牛只经常出入的产房、培育舍等地方用喷灯的火焰依次瞬间喷射消毒。

7.2.6 熏蒸消毒

用甲醛等对饲喂用具和器械在密闭的室内或容器内进行熏蒸。

7.3 消毒制度

7.3.1 环境消毒

牛舍周围环境每2～3周用2%火碱或撒生石灰消毒1次;场周围及场内污染池、排粪坑、下水道出口,每月用漂白粉消毒1次。在牛场、牛舍入口设消毒池,定期更换消毒液。

7.3.2 人员消毒

工作人员进入生产区净道和牛舍要更换工作服和工作鞋、经紫外线消毒。外来人员必须进入场区时。应更换场区工作服和工作鞋,经紫外线消毒,并遵守场内防疫制度,按指定路线行走。

7.3.3 牛舍消毒

每批牛只调出后,应彻底清扫干净,用水冲洗,然后进行喷雾消毒。

7.3.4 用具消毒

定期对饲喂用具、饲料车等进行消毒。

7.3.5 带牛消毒

定期进行带牛消毒,减少环境中的病原微生物。

8. 管理

8.1 人员管理

8.1.1 牛场工作人员应定期进行健康检查,有传染病者不得从事饲养工作。

8.1.2 场内兽医人员不应对外出诊,配种人员不应对外开展牛的配种工作。

8.1.3 场内工作人员不应携带非本场的动物食品入场。

8.2 饲养管理

8.2.1 不应喂发霉和变质的饲料和饲草。

8.2.2 按体重、性别、年龄、强弱分群饲养,观察牛群健康状态,发现问题及时处理。

8.2.3 保持地面清洁,垫料应定期消毒和更换。保持料槽、水槽及舍内用具洁净。

8.2.4 对成年种公牛、母牛定期浴蹄和修蹄。

8.2.5 对所有牛用打耳标等方法编号。

8.3 灭蚊蝇、灭鼠、驱虫

8.3.1 消除水坑等蚊蝇孳生地,定期喷洒消毒药物,消灭蚊蝇。

8.3.2 使用器具和药物灭鼠,及时收集死鼠和残余鼠药,并应做无害化处理。

8.3.3 选择高效、安全的抗寄生虫药物驱虫,驱虫程序要符合 NY 5125 的要求。

9.运输

9.1 商品牛运输前,应经动物防疫监督机构根据 GB 16549 检疫,并出具检疫证明。

9.2 运输车辆在使用前后要按照 GB 16567 的要求消毒。

10.病、死牛处理

10.1 牛场不应出售病牛、死牛。

10.2 需要处死的病牛,应在指定地点进行扑杀,传染病牛尸体要按照 GB 16548 进行处理。

10.3 有使用价值的病牛应隔离饲养、治疗,病愈后归群。

11.废弃物处理

11.1 牛场污染物排放应符合 GB 18596 的要求。

12.资料记录

12.1 所有记录应准确、可靠、完整。

12.2 牛只标记和谱系的育种记录。

12.3 发情、配种、妊娠、流产、产犊和产后监护的繁殖记录。

12.4 哺乳、断奶、转群的生产记录。

12.5 种牛及肥育牛来源、牛号、主要生产性能及销售地记录。

12.6 饲料及各种添加剂来源、配方及饲料消耗记录。

12.7 防疫、检疫、发病、用药和治疗情况记录。

附录五 中华人民共和国农业行业标准
——无公害食品牛肉

中华人民共和国农业行业标准——无公害食品牛肉（NY 5044—2001）全文如下：

1. 范围

本标准规定了无公害牛肉的定义、技术要求、检验方法、标志、包装、储存和运输。

本标准适用于来自非疫区的无公害肉牛，屠宰后经兽医检疫合格的牛肉。

2. 规范性引用文件

下列文件中的条款通过本标准的引用而成为本标准的条款。凡是注日期的引用文件，其随后所有的修改单（不包括勘误的内容）或修订版均不适用于本标准，然而，鼓励根据本标准达成协议的各方研究是否可使用这些文件的最新版本。凡是不注日期的引用文件，其最新版本适用于本标准。

GB l91 包装储运图示标志

GB 2708 牛肉、羊肉、兔肉卫生标准

GB 4789.2 食品卫生微生物学检验 菌落总数测定

GB 4789.3 食品卫生微生物学检验 大肠菌群测定

GB 4789.4 食品卫生微生物学检验 沙门氏菌测定

GB/T 5009.11 食品中总砷的测定方法

GB/T 5009.12 食品中铅的测定方法

GB/T 5009.15 食品中镉的测定方法

GB/T 5009.17 食品中总汞的测定方法

GB/T 5009.19 食品中六六六、滴滴涕残留量的测定方法

GB/T 5009.44 肉与肉制品卫生标准的分析方法

GB/T 6388 运输包装收发货标志

GB 7718 食品标签通用标准

GB/T 9960 鲜、冻四分体带骨牛肉

GB 12694 肉类加工厂卫生规范

GB/T 14962 食品中铬的测定方法

NY 467 畜禽屠宰卫生检疫规范

NY 5029—2001 无公害食品 猪肉

3. 技术要求

3.1 原料

活牛原料必须来自非疫区，经当地动物防疫监督机构检验合格。

3.2 屠宰加工

屠宰加工规范及卫生检验要求按 NY 467 和 GB/T 9960 规定执行。

3.3 感官指标

感官指标应符合 GB 2708 规定。

3.4 理化指标

理化指标应符合表 6 的要求。

表6　无公害牛肉理化指标

项　目		指　标
解冻失水率，%	≤	8
挥发性盐基氮，mg/100g	≤	15
汞(以 Hg 计)，mg/kg	≤	按 GB/T 9960
铅(以 Pb 计)，mg/kg	≤	0.50
砷(以 As 计)，mg/kg	≤	0.50
镉(以 Cd 计)，mg/kg	≤	0.10
铬(以 Cr 计)，mg/kg	≤	1.0

续表6

项 目		指 标
六六六，mg/kg	≤	0.10
滴滴涕，mg/kg	≤	0.10
金霉素，mg/kg	≤	0.10
土霉素，mg/kg	≤	0.10
磺胺类(以磺胺类总量计)，mg/kg	≤	0.10
伊维菌素(脂肪中)，mg/kg	≤	0.04

3.5 微生物指标

微生物指标应符合表7规定。

表7 无公害牛肉微生物指标

项 目		指 标
菌落总数，cfu/g	≤	1×10^6
大肠菌群，MPN/100g	≤	1×10^6
沙门氏菌		不得检测

4.检验方法

4.1 感官检验

按 GB/T 5009.44 规定方法检验。

4.2 理化检验

4.2.1 解冻失水率

按 NY 5029—2001 中附录 A 执行。

4.2.2 挥发性盐基氮

按 GB/T 5009.44 规定方法测定。

4.2.3 铅

按 GB/T 5009.12 规定方法测定。

4.2.4 砷

按 GB/T 5009.11 规定方法测定。

4.2.5 镉

按 GB/T 5009.15 规定方法测定。

4.2.6 汞

按 GB/T 5009.17 规定方法测定。

4.2.7 铬

按 GB/T 14962 规定方法测定。

4.2.8 六六六、滴滴涕

按 GB/T 5009.19 规定方法测定。

4.2.9 金霉素

按 NY5029—2001 中附录 B 规定方法测定。

4.2.10 土霉素

按 NY5029—2001 中附录 C 规定方法测定。

4.2.11 磺胺类

按 NY5029—2001 中附录 E 规定方法测定。

4.2.12 伊维菌素

按 NY 5029—2001 中附录 F 规定方法测定。

4.3 微生物检验

4.3.1 菌落总数

按 GB 4789.2 检验。

4.3.2 大肠菌群

按 GB 4789.3 检验。

4.3.3 沙门氏菌

按 GB 4789.4 检验。

5. 标志、包装、储存、运输

5.1 标志

内包装(销售包装)标志应符合 GB 7718 的规定执行,外包装的标志应按 GB191 和 GB/T 6388 的规定执行。

5.2 包装

包装材料符合相应的国家食品卫生标准。

5.3 储存

产品应储存在通风良好的场所,不得与有毒、有害、有异味、易挥发、易腐蚀的物品同处储存。

5.4 运输

应使用符合食品卫生要求的专用冷藏车(船),不得有对产品发生不良影响的物品混装。

附录六 中华人民共和国农业行业标准
——无公害食品肉牛饲养兽医防疫准则

中华人民共和国农业行业标准——无公害食品肉牛饲养兽医防疫准则(NY 5126—2002)全文如下:

1. 范围

本标准规定了生产无公害食品的肉牛饲养场在疫病的预防、监测、控制和扑灭方面的兽医防疫准则。

本标准适用于生产无公害食品肉牛饲养场的兽医防疫。

2. 规范性引用文件

下列文件中的条款通过本标准的引用而成为本标准的条款。凡是注日期的引用文件,其随后所有的修改单(不包括勘误的内容)或修订版均不适用于本标准,然而,鼓励根据本标准达成协议的各方研究是否可使用这些文件的最新版本。凡是不注日期的引用文件,其最新版本适用于本标准。

GB 16548 畜禽病害肉尸及其产品无害化处理规程

GB 16549 畜禽产地检疫规范

NY/T 388 畜禽场环境质量标准

NY 5027 无公害食品 畜禽饮用水水质

NY 5126 无公害食品 肉牛饲养兽药使用准则

NY 5127 无公害食品 肉牛饲养饲料使用准则

NY/T 5128 无公害食品 肉牛饲养管理准则

中华人民共和国动物防疫法

3. 术语和定义

下列术语和定义适用于本标准。

3.1 动物疫病（animal epidemic disease）

动物的传染病和寄生虫病。

3.2 病原体（pathogen）

能引起疾病的生物体，包括寄生虫和致病微生物。

3.3 动物防疫（animal epidemic prevention）

动物疫病的预防、控制、扑灭和动物、动物产品的检疫。

4. 疫病预防

4.1 环境卫生条件

肉牛饲养场的环境卫生质量应符合 NY/T 388 规定的要求。

4.2 肉牛饲养场的卫生条件

4.2.1 肉牛饲养场的选址、布局、设施及其卫生要求、工作人员健康卫生要求、运输卫生要求、防疫卫生等必须符合 NY/T 5128 规定的要求。

4.2.2 具有清洁、无污染的水源，水质应符合 NY 5027 规定的要求。

4.2.3 肉牛饲养场应设管理和生活区、生产和饲养区、生产辅助区、畜粪堆储区、病牛隔离区和无害化处理区，各区应相互隔离。净道与污道分设，并尽可能减少交叉点。

4.2.4 非生产人员不应进入生产区。特殊情况下，需经消毒后方可入场，并遵守场内的一切防疫制度。

4.2.5 应按照 NY/T 5128 规定的要求建立规范的消毒方法。

4.2.6 肉牛饲养场内不准屠宰和解剖牛只。

4.3 引进牛只

4.3.1 坚持自繁自养的原则，不从有牛海绵状脑病及高风险的国家和地区引进牛只、胚胎或卵。

4.3.2 必须引进牛只时,应从非疫区引进牛只,并有动物检疫合格证明。

4.3.3 牛只在装运及运输过程中没有接触过其他偶蹄动物,运输车辆应做过彻底清洗消毒。

4.3.4 牛只引入后至少隔离饲养 30d,在此期间进行观察、检疫,确认为健康者方可合群饲养。

4.4 饲养管理要求

肉牛饲养场的饲养管理应符合 NY/T5128 规定的要求。

4.5 饲料、饲料添加剂和兽药的要求

4.5.1 饲料和饲料添加剂的使用应符合 NY 5128 规定的要求,禁止饲喂动物源性肉骨粉。

4.5.2 兽药的使用应符合 NY 5128 规定的要求。

4.6 免疫接种

肉牛饲养场应根据《中华人民共和国动物防疫法》及其配套法规的要求,结合当地实际情况,有选择地进行疫病的预防接种工作,并注意选择适宜的疫苗和免疫方法。

5. 疫病控制和扑灭

5.1 肉牛饲养场发生或怀疑发生一类疫病时,应依据《中华人民共和国动物防疫法》及时采取以下措施:

5.1.1 立即封锁现场.驻场兽医应及时进行诊断,采集病料由权威部门确诊,并尽快向当地动物防疫监督机构报告疫情。

5.1.2 确诊发生口蹄疫、蓝舌病、牛瘟、牛传染性胸膜肺炎时,肉牛饲养场应配合当地畜牧兽医管理部门,对牛群实施严格的隔离、检疫、扑杀措施。

5.1.3 发生牛海绵状脑病时,除了对牛群实施严格的隔离、扑杀措施外,还需追踪调查病牛的亲代和子代。

5.1.4 全场进行彻底的清洗消毒,病死或淘汰牛的尸体按 GB 16548 进行无害化处理。

5.2 发生炭疽时,焚毁病牛,对可能污染点彻底消毒。

5.3 发生牛白血病、结核病、布鲁氏菌病等疫病,发现蓝舌病血清学阳性牛时,应对牛群实施清群和净化措施。

6.产地检疫

产地检疫按 GB 16549 和国家有关规定执行。

7.疫病监测

7.1 当地畜牧兽医行政管理部门必须依照《中华人民共和国动物防疫法》及其配套法规的要求,结合当地实际情况,制订疫病监测方案,由当地动物防疫监督机构实施,肉牛饲养场应积极予以配合。

7.2 肉牛饲养场常规。监测的疾病至少应包括:口蹄疫、结核病、布鲁氏菌病。

7.3 不应检出的疫病;牛瘟、牛传染性胸膜肺炎、牛海绵状脑病。

除上述疫病外,还应根据当地实际情况,选择其他一些必要的疫病进行监测。

7.4 根据当地实际情况由动物防疫监督机构定期或不定期进行必要的疫病监督抽查,并将抽查结果报告当地畜牧兽医行政管理部门,并反馈给肉牛饲养场。

8.记录

每群肉牛都要有相关的资料记录,其内容包括:肉牛来源,饲料消耗情况,发病率、死亡率及发病死亡原因,消毒情况,无害化处理情况,实验室检查及其结果,用药及免疫接种情况,肉牛去向。所有记录必须妥善保存。

附录七 中华人民共和国农业行业标准
——无公害食品肉牛饲养兽药使用准则

中华人民共和国农业行业标准——无公害食品肉牛饲养兽药使用准则(NY 5125—2002)全文如下:

1. 范围

本标准规定了生产无公害食品的肉牛饲养过程中允许使用的兽药种类及其使用准则。

本标准适用于无公害食品的肉牛饲养过程的生产、管理和认证。

2. 规范性引用文件

下列文件中的条款通过本标准的引用而成为本标准的条款。凡是注日期的引用文件,其随后所有的修改单(不包括勘误的内容)或修订版均不适用于本标准,然而,鼓励根据本标准达成协议的各方研究是否可使用这些文件的最新版本。凡是不注日期的引用文件,其最新版本适用于本标准。

NY/T 388 畜禽场环境质量标准

NY 5027 无公害食品 畜禽饮用水水质

NY 5126 无公害食品 肉牛饲养兽医防疫准则

NY 5127 无公害食品 肉牛饲养饲料使用准则

NY/T 5128 无公害食品 肉牛饲养管理准则

中华人民共和国兽药典(2000 年版)

中华人民共和国兽药规范(1992)

中华人民共和国兽用生物制品质量标准

兽药管理条例

中华人民共和国动物防疫法

进口兽药质量标准(中华人民共和国农业部农牧发[11999]2 号)

兽药质量标准(中华人民共和国农牧发[1999]16 号)

饲料药物添加剂使用规范

食品动物禁用的兽药及其他化合物清单(中华人民共和国农业部公告第 193 号)

饲料和饲料添加剂管理条例

3. 术语和定义

下列术语和定义适用于本标准。

3.1 兽药 (veterinary drug)

用于预防、治疗和诊断畜禽等动物疾病,有目的地调节其生理机能并规定作用、用途、用法、用量的物质(含饲料药物添加剂)。包括:血清、疫苗、诊断试剂等生物制品;兽用的中药材、中成药、化学原料及其制剂;抗生素、生化药品、放射性药品。

3.1.1 抗寄生虫药(antiparasitic drug)

能够杀灭或驱除动物体内、体外寄生虫的药物,其中包括中药材、中成药、化学药品、抗生素及其制剂。

3.1.2 抗菌药 (antibacterial drug)

能够抑制或杀灭病原菌的药物,其中包括中药材、中成药、化学药品、抗生素及其制剂。

3.1.3 饲料药物添加剂 (medicated feed additive)

为预防、治疗动物疾病而掺入载体或者稀释剂的兽药的预混物,包括抗球虫药类、驱虫剂类、抑菌促生长类等。

3.1.4 疫苗 (vaccine)

由特定细菌、病毒等微生物以及寄生虫制成的主动免疫制品。

3.1.5 消毒防腐剂 (disinfectant and preservative)

用于抑制或杀灭环境中的有害微生物、防止疾病发生和传染的药物。

3.2 休药期 (withdrawal period)

食品动物从停止给药到许可屠宰或他们的产品(乳、蛋)许可上市的间隔时间。

4.使用准则

肉牛养殖场的饲养环境应符合 NY/T 388 的规定。肉牛饲养者应供给肉牛充足的营养,所用饲料、饲料添加剂和饮用水应符合《饲料和饲料添加剂管理条例》、NY 5127 和 NY 5027 的规定。应按照 NY/T 5128 加强饲养管理,净化和消毒饲养环境,采取各种措施以减少应激,增强动物自身的免疫力。应严格按照《中华人民共和国动物防疫法》和 NY 5126 的规定进行预防,建立严格的生物安全体系,防止肉牛发病和死亡。最大限度地减少化学药品和抗生素的使用。确需使用治疗用药的,经实验室诊断确诊后再对症下药,兽药的使用应有兽医处方并在兽医的指导下进行。用于预防、治疗和诊断疾病的兽药应符合《中华人民共和国兽药典》、《中华人民共和国兽药规范》、《中华人民共和国兽用生物制品质量标准》、《兽药质量标准》、《进口兽药质量标准》和《饲料药物添加剂使用规范》的相关规定。所用兽药必须来自具有《兽药生产许可证》和产品批准文号的生产企业或者具有《进口兽药许可证》的供应商。所用兽药的标签应符合《兽药管理条例》的规定。

4.1 优先使用疫苗预防肉牛疫病,应结合当地实际情况进行疫病的预防接种。

4.2 允许使用符合《中华人民共和国兽药典》、《中华人民共和国兽药规范》、《兽药质量标准》和《进口兽药质量标准》规定的消毒防腐剂对饲养环境、厩舍和器具进行消毒,同时应符合 NY/T 5128 的规定。

4.3 允许使用符合《中华人民共和国兽药典》和《中华人民共和国兽药规范》规定的用于肉牛疾病预防和治疗的中药材和中药成方制剂。

4.4 允许使用符合《中华人民共和国兽药典》、《中华人民共和国兽药规范》、《兽药质量标准》和《进口兽药质量标准》规定的钙、磷、硒、钾等补充药,酸碱平衡药,体液补充药,电解质补充药,营养药,血容量补充药,抗贫血药,维生素类药,吸附药,泻药,润滑剂,酸化剂,局部止血药,收敛药和助消化药。

4.5 允许使用国家畜牧兽医行政管理部门批准的微生态制剂。

4.6 允许使用附录三中表4的抗寄生虫药、抗菌药和饲料药物添加剂,使用中应注意以下几点:

a) 严格遵守规定的用法与用量;

b) 休药期应严格遵守附录三中表4规定的时间。

4.7 慎用作用于神经系统、循环系统、呼吸系统、泌尿系统的兽药及其他兽药。

4.8 建立并保存肉牛的免疫程序记录;建立并保存患病与用药记录,治疗用药记录包括患病肉牛的畜号或其他标志、发病时间及症状、治疗用药物名称(商品名及有效成分)、给药途径及剂量、治疗时间和疗程等;预防或促生长混饲给药记录包括所用药物名称(商品名称及有效成分)、剂量和疗程等。

4.9 禁止使用未经国家畜牧兽医行政管理部门批准的兽药或已经淘汰的兽药。

4.10 禁止使用附录三中表5的兽药及其他化合物。

附录八 肉牛的饲养标准

表8 生长肥育牛的营养需要

体重 (kg)	日增重 (kg)	干物质 (kg)	肉牛能量单位 (RND)	综合净能 (MJ)	粗蛋白质 (g)	钙 (g)	磷 (g)
	0	2.66	1.46	11.76	236	5	5
	0.3	3.29	1.87	15.10	377	14	8
	0.4	3.49	1.97	15.90	421	17	9
	0.5	3.70	2.07	16.74	465	19	10
	0.6	3.91	2.19	17.66	507	22	11
150	0.7	4.12	2.30	18.58	548	25	12
	0.8	4.33	2.45	19.75	589	28	13
	0.9	4.54	2.61	21.05	627	31	14
	1.0	4.75	2.80	22.64	665	34	15
	1.1	4.95	3.02	24.35	7.04	37	16
	1.2	5.16	3.25	26.28	739	40	16
	0	2.98	1.63	13.18	265	6	6
	0.3	3.63	2.09	16.90	403	14	9
	0.4	3.85	2.20	17.78	447	17	9
	0.5	4.07	2.32	18.70	489	20	10
	0.6	4.29	2.44	19.71	530	23	11
175	0.7	4.51	2.57	20.75	571	26	12
	0.8	4.72	2.79	22.05	609	28	13
	0.9	4.94	2.91	23.47	650	31	14
	1.0	5.16	3.12	25.23	686	34	15
	1.1	5.38	3.37	27.20	724	37	16
	1.2	5.59	3.63	29.29	759	40	17
	0	3.30	1.80	14.56	293	7	7
	0.3	3.98	2.32	18.70	428	15	9
	0.4	4.21	2.43	19.62	472	17	10
	0.5	4.44	2.56	20.67	514	20	11
	0.6	4.66	2.69	21.76	555	23	12
200	0.7	4.89	2.83	22.89	593	26	13
	0.8	5.12	3.01	24.31	631	29	14
	0.9	5.34	3.21	25.90	669	31	15
	1.0	5.57	3.45	27.82	708	34	16
	1.1	5.80	3.71	29.96	743	37	17
	1.2	6.03	4.00	32.30	778	40	17

续表 8

体重 (kg)	日增重 (kg)	干物质 (kg)	肉牛能量单位 (RND)	综合净能 (MJ)	粗蛋白质 (g)	钙 (g)	磷 (g)
	0	3.60	1.87	15.10	320	7	7
	0.3	4.31	2.56	20.71	452	15	10
	0.4	4.55	2.69	21.76	494	18	11
	0.5	4.78	2.83	22.89	535	20	12
	0.6	5.02	2.98	24.10	576	23	13
225	0.7	5.26	3.14	25.36	614	26	14
	0.8	5.49	3.33	26.90	652	29	14
	0.9	5.73	3.55	28.66	691	31	15
	1.0	5.96	3.81	30.79	726	34	16
	1.1	6.20	4.10	33.10	761	37	17
	1.2	6.44	4.42	35.69	796	39	18
	0	3.90	2.20	17.78	346	8	8
	0.3	4.64	2.81	22.72	475	16	11
	0.4	4.88	2.95	23.85	517	18	12
	0.5	5.13	3.11	25.10	558	21	12
	0.6	5.37	3.27	26.44	599	23	13
250	0.7	5.62	3.45	27.82	637	26	14
	0.8	5.87	3.65	29.50	672	29	15
	0.9	6.11	3.89	31.38	711	31	16
	1.0	6.36	4.18	33.72	746	34	17
	1.1	6.60	4.49	36.28	781	36	18
	1.2	6.85	4.84	39.08	814	39	18
	0	4.19	2.40	19.37	372	9	9
	0.3	4.96	3.07	24.77	501	16	12
	0.4	5.21	3.22	25.98	543	19	12
	0.5	5.47	3.39	27.36	581	21	13
275	0.6	5.72	3.57	28.79	619	24	14
	0.7	5.98	3.75	30.29	657	26	15
	0.8	6.23	3.98	32.13	696	29	16
	1.0	6.74	4.55	36.74	766	34	17
	1.1	7.00	4.89	39.50	798	36	18
	1.2	7.25	5.26	42.51	834	39	19
	0	4.47	2.60	21.00	397	10	10
	0.3	5.26	3.32	26.78	523	17	12
	0.4	5.53	3.48	28.12	565	19	13
	0.5	5.79	3.66	29.58	603	21	14
	0.6	6.06	3.86	31.13	641	24	15
300	0.7	6.32	4.06	32.76	679	26	15
	0.8	6.58	4.31	34.77	715	29	16
	0.9	6.85	4.58	36.99	750	31	17
	1.0	7.11	4.92	39.71	785	34	18
	1.1	7.38	5.29	42.68	818	36	19
	1.2	7.64	5.60	45.98	850	38	19

续表 8

体重 (kg)	日增重 (kg)	干物质 (kg)	肉牛能量单位 (RND)	综合净能 (MJ)	粗蛋白质 (g)	钙 (g)	磷 (g)
	0	4.75	2.78	22.43	421	11	11
	0.3	5.57	3.54	28.58	547	17	13
	0.4	5.84	3.72	30.04	586	19	14
	0.5	6.12	3.91	31.59	624	22	14
	0.6	6.39	4.12	33.26	662	24	15
325	0.7	6.66	4.36	35.02	700	26	16
	0.8	6.94	4.60	37.15	736	29	17
	0.9	7.21	4.90	39.54	771	31	18
	1.0	7.49	5.25	42.43	803	33	18
	1.1	7.76	5.65	45.61	839	36	19
	1.2	8.03	6.08	49.12	868	38	20
	0	5.02	2.95	23.85	445	10	12
	0.3	5.87	3.76	30.38	569	18	14
	0.4	6.15	3.95	31.92	607	20	14
	0.5	6.43	4.16	33.60	645	22	15
	0.6	6.72	4.38	35.40	683	24	16
350	0.7	7.00	4.61	37.24	719	27	17
	0.8	7.28	4.89	39.50	757	29	17
	0.9	7.57	5.21	42.05	789	31	18
	1.0	7.85	5.59	45.15	824	33	19
	1.1	8.13	6.01	48.53	857	36	20
	1.2	8.41	6.47	52.26	889	38	20
	0	5.28	3.13	25.27	469	12	12
	0.3	6.16	3.99	32.22	593	18	14
	0.4	6.45	4.19	33.85	631	20	15
	0.5	6.74	4.41	35.61	669	22	16
	0.6	7.03	4.65	37.53	704	25	17
375	0.7	7.32	4.89	39.50	743	27	17
	0.8	7.62	5.19	41.88	778	29	18
	0.9	7.91	5.52	44.60	810	31	19
	1.0	8.20	5.93	47.87	845	33	19
	1.1	8.49	6.26	50.54	878	35	20
	1.2	8.79	6.75	54.48	907	38	21
	0	5.55	3.31	26.74	492	13	13
	0.3	6.45	4.22	34.06	613	19	15
	0.4	6.76	4.43	35.77	651	21	16
	0.5	7.06	4.66	37.66	689	23	17
	0.6	7.36	4.91	39.66	727	25	17
400	0.7	7.66	5.17	41.76	763	27	18
	0.8	7.96	5.49	44.31	798	29	19
	0.9	8.26	5.64	47.15	830	31	19
	1.0	8.56	6.27	50.63	866	33	20
	1.1	8.87	6.74	54.43	895	35	21
	1.2	9.17	7.26	58.66	927	37	21

续表 8

体重 (kg)	日增重 (kg)	干物质 (kg)	肉牛能量单位 (RND)	综合净能 (MJ)	粗蛋白质 (g)	钙 (g)	磷 (g)
425	0	5.80	3.48	28.08	515	14	14
	0.3	6.73	4.43	35.77	636	19	16
	0.4	7.04	4.65	37.57	674	21	17
	0.5	7.35	4.90	39.54	712	23	17
	0.6	7.66	5.16	41.67	747	25	18
	0.7	7.97	5.44	43.89	783	27	18
	0.8	8.29	5.77	46.57	818	29	19
	0.9	8.60	6.14	49.58	850	31	20
	1.0	8.91	6.59	53.22	886	33	20
	1.1	9.22	7.09	57.24	918	35	21
	1.2	9.35	7.64	61.67	947	37	22
450	0	6.06	3.63	29.33	538	15	15
	0.3	7.02	4.63	37.41	659	20	17
	0.4	7.34	4.87	39.33	697	21	17
	0.5	7.66	5.12	41.38	732	23	18
	0.6	7.98	5.40	43.60	770	25	19
	0.7	8.30	5.69	45.94	806	27	19
	0.8	8.62	6.03	48.74	841	29	20
	0.9	8.94	6.43	51.92	873	31	20
	1.0	9.26	6.90	55.77	906	33	21
	1.1	9.58	7.42	59.96	938	35	22
	1.2	9.90	8.00	64.60	967	37	22
475	0	6.31	3.79	30.63	560	16	16
	0.3	7.30	4.84	39.08	681	20	17
	0.4	7.63	5.09	41.09	719	22	18
	0.5	7.96	5.35	43.26	754	24	19
	0.6	8.29	5.64	45.61	789	25	19
	0.7	8.61	5.94	48.03	825	27	20
	0.8	8.94	6.31	51.00	860	29	20
	0.9	9.27	6.72	54.31	892	31	21
	1.0	9.60	7.22	58.32	928	33	21
	1.1	9.93	7.77	62.76	957	35	22
	1.2	10.26	8.37	67.61	989	36	23
500	0	6.56	3.59	31.92	582	16	16
	0.3	7.58	5.04	40.71	700	21	18
	0.4	7.91	5.30	42.84	738	22	19
	0.5	8.25	5.58	45.10	776	24	19
	0.6	8.59	5.88	47.53	811	26	20
	0.7	8.93	6.20	50.08	847	27	20
	0.8	9.27	6.58	53.18	882	29	21
	0.9	9.61	7.01	56.65	912	31	21
	1.0	9.94	7.53	60.88	947	33	22
	1.1	10.28	8.10	65.48	979	34	23
	1.2	10.62	8.73	70.54	1011	36	23

表9　妊娠期母牛的营养需要

体重 (kg)	妊娠 月份	干物质 (kg)	肉牛能量 单位(RND)	综合净能 (MJ)	粗蛋白 (g)	钙 (g)	磷 (g)
300	6	6.32	2.80	22.60	409	14	12
	7	6.43	3.11	25.12	477	16	12
	8	6.60	3.50	28.26	587	18	13
	9	6.77	3.97	32.05	735	20	13
350	6	6.86	3.12	25.19	449	16	13
	7	6.98	3.45	27.87	517	18	14
	8	7.15	3.87	31.24	627	20	15
	9	7.32	4.37	35.30	775	22	15
400	6	7.39	3.43	27.69	488	18	15
	7	7.51	3.78	30.56	556	20	16
	8	7.68	4.23	34.13	666	22	16
	9	7.84	4.76	38.47	814	24	17
450	6	7.90	3.73	30.12	526	20	17
	7	8.02	4.11	33.15	594	22	18
	8	8.19	4.58	36.99	704	24	18
	9	8.36	5.15	41.58	852	27	19
500	6	8.40	4.03	32.15	563	22	19
	7	8.52	4.42	35.72	631	24	19
	8	8.69	4.92	39.76	741	26	20
	9	8.86	5.53	44.62	889	29	21
550	6	8.89	4.31	34.83	599	24	20
	7	9.00	4.73	38.23	667	26	21
	8	9.17	5.26	42.47	777	29	22
	9	9.34	5.90	47.67	925	31	23

表10　哺乳母牛的营养需要

体重 (kg)	干物质 (kg)	肉牛能量单位 (RND)	综合净能 (MJ)	粗蛋白 (g)	钙 (g)	磷 (g)
300	4.47	2.36	19.04	332	10	10
350	5.02	2.65	21.38	372	12	12
400	5.55	2.93	23.64	411	13	13
450	6.06	3.20	25.82	449	15	15
500	6.56	3.46	27.91	486	16	16
550	7.04	3.72	30.04	522	18	18

表 11 哺乳母牛每千克泌乳的营养需要

干物质 (kg)	肉牛能量单位 (RND)	综合净能 (MJ)	粗蛋白 (g)	钙 (g)	磷 (g)
0.45	0.32	2.57	85	2.46	1.12

表 12 矿物质需要量及最大耐受量(干物质基础)

矿物质	需要量		大耐受量
	推荐量	范围	
钙(%)	* *		2.0
磷(%)	* *		1.0
钠(%)	0.08	0.06~0.10	10.0
氯(%)			—
硫(%)	0.10	0.08~0.15	0.4
钾(%)	0.65	0.50~0.70	3.0
镁(%)	0.10	0.05~0.25	0.4
铁(mg/kg)	50.0	50.00~100.00	1000.0
铜(mg/kg)	8.0	4.00~10.00	100.0
锌(mg/kg)	30.0	20.00~40.00	500.0
碘(mg/kg)	0.5	0.20~2.00	50.0
锰(mg/kg)	40.0	20.00~50.00	1000.0
钴(mg/kg)	0.10	0.07~0.11	5.0
硒(mg/kg)	0.10	0.05~0.30	2.0
钼(mg/kg)	—	—	3.0

表 13 维生素需要量

名 称	罗氏公司 (IU/(d·头))	NRC 标准 (IU/kg 干物质)		
	育 肥 牛	育肥牛	干奶怀孕牛	泌乳牛
维生素 A	40000	2200	2800	3900
维生素 D	5000	275	275	275
维生素 E	250	15~60	—	15~60

附录九　肉牛常用饲料成分与营养价值表

表14　青绿饲料类

饲料名称	样品说明	饲料编码	干物质(%)	消化能(MJ/kg)	综合净能(MJ/kg)	肉牛能量单位(RND/kg)	粗蛋白质(%)	可消化粗蛋白质(%)	粗纤维(%)	钙(%)	磷(%)
甘薯藤	11省市,15样品平均值	2-01-072	13.0 100.0	1.37 10.55	0.63 4.84	0.08 0.60	2.1 16.2	1.4 10.5	2.5 19.2	0.20 1.54	0.05 0.38
黑麦草	北京,佰克意大利黑麦草	2-01-632	18.0 100.0	2.22 12.33	1.11 6.17	0.14 0.76	3.3 18.3	2.4 13.6	4.2 23.3	0.13 0.72	0.05 0.28
象草	广东湛江	2-01-664	20.0 100.0	2.23 11.13	1.02 5.12	0.13 0.63	2.0 10.0	1.2 6.2	7.0 35.0	0.15 0.25	0.02 0.10
野青草	北京,狗尾草为主	2-01-677	25.3 100.0	25.3 10.01	1.14 4.50	0.14 0.56	1.7 6.7	1.0 3.8	7.1 28.1	0.24 1.27	0.03 0.16

表 15 青贮饲料类

饲料名称	样品说明	饲料编码	干物质(%)	消化能(MJ/kg)	综合净能(MJ/kg)	肉牛能量单位(RND/kg)	粗蛋白质(%)	可消化粗蛋白质(%)	粗纤维(%)	钙(%)	磷(%)
玉米青贮	4省市,5样品平均值	3-03-605	22.7 100.0	2.25 9.90	1.00 4.40	0.12 0.54	1.6 7.0	0.8 3.5	6.9 30.4	0.10 0.44	0.06 0.26
玉米青贮	吉林双阳收获后黄干贮	3-03-025	25.0 100.0	1.70 6.78	0.61 2.44	0.08 0.30	1.4 5.6	0.3 1.1	8.7 35.6	0.10 0.40	0.02 0.08
苜蓿青贮	青海西宁,盛花期	3-03-019	33.7 100.0	3.13 9.29	1.32 3.93	0.16 0.49	5.3 15.7	3.2 9.4	12.8 38.0	0.50 1.48	0.10 0.30
甘薯蔓青贮	上海	3-03-005	18.3 100.0	1.53 8.38	0.64 3.52	0.08 0.44	1.7 9.3	0.7 3.7	4.5 24.6	— —	— —
甜菜叶青贮	吉林	3-03-021	37.5 100.0	4.26 11.36	2.14 5.69	0.26 0.70	4.6 12.3	3.1 8.0	7.4 19.7	0.39 1.04	0.10 0.27

表 16　块根、块茎、瓜果类

饲料名称	样品说明	饲料编码	干物质(%)	消化能(MJ/kg)	综合净能(MJ/kg)	肉牛能量单位(RND/kg)	粗蛋白质(%)	可消化粗蛋白质(%)	粗纤维(%)	钙(%)	磷(%)
甘薯	7省市8样品平均值	4-04-200	25.00 100.0	3.83 15.31	2.14 8.55	0.26 1.06	1.0 4.0	0.6 2.2	0.9 3.6	0.13 0.52	0.05 0.20
胡萝卜	12省市13样品平均值	4-04-208	12.0 100.0	1.85 15.44	1.05 8.73	0.13 1.08	1.1 9.2	0.8 6.7	1.2 10.0	0.15 1.25	0.09 0.75
马铃薯	10省市10样品平均值	4-04-211	22.0 100.0	3.29 14.97	1.82 8.28	0.23 1.02	1.6 7.3	0.9 4.0	0.7 3.2	0.02 0.09	0.03 0.14
甜菜	8省市9样品平均值	4-04-213	15.0 100.0	1.94 12.93	1.01 6.71	0.12 0.83	2.0 13.3	— —	1.7 11.3	0.06 0.40	0.04 0.27
甜菜丝干	北京	4-04-611	88.6 100.0	12.25 13.82	6.49 7.33	0.80 0.91	7.3 8.2	4.8 5.4	19.6 22.1	0.66 0.74	0.07 0.08
芜菁甘蓝	3省市5样品平均值	4-04-215	10.0 100.0	1.58 15.80	0.91 9.05	0.11 1.12	1.0 10.0	0.7 7.1	1.3 13.0	0.06 0.60	0.02 0.20

表 17　干草类

饲料名称	样品说明	饲料编码	干物质 (%)	消化能 (MJ/kg)	综合净能 (MJ/kg)	肉牛能量单位 (RND/kg)	粗蛋白质 (%)	可消化粗蛋白质 (%)	粗纤维 (%)	钙 (%)	磷 (%)
羊草	黑龙江,4样品平均值	1-05-646	91.6 100.0	8.78 9.59	3.70 4.04	0.46 0.50	7.4 8.1	3.7 4.0	29.4 32.1	0.37 0.40	0.18 0.20
苜蓿干草	北京,苏联苜蓿2号	1-05-622	92.4 100.0	9.79 10.59	4.51 4.89	0.56 0.60	16.8 18.2	11.1 12.0	29.5 31.9	1.95 2.11	0.28 0.30
苜蓿干草	北京,下等	1-05-625	88.7 100.0	7.67 8.64	3.13 3.53	0.39 0.44	11.6 13.1	8.5 43.3 48.8	1.24 1.40	0.39 0.44	
野干草	北京,秋白草	1-05-646	85.2 100.0	7.86 9.22	3.43 4.03	0.42 0.50	6.8 8.0	4.3 5.0	27.5 32.3	0.41 0.48	0.31 0.36
碱草	内蒙古,结实期	1-05-617	91.7 100.0	6.54 7.13	2.37 2.58	0.29 0.32	7.4 8.1	4.1 4.5	41.3 45.0	— —	— —
大米草	江苏,整株	1-05-606	83.2 100.0	7.65 9.19	3.29 3.95	0.41 0.49	12.8 15.4	7.7 9.2	30.3 36.4	0.42 0.50	0.02 0.02

表18　农副产品类

饲料名称	样品说明	饲料编码	干物质(%)	消化能(MJ/kg)	综合净能(MJ/kg)	肉牛能量单位(RND/kg)	粗蛋白质(%)	可消化粗蛋白质(%)	粗纤维(%)	钙(%)	磷(%)
玉米秸	辽宁,3样品平均值	1-06-062	90.0	8.33	3.61	0.45	5.9	2.0	24.9		
			100.0	9.25	4.01	0.50	6.6	2.2	27.7		
小麦秸	新疆,墨西哥种	1-06-622	89.6	6.23	2.29	0.28	5.6	0.8	31.9	0.05	0.06
			100.0	6.95	2.56	0.32	6.3	0.9	35.6	0.06	0.07
稻草	浙江,晚稻	1-06-009	89.4	6.74	2.68	0.33	2.5	0.2	24.1	0.07	0.05
			100.0	7.54	3.00	0.37	2.8	0.2	27.0	0.08	0.06
谷草	黑龙江栗秸秆2样品平均值	1-06-615	90.7	8.18	3.50	0.43	4.5	2.6	32.6	0.34	0.03
			100.7	9.02	3.86	0.48	5.0	2.8	35.9	0.37	0.03
甘薯蔓	7省市31样品平均值	1-06-100	88.0	8.35	3.64	0.45	8.1	3.2	28.5	1.55	0.11
			100.0	9.49	4.13	0.51	9.2	3.6	32.4	1.76	0.13
花生蔓	山东,伏花生	1-06-617	91.3	9.48	4.31	0.53	11.0	8.8	29.6	2.46	0.04
			100.0	10.39	4.72	0.58	12.0	9.6	32.4	2.69	0.04

表19　谷实类

饲料名称	样品说明	饲料编码	干物质(%)	消化能(MJ/kg)	综合净能(MJ/kg)	肉牛能量单位(RND/kg)	粗蛋白质(%)	可消化粗蛋白质(%)	粗纤维(%)	钙(%)	磷(%)
玉米	23省市120样品平均值	4-07-263	88.4 100.0	14.7 16.36	8.06 9.12	1.00 1.13	8.6 9.7	5.9 6.7	2.0 2.3	0.08 0.09	0.21 0.24
高粱	17省市38样品平均值	4-07-104	89.3 100.0	13.31 14.90	7.08 7.93	0.88 0.98	8.7 9.7	5.0 5.6	2.2 2.5	0.09 0.10	0.28 0.31
大麦	20省市49样品平均值	4-07-022	88.8 100.0	13.31 14.99	7.19 8.10	0.89 1.00	10.8 12.2	7.9 8.9	4.7 5.3	0.12 0.14	0.29 0.33
稻谷	9省市34样品籼稻平均值	4-07-074	90.6 100.0	13.00 14.35	6.98 7.71	0.86 0.95	8.3 9.2	4.8 5.3	8.5 9.4	0.13 0.14	0.28 0.31
燕麦	11省市17样品平均值	4-07-188	90.3 100.0	13.28 14.70	6.95 7.70	0.86 0.95	11.6 12.8	9.0 10.0	8.9 9.9	0.15 0.17	0.33 0.37
小麦	15省市28样品平均值	4-07-164	91.8 100.0	14.82 16.14	8.29 9.03	1.03 1.12	12.1 13.2	9.4 10.3	2.4 2.6	0.11 0.12	0.36 0.39

表 20　糠麸类

饲料名称	样品说明	饲料编码	干物质(%)	消化能(MJ/kg)	综合净能(MJ/kg)	肉牛能量单位(RND/kg)	粗蛋白质(%)	可消化粗蛋白质(%)	粗纤维(%)	钙(%)	磷(%)
小麦麸	全国115样品平均值	4-08-078	88.6 100.0	11.37 13.24	5.86 6.61	0.73 0.82	14.4 16.3	10.9 12.4	9.2 10.4	0.18 0.20	0.78 0.88
玉米皮	北京	4-08-094	87.9 100.0	10.12 11.51	4.59 5.22	0.57 0.65	11.5	5.3 6.0	13.8 15.7	0.28 0.32	0.35 0.40
米糠	4省市13样品平均值	4-08-030	90.2 100.0	13.93 15.44	7.22 8.00	0.89 0.99	12.1 13.4	8.7 9.7	9.2 10.2	0.14 0.16	1.04 1.15
黄面粉	北京·土面粉	4-08-603	87.2 100.0	14.24 16.33	8.08 9.26	1.00 1.15	9.5 10.9	7.4 8.5	1.3 1.5	0.08 0.09	0.44 0.50
大豆皮	北京	4-08-001	91.0 100.0	11.25 12.36	5.40 5.94	0.67 0.74	18.8 20.7	9.9 9.9	25.1 27.6	— —	0.35 0.38

表 21 饼粕类

饲料名称	样品说明	饲料编码	干物质 (%)	消化能 (MJ/kg)	综合净能 (MJ/kg)	肉牛能量单位 (RND/kg)	粗蛋白质 (%)	可消化粗蛋白质 (%)	粗纤维 (%)	钙 (%)	磷 (%)
豆饼	13省市,机榨42样品平均值	5－10－043	90.6 100.0	14.31 15.80	7.41 8.17	0.92 1.01	43.0 47.5	36.6 40.3	5.7 6.3	0.32 0.35	0.50 0.55
菜子饼	13省市,机榨21样品平均值	5－10－022	92.2 100.0	13.52 14.66	6.77 7.35	0.84 0.91	36.4 39.5	31.3 34.0	10.7 11.6	0.73 0.79	0.95 1.03
胡麻饼	8省市,机榨11样品平均值	5－10－062	92.0 100.0	13.76 14.95	7.01 7.62	0.87 0.94	33.1 36.0	29.1 31.7	9.8 10.7	0.58 0.63	0.77 0.84
花生饼	9省市,机榨34样品平均值	5－10－075	89.9 100.0	14.44 16.06	7.41 8.24	0.92 1.02	46.4 51.6	41.8 46.5	5.8 6.5	0.24 0.27	0.52 0.58
棉子饼	4省市,去壳机榨6样品平均值	5－10－612	89.6 100.0	13.11 14.63	6.62 7.39	0.82 0.92	32.5 36.3	26.3 29.4	10.7 11.9	0.27 0.30	0.81 0.90
向日葵饼	北京,去壳浸提	5－10－110	92.6 100.0	10.97 11.84	4.93 5.32	0.61 0.66	46.1 49.8	41.0 44.3	11.8 12.7	0.53 0.57	0.35 0.38

表 22 槽渣类

饲料名称	样品说明	饲料编码	干物质(%)	消化能(MJ/kg)	综合净能(MJ/kg)	肉牛能量单位(RND/kg)	粗蛋白质(%)	可消化粗蛋白质(%)	粗纤维(%)	钙(%)	磷(%)
酒糟	吉林,高粱酒糟	5-11-103	37.7 / 100.0	5.83 / 15.46	3.03 / 8.05	0.38 / 1.00	9.3 / 24.7	6.7 / 17.8	3.4 / 9.0		0.02 / 0.13
酒糟	贵州,玉米酒糟	4-11-092	21.0 / 100.0	2.69 / 12.89	1.25 / 5.94	0.15 / 0.73	4.0 / 19.0	2.4 / 11.4	2.3 / 11.0		
粉渣	玉米粉渣,6省市7样品平均值	4-11-058	15.0 / 100.0	2.41 / 16.10	1.33 / 8.86	0.16 / 1.10	2.8 / 12.0	1.5 / 10.3	1.4 / 9.3	0.02 / 0.13	0.02 / 0.13
粉渣	马铃薯粉渣,3省3样品平均值	4-11-069	15.0 / 100.0	1.90 / 12.67	0.94 / 6.29	0.12 / 0.78	1.0 / 6.7	— / —	1.3 / 8.7	0.06 / 0.40	0.04 / 0.27
啤酒糟	2省,3样品平均值	5-11-607	23.4 / 100.0	2.98 / 12.27	1.38 / 5.91	0.17 / 0.73	6.8 / 29.0	5.0 / 21.2	3.9 / 16.7	0.09 / 0.38	0.18 / 0.77
甜菜渣	黑龙江	1-11-609	8.4 / 100.0	1.00 / 11.92	0.52 / 6.17	0.06 / 0.76	0.9 / 10.7	0.5 / 5.4	2.6 / 31.0	0.08 / 0.95	0.05 / 0.60
豆腐渣	2省市,4样品平均值	1-11-602	11.0 / 100.0	1.77 / 16.09	0.93 / 8.49	0.12 / 1.05	3.3 / 30.0	2.8 / 25.5	2.1 / 19.1	0.03 / 0.27	0.05
酱油渣	宁夏银川,豆饼3份,麸皮2份	5-11-080	24.3 / 100.0	3.62 / 14.89	1.73 / 7.14	0.21 / 0.88	7.1 / 29.2	4.8 / 19.6	3.3 / 13.6	0.11 / 0.45	0.03 / 0.12

表 23　常用矿物质饲料中的元素含量表

	名称	化学式	矿物质含量	
钙	碳酸钙	$CaCO_3$	Ca=40%	
	石灰石粉		Ca=34%~38%	
钙、磷	磷酸氢二钠	$Na_2HPO_4 \cdot 12H_2O$	P=8.7%	Na=12.8%
	亚磷酸氢二钠	$Na_2HPO_3 \cdot 5H_2O$	P=14.3%	Na=21.3%
	磷酸钠	$Na_3PO_4 \cdot 12H_2O$	P=8.2%	Na=12.1%
	焦磷酸钠	$Na_4P_2O_7 \cdot 10H_2O$	P=14.1%	Na=10.3%
	磷酸氢钙	$CaHPO_4 \cdot 2H_2O$	P=18.0%	Ca=23.2%
	磷酸钙	$Ca_3(PO_4)_2$	P=20.2%	Ca=38.7%
	过磷酸钙	$Ca(H_2PO_4)_2 \cdot 2H_2O$	P=24.6%	Ca=15.9%

参 考 文 献

1. M·E·恩斯明格(美),C·G·奥伦廷. 饲料与饲养. 北京:农业出版社.1985

2. 中华人民共和国农业行业标准.无公害食品. 北京:中国标准出版社,2001

3. 中华人民共和国农业行业标准.无公害食品. 北京:中国标准出版社,2002

4. 中国农业科学院哈尔滨兽医研究所. 家畜传染病学. 北京:农业出版社,1989

5. 中国农业科学院畜牧研究所,等.中国饲料成分及营养价值表. 北京:农业出版社,1985

6. 内蒙古农牧学院. 牧草及饲料作物栽培学.第2版. 北京:农业出版社,1990

7. 方希修,等.尿素在反刍动物饲养中的应用.中国饲料,2000,17:11~13

8. 王加启.肉牛的饲料与饲养. 北京:科学技术文献出版社,2002

9. 王全军,等.低聚糖在动物饲养中的应用.中国饲料,2000,16:15~17

10. 王建辰,张孝荣.动物生殖调控.合肥:安徽科学技术出版社,1998

11. 王建辰.防止通过胚胎移植传播疾病.国外兽医学——畜禽疾病,1988(4):24

12. 王建钦,等.种公牛的日粮配合与饲养管理技术.黄牛杂志,2003,3:73

13. 王恒,刘润铮.实用家畜繁殖学.长春:吉林科学技术出版社,1993

14. 王钟建.反刍动物尿素饲用技术研究.中国饲料,1996,16:8~10

15. 王根林.养牛学.北京:中国农业出版社,2000

16. 冯仰廉.肉牛营养需要和饲养标准.北京:中国农业大学出版社,2000

17. 北京农业大学等.家畜外科学.北京:农业出版社,1995

18. 卢德勋.反刍动物营养调控理论及其应用.内蒙古畜牧科学特刊,1993

19. 帅丽芳,等.微生态制剂对反刍动物消化系统的调控作用.中国饲料,2002,9:16～17

20. 甘肃农业大学.家畜产科学.北京:农业出版社,1996

21. 白元生.饲料原料学.北京:中国农业出版社.1999

22. 刘太宇.中国肉牛业现状和发展对策.黄牛杂志,2003,2:62

23. 孙维斌.国外引进的肉牛品种简介.黄牛杂志,2002,3:65

24. 安清聪,等.共轭亚油酸的生理作用及其在养殖业的应用前景.饲料工业,2002,23(10):24～25

25. 朱士恩.哺乳动物胚胎玻璃化冷冻技术研究.中国农业大学报,1997

26. 朱延旭.优质肉牛肥育技术.辽宁畜牧兽医,2002,1:6～7

27. 许怀让.家畜繁殖学.南宁:广西科学技术出版社,1992

28. 许尚忠,等.肉牛高效生产实用技术.北京:中国农业出版社,2002

29. 邢小军,等.牛细管精液冷冻新方法.第10界全国动物繁殖讨论会论文,武汉:2000

30. 邢廷铣.农作物秸秆饲料加工与应用.北京:金盾出版社,2000

31. 邢廷铣.农作物秸秆营养价值及其利用.长沙:湖南科学技术出版社,1995

32. 齐莉莉,等.动物肽营养研究进展.中国饲料,2002,18:6～8

33. 齐德生,等.膨润土在饲料生产中的应用及存在问题.饲料工业,2002,23(14):25～27

34. 吴乃科, 等. 优质高档牛肉规范化生产技术规程. 黄牛杂志, 2002,1:52

35. 宋恩亮, 等. 规模化肉牛场防疫规程. 黄牛杂志, 2002,1:55.

36. 张力, 郑中朝. 饲料添加剂手册. 北京:化学工业出版社,2000

37. 张壬午, 等. 农业生态工程技术. 郑州:河南科学技术出版社, 2000

38. 张坚中, 徐铁铮. 家畜冷冻精液. 北京:中国农业科技出版社, 1988

39. 张忠诚, 等. 家畜繁殖学. 第 3 版. 北京:中国农业出版社, 2000

40. 张嘉保, 周虚. 动物繁殖学. 长春:吉林科学技术出版社,1999

41. 李佑民. 家畜传染病学. 北京:蓝天出版社,1993

42. 李建军, 等. 反刍动物高能添加剂——脂肪酸钙研究进展. 中国畜牧兽医杂志,2000.27(2):14~16

43. 李建国, 冀一伦. 养牛手册. 石家庄:河北科学技术出版社, 1997

44. 李建国. 饲料添加剂应用技术问答. 北京:中国农业出版社, 2001

45. 李建国, 等. 肉牛标准化生产技术. 北京:中国农业大学出版社,2003

46. 李建国, 等. 肉牛高效育肥技术技术. 石家庄:河北科学技术出版社,1998

47. 李建国, 等. 粗料型日粮真胃灌注棕榈油对肉牛能量和蛋白质转化效率影响的初步研究. 畜牧兽医学报,2000,31(5):385~389

48. 李英, 李建国, 等. 草食畜禽饲料添加剂. 石家庄:河北科学技术出版社,1993

49. 李英, 李建国. 肉牛快速育肥技术问答. 北京:中国农业出版

社,1998

50. 李英,桑润滋.现代化肉牛产业化生产.石家庄:河北科学技术出版社,2000

51. 李英,等.河北饲料区划与开发.石家庄:河北科学技术出版社,1994

52. 李勇钢,等.犊牛直线育肥技术.黄牛杂志,1999,1:60

53. 李复兴,等.配合饲料大全.青岛:青岛海洋大学出版社,1994

54. 李胜利,冯仰廉.养牛科学研究进展.北京:中国农业科技出版社,1998

55. 李琍,丁角立.瘤胃微生物的肽营养.中国畜牧杂志,1999,35 (2):54

56. 李德发.现代饲料生产.北京:中国农业大学出版社,1997

57. 李德发.中国饲料大全.北京:中国农业出版社,2001

58. 杨凤.动物营养学.北京:中国农业出版社,1993

59. 杨文章,等.肉牛养殖综合配套技术.北京:中国农业出版社,2002

60. 杨效民.我国牛胚胎工程技术研究与应用进展.黄牛杂志,2003,2:40

61. 肖文一,陈德新,吴渠来.饲用植物栽培与利用.北京:农业出版社,1991

62. 苏纯阳,等.微量元素氨基酸(小肽)螯合物的研究进展.饲料工业,2002,23(1):15～18

63. 邱怀.牛生产学.北京:中国农业出版社.1995

64. 邱怀.现代肉牛生产及产品加工.西安:陕西科学技术出版社,1995

65. 陈北亨．王建辰.兽医产科学.北京:中国农业出版社,2001

66. 陈幼春.关于牛胴优质分割肉块名称的讨论.黄牛杂志,2003,2:1

67. 陈幼春.现代肉牛生产.北京:中国农业出版社,1999

68. 陈秀兰,谭丽,等.家畜胚胎移植.上海,上海科学技术出版社,1983

69. 陈喜斌.饲料学.北京:科学出版社,2003

70. 陈寒青,等.中草药饲料添加剂研究进展.饲料工业,2002,23(10):18~23

71. 周元军,等.架子牛的快速育肥.黄牛杂志,2003,4:61

72. 周自永.新编常用药物手册.北京:金盾出版社,1987

73. 岳文斌,等.高档肉牛生产大全.北京:中国农业出版社,2003

74. 南京农学院.饲料生产学.北京:农业出版社,1980

75. 姚军虎.育肥牛日粮结构及饲喂技术研究进展.黄牛杂志,1998,1:26

76. 宣长和,等.当代牛病诊疗图说.北京:科学技术文献出版社,2002

77. 昝林森.肉牛饲养技术手册.北京:中国农业出版社.2000

78. 柳楠,等.牛羊饲料配制和使用技术.北京:中国农业出版社,2003

79. 胡坚.动物饲养学.长春:吉林农业出版社,1999

80. 贺普霄.家畜营养代谢病.北京:中国农业出版社,1994

81. 赵西莲,等.如何生产无公害牛肉.黄牛杂志,2003,6:52

82. 倪有煌.兽医内科学.北京:中国农业出版社,1996

83. 原积友,等.如何生产无公害牛肉.黄牛杂志,2003,4:39

84. 徐学明.微量元素氨基酸络合物的特点与应用.中国饲料,2000,19:20~21

85. 桑润兹,等.优质高效肉牛生产及产品加工.北京:中国农业科学技术出版社,2000

86. 桑润滋.动物繁殖生物技术.北京:中国农业出版社,2002

87. 桑润滋,等.黑白花奶牛胚胎移植黄牛试验.中国畜牧杂志,

1987(1):34

88. 贾慎修. 中国饲用植物志(第一卷). 北京:农业出版社,1987

89. 钱凤芹,党佩珍. 马牛羊病防治问答. 石家庄:河北科学技术出版社,1995

90. 高士争. 饲料添加剂脂肪酸钙的研究进展和应用前景. 饲料工业,1999.20(3):32~33

91. 曹玉凤,等. 农作物秸秆饲料处理方法和应用前景. 河北畜牧兽医,1998,(13)4:208

92. 曹玉凤,等. 复合化学处理秸秆对肉牛生产性能的影响. 中国草食动物,2000,1:13

93. 曹竑,等. 养牛业产业化经营的若干模式. 黄牛杂志,2002,1:46

94. 渊锡藩,等. 动物繁殖学. 西安:天则出版社,1993

95. 葛蔚,等. 缓冲剂的作用机制及应用效果. 中国饲料,2001,16:8~9

96. 董伟. 影响牛超数排卵效果的因素分析. 国外畜牧科技,1987(3):10

97. 董宽虎,沈益新. 饲草生产学. 北京:农业出版社,2002

98. 蒋洪茂,肖定汉. 农家养牛120问. 北京:农业出版社,1995

99. 蒋洪茂. 肉牛高效育肥饲养与管理技术. 北京:中国农业出版社,2003

100. 蒋洪茂. 优质牛肉生产技术. 北京:中国农业出版社,1995

101. 蒋振山. 糖蜜在反刍动物饲料中的应用. 饲料工业,2001,22(5):46

102. 谢成侠,刘铁铮. 家畜繁殖原理及其应用. 第2版. 南京:江苏科学技术出版社,1993

103. 韩正康,陈杰. 反刍动物瘤胃的消化和代谢. 北京:科学出版社,1988

104. 甄玉国,等.反刍动物氨基酸营养研究进展.饲料工业,2001, 7:16

105. 缪应庭.饲料生产学(北方本).北京:中国农业科学技术出版社,1993

106. 蔡志强,等.家畜早期妊娠诊断的研究进展.中国畜牧杂志, 2000,6:49

107. 蔡宝祥.家畜传染病学.北京:中国农业出版社,1997

108. 谭景和.家畜胚胎工程研究现状与展望.生物技术通报,1995 (2):3

109. 潘宝海,等.饲用酶制剂的应用研究进展.中国饲料,2001, 18:18~20

110. 冀一伦.实用养牛科学.北京:中国农业出版社,2001

图书在版编目(CIP)数据

肉牛养殖手册/李建国,李运起主编.—北京:中国农业大学
出版社,2004.10

(全方位养殖技术丛书)

ISBN 7-81066-804-8/S·596

Ⅰ.肉… Ⅱ.①李… ②李… Ⅲ.肉牛-饲养管理-技术手册
Ⅳ.S823.9-62

中国版本图书馆 CIP 数据核字(2004)第 080296 号

书　名	肉牛养殖手册			
作　者	李建国　李运起　主编			
策划编辑	赵　中		责任编辑	冯雪梅
封面设计	郑　川		责任校对	陈　莹
出版发行	中国农业大学出版社			
社　址	北京市海淀区圆明园西路2号		邮政编码	100094
电　话	发行部 010-62731190,2620		读者服务部 010-62732336	
	编辑部 010-62732617,2618		出　版　部 010-62733440	
网　址	http://www.cau.edu.cn/caup E-mail caup@public.bta.net.cn			
经　销	新华书店			
印　刷	北京时代华都印刷有限公司			
版　次	2004 年 10 月第 1 版　　2006 年 11 月第 2 次印刷			
规　格	850×1 168　　32 开本　　16.375 印张　　408 千字			
定　价	21.50 元			

图书如有质量问题本社发行部负责调换

致 读 者

为提高"三农"图书的科学性、准确性、实用性,推进"三农"出版物更加贴近读者,使农民朋友确实能够"看得懂、用得上、买得起"的优秀"三农"图书进一步得到市场的认可、发挥更大的作用,中央宣传部、新闻出版总署和农业部于 2006 年 6～7 月份组织专家对"三农"图书进行了认真评审,确定了推荐"三农"优秀图书150 种(套)(新出联〔2006〕5 号)。我社共 6 种(套)名列其中:

无公害农产品高效生产技术丛书

新编 21 世纪农民致富金钥匙丛书

全方位养殖技术丛书

农村劳动力转移职业技能培训教材

科学养兔指南

养猪用药 500 问

这些图书自出版以来,深受广大读者欢迎,近来一次性较大量购买的情况较多,为方便团体购买,请客户直接到当地新华书店预购,特殊情况可与我社联系。联系人董先生,电话 010 —62731190,司先生,010—62818625。

中国农业大学出版社

2006 年 9 月